应用型本科高校系列教材·电气信息类

微机原理与接口技术 第2版

主　　编　　蒋　军　　叶爱芹　　谢春祥　　张自军

参编人员　　张永锋　　徐朝胜　　李长旺　　吕俊龙

　　　　　　李文艺　　石　瑛

中国科学技术大学出版社

内 容 简 介

　　本书作为高等院校理工科应用型本科教材,结合作者多年的实践经验及教学体会,内容紧密联系教学需要,深入浅出,重点突出,语言通俗易懂,图文并茂。全书共计12章,包括微型计算机概述、8086 微处理器、8086 指令系统、汇编语言程序设计、存储系统、输入/输出技术、中断技术及控制器、并行通信接口、DMA 控制器、定时器和计数器、串行通信接口、微机控制系统应用等有关知识。

　　本书可作为高等院校计算机和电气、电子信息等相关专业的教材,也可作为科研技术人员的参考资料。

图书在版编目(CIP)数据

微机原理与接口技术/蒋军等主编. —2 版. —合肥:中国科学技术大学出版社,2015.11

ISBN 978-7-312-03788-7

Ⅰ. 微… Ⅱ. 蒋… Ⅲ. ①微型计算机—理论 ②微型计算机—接口技术
Ⅳ. TP36

中国版本图书馆 CIP 数据核字(2015)第 193095 号

出版	**中国科学技术大学出版社**
	安徽省合肥市金寨路 96 号,230026
	http://press. ustc. edu. cn
印刷	合肥学苑印务有限公司
发行	中国科学技术大学出版社
经销	全国新华书店
开本	710 mm×960 mm　1/16
印张	28.5
字数	559 千
版次	2012 年 8 月第 1 版　2015 年 11 月第 2 版
印次	2015 年 11 月第 2 次印刷
定价	48.00 元

前　言

"微机原理与接口技术"是高等学校电子信息科学与技术、计算机科学与技术专业的一门专业基础课,也是通信工程、自动化等专业的必修课程。本课程的任务是使学生从系统的角度出发,掌握微机系统的基本组成、工作原理、接口电路及应用方法。本课程的学习,将大大提高学生的计算机硬件和软件知识水平。本书能够将硬件和软件有机结合起来,培养分析和设计微机应用系统的能力,使学生掌握微机系统的开发能力。

本书以国家教育部计算机专业和电气、电子信息专业微机原理类课程教学大纲为基础,立足于该课程教学内容和课程体系改革,面向21世纪计算机专业人才市场,以培养计算机专业的高水平、高质量的工程技术人才为目标。为能更好地实现这一目标,我们编写组人员在多年教学和科研经验的基础上,对原教材进行了修订。在修订过程中,编者参考了国内外大量的文献资料和相关教材,力求做到深入浅出、重点突出、条理清晰、通俗易懂。全书共分12章,分别是:微型计算机概述、8086微处理器、8086指令系统、汇编语言程序设计、存储系统、输入/输出技术、中断技术及控制器、并行通信接口、DMA控制器、定时器和计数器、串行通信接口、微机控制系统应用。

本书由黄山学院蒋军、安徽科技学院叶爱芹、蚌埠学院谢春祥和张自军担任主编;参编人员有:安徽科技学院张永锋、徐朝胜,蚌埠学院李长旺、吕俊龙,宿州学院李文艺,黄山学院石瑛。

本书的编写大纲及内容经周国祥教授和郭有强教授审阅,在此谨致谢忱。

感谢胡学钢教授和王浩教授,他们对该书给予了极大的关注和支持,提出了宝贵的建设性意见,在此表示衷心感谢!感谢中国科学技术大学出版社各位编辑,他们为本教材的出版倾注了大量的心血和热情。

由于作者水平有限,加之时间仓促,错误与疏漏之处在所难免,敬请读者不吝赐教。在使用该书时如遇到什么问题需要与作者商榷,或想索取其他相关教学资料,请与作者联系。联系方式:ahbbzzj@163.com。

编　者

2015年9月

目　　录

第 1 章　微型计算机概述

　　计算机是 20 世纪人类最重要的发明之一,微型计算机是计算机的一个重要分支,它的发展是以微处理器的发展为主要标志的。本章主要对微型计算机的发展进行介绍,对微型计算机的特点、应用、分类以及主要性能指标进行了概括,描述了微型计算机的结构和工作原理,对微型计算机的系统结构层次进行了分析。

1.1　微型计算机的发展概述

1.1.1　微型计算机的发展简史

　　1943 年,美国为解决复杂的导弹计算而开始研制电子计算机。1946 年 2 月,美国宾夕法尼亚大学莫尔学院的物理学博士莫克利和电气工程师埃克特领导的研制小组,研制成了世界上第一台数字式电子计算机 ENIAC(Electronic Numerical Integrator and Calculator)。这台计算机使用了约 18000 个电子管、1500 个继电器,耗电量达 150 kW,占地面积为 167 m²,重量约为 30 t,计算速度为每秒 5000 次,采用字长为 10 位的十进制计数方式,通过接插线进行编程。

　　1944 年,著名的数学家冯·诺依曼获知 ENIAC 的研制进展,在以后的 10 个月里,他参加了为改进 ENIAC 而举行的一系列专家会议,研究了新型计算机的系统结构。在由他执笔的报告里,他提出了采用二进制计算、存储程序,并在程序控制下自动执行的思想。按照这一思想,新机器将由运算器、控制器、存储器、输入设备、输出设备等五个部件构成。报告还描述了各部件的职能和相互间的联系,以后这种模式的计算机称为冯·诺依曼机,如图 1.1 所示。

　　运算器是计算机对各种数据进行运算,对各种信息进行加工、处理的部件,是计算机数据处理的中心。

　　存储器是计算机存放各种数据、信息和程序的部件,不管是原始输入待处理的数据、中间运算结果,还是待输出的最终结果以及计算机执行的程序代码,都存放在存储器中。存储器又分为主存储器(又称内存)和辅助存储器(又称外存)。

　　输入设备为计算机输入各种原始信息,包括数据、程序和文字等,并将它们转

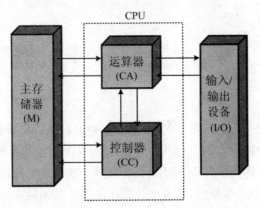

图 1.1　冯·诺依曼计算机的基本结构

换成计算机能识别的二进制代码。常用的输入设备有键盘、鼠标、扫描仪、手写板及数码相机等。

输出设备将计算机运算处理的各种结果送出供判读和识别。常用的输出设备有显示器、打印机、音箱等。

输入、输出设备是人机交互的设备,统称为外部设备,简称外设。

控制器对程序代码进行解释并产生各种控制信号,从而进一步控制计算机中的各个部件的协调运行。程序代码是程序员根据具体要求而编制的。

1949 年,英国剑桥大学的威尔克斯等人在 EDSAC(Electronic Delay Storage Automatic Calculator)机上实现了这种模式。时至今日,电子计算机的发展已经经历了四代,虽在技术上不断发展和完善,但基于冯·诺依曼机的基本结构仍未有大的改变。

自 20 世纪 40 年代第一台电子计算机问世以来,电子计算机发展的四个阶段是:

第一代(1946～1957),以电子管为逻辑部件,以阴极射线管、磁芯和磁鼓等为存储手段。软件上采用机器语言,后期采用汇编语言。

第二代(1958～1965),以晶体管为逻辑部件,内存用磁芯,外存用磁盘。软件上广泛采用高级语言,并出现了早期的操作系统。

第三代(1966～1971),以中小规模集成电路为主要部件,内存用磁芯、半导体,外存用磁盘。软件上广泛使用操作系统,产生了分时、实时等操作系统和计算机网络。

第四代(1971 至今),以大规模、超大规模集成电路为主要部件,以半导体存储器和磁盘为内、外存储器。在软件方法上产生了结构化程序设计和面向对象程序设计的思想。另外,网络操作系统、数据库管理系统得到广泛应用。

电子计算机的诞生、发展和应用普及,是 20 世纪科学技术的卓越成就,计算机技术对其他科学技术发展的推动作用,以及对整个人类生活的影响是前所未有的。在当今的信息化、网络化时代,计算机已成为人们工作生活中不可缺少的基本工具,而在计算机中人们接触最多的是微型计算机。

微型计算机诞生于 20 世纪 70 年代,是第四代计算机向微型化发展的一个重要分支,它的发展是以微处理器的发展为主要标志的。

微处理器简称 MPU(Micro Processing Unit),是微型计算机的核心芯片。微处理器(或称微处理机)是指一片或几片大规模集成电路组成的、具有运算器和控制器功能的中央处理器(CPU)。

微型计算机的发展主要表现在其核心部件——微处理器的发展上,每当一款新型的微处理器出现时,就会带动微机系统的其他部件的相应发展,如微机体系结构的进一步优化、存储器存取容量的不断增大、存取速度的不断提高,外围设备性能的不断改进以及新设备的不断出现等。

微处理器的产生和发展与大规模集成电路(Large Scale Integrate Circuit, LSI)的发展是密不可分的。随着 LSI 的高速发展,在一片几平方毫米的硅片上,可以集成几千个晶体管。LSI 器件体积小、功耗低、可靠性高,为微处理器及微型计算机生产提供了可能,从而开创了微型计算机发展的新时代。

到目前为止,微处理器的发展过程可大致可以划分为 6 个时期(按 CPU 字长位数和功能来划分)。

1. 第一代微处理器(1971~1972)

4 位和 8 位低档微处理器时代,代表性产品为:

1971 年 Intel 4004

1972 年 Intel 8008

它们采用 PMOS 工艺,集成度达 2000 个晶体管/片,时钟频率小于 1 MHz($1\,\text{MHz}=10^6\,\text{Hz}$),这一代 CPU 运算能力较弱,速度也比较慢,指令系统较为简单,采用机器语言编程,只能进行串行的十进制运算。Intel 4004 是一种 4 位微处理器,其运算速度为 50 kI/s(千指令/秒),指令周期为 20 μs,时钟频率为 1 MHz,集成度约为 2000 管/片,寻址空间为 4 KB[$1\,\text{KB}=2^{10}\,\text{B}$,1 B(字节)=8b(比特)],有 45 条指令,主要用于计算器、电视机、台秤、照相机、电动打字机等设备。Intel 8008 是 4004 的 8 位扩展型,可一次处理 8 位二进制数据,寻址空间为 16 KB,共有 48 条指令。

2. 第二代微处理器(1973~1976)

8 位中高档微处理器时代,代表性产品为:

1973 年 Intel 8080

1974 年 Motorola MC6800 系列

1975 年 Zilog Z80

1976 年 Intel 8085

它们的特点是采用 NMOS 工艺,集成度提高约 4 倍,运算速度提高 10~15 倍(基本指令执行时间 1~2 μs),Intel 发布 8 位中档微处理器 8080 ,其运算速度约为 500 kI/s,指令周期为 2 μs,寻址空间为 64 KB,运算速度比第一代微处理器提高了 10~15 倍,用它构成的微型计算机已具备典型的计算机体系结构,有中断和直接存储器存取方式(DMA)等功能;软件上除普遍采用了汇编语言外,还有 BASIC、FORTRAN 等高级语言和相应的解释程序和编译程序,后期配上了简单操作系统(如 CP/M——Control Program/Monitor),从而使微机开始使用磁盘和各种外设。

3. 第三代微处理器(1978~1983)

16 位微处理器时代,代表性产品为:

1978 年　　Intel 8086

1979 年　　Zilog Z8000

1979 年　　Motorala 68000

1983 年　　Intel 80286,Motorola 68010

1978 年 6 月,Intel 推出 4.77 MHz 的 8086 微处理器,标志着第三代微处理器问世,其集成度达 29000 只晶体管/片以上,数据总线宽度为 16 位,地址总线为 20 位,可寻址内存空间达 1 MB(1 MB=2^{20}B)。8086/8088 扩大了存储容量并增加了指令功能(如乘法和除法指令),所以被称作 CISC(Complex Instruction Set Computer) 处理器。8086/8088 还增加了内部寄存器,使用 8086/8088 指令集更容易编写高效、复杂的软件;它还支持指令高速缓存或队列,可以在执行指令前预取几条指令,运算速度比 8 位机快 2~5 倍。

第三代微处理器是随着超大规模集成电路(VLSI)的研制成功而出现的,其特点是采用 HMOS 工艺,集成度(20000~70000 晶体管/片)和运算速度(基本指令执行时间 0.5 μs)都比第二代提高了一个数量级。由于扩充了指令系统,指令功能大大加强;采用多级中断增强了中断功能;采用流水线技术,处理速度加快;寻址方式增多,寻址范围增大(1~16 MB);配备了磁盘操作系统、数据库管理系统和多种高级语言。例如 Intel 公司启用 Intel 80286 CPU 研制的 IBM PC/AT 机,在功能上已达到并超过了低档小型机 PDP-11/45,时钟频率为 25 MHz,有 24 位地址线,可寻址 16 MB,有存储器管理和保护方式,并支持虚拟存储器体系。

这一时期的著名微机产品有 IBM 公司的个人计算机(Personal Computer,

PC)。1981 年推出的 IBM PC 机采用 8088 CPU。紧接着 1982 年又推出了扩展型的个人计算机 IBM PC/XT，它对内存进行了扩充，并增加了一个硬磁盘驱动器。1984 年 IBM 推出了以 80286 处理器为核心组成的 16 位增强型个人计算机 IBM PC/AT。IBM 公司在发展 PC 机时采用了技术开放的策略，使得 PC 机风靡世界。

4. 第四代微机处理器(1985~1992)

32 位微处理器时代，代表性产品为：

1985 年　　Intel 80386

1989 年　　Intel 80486,Motorola 68040

Intel 80386 CPU 采用 CHMOS(互补金属氧化物 HMOS)工艺，是 CMOS 和 HMOS(高密度沟道 MOS 工艺)的结合，除了保持 HMOS 高速度和高密度之外，还有 CMOS 低功耗的特点，集成度为 15~50 万只晶体管/片，时钟频率为 16~33 MHz，它是一种与 8086 向上兼容的 32 位处理器，具有 32 位的数据线、32 位的地址线，寻址能力为 4 GB(1 GB=2^{30} B)，提供了容量更大的虚拟存储，其执行速度为 3~4 MI/s。

80486 CPU 比 80386 CPU 性能更高，集成度达 120 万只晶体管/片，采用 64 位的内部数据总线，增加了片内协处理器和一个 8 KB 容量的高速缓冲存储器(Cache)。由于采用了精简指令集计算机(Reduction Instruction Set Computer, RISC)技术，它的处理速度大大提高，在相同时钟频率下处理速度比 80386 快了 2~4 倍。

微机的功能已经达到甚至超过超级小型计算机，完全可以胜任多任务、多用户的作业。

5. 第五代微处理器(1993~2001 年)

Pentium(奔腾)系列微处理器时代，代表性产品为：

1993 年 Pentium

1993 年 3 月，Intel 公司推出 Pentium 微处理器芯片(俗称"586")。它利用亚微米级的 CMOS 技术，使集成度高达 310 万只晶体管/片，采用了全新的体系结构，性能大大高于 Intel 系列其他微处理器。Pentium 系列 CPU 的主频从 60 MHz 到 100 MHz 不等，它支持多用户、多任务，具有硬件保护功能，支持构成多处理器系统。

1996 年，Intel 公司推出了高能奔腾(Pentium Pro)微处理器。它集成了 550 万个晶体管，内部时钟频率为 133 MHz，采用了独立总线和动态执行技术，处理速度大幅提高。

1996 年底，Intel 公司又推出了多能奔腾（Pentium MMX）微处理器。MMX（Multi Media Extension）技术是 Intel 公司最新发明的一项多媒体增强指令集技术，它为 CPU 增加了 57 条 MMX 指令；此外，还将 CPU 芯片内的高速缓冲存储器由原来的 16 KB 增加到 32 KB，使处理器多媒体的应用能力大大提高。

1997 年 5 月，Intel 公司推出了 Pentium Ⅱ 微处理器，它集成了约 750 万个晶体管，8 个 64 位的 MMX 寄存器，时钟频率达 450 MHz，二级高速缓冲存储器达到 512 KB，它的浮点运算性能、MMX 性能都有了很大的提高。

1999 年 2 月，Intel 公司推出了 Pentium Ⅲ 微处理器，它集成了 950 万个晶体管，时钟频率为 500 MHz；随后，又推出了新一代高性能 32 位 Pentium 4 微处理器，它采用了 NetBurst 的新式处理器结构，可以更好地处理互联网用户的各种需求，在数据加密、视频压缩和对等网络等方面的性能都有较大幅度的提高。

6. 第六代微处理器（2001 年以后）

在不断完善 Pentium 系列处理器的同时，Intel 公司与 HP 公司联手开发了 IA-64 系列中第一种通用的更先进的 64 位微处理器——Merced。

Merced 采用全新的结构设计，这种结构称为 IA-64（Intel Architecture-64），IA-64 不是原 Intel 32 位 x86 结构的 64 位扩展，也不是 HP 公司的 64 位 PA-RISC 结构的改造，而是采用一种与上述这两种体系结构完全不同的，兼有 CISC 和 RISC 两种成分，以及能实现开拓指令并行性的 EPIC（显式并行指令计算）技术的体系结构。IA-64 是一种采用长指令字（LIW）、指令预测、分支消除、推理装入和其他一些先进技术，从程序代码提取更多并行性的全新结构，而且是唯一能与当今最流行的两种操作系统 Unix 和 Windows 保持完全兼容的处理器。

1.1.2　微型计算机的特点和应用

1. 微型计算机的特点

由于微型计算机采用 LSI 和 VLSI，所以它除了具有一般计算机的运算速度快、计算精度高、记忆功能和逻辑判断力强、可自动工作等常规特点外，还具有以下几方面的明显特点：

（1）体积小、重量轻、功耗低

由于采用了 LSI 和 VLSI 集成电路，构成微型计算机所需的器件数目大为减少，体积大为缩小。一个与小型机 CPU 功能相当的 16 位微处理器 MC68000，由

13000 个标准门电路组成,其芯片面积仅为 $6.25 \times 7.14 \text{ mm}^2$,功耗为 1.25 W。32 位的超级微处理器 80486,有 120 万个晶体管电路,其芯片面积仅为 $16 \times 11 \text{ mm}^2$,芯片的重量仅十几克。工作在 50 MHz 时钟频率时的最大功耗仅为 3 W。随着微处理器技术的发展,今后推出的高性能微处理器产品体积更小、功耗更低、功能更强,这些优点对于航空、航天、智能仪器仪表等领域具有特别重要的意义。

(2) 可靠性高、对使用环境要求低

微型计算机采用大规模集成电路以后,系统内使用的芯片数大大减少,接插件数目大幅度减少,简化了外部引线,安装更加容易。加之 MOS 电路芯片本身功耗低、发热量小,使微型计算机的可靠性大大提高,因而也降低了对使用环境的要求,普通的办公室和家庭环境就能满足要求。

(3) 系统外部芯片配套、设计灵活、适应性强

微型计算机多采用模块化的硬件结构,特别是采用总线结构后,使微型计算机系统成为一个开放的体系结构,系统中各功能部件通过标准化的插槽和接口相连,用户选择不同的功能部件(板卡)和相应外设就可构成不同要求和规模的微型计算机系统。由于微型计算机的模块化结构和可编程功能,一个标准的微型计算机在不改变系统硬件设计或只部分改变某些硬件时,在相应软件的支持下就能适应不同的应用任务的要求,或升级为更高档次的微机系统,从而使微型计算机具有很强的适应性和宽广的应用范围。

(4) 性能优良、价格低廉

随着微电子学的高速发展和大规模、超大规模集成电路技术的不断成熟,集成电路芯片的价格越来越低,微型机的成本不断下降,同时也使许多过去只在大、中型计算机中采用的技术(如流水线技术、RISC 技术、虚拟存储技术等)也在微型机中采用,许多高性能的微型计算机(如 Pentium Pro、Pentium Ⅱ 等)的性能实际上已经超过了中、小型计算机(甚至是大型机)的水平,但其价格要比中、小型机低得多。

随着超大规模集成电路技术的进一步成熟,生产规模和自动化程度的不断提高,微型机的价格还会越来越便宜,而性价比会越来越高,这将使微型计算机得到更为广泛的应用。

2. 微型计算机的应用范围

由于微型计算机具有体积小、重量轻、功耗低、功能强、可靠性高、结构灵活、使用环境要求低、价格低廉等一系列特点和优点,因此,得到了广泛的应用,如在卫星和导弹的发射、石油勘探、天气预报、邮电通信、航空订票、计算机辅助、智能仪器、

家用电器乃至电子表、儿童玩具等中的应用。它已渗透到国民经济的各个部门,几乎无处不在。微型计算机的问世和飞速发展,使计算机真正走出了科学的殿堂,进入到人类社会生产和生活的各个方面,使它从过去只限于特殊部门、特殊单位少数专业人员使用,普及到广大民众乃至中小学生,成为人们工作和生活不可缺少的工具,从而将人类社会推进了信息时代。微型计算机的应用范围不胜枚举,下面对微型计算机的主要应用领域作简要介绍。

(1) 科学计算

科学计算是指利用计算机来完成科学研究和工程技术中大量繁杂并且人力难以完成的计算问题。高档微型计算机已经具有较强的运算能力和较高的运算精度,组成多处理器系统后(构成并行处理机),其功能和计算速度可与大型机媲美,能满足相当范围的科学计算的需要。

(2) 信息处理

信息处理就是利用微型计算机对各种形式的数据资料进行收集、加工、存储、分类、计算、传输等。微型计算机配上适当的软件,可实现办公自动化、企事业计算机辅助管理与决策、图书管理、财务管理、情报检索、银行电子化等。近年来,许多单位开发了自己的信息管理系统(MIS)。

(3) 计算机辅助技术

计算机辅助技术包括 CAD、CAM 和 CAI 等。

① 计算机辅助设计(Computer Aided Design,CAD)

计算机辅助设计是利用计算机系统辅助设计人员进行工程或产品设计,具有快速改变产品设计参数,优化设计方案,动态显示产品投影图、立体图,输出图纸等功能,降低了产品的设计成本,缩短了产品的设计周期,以实现最佳设计效果的一种技术。它已广泛地应用于飞机、汽车、机械、电子、建筑和轻工等领域。

② 计算机辅助制造(Computer Aided Manufacturing,CAM)

计算机辅助制造是利用计算机系统进行生产设备的管理、控制和操作的过程,根据加工过程编写加工程序,由程序控制数控机床来完成工件的自动加工,并能在加工过程中自动换刀及给出数据,一次自动完成多种复杂的工序。将 CAD 和 CAM 技术集成,实现设计、生产自动化,大大地提高了劳动生产率。

③ 计算机辅助教学(Computer Aided Instruction,CAI)

计算机辅助教学是利用计算机系统使用课件来进行教学。CAI 的主要特色是交互教育、个别指导和因人施教,采用多媒体技术,使教学内容直观、形象,扩大了信息量。

(4) 过程控制

过程控制是利用微型计算机实时采集检测数据,按最优值迅速地对控制对象进行自动调节或自动控制,例如数控机床、自动化生产线、导弹控制等均涉及过程控制。采用微型计算机进行过程控制,不仅可以大大提高控制的自动化水平,而且可以提高控制的及时性和准确性,应用于生产则可节省劳力,减轻劳动强度,提高产品质量及合格率,从而产生显著的经济效益。生产过程控制是计算机在现代工业领域,特别是在制造业中的典型应用,不仅提高了自动化水平,而且使传统的生产技术发生了革命性的变化。

(5) 人工智能

人工智能(Artifical Intelligence,AI)是微型计算机应用的一个重要方面。所谓人工智能就是利用计算机模拟人类的智能行为,诸如感知、判断、学习、联想、推理、图像识别和问题求解等。它是在计算机科学、控制论、仿生学和心理学等基础上发展起来的边缘科学,是当前国内外争先研究的热门技术。人工智能主要应用在机器人、模式识别、机器翻译、专家系统等方面。例如,能模拟高水平医学专家进行疾病诊疗的专家系统,具有一定思维能力的机器人等等。

人工智能的另一个重要应用是机器人。目前,国际上已有许多机器人用于各种恶劣环境的生产和试验领域。机器人的视觉、听觉、触觉以及行走系统等,是目前亟待解决的问题。随着人工智能研究的发展,机器人的智能水平会不断提高,它的应用前景是十分广阔的。

(6) 网络通信

计算机技术与通信技术的结合构成了计算机网络通信。网络通信是指利用计算机网络实现资源共享和信息传递。随着信息高速公路的实施,国际互联网迅速覆盖全球,微型计算机作为服务器、工作站成为网络中的重要成员。如今的个人计算机可通过普通电话线、宽带网等方式方便地联入互联网,从而获得网上的各种资源。网络应用使人类进入信息化社会,可以在网上浏览与检索信息、下载软件,充分享受网络资源;随时收发电子邮件(E-mail)、传真(FAX)、传送文件(FTP)、发布公告(BBS)、参加网络会议(Netmeeting),参加各种网上论坛;在网上开展电子商务和电子数据交换等。

1.1.3 微型计算机的分类

微型计算机的分类方法可以有多种,一般从以下几种角度对它进行分类。

1. 按字长分类

字是计算机一次可以处理的最大单位,用 Word 表示,一般用字长表示其大小,字长是指计算机直接处理的二进制数的位数,它直接关系到计算机的计算精度、功能和速度。它是微型计算机的一个重要参数。微型计算机按字长可分为：

（1）4 位机

字长为 4 位（如 Intel 4004），多做成单片机，用于小型仪器仪表、家用电器、游戏机等。

（2）8 位机

字长为 8 位（如 Intel 8080），主要用于仪器仪表和嵌入式控制。

（3）16 位机

字长为 16 位（如 Intel 8086/8088），可用来取代低档小型计算机。

（4）32 位机

字长为 32 位（如 Intel 486、Pentium），是高档微机，具有小型或中型计算机的能力。

（5）64 位机

字长为 64 位，如 Intel 公司的 Itanium、DEC 公司的 Alpha 21164、由 Motorola 加盟的 Power PC620 等。

需要注意的是：字长与微处理器数据总线宽度不是同一个概念。如 8088 的字长为 16 位，但数据总线宽度仅为 8 位，而 Pentium 系列的字长为 32 位，但数据总线宽度为 64 位。

2. 按结构类型分类

（1）单片机

单片机又称微控制器或嵌入式控制器，它将 CPU、存储器、定时器/计数器、中断控制、I/O 接口等集成在一个芯片上。如 MCS-51 系列单片机 8031、8051、8751 等。

（2）单板机

单板机是指将 CPU、内存储器、I/O 接口组装在一块印刷电路板上的微型计算机。

单板机结构简单，价格低廉，性能较好，常用作过程控制和各种仪器、仪表、装置的控制部件。因其各组成部分对用户来说看得见摸得着，易于使用，便于学习，所以普遍用作学习微机原理的实验机型。

（3）微型计算机

微型计算机是指由一块主板（包含 CPU、内存储、I/O 总线插槽）和多块外部设备控制器插板组装而成的微型机整机系统，如 IBM-PC 微机及其兼容机。这种微型计算机既可作为通用机,用于科学计算和数据处理,也可作为专用机,用于实时控制和管理等。

3. 按用途分类

(1) 个人计算机

个人计算机简称 PC,是 20 世纪后期一种重要的微型计算机机型。目前 PC 机的主流为 64 位微型计算机。

(2) 工作站/服务器

工作站是指 SUN、DEC、HP、IBM 等大公司推出的具有高速运算能力和很强的图形处理功能的计算机,它有较好的网络通信能力,适用于工程与产品设计。服务器则指存储容量大、网络通信能力强、可靠性好,运行网络操作系统的一类高档计算机。大型的服务器一般由计算机厂家专门设计生产。

(3) 网络计算机

网络计算机简称 NC(Network Computer),它是一种依赖于网络的微型计算机,它不具备 PC 机的高性能,但操作简单,购买和维护价位较低。

1.1.4　微型计算机的主要性能指标

一台微型计算机功能的强弱或性能的好坏,不是单由某项指标来决定的,而是由它的系统结构、指令系统、硬件组成、软件配置等多方面的因素综合决定的。但对于大多数普通用户来说,可以从以下几个指标来评价计算机的性能:

(1) 运算速度

运算速度是衡量计算机性能的一项重要指标。通常所说的计算机运算速度(平均运算速度),是指每秒钟所能执行的指令条数,一般用"百万条指令/秒"(MIPS)来描述。同一台计算机,执行不同的运算所需时间可能不同,因而对运算速度的描述常采用不同的方法。常用的有 CPU 时钟频率(主频)、每秒平均执行指令数(IPS)等。微型计算机一般采用主频来描述运算速度,一般说来,主频越高,运算速度就越快。

(2) 字长

字长是计算机微处理器一次能同时处理数据的二进制位数,在其他指标相同时,字长越大计算机处理数据的速度就越快。早期的微型计算机的字长一般是 8 位和 16 位,目前常用的微机已达到 64 位。

(3) 存储器的容量

存储器分为内存储器和外存储器两类。内存储器也简称内存或主存,是 CPU 可以直接访问的存储器,需要执行的程序与需要处理的数据就存放在内存中。内存容量反映了内存储器的数据处理能力,存储容量越大,其处理数据的范围就越大,并且运算速度一般也越快,是决定微机性能的一个重要指标。随着操作系统的升级,应用软件的不断丰富及其功能的不断扩展,人们对计算机内存容量的需求也不断提高。目前,运行 Windows 7 需要 2 GB 以上的内存容量。内存容量越大,系统功能就越强大,能处理的数据量就越庞大。

外存储器通常是指硬盘和外部存储器。外存储器容量越大,可存储的信息就越多,可安装的应用软件就越丰富。

以上只是一些主要性能指标。除了上述这些主要性能指标外,微型计算机还有其他一些指标,例如所配置外围设备的性能指标以及所配置系统软件的情况等等。另外,各项指标之间也不是彼此孤立的,在实际应用时应该把它们综合起来考虑。

1.2　计算机的基本结构和工作原理

1.2.1　计算机的基本结构

从 20 世纪初,物理学和电子学的科学家们就在争论制造可以进行数值计算的机器应该采用什么样的结构。人们被十进制这个人类习惯的计数方法所困扰。所以,那时以研制模拟计算机的呼声更为响亮和有力。20 世纪 30 年代中期,匈牙利科学家冯·诺依曼大胆地提出,抛弃十进制,采用二进制作为数字计算机的数制基础。同时,他还说预先编制计算程序,然后由计算机来按照人们事前制定的计算顺序来执行数值计算工作。

1945 年 6 月,冯·诺依曼提出了在数字计算机内部的存储器中存放程序的概念(Stored Program Concept),这是所有现代电子计算机的模板,被称为“冯·诺依曼结构”。按这一结构制造的电脑称为存储程序计算机(Stored Program Computer),又称为通用计算机。冯·诺依曼计算机主要由运算器、控制器、存储器和输入/输出设备组成,它的特点是:程序以二进制代码的形式存放在存储器中;所有的指令都由操作码和地址码组成;指令在其存储过程中按照顺序执行;以运算器和控制器作为计算机结构的中心等。冯·诺依曼计算机广泛应用于数据的处理和控制方面,但是存在一定的局限性。

它按照存储程序和程序控制方式工作,如图 1.2 所示,图中的双线箭头代表数据信号流向,单线箭头代表控制信号流向。在目前常用的微机中,运算器和控制器被设计和制作在同一个微处理器中。

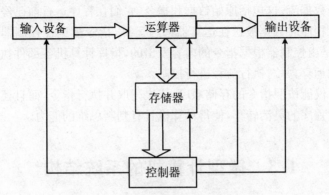

图1.2 冯·诺依曼计算机的基本结构

冯·诺依曼同时提出了二进制和存储程序控制方式的重要思想:任何复杂的运算和操作都可转换成一系列用二进制代码表示的简单指令(计算机的程序就是由这样的指令组成的),各种数据则可用二进制代码来表示;事先将组成程序的指令和数据存储起来,让计算机自动地执行有关指令,就可以完成各种复杂的运算操作。这些思想依然是现代计算机技术的理论基础。

1.2.2 计算机的工作原理

当我们用计算机来完成某项工作时,例如解决一个数据处理问题,必须先制定解决问题的方案,进而再将其分解成计算机能识别并能执行的一系列基本操作命令,这些操作命令按一定的顺序排列起来,就组成了"程序"。计算机所能识别并能执行的每一条操作命令就称为一条"机器指令",而每条机器指令都规定了计算机所要执行的一种基本操作。因此,程序就是完成既定任务的一组指令序列,计算机按照规定的流程,依次执行一条条的指令,最终完成程序所要实现的目标。

由此可见,计算机的工作方式取决于它的两个基本能力:一是能存储程序;二是能自动执行程序。存储程序是指人们必须事先把计算机的执行步骤序列(即程序)及运行中所需的数据,通过一定方式输入并存储在计算机的存储器中。程序控制是指计算机运行时能自动地逐一取出程序中一条条指令,加以分析并执行规定的操作。这就是计算机的存储程序控制方式的工作原理。

依据计算机的存储程序控制方式的工作原理设计了现代计算机的雏形,并确定了计算机的五大组成部分。冯·诺依曼的这一设计思想被誉为是计算机发展史上的里程碑。到目前为止,虽然计算机发展很快,但存储程序原理仍然是计算机的基本工作原理,这一原理决定了人们使用计算机主要方式——编写程序和运行程序。

根据存储程序和程序控制的概念,在计算机运行过程中,实际上有两种信息在流动。一种是数据流,这包括原始数据和指令,它们在程序运行前已经预先送至主存中。在运行程序时数据被送往运算器参与运算,指令被送往控制器。另一种是控制信号,它是由控制器根据指令的内容发出的,指挥计算机各部件执行指令规定的各种操作或运算,并对执行流程进行控制。

计算机不仅能按照指令的存储顺序,依次读取并执行指令,而且还能根据指令执行结果进行程序的灵活转移,使得计算机具有判断思维的能力。

1.3 微型计算机的系统结构

1.3.1 微型计算机的系统与系统的层次结构

一个完整的微型计算机系统由硬件系统和软件系统两大部分组成。硬件和软件是一个有机的整体,必须协同工作才能发挥计算机的作用。当然,硬件和软件之间并没有一条明确的分界线。任何一个由软件完成的操作也可以直接由硬件来实现,而任何一个由硬件所执行的指令也能够用软件来完成。软件和硬件之间的界线是经常变化的。今天的软件可能就是明天的硬件;反之亦然。

硬件系统主要由主机(CPU、主存储器)和外部设备(输入/输出设备、辅存)构成,它是计算机的物质基础。软件是支持计算机工作的程序,它需要人们根据机器的硬件结构和要解决的实际问题预先编制好,并且输入到计算机的内存中。软件系统由系统软件和应用软件等组成。

微型计算机系统的组成由小到大可分为微处理器、微型计算机、微型计算机系统 3 个层次结构,如图 1.3 所示。

(1) 微处理器(Microprocessor)

微处理器也称微处理机,它是微型计算机的核心部件,是一个大规模集成电路芯片,其上集成了运算器、控制器、寄存器组和内部总线等部件。有时为了把大、中型计算机的中央处理器与微处理器区别开来,而称后者为 MPU。所以微处理器不等于计算机,而只是微型计算机中执行控制和运算的一个硬件组成部分。

(2) 微型计算机(Microcomputer)

微型计算机是以微处理器为基础,配以存储器、系统总线及输入/输出接口电路所组成的硬件裸机。它包括微型计算机运行时所需要的软件支持,没有软件支持无法工作。

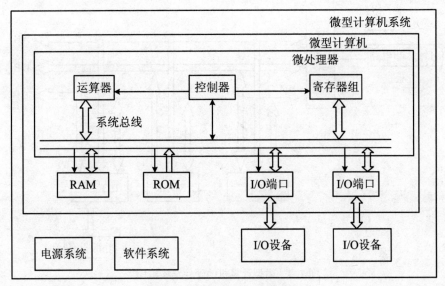

图 1.3　微型计算机系统的组成

（3）微型计算机系统（Microcomputer System）

以微型计算机为核心，配上电源系统、输入/输出设备及软件系统就构成了微型计算机系统。没有软件系统的计算机，无法工作，只有加上软件程序才能运行。软件系统包括系统软件和应用软件。系统软件主要包括操作系统、诊断系统、服务程序、汇编程序、语言编译系统等。

应用软件也称用户程序，是用户利用计算机来解决自己的某些问题而编制的程序。

1.3.2　微型计算机的硬件结构

从微型计算机系统结构上来看，微型计算机的硬件主要由 CPU、存储器、I/O接口和 I/O 设备组成，各组成部分之间通过系统总线联系起来。系统总线是各部件之间传送信息的公共通道，包括地址总线（AB）、数据总线（DB）和控制总线（CB）。

微型计算机的硬件结构如图 1.4 所示。

1. 微处理器（MPU）

不同型号的微型计算机，其性能优劣主要取决于其 MPU 性能的不同。MPU由控制器、运算器和寄存器组 3 个主要部分组成。

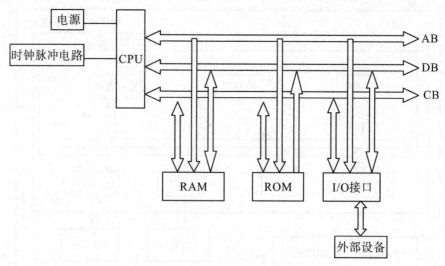

图 1.4   微型计算机的硬件结构框图

（1）控制器

控制器是计算机的指挥中心，主要功能是从内存中取出指令，并指出下一条指令在内存中的位置，将取出指令经指令寄存器送往指令译码器，经过对指令的分析发出相应的控制和定时信息，控制和协调计算机的各个部件有条不紊的工作，以完成指令所规定的操作。它的作用是从存储器中取出指令，然后分析指令，发出由该指令规定的一系列操作命令，完成指令的功能。控制器主要由程序计数器（PC）、指令寄存器（IR）、指令译码器（ID）、时序信号发生器等部件构成。控制器是计算机的关键部件，它的功能直接关系到计算机的性能。

（2）运算器

运算器又称算术逻辑单元（Arithmetic and Logical Unit，ALU），是用二进制进行算术运算和逻辑运算的部件，它以加法运算为核心，可以完成加、减、乘、除四则运算和各种逻辑运算，新型 CPU 的运算器还可以完成各种浮点运算。不同的计算机，运算器的结构也不同，但最基本的结构都是由算术/逻辑运算单元（ALU）、累加器（ACC）、寄存器组、多路转换器和数据总线等逻辑部件组成的。运算器的功能和速度对计算机来说至关重要。

（3）寄存器组

寄存器组是 CPU 内部的若干个存储单元。用来存放参加运算的二进制数据以及保存运算结果。一般可分为通用寄存器和专用寄存器，通用寄存器可供程序员编程使用，专用寄存器的作用是固定的，如堆栈指针、标志寄存器等。

2. 存储器

这里讲的存储器是指内存储器(内存),用来存放计算机的指令和数据。存储器以单元为单位线性编址,CPU 按地址读/写其单元,通常一个单元可存放 8 位二进制数(即 1 个字节)。计算机程序只有存放到内存中才能被执行。内存可分为随机存储器(Random Access Memory,RAM)和只读存储器(Read Only Memory,ROM)两大类。

3. 输入/输出接口与输入/输出设备

输入/输出设备(简称 I/O 设备)是微机与外界联系的设备,简称为外设。计算机通过外设获得各种外界信息,并且通过外设输出运算处理结果。常用的输入设备有键盘、鼠标、扫描仪、摄像机等,常用的输出设备有显示器、打印机、绘图仪等。

微型计算机与 I/O 设备间的连接与信息交换不能直接进行,必须通过输入/输出接口(I/O 接口)将二者连接起来。I/O 接口实质上是将外设连接到总线上的一组逻辑电路的总称。

4. 系统总线(Bus)

总线是一组信号线的集合,是在计算机系统各部件之间传输地址、数据和控制信息的公共通路。从物理结构来看,它由一组导线和相关的控制、驱动电路组成。

微型计算机采用总线结构,CPU 通过总线实现读取指令,并通过它与内存、外设之间进行数据交换。

在 CPU、存储器、I/O 接口之间传输信息的总线称为"系统总线"。系统总线包括以下三部分:

(1) 地址总线(Address Bus,AB)

它是单向总线,用于传送 CPU 发出的地址信息,以指明与 CPU 交换信息的内存单元或 I/O 设备。

(2) 数据总线(Data Bus,DB)

它是双向总线,用于 CPU 与内存或外设之间进行数据交换时传输数据信息。

(3) 控制总线(Control Bus,CB)

控制总线用于传送控制信号、时序信号和状态信号等。CPU 向内存或外设发出的控制信息以及内存或外设向 CPU 发出的状态信息均可通过它来传送。可见,作为一个整体而言,CB 是双向的,而对 CB 中的每一根线来说,它是单向的。

习题与思考题

1. 计算机分哪几类？各有什么特点？
2. 冯·诺依曼型计算机的设计方案有哪些特点？
3. 微处理器和微型计算机的发展经历了哪些阶段？各典型芯片具有哪些特点？
4. 微型计算机的特点和主要性能指标有哪些？
5. 常见的微型计算机硬件结构由哪些部分组成？各部分的主要功能和特点是什么？
6. 简述微处理器、微计算机及微计算机系统三个术语的内涵。
7. 什么是微型计算机的系统总线？说明数据总线、地址总线、控制总线各自的作用。

第 2 章　8086 微处理器

本章重点介绍 8086 微处理器的一般性能特点,内部编程结构的两大组成部分及在信息处理中的相互协调关系,处理器状态字 PSW 及各个标志位,8086 微机系统的存储器结构,微处理器的性能指标、内部组成及寄存器结构。

本章学习要点:

- 8086 微处理器的外部引脚特性;
- 8086 微处理器的存储器和 I/O 组织;
- 8086 的时钟和总线概念以及最小/最大工作方式;
- 80x86、Pentium 高档微处理器的组成结构和特点。

2.1　8086 微处理器的结构

Intel 8086 微处理器是 Intel 公司于 1978 年 6 月推出的 16 位微处理器,采用高性能的 N 沟道、耗尽型硅栅工艺(NMOS)制造,封装在标准 40 引脚的双列直插式(DIP)管壳内,内部包含约 29000 个晶体管。

Intel 8086 CPU 有 16 位数据总线和 20 位地址总线,直接寻址的存储空间为 1 MB(2^{20}),用其中的 16 位地址总线,可以访问 64 KB(2^{16})的输入/输出端口。

Intel 8086 CPU 工作时钟频率有三种:8086 CPU 为 5 MHz,8086-2 CPU 为 8 MHz,8086-1 CPU 为 10 MHz。Intel 8086 CPU 还提供了一套完整的、功能强大的指令系统。

8086/8088 微处理器是 Intel 公司推出的第三代 CPU 芯片,它们的内部结构基本相同,都采用 16 位结构进行操作及存储器寻址,但外部性能有所差异。

8086 CPU 在内部采用了并行流水线结构,可以提高 CPU 的利用率和处理速度。

芯片内设有硬件乘除指令部件和串处理指令部件,可对位、字节、字串、BCD 码等多种数据类型进行处理。

8086 CPU 被设计为支持多处理器系统,因此能方便地与数值协处理器 8087

或其他协处理器相连,构成多处理器系统,从而提高系统的数据处理能力。8086 CPU 还具有一个功能相对完善的指令系统,能对多种类型的数据进行处理,使程序设计方便、灵活。

8086 CPU 利用 16 位的地址总线来进行 I/O端口寻址,可寻址 64KB 的 I/O 端口;中断功能强,可处理内部软件中断和外部中断,中断源可达 256 个。8086 CPU 芯片如图 2.1 所示。

图 2.1　8086 CPU 芯片

2.1.1　8086 CPU 的功能结构

8086 CPU 的功能结构框图如图 2.2 所示。

从功能上讲,8086 CPU 分为两部分,即总线接口部件(Bus Interface Unit, BIU)和执行部件(Execution Unit,EU)。

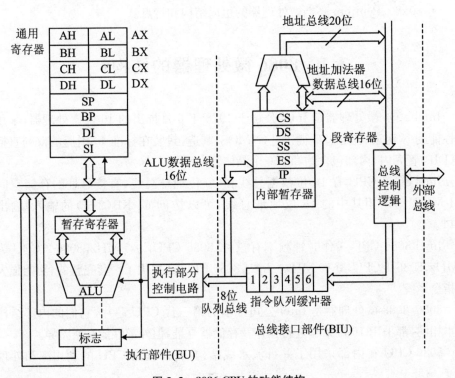

图 2.2　8086 CPU 的功能结构

1. 总线接口部件 BIU

BIU 的功能：根据执行部件（EU）的请求，负责管理和完成 CPU 与存储器或 I/O 设备之间的数据传送。具体来看，其功能有：完成取指令送指令队列，配合执行部件的动作，从内存单元或 I/O 端口取操作数，或者将操作结果送内存单元或者 I/O 端口。

BIU 由下列各部分组成：

① 4 个 16 位段地址寄存器，即代码段寄存器（CS）、数据段寄存器（DS）、附加段寄存器（ES）和堆栈段寄存器（SS），它们分别用于存放当前代码段、数据段、附加段和堆栈段的段基址。在 8086 系统中，20 条地址总线可寻址的存储空间达 1 MB，8086 的内部结构以及内部数据的直接处理能力和寄存器都只有 16 位，故只能直接提供 16 位地址，只能寻址 64 KB 存储空间。

为了解决这个问题，把整个 1 MB 存储空间分成许多逻辑段，每个逻辑段的最大容量为 64 KB，通常将段起始地址的高 16 位地址码称作"段基址"，存放在 4 个段寄存器（CS、DS、ES、SS）中。段内地址是连续的，逻辑段之间可以是连续的，也可以是分开的或重叠的。但是段的首地址必须能被 16 整除，即每段首地址的低 4 位必须为 0，高 16 位就是段基地址值。

段内的偏移地址可以用 8086 的 16 位通用寄存器（如 BX、IP、BP、SP、S1、DI）来存放，通常称作"偏移量"。

工作时，允许段首地址在整个存储空间浮动，这样，只要通过段地址和段内偏移地址就可以访问 1 MB 内的任何一个存储单元。

段基址表示 20 位段起始地址的高 16 位，段起始地址的低 4 位固定是 0。

② 16 位指令指针（IP）：IP 用于存放下一条要执行指令的有效地址（EA，即偏移地址），IP 的内容由 BIU 自动修改，通常是进行加 1 修改。当执行转移指令、调用指令时，BIU 装入 IP 中的是转移目的地址。IP 实际上是指令机器码存放单元的地址指针，IP 的内容可以被转移指令强制改写。但程序不能直接访问 IP，即不能用指令去取出 IP 的值或给 IP 赋值。

偏移地址表示离段起始地址之间的距离，用字节数表示。如偏移地址 = 0064H，表示该地址距离段起始地址有 100 B，偏移地址为 0 就表示该地址为段起始地址。

由段基址（段寄存器的内容）和偏移地址两部分构成了存储器的逻辑地址，如 CS:IP = 3000:2000H，CS:IP = 0200:1020H 等，都是逻辑地址。

③ 20 位物理地址加法器：加法器用于将逻辑地址变换成读/写存储器所需的 20 位物理地址，即完成地址加法操作。方法是将某一段寄存器的内容（代表段基

址)左移 4 位(相当乘 16)再加上 16 位偏移地址以形成 20 位物理地址。

④ 6 字节的指令队列:当执行单元 EU 正在执行指令中,且不需要占用总线时,BIU 会自动进行预取下一条或几条指令的操作,并按先后次序存入指令队列中排队,由 EU 按顺序取来执行。

⑤ 总线控制逻辑:总线控制逻辑用于产生并发出总线控制信号,以实现对存储器和 I/O 端口的读/写控制。它将 CPU 的内部总线与 16 位的外部总线相连,是 CPU 与外部打交道(读/写操作)必不可少的路径。

2. 执行部件(EU)

EU 的功能:负责指令的执行,从总线接口部件 BIU 的指令队列中取出指令代码,经指令译码器译码后执行指令规定的全部功能,利用内部寄存器和算术逻辑运算单元通过数据总线产生访问内存的 16 位有效地址。实际上它既有控制器的功能,也有运算器的功能。

由图 2.2 可知,EU 包括下列几个部分:

① 算术逻辑单元 ALU(Arithmetic and Logic Unit):ALU 完成 16 位或 8 位的二进制数的算术逻辑运算,绝大部分指令的执行都由 ALU 完成。在运算时数据先传送至 16 位的暂存寄存器中,经 ALU 处理后,运算结果可通过内部总线送入通用寄存器或由 BIU 存入存储器。

② 标志寄存器 FR (Flags):它用来反映 CPU 最近一次运算结果的状态特征或存放控制标志。FR 为 16 位,其中 7 位未用。

③ 通用寄存器组(General Purpose Register):它包括:4 个数据寄存器 AX、BX、CX、DX,其中 AX 又称累加器;4 个专用寄存器,即基址指示器(BP)、堆栈指示器(SP)、源变址寄存器(SI)和目的变址寄存器(DI)。

④ EU 控制器(Controller):它接收从 BIU 中指令队列取来的指令,经过指令译码形成各种定时控制信号,向 EU 内各功能部件发送相应的控制命令,以完成每条指令所规定的操作。指令队列出现空字节,BIU 就立即自动地从内存中取出后续的指令放入队列。

3. BIU 和 EU 的动作管理

BIU 和 EU 动作管理的原则是按流水线技术原则协调工作,共同完成所要求的信息处理任务。

总线接口单元和执行单元并不是同步工作,但是,两者的动作管理仍然是有原则的,体现在下面几个方面:

每当 8086 的指令队列中有 2 个空字节,或者 8088 的指令队列中有 1 个空字节时,总线接口部件就会自动把指令取到指令队列中。

　　每当执行部件准备执行一条指令时,它会从总线接口部件的指令队列前部取出指令的代码,然后用几个时钟周期去执行指令。在执行指令的过程中,如果必须访问存储器或者输入/输出设备,那么执行部件就会请求总线接口部件进入总线周期去访问内存或者输入/输出端口的操作;如果此时总线接口部件正好处于空闲状态,那么,会立即响应执行部件的总线请求。但有时会遇到这样的情况:执行部件请求总线部件访问总线时,总线接口部件正在将某个指令字节取到指令队列中,此时,总线接口部件将首先完成这个指令的总线周期,然后再去响应执行部件发出的访问总线的请求。

　　当指令队列已满,而且执行部件对总线接口部件又没有总线访问请求时,总线接口部件便进入空闲状态。

　　在执行转移指令、调用指令和返回指令时,下面要执行的指令就不是在程序中紧接着排列的那条指令了,而总线接口部件往指令队列装入指令时,总是按顺序进行的,这样,指令队列中已经装入了的字节就没有用了。遇到这种情况,指令队列中的原有内容被自动清除,总线接口部件会接着往指令队列中装入另一个程序段中的指令。

　　早期的微处理器,程序的执行是由取指和执行指令交替进行的,取指期间,CPU 必须等待。如图 2.3(a)所示,指令的提取和执行是串行进行的。

　　在 8086 中,由于 EU 和 BIU 两部分是按流水线方式并行工作的,在 EU 执行指令的过程中,BIU 可以取出多条指令,放进指令流队列中排队。EU 仅仅从 BIU 中的指令队列中不断地取指令并执行指令,因而省去了访问内存取指令的时间,加快了程序运行速度。这也正是 8086 CPU 成功的原因之一。它的执行过程如图 2.3(b)所示,取指令和执行指令由两套不同的结构同时进行。

(a) 早期微处理器指令的执行过程　　　　(b) 8086微处理器指令的执行过程

图 2.3　早期一般处理器与 8086 处理器指令的执行过程对比

2.1.2　8086 的寄存器结构

　　Intel 8086 CPU 的寄存器结构如图 2.4 所示。8086 内部有 14 个 16 位寄存器,可以分为通用寄存器(8 个)、段寄存器(4 个)和控制寄存器(2 个)3 组。

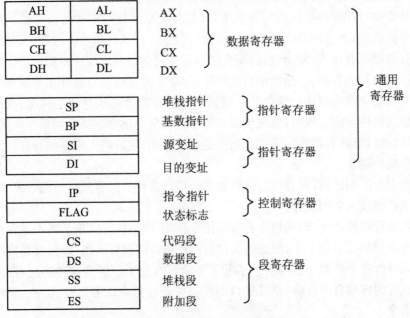

图 2.4 8086 CPU 的寄存器结构

1. 通用寄存器组

通用寄存器可以分为两组:数据寄存器、地址指针和变址寄存器。

(1) 数据寄存器

数据寄存器包括 AX、BX、CX、DX 四个 16 位寄存器,主要用来保存算术、逻辑运算的操作数、中间结果和地址。它们既可以作为 16 位寄存器使用,也可以将每个寄存器高字节和低字节分开作为两个独立的 8 位寄存器使用。而 8 位寄存器(AL、BL、CL、DL、AH、BH、CH、DH)只能用于存放数据。

① AX 的默认用法:在 I/O 指令中必须使用 AX 或 AL;

② BX 常作为基地址寄存器;

③ CX 在串操作或用循环指令(如 LOOP 等)中作为循环计数器;

④ DX 作为数据寄存器,在 I/O 端口操作中存放端口地址,与 AX 配合形成 32位数据。

(2) 地址指针和变址寄存器

地址指针和变址寄存器组包括 SP、BP、SI、DI 四个 16 位寄存器。它们主要用来存放或指示操作数的偏移地址。

堆栈指针中存放的是当前堆栈段中栈顶的偏移地址。堆栈操作指令 PUSH

和 POP 就是从 SP 中得到操作数的段内偏移地址的。

BP 是访问堆栈时的基址寄存器。BP 中存放的是堆栈中某一存储单元的偏移地址，SP、BP 通常和 SS 联用。

SP 和 BP 通常用来作为 16 位地址指针。

① SP 存放堆栈段栈顶存储单元的偏移量，且总是指向栈顶，进栈与出栈的操作(字操作)全部由 SP 来指明偏移地址。堆栈指针隐含使用。

② BP 作地址指针时，默认的也是堆栈段，用 BP 作地址指针可以对堆栈中任何字节存储单元或字单元进行操作，这是与 SP 不同之处。BP 指明的存储单元可以允许段跨越。

SI 和 DI 称为变址寄存器。它们通常与 DS 联用，为程序访问当前数据段提供操作数的段内偏移地址。SI 和 DI 除作为一般的变址寄存器外，在串操作指令中 SI 规定用作存放源操作数(即源串)的偏移地址，称为源变址寄存器；DI 规定用作存放目的操作数(目的串)的偏移地址，故称为目的变址寄存器；两者不能混用。由于串操作指令规定源字符串必须位于当前数据段 DS 中，目的串必须位于附加段 ES 中，所以 SI 和 DI 中的内容分别是当前数据段和当前附加段中某一存储单元的偏移地址。

当 SI、DI 和 BP 不作指示器和变址寄存器使用时，也可将它们当做一般数据寄存器使用，存放操作数或运算结果。需要注意的是：

① 在串操作指令中，源串操作数必须用 SI 提供偏移量，目的串操作数必须用 DI 提供偏移量。对于串操作指令，SI、DI 的作用不能互换，必须严格按规定使用。

② 在串指令以外的多数情况下，SI 和 DI 可以由用户随意使用，被用来作地址寄存器，在变址寻址中 SI、DI 的内容作为段内偏移量的组成部分。

③ SI、DI 寄存器除作为地址寄存器外，同 BP 类似，也可以作为通用数据寄存器使用，存放操作数和运算结果。

以上 8 个 16 位通用寄存器在一般情况下都具有通用性，但是，为了缩短指令代码的长度，某些通用寄存器又规定了专门的用途。例如，在字符串处理指令中约定必须用 CX 作为计数器存放串的长度。这样，在指令中就不必给出 CX 寄存器名，缩短了指令长度，简化了指令的书写形式，这种使用方法称为"隐含寻址"。隐含寻址实际上就是在指令中隐含地使用了一些通用寄存器，而这些通用寄存器不直接在指令中表现出来。表 2.1 列出了 8086 CPU 中通用寄存器的特殊用途和隐含性质。

表 2.1　8086 CPU 中通用寄存器的特殊用途和隐含性质

特殊用途	特　殊　用　途	隐含性质
AX, AL	在输入/输出指令中作数据寄存器	不能隐含
	在乘法指令中存放被乘数和乘积,在除法指令中存放被除数和商	隐含
AH	在 LAHF 指令中作目标寄存器用	隐含
	在十进制运算指令中作累加器用	隐含
AL	在 XLAT 指令中作累加器用	隐含
BX	在间接寻址中作基址寄存器用	不能隐含
	在 XLAT 中作基址寄存器用	隐含
CX	在串操作指令和 LOOP 指令中作计数器用	隐含
CL	在移位/循环移位指令中作移位次数计数器用	不能隐含
DX	在字乘法/除法指令中存放乘积高位或被除数高位或余数	隐含
	在间接寻址的输入/输出指令中作地址寄存器用	不能隐含
SI	在字符串运算指令中作源变址寄存器用	隐含
	在间接寻址中作变址寄存器用	不能隐含
DI	在字符串运算指令中作目的寄存器用	隐含
	在间接寻址中作变址寄存器用	不能隐含
BP	在间接寻址中作基址指针用	不能隐含
SP	在堆栈操作中作堆栈指针用	隐含

2. 段寄存器组

8086 CPU 有 20 根地址线,可直接寻址 1 MB 的存储空间。由于直接寻址时需要 20 位地址码,而所有的内部寄存器,包括段寄存器,都是 16 位的,用它们作地址寄存器,只能直接寻址 64 KB 单元。因此,在 8086 CPU 中采用存储空间分段技术来解决这一矛盾,将 1 MB 的存储空间分成若干个逻辑段,每段最大长度为 64 KB。这些逻辑段可在整个 1 MB 存储空间内浮动,但是段的起始地址必须能被 16 整除。这样对于 20 位的段起始地址,其低 4 位为 0,可暂时先忽略,而只有高 16 位是有效数字,可存放在 16 位的寄存器中。在形成 20 位物理地址时,段寄存器中的 16 位数会自动左移 4 位,然后与 16 位偏移量相加,如图 2.5 所示。

在形成物理地址时,究竟是取哪一个段寄存器的内容作为段基址,取决于 CPU 做何操作。对于取指操作,是将当前 CS 中的内容左移 4 位(相当乘 16)再加上 IP 的内容,形成 20 位指令地址;对于存取数据操作,是将当前数据段寄存器 DS 中的段基址左移 4 位,再与 16 位偏移地址 EA 相加,形成 20 位的物理地址;对于压栈和弹栈操作,是将当前堆栈段寄存器 SS 中的段基址左移 4 位,再与 SP 相加,形成 20 位的物理地址;在对目的串操作时,是以当前附加段寄存器 ES 中的段基址左移 4 位,再与 DI 相加以形成 20 位的物理地址。

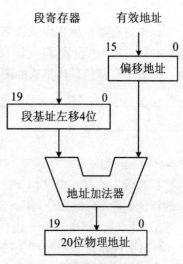

图 2.5　8086 物理地址的形成

　　上述各种操作所选取的段寄存器称为基本段约定。除了基本段约定之外,8086 还允许部分改变基本段约定,如存取数据的基本段为数据段,但可以临时改变为代码段、附加段或堆栈段,即数据不仅可在数据段,还可在代码段、附加段和堆栈段中。这种情况称为段超越。8086 的基本段约定和允许的段超越如表 2.2 所示。表中的"无"表示不允许修改。

表 2.2　8086 的基本段约定和允许的段超越

CPU 执行的操作	基本段约定	允许修改的段	偏移地址
取指令	CS	无	IP
压栈、弹栈	SS	无	SP
源串	DS	CS,ES,SS	SI
目的串	ES	无	DI
通用数据读写	DS	CS,ES,SS	有效地址 EA
BP 作间址寄存器	SS	CS,DS,ES	有效地址 EA

3. 控制寄存器

(1) 指令指针

在总线接口部件 BIU 中设置了一个 16 位的指令指针寄存器 IP,其作用是用来存放将要执行的下一条指令在现行代码段中的偏移地址。程序运行中,IP 的内容由 BIU 自动修改,使 IP 始终指向下一条将要执行的指令地址。因此,IP 实际上起着控制指令流的执行流程的作用,是一个十分重要的控制寄存器。正常情况下,程序是不能直接访问(修改)IP 的内容的,但当需要改变程序执行顺序时,例如在遇到中断指令或调用指令时,IP 中的内容将被自动修改。

（2）标志寄存器

标志寄存器也称程序状态字寄存器（简写为 PSW），用来存放指令执行结果特征。8086 CPU 中设置了一个 16 位标志寄存器，位于 EU 单元中，实际只用了 9 位。标志寄存器的具体格式如图 2.6 所示。9 位标志分为两类。

15															0
			OF	DF	IF	TF	SF	ZF		AF		PF			CF

图 2.6　标志寄存器

• 状态标志

状态标志位有 6 个，由 CPU 在运算过程中自动置位或清零，用来表示运算结果的特征。除 CF 标志外，其余 5 个状态标志一般不能直接设置或改变。

① CF（Carry Flag）——进位标志。当算术运算结果使最高位（对字节操作是 D_7 位，对字操作是 D_{15} 位）产生进位或借位，CF＝1；否则 CF＝0。循环移位指令执行时也会影响此标志。

② PF（Parity Flag）——奇偶标志。若本次运算结果中的低 8 位含有偶数个 1，则 PF＝1；否则 PF＝0。

③ AF（Auxiliary Carry Flag）——辅助进位标志。运算过程中若 D_3 位有进位或借位，AF＝1；否则 AF＝0。该标志用于 BCD 运算中的十进制调整。

④ ZF（Zero Flag）——零标志。若运算结果为 0，则 ZF＝1；否则 ZF＝0。

⑤ SF（Sign Flag）——符号标志。它总是与运算结果的最高有效位相同，用来表示带符号数运算结果是正还是负。

⑥ OF（Overflow Flag）——溢出标志。当带符号数的补码运算结果超出了机器所能表达的范围时，就会产生溢出，这时溢出标志位 OF＝1。具体来说，就是当带符号数字节运算的结果超出了－128～＋127 的范围，或者字运算时的结果超出了－32768～＋32767 的范围，称为溢出。OF 溢出的判断方法如下：

加法运算：

若两个加数的最高位为 0，而和的最高位为 1，则产生上溢出；

若两个加数的最高位为 1，而和的最高位为 0，则产生下溢出；

两个加数的最高位不相同时，不可能产生溢出。

减法运算：

若被减数的最高位为 0，减数的最高位为 1，而差的最高位为 1，则产生上溢出；

若被减数的最高位为 1，减数的最高位为 0，而差的最高位为 0，则产生下溢出；

被减数及减数的最高位相同时，不可能产生溢出。

如果所进行的运算是带符号数的运算，则溢出标志恰好能够反映运算结果是否超出了 8 位或 16 位带符号数所能表达的范围，即字节运算大于＋127 或小于

－128时，或者字运算大于＋32767 或小于－32768 时，该位置 1，反之为 0。例如：

$$\begin{array}{r} 0101 \quad 0100 \quad 0011 \quad 1001 \\ +\quad 0100 \quad 0101 \quad 0110 \quad 1010 \\ \hline 1001 \quad 1001 \quad 1010 \quad 0011 \end{array}$$

执行运算后，CF＝0，AF＝1，PF＝1，ZF＝0，SF＝1，OF＝1（两正数相加结果为负）。

一般来讲，不是每次运算后所有的标志都改变，只是在某些操作之后，才对其中某个标志进行检查。

- 控制标志

控制标志是用来控制 CPU 的工作方式或工作状态的标志。用户可以使用指令设置或清除。

① IF(Interrupt Flag)——中断允许标志。它是控制可屏蔽中断的标志。当 IF＝1 时，允许 CPU 响应可屏蔽中断；当 IF＝0 时，即使外设有中断申请，CPU 也不响应，即禁止中断。

② DF(Direction Flag)——方向标志。该标志用来控制串操作指令中地址指针的变化方向。在串操作指令中，若 DF＝0，地址指针为自动增量，即由低地址向高地址进行串操作；若 DF＝1，地址指针自动减量，即由高地址向低地址进行串操作。

③ TF(Trap Flag)——单步标志。当 TF＝1 时，CPU 为单步方式，即每执行完一条指令就自动产生一个内部中断，使用户可逐条跟踪程序进行调试。当 TF＝0 时，CPU 正常执行程序。

2.1.3　8086 的存储器组织

(1) 存储容量

8086 有 20 根地址总线，因此，它可以直接寻址的存储器单元数为 $2^{20}＝1$ MB。

(2) 物理地址

8086 可直接寻址 1 MB 的存储空间，其地址区域为 00000H～FFFFFH，对于与存储单元一一对应的 20 位地址，我们称之为存储单元的物理地址。

(3) 存储器的分段及段地址

由于 CPU 内部的寄存器都是 16 位的，为了能够提供 20 位的物理地址，系统中采用了存储器分段的方法。规定存储器的一个段为 64 KB，由段寄存器来确定存储单元的段地址，由指令提供该单元相对于相应段起始地址的 16 位偏移量。

这样，系统的整个存储空间可分为 16 个互不重叠的逻辑段，如图 2.7 所示。

存储器的每个段的容量为 64 KB,并允许在整个存储空间内浮动,即段与段之间可以部分重叠、完全重叠、连续排列,非常灵活,如图 2.8 所示。

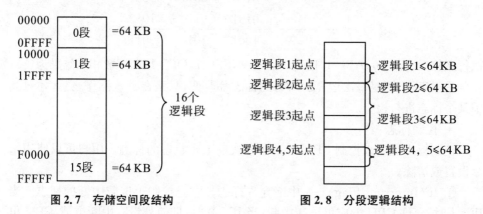

图 2.7　存储空间段结构　　　　　　　图 2.8　分段逻辑结构

（4）偏移地址

偏移地址是某存储单元相对其所在段起始位置的偏移字节数,或简称偏移量。它是一个 16 位的地址,根据指令的不同,它可以来自于 CPU 中不同的 16 位寄存器(IP、SP、BP、SI、DI、BX 等)。

（5）物理地址的形成

物理地址是由段地址与偏移地址共同决定的,段地址来自于段寄存器(CS、DS、ES、SS),是 16 位地址。由段地址及偏移地址计算物理地址的表达式如下:

$$物理地址 = 段地址 \times 16 + 偏移地址$$

例如:系统启动后,指令的物理地址由 CS 的内容与 IP 的内容共同决定,由于系统启动的 CS=0FFFFH,IP=0000H,所以初始指令的物理地址为 0FFFF0H,我们可以在 0FFFF0H 单元开始的几个单元中,固化一条无条件转移指令的代码,即转移到系统初始化程序部分。

（6）存储器分段组织带来存储器管理的新特点

① 在程序代码量、数据量不是太大的情况下,可使它们处于同一段内,即使它们在 64 KB 的范围内,这样可以减少指令的长度,提高指令运行的速度;

② 内存分段为程序的浮动分配创造了条件;

③ 物理地址与逻辑地址并不是一一对应的;

④ 各个分段之间可以重叠。

（7）特殊的内存区域

8086 系统中,有些内存区域的作用是固定的,用户不能随便使用,如中断矢量区:00000H～003FFH 共 1 KB,用以存放 256 种中断类型的中断矢量,每个中断矢量占用 4 B,共 256×4 B＝1024 B＝1 KB。

　　显示缓冲区:B0000H~B0F9FH 约 4000(25×80×2)KB,是单色显示器的显示缓冲区,存放文本方式下所显示字符的 ASCII 码及属性码;B8000H~BBF3FH 约 16 KB,是彩色显示器的显示缓冲区,存放图形方式下屏幕显示像素的代码。

　　启动区:FFFF0H~FFFFFH 共 16 个单元,用以存放一条无条件转移指令的代码,转移到系统的初始化部分。

　　需注意的是:逻辑地址即是思维性的表示,由于 8086 的寄存器最大为 16 位,因此地址在寄存器中按 16 位大小存放。由段地址和偏移地址联合表示的地址类型叫逻辑地址,例如 2000H:1000H,这里的 2000H 表示段的起始地址,即段地址,而 1000H 则表示偏移地址,表示逻辑地址时总是书写成“段地址:偏移地址”。

　　物理地址即是真实存在的唯一地址,是指内存中各个单元的单元号,由于 8086 有 20 条地址线,因此可寻址 2^{20},按 2 进制位表示规则,即有 20 位,这个就是物理地址。物理地址因为超过了寄存器大小(16 位),所以无法直接存放,需要合成,公式为物理地址＝段地址×10H＋偏移地址,公式中的数据可从逻辑地址获得。逻辑地址是 16 位的,因此范围是 2^{16},即 64 KB。物理地址是 20 位的,因此范围是 2^{20},即 1 MB。

2.1.4　8086 的总线周期的概念

　　为了取得指令或传送数据,就需要 CPU 的总线接口部件执行一个总线周期。为了便于叙述后面的内容,在此,先对总线周期的概念作一个介绍。

　　在 8086 中,一个最基本的总线周期由 4 个时钟周期组成,时钟周期是 CPU 的基本时间计量单位,它由计算机主频决定。比如,8086 的主频为 5 MHz,1 个时钟周期就是 200 ns。在 1 个最基本的总线周期中,习惯上将 4 个时钟周期分别称为 4 个状态,即 T_1 状态、T_2 状态、T_3 状态和 T_4 状态。

　　(1) 在 T_1 状态

　　CPU 往多路复用总线上发出地址信息,以指出要寻址的存储单元或外设端口的地址。

　　(2) 在 T_2 状态

　　CPU 从多路复用总线上撤销地址,而使总线的低 16 位浮置成高阻状态,为传输数据作准备。地址总线的最高 4 位(A_{19}~A_{16})用来输出本总线周期状态信息。这些状态信息用来表示中断允许状态、当前正在使用的段寄存器名等。

　　(3) 在 T_3 状态

　　多路总线的高 4 位继续提供状态信息,而多路总线的低 16 位(8088 则为低 8

位)上出现由 CPU 写出的数据或者 CPU 从存储器或端口读入的数据。

（4）在 T_w 状态

在有些情况下外设或存储器速度较慢，不能及时地配合 CPU 传送数据。这时，外设或存储器会通过"READY"信号线在 T_3 状态启动之前向 CPU 发一个"数据未准备好"信号，于是 CPU 会在 T_3 之后插入 1 个或多个附加的时钟周期 T_w。T_w 也叫等待状态。在 T_w 状态，总线上的信息情况和 T_3 状态的信息情况一样。当指定的存储器或外设完成数据传送时，便在"READY"线上发出"准备好"信号，CPU 接收到这一信号后，会自动脱离 T_w 状态而进入 T_4 状态。

（5）在 T_4 状态

在 T_4 状态，总线周期结束。需要指出，只有在 CPU 和内存或 I/O 接口之间传输数据，以及填充指令队列时，CPU 才执行总线周期。如果在 1 个总线周期之后，不立即执行下一个总线周期，那么，系统总线就处在空闲状态，此时，执行空闲周期。

2.2　8086 的引脚信号及工作模式

8086 CPU 采用 40 个引脚的双列直插式封装形式。图 2.9 是 8086 的引脚图。

8086 CPU 属高性能微处理器，由于芯片对外联系的信息远大于 40，为此采用分时复用的地址/数据总线。为了解决功能多与引脚少的矛盾，8086 CPU 采用了引脚复用技术，使部分引脚具有双重功能（这也是 CPU 芯片的常用做法）。这些双功能引脚的功能转换分两种情况：一种是采用分时复用的地址/数据总线；另一种是根据微处理器的两种工作模式——最小模式和最大模式，其中 8 个引脚在不同的工作模式下定义不同的引脚功能。

2.2.1　8086 CPU 的两种工作模式

为了适应各种使用场合，在设计 8086 CPU 芯片时，就考虑了其应能够工作在两种模式下，即最小模式与最大模式。

所谓最小模式，就是系统中只有一个 8086 微处理器。在这种情况下，所有的总线控制信号都直接由 8086 CPU 产生，系统中的总线控制逻辑电路被减到最少。该模式适用于规模较小的微机应用系统。

最大模式是相对于最小模式而言的，用在中、大规模的微机应用系统中。在最大模式下，系统中至少包含两个微处理器，其中一个为主处理器，其他的微处理器称为协处理器,它们是协助主处理器工作的。

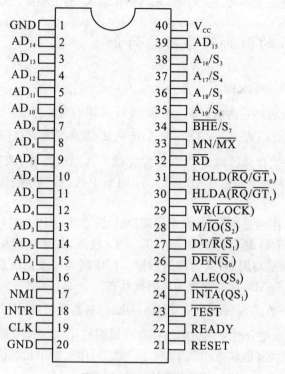

图 2.9　8086 的引脚图

与 8086 CPU 配合工作的协处理器有两类,一类是数值协处理器 8087,另一类是输入/输出协处理器 8089。

8087 是由 Intel 所设计的第一个数学辅助处理器,用来与 Intel 8088 和 8086 微处理器成对工作,是一种专用于数值运算的协处理器。它能实现多种类型的数值运算,如高精度的整型和浮点型数值运算、超越函数(三角函数、对数函数)的计算等,这些运算若用软件的方法

图 2.10　8087 的芯片图

来实现,将耗费大量的机器时间。换句话说,引入了 8087 协处理器,就是把软件功能硬件化,可以大大提高主处理器的运行速度。

8089 协处理器,在原理上有点像带有两个 DMA 通道的处理器,有一套专门用于输入/输出操作的指令系统。但是 8089 又和 DMA 控制器不同,它可以直接为

输入/输出设备服务,使主处理器不再承担这类工作。所以,在系统中增加 8089 协处理器,会明显提高主处理器的效率,尤其是在输入/输出操作比较频繁的系统中。

2.2.2 8086 的引脚及其功能简介

(1) GND, V_{CC}(输入)

GND 为接地端, V_{CC} 为电源端。8086CPU 采用的电源为 $5\,V\pm10\%$。

(2) $AD_{15}\sim AD_0$(Address/Data Bus)为地址/数据复用总线(双向、三态)

CPU 访问一次存储器或 I/O 端口称完成一次总线操作,或执行一次总线周期。一个总线周期通常包括 T_1、T_2、T_3、T_4 四个 T 状态。在每个状态 CPU 将发出不同的信号。

$AD_{15}\sim AD_0$ 作为复用引脚,在总线周期的 T_1 状态,CPU 在这些引脚上输出要访问的存储器或 I/O 端口的地址。在 $T_2\sim T_3$ 状态,如果是读周期,则处于浮空(高阻)状态;如果是写周期,则为传送数据。在中断响应及系统总线处于"保持响应"周期时,$AD_{15}\sim AD_0$ 都被浮置为高阻抗状态。

(3) $A_{19}/S_6\sim A_{16}/S_3$(Address/Status)地址/状态复用线(输出、三态)

这 4 根引脚也是分时复用引脚。在总线周期的 T_1 状态,用来输出地址的最高 4 位,在总线周期的其他状态(T_2、T_3 和 T_4 状态),用来输出状态信息。

S_6 总是为 0,表示 8086 CPU 当前与总线相连。

S_5 表明中断允许标志的当前设置。如果 $IF=1$,则 $S_5=1$,表示当前允许可屏蔽中断;如果 $IF=0$,则 $S_5=0$,表示当前禁止一切可屏蔽中断。

S_4 和 S_3 状态的组合指出当前正使用哪个段寄存器,具体规定如表 2.3 所示。

表 2.3 S_4 和 S_3 的组合及对应含义

S_4	S_3	当前正使用的段寄存器
0	0	附加段寄存器
0	1	堆栈段寄存器
1	0	代码段寄存器或未使用任何段寄存器
1	1	数据段寄存器

当系统总线处于"保持响应"周期时,$A_{19}/S_6\sim A_{16}/S_3$ 被置为高阻状态。

(4) $\overline{BHE}/S_7$(Bus High Enable/Status)高 8 位数据总线允许/状态复用引脚(输出、三态)

这是 8086 CPU 上的一个复用信号,低电平表示高 8 位数据有效。在总线周

期的 T_1 状态，8086 在 $\overline{\text{BHE}}/S_7$ 脚输出低电平，表示高 8 位数据总线 $AD_{15} \sim AD_8$ 上的数据有效；若 $\overline{\text{BHE}}/S_7$ 脚输出高电平，表示仅在低 8 位数据总线 $AD_7 \sim AD_0$ 上传送 8 位数据。

在总线周期的 T_2、T_3、T_4 状态，$\overline{\text{BHE}}/S_7$ 引脚输出状态信号，但在 8086 芯片设计中，没有赋予 S_7 实际意义。

在"保持响应"周期，$\overline{\text{BHE}}$ 被置成高阻抗状态。

（5）NMI（Non-Maskable Interrupt）非屏蔽中断输入信号（输入）

该信号边沿触发，上升沿有效。此类中断请求不受中断允许标志 IF 的控制，也不能用软件进行屏蔽。所以该引脚上由低到高的变化，就会在当前指令结束后引起中断。NMI 中断经常由电源掉电等紧急情况引起。

（6）INTR（Interrupt Request）可屏蔽中断请求信号（输入）

高电平有效。当 INTR 信号变为高电平时，表示外部设备有中断请求，CPU 在每个指令周期的最后一个 T 状态检测此引脚，一旦测得此引脚为高电平，并且中断允许标志位 IF=1，则 CPU 在当前指令周期结束后，转入中断响应周期。

（7）CLK（Clock）时钟输入信号（输入）

CLK 时钟信号提供了 CPU 和总线控制的基本定时脉冲。8086 CPU 要求时钟信号是非对称性的，要求占空比为 33%，它由时钟发生器产生。8086 CPU 的时钟频率有以下几种：8086 为 5 MHz；8086-1 为 10 MHz；8086-2 为 8 MHz。

（8）$\overline{\text{RD}}$（Read）读信号（输出、三态）

低电平有效，表示 CPU 正在对存储器或 I/O 端口进行读操作。具体是对存储器读，还是对 I/O 端口读，取决于 $M/\overline{\text{IO}}$ 信号。在读总线周期的 T_2、T_3 状态，$\overline{\text{RD}}$ 均保持低电平，在"保持响应周期"它被置成高阻抗状态。

（9）RESET 复位信号（输入）

高电平有效。至少要保持 4 个时钟周期的高电平，才能停止 CPU 的现行操作，完成内部的复位过程。在复位状态，CPU 内部的寄存器初始化，除 CS=FFFFH 外，包括 IP 在内的其余各寄存器的值均为 0。故复位后将从 FFFF：0000H 的逻辑地址，即物理地址 FFFF0H 处开始执行程序。一般在该地址放置一条转移指令，以转到程序真正的入口地址。

当复位信号变为低电平时，CPU 重新启动执行程序。

（10）READY（Ready）准备就绪信号（输入）

这是一个用来使 CPU 和低速的存储器或 I/O 设备之间实现速度匹配的信号。当 READY 为高电平时，表示内存或 I/O 设备已准备就绪，可以立即进行一次数据传输。CPU 在每个总线周期的 T_3 状态对 READY 引脚进行检测,若检测到 READY＝1,则总线周期按正常时序进行读、写操作,不需要插入等待状态 T_W。若测得 READY＝0,则表示存储器或 I/O 设备工作速度慢,没有准备好数据,则 CPU 在 T_3 和 T_4 之间自动插入一个或几个等待状态 T_W 来延长总线周期,直到检测到 READY 为高电平后才使 CPU 退出等待进入 T_4 状态,完成数据传送。

插入一个 T_W 后的总线周期为五个 T 状态：T_1、T_2、T_3、T_W、T_4。

(11) $\overline{\text{TEST}}$(test)测试信号(输入)

它与等待指令 WAIT 配合使用。当 CPU 执行 WAIT 指令时,CPU 处于空转等待状态,每 5 个时钟周期检测一次 $\overline{\text{TEST}}$引脚。当测得 TEST 为高电平时,CPU 继续处于空转等待状态;当 $\overline{\text{TEST}}$ 变为低电平后,就会退出等待状态,继续执行下一条指令。TEST 信号用于多处理器系统中,实现 8086 主 CPU 与协处理器(8087 或 8089)间的同步协调功能。

(12) MN/MX(Minimum/Maximum Mode Control)模式控制信号(输入)

由该引脚选择最大或最小模式。若此引脚接＋5 V(高电平),则 CPU 工作于最小模式;若接地(即为低电平时),则 CPU 工作于最大模式。

以上 12 类共 32 个引脚是 8086 CPU 工作在最小模式和最大模式时都要用到的信号,是公共引脚信号。还有 8 个引脚信号(第 24～31 号引脚)在不同模式下有不同的名称和定义,是双功能引脚。

(13) M/$\overline{\text{IO}}$(Memory/Input and Output)存储器或输入、输出操作选择信号
　　　(输出、三态)

这是 CPU 工作时会自动产生的输出信号,用来区分 CPU 当前是访问存储器还是访问端口。当 M/$\overline{\text{IO}}$ 为高电平时,表示 CPU 当前访问存储器;当 M/$\overline{\text{IO}}$ 为低电平时,表示当前 CPU 访问 I/O 端口。M/$\overline{\text{IO}}$信号一般在前一个总线周期的 T_4 状态就可以产生有效电平,在新总线周期中,M/$\overline{\text{IO}}$ 一直保持有效直至本周期的 T_4 状态为止。

采用 DMA 方式,M/$\overline{\text{IO}}$ 为高阻状态。

(14) $\overline{\text{DEN}}$(Data Enable)数据允许信号(输出、三态)

作为双向数据总线收发器 8286/8287 的选通信号。它在每一次存储器访问或 I/O 访问或中断响应周期有效。此信号只用于最小模式。

采用 DMA 方式时,此引脚为高阻状态。

(15) DT/$\overline{\text{R}}$(Data Transmit/Receive)数据发送/接收控制信号(输出、三态)

在使用 8286/8287 作为数据总线收发器时,8286/8287 的数据传送方向由 DT/$\overline{\text{R}}$ 控制。DT/$\overline{\text{R}}$＝1 时,数据发送;DT/$\overline{\text{R}}$＝0 时,数据接收。

采用 DMA 方式时，DT/$\overline{\text{R}}$ 为高阻状态。此信号只用于最小模式。

(16) $\overline{\text{WR}}$(Write)写信号（三态、输出）

在最小模式下作为写信号，$\overline{\text{WR}}$ 信号表示 CPU 当前正在对存储器或 I/O 端口进行写操作，由 M/$\overline{\text{IO}}$ 来区分是写存储器还是写 I/O 端口。对任何总线"写"周期，$\overline{\text{WR}}$ 只在 T_2、T_3、T_W 期间有效。

采用 DMA 方式，$\overline{\text{WR}}$ 被置成高阻状态。

(17) $\overline{\text{INTA}}$(Interrupt Acknowledge)中断响应信号（输出、三态）

在最小模式下，$\overline{\text{INTA}}$ 是 CPU 响应可屏蔽中断后发给请求中断的设备的回答信号，是对中断请求信号 INTR 的响应。CPU 的中断响应周期共占据两个连续的总线周期，在中断响应的每个总线周期的 T_2、T_3 和 T_W 期间 $\overline{\text{INTA}}$ 引脚变为有效低电平。第一个 $\overline{\text{INTA}}$ 负脉冲通知申请中断的外设，其中断请求已得到 CPU 响应；第二个负脉冲用来作为读取中断类型码的选通信号。外设接口利用这个信号向数据总线上送中断类型码。

(18) ALE(Address Latch Enable)地址锁存允许信号（输出）

在最小模式下，是 8086 CPU 提供给地址锁存器 8282/8283 的控制信号，在任何一个总线周期的 T_1 状态，ALE 输出有效电平（实际是一个正脉冲），以表示当前地址/数据、地址/状态复用总线上输出的是地址信息，并利用它的下降沿将地址锁存到锁存器。ALE 信号不能浮空。

(19) HOLD(Hold Request)总线保持请求信号（输入）

该信号是最小模式系统中除主 CPU(8086/8088)以外的其他总线控制器，如 DMA 控制器，申请使用系统总线请求信号。

(20) HLDA(Hold Acknowledge)总线保持响应信号（输出）

该信号是对 HOLD 的响应信号。当 CPU 测得总线请求信号 HOLD 引脚为高电平时，如果 CPU 又允许让出总线，则在当前总线周期结束时，T_4 状态期间发出 HLDA 信号，表示 CPU 放弃对总线的控制权，并立即使三条总线（地址总线、数据总线、控制总线，即所有的三态线）都置为高阻抗状态，表示让出总线使用权。申请使用总线的控制器在收到 HLDA 信号后，就获得了总线控制权。在此后的一段时间内，HOLD 和 HLDA 均保持高电平。当获得总线使用权的其他控制器用完总线后，使 HOLD 信号变为低电平，表示放弃对总线的控制权。8086 CPU 检测到 HOLD 变为低电平后，会将 HLDA 变为低电平，同时恢复对总线的控制。

(21) $\overline{\text{S}_2}$、$\overline{\text{S}_1}$、$\overline{\text{S}_0}$(Bus Cycles Status)总线周期状态信号（输出、三态）

在最大模式下，这 3 个信号组合起来指出当前总线周期所进行的操作类型，如

表 2.4 所示。最大模式系统中的总线控制器 8282 就是利用这些状态信号产生访问存储器和 I/O 端口的控制信号的。

表 2.4 $\overline{S_2}$、$\overline{S_1}$、$\overline{S_0}$ 组合产生的总线控制功能

$\overline{S_2}$	$\overline{S_1}$	$\overline{S_0}$	控制信号	操作过程
0	0	0	$\overline{\text{INTA}}$	发中断响应信号
0	0	1	$\overline{\text{IORC}}$	读 I/O 端口
0	1	0	$\overline{\text{IOWC}}$、$\overline{\text{AIOWC}}$	写 I/O 端口
0	1	1		暂停
1	0	0	$\overline{\text{MRDC}}$	取指令
1	0	1	$\overline{\text{MRDC}}$	读内存
1	1	0	$\overline{\text{MWTC}}$、$\overline{\text{AMWC}}$	写内存
1	1	1		无源状态

当 $\overline{S_2}$、$\overline{S_1}$、$\overline{S_0}$ 中至少有一个信号为低电平时,每一种组合都对应了一种具体的总线操作,因而称之为有源状态。这些总线操作都发生在前一个总线周期的 T_4 状态和下一总线周期的 T_1、T_2 状态期间;在总线周期的 T_3(包括 T_W)状态,且准备就绪信号 READY 为高电平时,$\overline{S_2}$、$\overline{S_1}$、$\overline{S_0}$ 三个信号同时为高电平(即 111),此时一个总线操作过程将要结束,而另一个新的总线周期还未开始,通常称为无源状态。而在总线周期的最后一个 T_4 状态,$\overline{S_2}$、$\overline{S_1}$、$\overline{S_0}$ 中任何一个或几个信号的改变,都意味着下一个新的总线周期的开始。

(22) $\overline{\text{RQ}/\text{GT}_1}$ 和 $\overline{\text{RQ}/\text{GT}_0}$(Request/Grant)总线请求信号/总线请求允许信号(输入/输出)

这两个引脚是双向的,信号为低电平有效。这两个信号是最大模式系统中主 CPU 8086 和其他协处理器(如 8087、8089)之间交换总线使用权的联络控制信号。其含义与最小模式下的 HOLD 和 HLDA 两信号类同。但 HOLD 和 HLDA 是占两个引脚,而 RQ/GT(请求/允许)是出于同一个引脚。$\overline{\text{RQ}/\text{GT}_1}$ 和 $\overline{\text{RQ}/\text{GT}_0}$ 是两个同类型的信号,表示可同时连接两个协处理器,其中 $\overline{\text{RQ}/\text{GT}_0}$ 的优先级高于 $\overline{\text{RQ}/\text{GT}_1}$。

(23) $\overline{\text{LOCK}}$(Lock)总线封锁信号(输出、三态)

当 $\overline{\text{LOCK}}$ 为低电平时,表明 CPU 不允许其他总线主模块占用总线。LOCK 信号由指令前缀 LOCK 产生。当含有 LOCK 指令前缀的指令执行完后,$\overline{\text{LOCK}}$ 引脚变为高电平,从而撤销了总线封锁。此外,在 8086 CPU 处于 2 个中断响应周期期间时，$\overline{\text{LOCK}}$信号会自动变为有效的低电平，以防止其他总线主模块在中断响应过程中占有总线而使一个完整的中断响应过程被中断。

在 DMA 期间，LOCK 被置为高阻状态。

(24) QS_1 和 QS_0(Instruction Queue Status)指令队列状态信号(输出)

QS_1、QS_0 两信号用来指示 CPU 内的指令队列的当前状态，以使外部(主要是协处理器 8087)对 CPU 内指令队列的动作进行跟踪。QS_1、QS_0 的组合与指令队列的状态对应关系如表 2.5 所示。

表 2.5　QS_1、QS_0 的组合和对应的含义

QS_1	QS_0	性　　能
0	0	无操作
0	1	队列中操作码的第一个字节
1	0	队列空
1	1	队列中非第一个操作码字节

2.2.3　最小工作模式及其系统结构

所谓最小模式，就是微型计算机系统中只有 8086 一个微处理器。在这个系统中，所有的总线控制信号直接由 8086 CPU 提供，系统中的总线控制逻辑电路被减到最少。要使 8086 工作在最小模式下，只需将 8086 CPU 的 MN/$\overline{\text{MX}}$引脚接 +5 V，图 2.11 描述了 8086 在最小模式下的典型配置。

系统特点是：总线控制逻辑直接由 8086 CPU 产生和控制。若有 CPU 以外的其他模块想占用总线，则可以向 CPU 提出请求，在 CPU 允许并响应的情况下，该模块才可以获得总线控制权，使用完后，又将总线控制权还给 CPU。

从图 2.11 中可以看到，硬件连接由以下几部分组成：时钟发生器/驱动器 8284、8 位输入/输出锁存器 8282/8283(或 74LS373)、8 位总线收发器 8286/8287 (或 84LS245)、总线控制器 8288。

1. 8284A 为时钟发生器/驱动器，外接振荡源

8284A 和振荡源之间有两种不同的连接方式，如图 2.12 所示。

(1) 当脉冲发生器作为振荡源时，脉冲发生器的输出端和 8284A 的 EFI 端相连，F/$\overline{\text{C}}$ 接高电平，见图 2.12(a)。

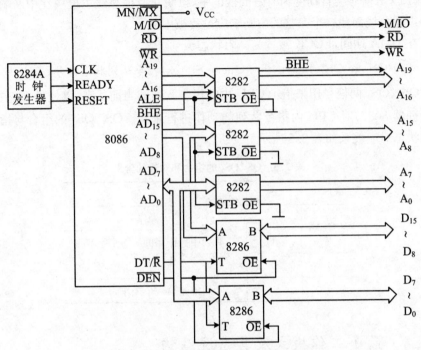

图 2.11　8086 在最小模式下的典型配置

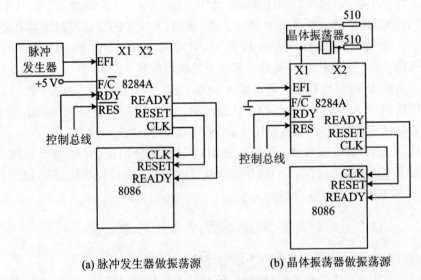

(a) 脉冲发生器做振荡源　　　　(b) 晶体振荡器做振荡源

图 2.12　8284A 与 CPU 的连接

(2) 当用晶体振荡器作为振荡源时,晶体振荡器连在 8284A 的 X_1 和 X_2 两端上,F/$\overline{\text{C}}$ 接地,见图 2.12(b)。不管用哪种方法,8284A 输出的时钟频率均为振荡源频率的 1/3。同时它对 READY 准备好信号和 RESET 复位信号进行同步,外部设备可以在任何时候发出这两个信号,8284A 的内部逻辑电路在时钟后沿(下降沿)处使 READY 和 RESET 有效。

　　2. 8282/8283 或 74LS373,地址锁存器

　　8282/8283 是带有三态缓冲器的 8 位通用数据锁存器。它们的引脚和内部结构如图 2.13 所示。两者的区别仅在于 8282 的 8 位输入信号和输出信号之间是同向的,而 8283 的是反向的。当 STB 有效时,输入端 $DI_0 \sim DI_7$ 上的 8 位数据被锁存到锁存器中。当$\overline{\text{OE}}$有效时,锁存器中的数据输出到输出线上;$\overline{\text{OE}}$无效时,输出呈高阻状态。8282/8283 和 CPU 连接时,STB 端和 CPU 的 ALE 端相连;不带 DMA 控制器时,$\overline{\text{OE}}$接地就行了。CPU 输出的地址码一旦被锁存,就立即稳定输出在地址线,腾出地址/数据复用线 $AD_{15} \sim AD_0$,为在以后状态周期内传送数据做好准备。

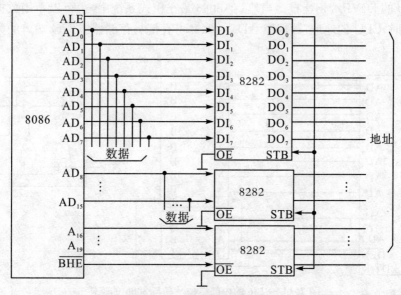

图 2.13　8282 和 8086 的连接

　　8086 的 $AD_{15} \sim AD_0$ 是地址/数据复用线,即 CPU 与存储器进行信息交换时,首先在 T_1 状态,先由 CPU 送出访问存储单元的地址信息到 $AD_{15} \sim AD_0$ 上,随后又用总线来传送数据。所以在数据送上总线以前,必须先将地址锁存起来。可用 8282 或 74LS373 锁存 8086 的单向地址 $AD_{15} \sim AD_0$。图 8.13 中使用 3 片 8282 是因为 8282 只具有 8 位锁存功能,而 8086 具有 20 位地址和一根 BHE 信号。若系

统存储器容量较小，使用不到 20 位地址信息，也可只用 2 片 8282。图中 OE 端接地，使锁存器永远处于允许输出状态。引脚 STB 接 8086 的 ALE 输出。在总线周期 T_1 状态，ALE 上出现正脉冲，它的下降沿将 8282 输入端的地址信息存入锁存器，并由输出端送入地址总线。

3. 8286/8287 总线收发器

当系统中所连的存储器和外设较多时，需要增加数据总线的驱动能力，这时，要用 2 片 8286/8287 作为总线收发器。8286/8287 都是三态输出 8 位双向数据缓冲器，两者的区别仅在于 8286 的 8 位输入信号和输出信号之间是同向的，而 8287 的是反向的。它的引脚信号和内部结构如图 2.14 所示。$\overline{OE}$ 是开启缓冲器的控制信号。当 $\overline{OE}$ 有效时，允许数据通过缓冲器；当 $\overline{OE}$ 无效时，禁止数据通过缓冲器，输出呈高阻状态。T 是数据传送方向控制信号。当 T 为高电平时，正向三态门接通，$A_7 \sim A_0$ 为输入线；当 T 端为低电平时，反向三态门接通，$B_7 \sim B_0$ 为输入线。在 8086 最小模式系统中，8286/8287 的 $\overline{OE}$ 端与 CPU 的数据允许端 $\overline{DEN}$ 相连接；T 端与 CPU 的 DT/$\overline{R}$ 端相连接。当然，在 8086 最小模式系统中，也可以不用数据收发器。这时，CPU 的地址/数据线 $AD_{15} \sim AD_0$ 可直接与存储器或 I/O 端口的数据线连接。

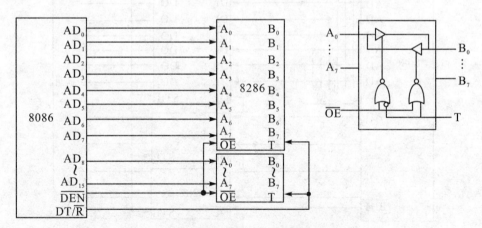

图 2.14　8286 的内部结构及其与 8086 的连接

4. 存储器部件

8086 能直接寻址 1 MB 存储空间。这个存储空间分为两个 512 KB 存储体，一个存储体由奇地址单元组成，用于存储 16 数据的高字节，另一个存储体由偶地址单元组成，用于存储 16 位数据低字节。前者称为奇地址存储器，后者称为偶地址存储体。偶地址存储体的 8 位数据总线接 CPU 的数据总线 $D_7 \sim D_0$，而奇地址存储体 8 位数据线接数据总线 $D_{15} \sim D_8$。地址线 $A_{19} \sim A_1$ 同时接到两个存储体，而 A_0 作为偶地址选中信号即 $A_0 = 0$ 时，选中偶存储体。BHE 作为奇地址片选信号，BHE＝0 时选中奇存储体。所以两个存储体可以同时读出或写入，也可单独选中一个存储体，这部分内容在后面存储器中会详细介绍。

5. I/O 端口

一个完整的微机系统必须有 I/O 设备。I/O 设备都有端口地址号，CPU 通过地址总线发出端口地址，经过端口地址译码器输出，送到端口的片选引脚而选定指定的端口。8086 根据执行命令是访问存储器指令还是输入/输出指令，来调节 M/IO 控制信号是高电平或是低电平，以区分地址总线上的地址是访问存储器还是访问外设。

以 8086 为 CPU 的单 CPU 系统，数据总线是 8 位的，所以只用一片 8286。存储器也不分奇偶存储体，而只有一个以字节为单位的存储体。

2.2.4　最大模式和系统组成

最大模式是相对最小模式而言的，用在中等规模的或者大型的 8086/8088 系统中。

所谓最大模式，就是微型计算机系统中包含有两个或多个微处理器，其中一个主处理器是 8086 或 8088 微处理器，其他处理器称为协处理器，它们协助主处理器工作。常用的协处理器有 8087 协处理器和 8089 协处理器。前者是专用于数值运算的处理器；后者是专用于控制输入/输出操作的协处理器。8087 通过硬件实现高精度整数浮点数运算。8089 有其自身的一套专门用于输入/输出操作的命令系统，还可带局部存储器，可以直接为输入/输出设备服务。增加协处理器，使得浮点运算和输入/输出操作不再占用 8086 时间，从而大大提高了系统的运行效率。要使 8086 CPU 按最大模式工作，只需将 MN/$\overline{\text{MX}}$ 引脚接地即可。

在这种方式下，8086 CPU 不直接提供用于存储器或 I/O 读写的读写命令等控制信号，而是将当前要执行的传送操作类型编码为 3 个状态位输出，由总线控制器 8288 对状态信号进行译码产生相应控制信号。

最大模式系统的特点是：总线控制逻辑由总线控制器 8288 产生和控制，即 8288 将主处理器的状态和信号转换成系统总线命令和控制信号。协处理器只是协助主处理器完成某些辅助工作，即被动地接受并执行来自主处理器的命令。

8086 在最大模式下的典型配置如图 2.15 所示。

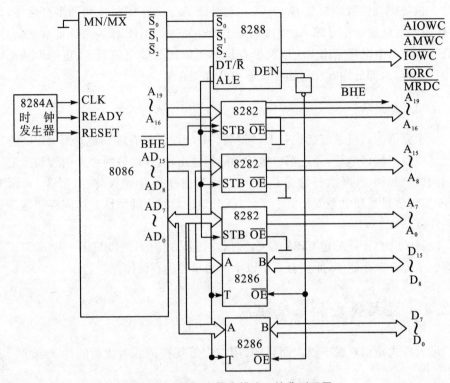

图 2.15 8086 在最大模式下的典型配置

从图 2.15 可以看到,在最大模式下,除了 8282 锁存器和 8286 数据收发器外,还增加了 8288 总线控制器。8288 对 CPU 发出的控制信号进行变换和组合,以获得对存储器和 I/O 端口的读/写信号及对锁存器 8282 和总线收发器 8286 的控制信号。

图 2.16 说明了 8288 的详细连接情况。

从图 2.16 中可以看到,8288 接收时钟发生器的 CLK 信号,这使得 8288 与 CPU 及系统中的其他部件同步。

总线控制器 8288 有两种工作方式:一种是系统总线方式;另一种是局部总线方式,由 IOB 引脚来进行选择。

如果 IOB 引脚信号为低电平,则 8288 工作于系统总线方式。

在这种方式下,总线仲裁器通过向 8288 的 $\overline{AEN}$ 端送一个低电平来表示总线可供使用。在多处理器系统中,如果多处理器共享存储器和 I/O 设备,那么在这个系统中就必须使用总线仲裁器。因此,8288 总线控制器必须在系统总线方式下工作。

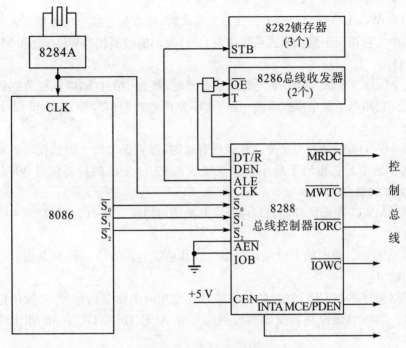

图 2.16　8288 的连接

如果 IOB 为高电平,则 8288 工作在局部总线方式下。

在这种方式下,处理器进行 I/O 操作时,不需要仲裁器提供 $\overline{\text{AEN}}$ 信号,8288 便会立即发出相应的 $\overline{\text{IORC}}$、$\overline{\text{INTA}}$ 或者 $\overline{\text{IOWC}}$、$\overline{\text{AIOWC}}$ 信号,并通过 DEN 和 DT/$\overline{\text{R}}$ 端控制总线收发器的工作。在多处理器系统中,如果某些外部设备从属于一个处理器,而不是多个处理器所共享的,则可用局部总线方式。

无论 8288 是工作于系统总线方式还是局部总线方式,命令允许信号 CEN 一定要为高电平。如果 CEN 是低电平,则 8288 的所有命令都将处于无效状态。

在 DMA 传输时,CEN 要置为低电平,使 8288 停止工作,DMA 控制器得到总线控制权。8288 的 $\overline{\text{S}_2}$、$\overline{\text{S}_1}$、$\overline{\text{S}_0}$ 和 CPU 的 $\overline{\text{S}_2}$、$\overline{\text{S}_1}$、$\overline{\text{S}_0}$ 信号直接相连,接收 CPU 这 3 个引脚提供的各种状态信息,由此来确定当前 CPU 要执行哪种操作,从而发出相应的命令信号。

8288 的命令信号包括:

① $\overline{\text{INTA}}$:中断响应信号。送往发出中断请求的接口,与最小模式下由 CPU 直接发出的中断响应信号 $\overline{\text{INTA}}$ 相同。

② $\overline{\text{IORC}}$:I/O 端口读命令。此命令有效时,将所选中的端口中的数据读到数据总线上。它相当于最小模式系统中由 CPU 发出的控制信号 $\overline{\text{RD}}$ 有效和 M/$\overline{\text{IO}}$ 为

0 的组合。

③ $\overline{\text{IOWC}}$：I/O 端口写命令。此命令有效时，把数据总线上的数据写入被选中的端口中。它相当于最小模式系统中由 CPU 发出的控制信号$\overline{\text{WR}}$有效和 M/$\overline{\text{IO}}$为 0 的组合。

④ $\overline{\text{MRDC}}$：存储器读命令。此命令有效时，被选中的存储单元把数据送到数据总线。它相当于最小模式系统中由 CPU 发出的控制信号$\overline{\text{RD}}$有效和 M/$\overline{\text{IO}}$为 1 的组合。

⑤ $\overline{\text{MWTC}}$：存储器写命令。此命令有效时，把数据总线上的数据写入被选中的存储单元中。它相当于最小模式系统中由 CPU 发出的控制信号$\overline{\text{WR}}$有效和 M/$\overline{\text{IO}}$为 1 的组合。

⑥ $\overline{\text{AMWC}}$：提前的存储器写命令。其功能与$\overline{\text{MWTC}}$一样，只是提前一个时钟周期输出。

⑦ $\overline{\text{AIOWC}}$：提前的 I/O 端口写命令。其功能与$\overline{\text{IOWC}}$一样，只是提前一个时钟周期输出。

8288 除了根据 CPU 送来的状态信号发出相应的命令信号外，还发出控制输出信号。8288 总线控制器发出的控制信号有 ALE、DEN、DT/$\overline{\text{R}}$ 和 MCE/$\overline{\text{PDEN}}$ 4 个。

① ALE：地址锁存允许信号。它的功能相当于最小模式系统中由 CPU 发出的 ALE。

② DEN：数据总线允许信号。此信号经反相器接数据收发器 8286 的$\overline{\text{OE}}$端。当 DEN 有效时，数据收发器把局部数据总线和系统数据总线连接起来，形成一个传输数据的通路；当 DEN 无效时，数据收发器使局部数据总线与系统数据总线断开。它相当于最小模式系统中由 CPU 发出的$\overline{\text{DEN}}$信号，其差别只是高电平有效。

③ DT/$\overline{\text{R}}$：数据收发信号。它的功能相当于最小模式系统中由 CPU 发出的 DT/$\overline{\text{R}}$ 信号。

④ MCE/$\overline{\text{PDEN}}$：主控级联允许/外设数据允许信号。这是一条双功能控制线。当总线控制器 8288 工作于系统总线方式，并且系统中使用了多个 8259A 中断控制器时，作为主控级联允许信号（MCE）用。在中断响应周期的 T_1 状态时，也就是在中断响应的第一个$\overline{\text{INTA}}$周期中 MCE 有效，作为锁存信号，对主片 8259A 送出的级连地址 $CAS_2 \sim CAS_0$ 进行锁存，以便在第二个$\overline{\text{INTA}}$周期时，用级连地址选中一个从片，使 CPU 获得中断向量。如果总线控制器 8288 工作在系统方式时，但系统中没有设置多个 8259A 中断控制器，则既不使用 MCE 功能，也不使用$\overline{\text{PDEN}}$功能。这时，仅利用$\overline{\text{DEN}}$信号控制数据总线收发器接通局部数据总线和系统总线。总线控制器 8288 工作在局部总线方式时，MCE/$\overline{\text{PDEN}}$作为外设数据允许信号

$\overline{PDEN}$ 用。当它有效时,数据总线收发器将局部数据总线与系统总线接通,以便传送数据。

2.3　8086 的总线操作

所谓的总线操作就是 CPU 在总线周期所进行的操作,可分为总线读操作和总线写操作。在进行总线读/写操作时,CPU 的控制信号、地址信号、数据信号和状态信号都按一定的规则在不同时钟周期内进入应有的状态,以保证 CPU 与存储器或 I/O 接口之间的信息传递能够顺利地完成。

8086 CPU 执行一条指令要经过取指令、译码和执行等操作,为了使 8086 CPU 的各种操作协调同步进行,8086 CPU 必须在时钟信号 CLK 控制下工作。时钟信号是一个周期性的脉冲信号,一个时钟脉冲的时间长度称为一个时钟周期,是时钟频率(主频)的倒数。时钟周期是计算机系统中的时间基准,是计算机的一个重要性能指标,也是时序分析的刻度。

8086 的主要总线操作有:系统复位和启动操作、总线读/写操作、总线保持操作或总线请求/允许操作、中断响应操作、暂停操作、空操作。

CPU 的操作时序是指 CPU 在操作进行过程中各个环节在时间上的先后顺序。

2.3.1　基本的总线周期

总线操作的类型不同,其总线周期是不同的,但一般都包含有几个共同的状态,称基本总线周期。

对 8086 来说,总线周期有六种:存储器读周期、存储器写周期、I/O 读周期、I/O 写周期、中断周期和取指令周期。

8086 的一个最基本的总线周期由 4 个时钟周期 T_1、T_2、T_3 和 T_4 组成。如果在 T_2、T_3、T_4 状态无法完成数据传送,就在 T_3 与 T_4 状态之间插入 T_w。

T_1:CPU 发出地址信息,指出要访问的存储器/外设端口地址。

T_2:CPU 撤销地址信号,准备传输数据。

T_3:CPU 的总线接口部件(BIU)与存储器/外设端口传输数据。

T_4:传输数据并结束总线周期。

T_w:等待状态,在 T_3 状态时,若存储器/外设端口未准备好(接收或输出)数据,CPU 在 T_3 后插入 T_w。

T_w 状态也叫等待状态或等待周期,是 CPU 在读写存储器或与外设交换信息时,为了与存储器或外设的速度匹配,在 T_3 状态之后插入 1 个或多个等待周期。T_w 状态的插入是通过系统中的等待信号产生一个 WAIT 信号,经时钟发生器 8284 同步后传递给 CPU 的 READY 线来实现的。此时,总线上的状态一直不变,用于数据传送,当 CPU 接到有效的 READY 信号后,数据传送结束,进入 T_4 状态。T_4 状态后,就要进入下一个总线周期的 T_1 状态,否则,就进入空闲状态,称为 T_i 状态。T_i:空闲周期,只有在 CPU 与存储器/外设端口传送数据时,CPU 的 BIU 才执行总线周期,否则,BIU 执行空闲周期 T_i。

两个总线周期之间插入 T_i 状态,表明总线上没有操作,也叫空操作。此时,总线上没有数据传送,也没有指令装填,但 CPU 内部仍在进行有效操作,实际上只有在 CPU 与存储器/外设端口传送数据时,CPU 的 BIU 才执行总线周期,否则,BIU 执行空闲周期 T_i。在 T_i 状态,高四位地址线($A_{19}/S_6 \sim A_{16}/S_3$)上仍保持前一总线周期的状态信息,低 16 位地址线($AD_{15} \sim AD_0$)上,根据前一总线周期是读周期还是写周期,分别处于高阻态或保持原有数据信息($D_{15} \sim D_0$)。T_i 状态与暂停状态不同,暂停状态停止了一切操作,等待复位或中断的发生,而 T_i 状态 CPU 内部仍在进行有效操作,一旦内部操作结束,就进入下一个总线周期的 T_1 状态。

2.3.2　读总线周期

总线读操作是指 CPU 从存储器或 I/O 端口读取数据的操作。8086 在最小模式下的总线读操作时序如图 2.17 所示。

基本的读总线周期包括 T_1、T_2、T_3、T_4 四个状态,当存储器或 I/O 速度跟不上 CPU 的速度时,就在 T_3 和 T_4 状态间插入若干个 T_w。

用 M/$\overline{\text{IO}}$ 信号确定 CPU 是与存储器还是与外设通信。M/$\overline{\text{IO}}$=1,CPU 与存储器通信,该信号在 T_1 状态开始有效。DT/$\overline{\text{R}}$ 保持低电平,表示本总线周期为读周期,在接有数据总线收发器 8286 的系统中,用来控制数据传输方向,DT/$\overline{\text{R}}$ 从 T_1 状态开始在整个周期中一直有效。

1. T_1 状态

8086 从分时复用的地址/数据线 $AD_{15} \sim AD_0$ 和地址/状态线 $A_{19}/S_6 \sim A_{16}/S_3$ 输出读对象的地址,$\overline{\text{BHE}}/S_7$ 输出低电平表示高 8 位数据总线上的信息可用,常用于奇地址存储体的选通信号(偶地址存储体的选通信号是 A_0),该地址及 $\overline{\text{BHE}}$ 信号在 ALE 的下降沿被锁存,在整个读总线周期中选通该寄存器或 I/O 端口。

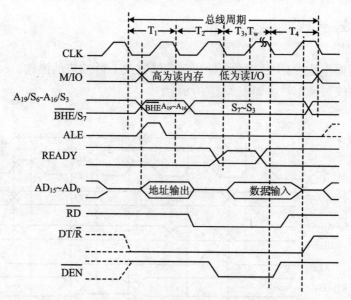

图 2.17　8086 CPU 最小模式下的总线读操作时序图

2. T_2 状态

高四位地址线上的地址信号消失,出现 $S_6 \sim S_3$ 状态信号,保持到读周期结束,指明正在使用的段寄存器、IF 的状态及表明 8086 CPU 正在使用总线;$AD_{15} \sim AD_0$ 为高阻态,为读入数据做准备;RD 由高电平变成低电平,送至被选中的存储器或 I/O 端口,表示要进行的是读操作;$\overline{RD}$ 变成低电平,表示数据有效,在接有数据总线收发器的系统中启动收发器,开始接收来自存储器或 I/O 端口的数据。

3. T_3 状态

存储器或 I/O 端口的数据送数据总线,在 T_3 状态结束时,CPU 开始从数据总线读取数据;如果存储器或 I/O 端口的数据来不及送数据总线,则在 T_3 和 T_4 状态之间插入 T_w。

4. T_w 状态

所有控制信号的电平与 T_3 状态相同,直到最后一个 T_w 状态,数据才送上数据总线。

5. T_4 状态

CPU 获得数据后,在 T_4 状态,CPU 撤销本次操作的信号,本次操作完成。

2.3.3　写总线周期

总线写操作是指 CPU 把数据输出到存储器或 I/O 端口的操作。8086 在最小模式下的总线写操作时序如图 2.18 所示。

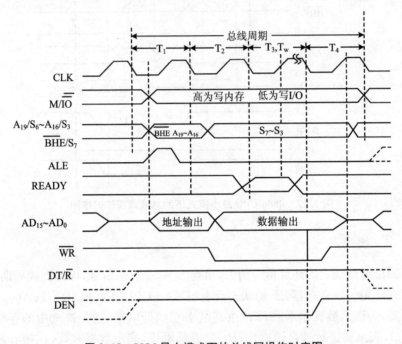

图 2.18　8086 最小模式下的总线写操作时序图

写总线周期也是由 4 个状态组成。它与读周期类似，首先也要用 M/$\overline{\text{IO}}$ 信号来表示进行存储器或 I/O 端口的操作。其次也要有写入单元的地址以及 ALE 信号，但写入存储器的数据不同。在 T_2 状态，即当 16 位地址线 $AD_{15} \sim AD_0$ 已由 ALE 锁存时，CPU 就把要写入的 16 位数据放至 $AD_{15} \sim AD_0$ 上，要用 $\overline{\text{WR}}$ 信号代替 $\overline{\text{RD}}$ 信号，它也在 T_2 状态有效。DT/$\overline{\text{R}}$ 信号应为高电平。8086 在 T_4 状态后就使控制信号变为有效。实际上认为 8086 在 T_4 状态，对存储器的写入过程就已经完成。若有的存储器和外设来不及在指定的时间内完成操作，可以利用 READY 信号，使 CPU 插入 T_w 状态，以保证时间配合，具有 T_w 的写入时序与读时序类似。

总线写操作时序与总线读操作时序基本相似，不同点有：

（1）CPU 不是输出 $\overline{\text{RD}}$ 信号，而是输出 $\overline{\text{WR}}$ 信号，表示是写操作。

（2）DT/$\overline{\text{R}}$ 在整个总线周期为高电平，表示本总线周期为写周期，在接有数据总线收发器的系统中，用来控制数据传输方向。

（3）AD$_{15}$～AD$_0$ 在 T$_2$ 到 T$_4$ 状态输出数据,因输出地址与输出数据为同一方向,无需像读周期那样要高阻态作缓冲,故 T$_2$ 状态无高阻态。

2.3.4　最小模式下总线请求与响应

8086 最小模式下的总线控制信号由 CPU 直接产生,用于总线控制的信号是 HOLD(总线请求信号,输入)、HLDA(总线响应信号,输出)。当系统中其他部件,如 DMA 控制器,需要占用总线时,向 CPU 发出总线请求信号 HOLD。CPU 收到有效的 HOLD 信号后,如果允许让出总线,就在当前总线周期完成时,发出 HLDA 信号,同时使地址/数据总线和控制总线处于高阻态,表示让出总线,在下一个时钟周期,总线请求部件收到 HLDA 信号,获得总线控制权。在这期间,HOLD 和 HLDA 都保持高电平,直到总线请求部件完成对总线的占用后,使 HOLD 变为低电平,撤销总线请求,CPU 收到后,HLDA 信号才变为低电平,CPU 恢复对总线的控制。

总线请求与响应操作时序如图 2.19 所示。

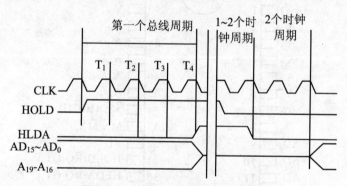

图 2.19　总线请求与响应操作时序图

2.4　8088 微处理器简介

8088 是 Intel 公司继 8086 之后推出的简化版。IBM 公司采用 8088 CPU 于 1981 年推出了 IBM PC 机,由此开创了个人计算机的新时代,因此可以说,个人计算机的第一代 CPU 是从 8088 CPU 开始的。

2.4.1　8088 CPU 的功能结构

8088 和 8086 两个 CPU 的内部结构基本相同,都是 16 位的内部结构,只是外部数据总线的宽度不同。8086 的外部数据总线为 16 位,而 8088 的 BIU 对外部只提供 8 位的数据线,所以称 8088 为准 16 位 CPU。内部结构不同的另一地方是:8086 CPU 内的 BIU 中有一个 6 字节的指令队列,而 8088 CPU 内的 BIU 中只有一个 4 字节的指令队列。当 8088 指令队列有 1 个字节的空余(8086 队列为 2 个字节空余)时,BIU 将自动取指令到指令队列。

2.4.2　8088 的引脚信号

8088 的引脚如图 2.20 所示。8088 CPU 采用 HMOS 工艺制造,双列直插,有 40 个引脚。8088 CPU 的电源为单一＋5 V,主时钟频率为 4.77 MHz。

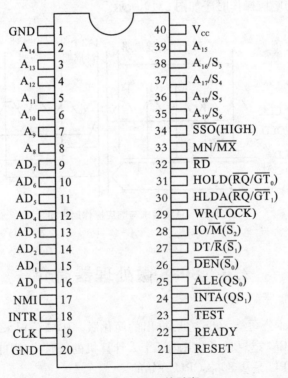

GND	1	40	V_{CC}
A_{14}	2	39	A_{15}
A_{13}	3	38	A_{16}/S_3
A_{12}	4	37	A_{17}/S_4
A_{11}	5	36	A_{18}/S_5
A_{10}	6	35	A_{19}/S_6
A_9	7	34	$\overline{SSO}$(HIGH)
A_8	8	33	MN/$\overline{MX}$
AD_7	9	32	$\overline{RD}$
AD_6	10	31	HOLD($\overline{RQ}/\overline{GT_0}$)
AD_5	11	30	HLDA($\overline{RQ}/\overline{GT_1}$)
AD_4	12	29	WR($\overline{LOCK}$)
AD_3	13	28	IO/$\overline{M}$($\overline{S_2}$)
AD_2	14	27	DT/$\overline{R}$($\overline{S_1}$)
AD_1	15	26	$\overline{DEN}$($\overline{S_0}$)
AD_0	16	25	ALE(QS_0)
NMI	17	24	$\overline{INTA}$(QS_1)
INTR	18	23	$\overline{TEST}$
CLK	19	22	READY
GND	20	21	RESET

图 2.20　8088 的引脚

对 8086 来说,采用分时复用方式的有 16 条地址数据总线 $AD_{15} \sim AD_0$。而对

8088 来说,因为总线宽度只有 8 位,只有 $AD_7 \sim AD_0$ 是分时复用的。在传送地址时三态输出,传送数据时三态双向。$AD_7 \sim AD_0$ 作为复用引脚,在总线周期的 T_1 状态,CPU 在这些引脚上输出要访问的存储器或 I/O 端口的地址;在 $T_2 \sim T_3$ 状态,如果是读周期,则处于浮空(高阻)状态,如果是写周期,则为传送数据。

8088 的 $A_{15} \sim A_8$ 是高 8 位地址线,三态输出。在存储器或 I/O 访问的整个总线周期,都输出高 8 位有效地址。因此,8088 只需 2 片 8282 锁存地址。

在最小模式系统中,8088 CPU 只有 8 位数据总线,不需要 $\overline{BHE}$ 信号。因此,该引脚(第 34 脚)定义为 $\overline{SSO}$。$\overline{SSO}$ 是一个输出状态信号,而且具有三态,在逻辑上等效于最大模式下的 S_0。$\overline{SSO}$、$IO/\overline{M}$ 及 $DT/\overline{R}$ 信号组合起来,决定了当前总线周期的操作。这三个信号的组合编码及其对应的总线操作如表 2.6 所示。

表 2.6 $IO/\overline{M}$、$DT/\overline{R}$ 和 $\overline{SSO}$ 的状态编码

$IO/\overline{M}$	$DT/\overline{R}$	$\overline{SSO}$	性 能
1	0	0	中断响应
1	0	1	读 I/O 端口
1	1	0	写 I/O 端口
1	1	1	暂停
0	0	0	取指
0	0	1	读存储器
0	1	0	写存储器
0	1	1	无作用

2.5 Pentium 微处理器简介

2.5.1 Pentium 微处理器体系结构

1. Pentium 微处理器简介

1993 年,英特尔(Intel)发布了 Pentium(奔腾)处理器。Pentium 处理器集成了 310 万个晶体管,最初推出的初始频率是 60 MHz、66 MHz,后来提升到 200 MHz 以上。

第一代的 Pentium 代号为 P54C,其后又发布了代号为 P55C,内建 MMX(多媒

体指令集)的新版 Pentium 处理器。Pentium 处理器的外观如图 2.21 所示。

图 2.21　Pentium 处理器的外观图

Pentium 微处理器内部的主要寄存器为 32 位,但有 64 位外部数据总线宽度。外部地址总线宽为 36 位,但一般使用 32 位宽。

Pentium 微处理器的主要部件包括总线接口部件、指令高速缓存器、数据高速缓存器、指令预取部件与转移目标缓冲器、寄存器组、指令译码部件、具有两条流水线的整数处理部件(U 流水线和 V 流水线)以及浮点处理部件 FPU 等。

各主要部件的功能分析如下:

(1) 整数处理部件

U 流水线和 V 流水线都可以执行整数指令,U 流水线还可执行浮点指令。因此能够在每个时钟周期内同时执行两条整数指令。

(2) 浮点处理部件 FPU

高度流水线化的浮点操作与整数流水线集成在一起。微处理器内部流水线进一步分割成若干个小而快的级段。

(3) 独立的数据和指令高速缓存 Cache

两个独立的 8 KB 指令和 8 KB 数据 Cache 可扩展到 12 KB,允许同时存取,内部数据传输效率更高。两个 Cache 采用双路相关联的结构,每路 128 个高速缓存行,每行可存放 32 B。数据高速缓存两端口对应 U、V 流水线。

(4) 指令集与指令预取

指令预取缓冲器顺序地处理指令地址,直到它取到一条分支指令,此时存放有关分支历史信息的分支目标缓冲器 BTB 将对预取到的分支指令是否导致分支进行预测。

(5) 分支预测

指令预取处理中增加了分支预测逻辑,提供分支目标缓冲器来预测程序转移。

Pentium 微处理器的主要特点如下:

① 采用超标量双流水线结构;

② 采用两个彼此独立的高速缓冲存储器;

③ 采用全新设计的增强型浮点运算器(FPU);

④ 可工作在实地址方式、保护方式、虚拟 8086 方式以及 SMM 系统管理方式下;

⑤ 常用指令进行了固化及微代码改进,一些常用的指令用硬件实现。

2. 存储器系统

Pentium 微处理器的物理存储器系统大小为 4 GB,与 80386DX 和 80486 一样。但 Pentium 微处理器使用 64 位数据总线来寻址 8 个存储体,每个存储体包含 512 MB 的数据。Pentium 存储器系统被分为 8 个存储体,每次访问存储器时,8 个存储体同时被选中。每个存储体都有一个校验位,8 个校验位组成一个字节存放。

3. 高速缓冲结构(Cache Structure)

Pentium 微处理器内含 8 KB 的指令高速缓冲存储器和 8 KB 数据高速缓冲存储器,外部还可接第二级高速缓冲存储器(L2 Cache),分别用于存储指令和数据。这样可以大大加快指令处理的速度。

4. 超标量体系结构(Superscaler Architerture)

CPU 采用 U、V 两条指令流水线,能在一个时钟周期内发射两条简单的整数指令,也可发射一条浮点指令。操作控制器采用硬布线控制和微程序控制相结合的方式。大多数简单指令用硬布线控制实现,在一个时钟周期内执行完毕。对微程序实现的指令,也在 2~3 个时钟周期内执行完毕。

5. 分支预测逻辑(Branch Prediction Logic)

Pentium 微处理器采用分支预测逻辑以减少分支导致的时间消耗。它在遇到分支指令时,在分支地址处进行指令预取,以节省时间。

6. 浮点运算部件

Pentium 微处理器内部包含了一个 8 段的流水浮点运算器。前 4 段为指令预取(PF)、指令译码(D_1)、地址生成(D_2)、取操作数(EX),在 U、V 流水线中完成;后 4 段为执行 1(X_1)、执行 2(X_2)、结果写回寄存器堆(WF)、错误报告(ER),在浮点运算部件中完成。一般只能由 U 流水线完成一条浮点数操作指令。

浮点部件支持 IEEE754 标准的单、双精度格式的浮点数,另外还使用一种称为临时实数的 80 位浮点数。其中有浮点专用加法器、乘法器和除法器,有 8 个 80 位寄存器组成的寄存器堆,内部的数据总线为 80 位宽。对于浮点数的常用指令如 LOAD、ADD、MUL 等采用了新的算法,用硬件来实现,其执行速度是 80486 的 10 倍多。

2.5.2 Pentium 微处理器的特定寄存器

1. 控制寄存器

Pentium 微处理器除了 80386 的 4 个控制寄存器 $CR_0 \sim CR_3$ 之外,还增加了 CR_4 控制寄存器,用于 Cache 禁止、写保护、虚拟方式扩展等控制。

2. 标志寄存器 EFLAG

Pentium 微处理器增加了 4 个新的标志位 ID、VIP、VIF 和 AC,用于控制和指示一些 Pentium 新特性的条件。

2.5.3 Pentium 的存储器管理

1. 分页机制

在早期的 80386 微处理器分页机制中,页的单位为 4 KB。为给 4 GB 存储器完全重新分页,大约需要 4 MB 的内存来存储页表。

Pentium 允许采用 4 KB 或 4 MB 作为页的单位,由控制寄存器的 PSE 位来选择。采用 4 KB 页时,分页机制与 80386 相同。采用 4 MB 页时,线性地址被分成两个部分,最左 10 位仍为页目录地址,而其他 22 位直接为页内偏移地址(从 0 到 4 MB)。当从页目录表中找到某页的基地址之后,把该基地址加上页内偏移地址即可得实际的物理地址。这种分页机制,不再需要存储页表,从而大大减少了内存用量。

2. 存储器管理模式

Pentium 微处理器除了实地址模式、保护模式和虚拟 8086 模式外,还增加了系统管理方式模式,它们处在同一级别。但 SMM 不用于应用程序或系统级特性,而用于管理者,以实现高层系统功能,如电源管理和安全性等。

Pentium 系列微处理器的 4 种工作方式具备的特点如下:

(1) 实地址方式:系统加电或者复位时进入实地址方式,使用 16 位 80x86 的寻址方式、存储器管理和中断管理;使用 20 位地址寻址 1 MB 空间,可用 32 位寄存器执行大多数指令。

(2) 保护方式:支持多任务运行环境,对任务进行隔离和保护,进行虚拟存储管理能够充分发挥 Pentium 微处理器的优良性能。

（3）虚拟 8086 方式：是保护模式下某个任务的工作方式，允许运行多个 8086 程序，使用 8086 的寻址方式，每个任务使用 1 MB 的内存空间。

（4）系统管理方式：主要用于电源管理，可使处理器和外设部件进入"休眠"，在有键盘按下或鼠标移动时"唤醒"系统使之继续工作；利用 SMM 可以实现软件关机。

2.5.4　Pentium 微处理器寻址方式及指令格式

1. 寻址方式

Pentium 微处理器与 80386 类似，无论是实地址模式还是保护模式，段基地址的获取方式已经固定。在实地址模式下，段基地址直接决定于段寄存器，而在保护模式下，段基地址则决定于段描述符。寻址方式主要是指段内偏移量的获取方式。段内偏移量又称为有效地址 EA（Effective Address）。

（1）Pentium 寻址方式的种类

Pentium 的寻址方式共有 9 种，见表 2.7。在 9 种寻址方式中，后 7 种是访问存储器操作数的寻址方式。

表 2.7　Pentium 的寻址方式

序号	寻址方式	EA 的形成方法
1	立即数	操作数在指令中
2	寄存器	操作数在某寄存器中
3	位移量	$EA = Disp$
4	基址	$EA = Base$
5	基址＋位移量	$EA = Base + Disp$
6	比例变址＋位移量	$EA = I * S + Disp$
7	基址＋变址＋位移量	$EA = Base + I + Disp$
8	基址＋比例变址＋位移量	$EA = Base + I * S + Disp$
9	相对	指令地址 $= (PC) + Disp$

表 2.7 中，Disp 表示位移量，Base 代表某一基址寄存器的内容，I 代表变址寄存器的内容，S 代表比例因子(标度)。

（2）Pentium 32 位寻址的特点

① 立即数寻址

立即数寻址可以是字节（8 位）、字（16 位）或双字（32 位）。

② 寄存器寻址

寄存器可使用 8 位通用寄存器（AH、AL、BH、BL、CH、CL、DH、DL），或使用 16 位通用寄存器（AX、BX、CX、DX、SI、DI、SP、BP），或使用 32 位通用寄存器（EAX、EBX、ECX、EDX、ESI、EDI、ESP、EBP）寻址。

对于 64 位浮点数操作，要使用一对 32 位寄存器。只有少数指令以段寄存器（CS、DS、ES、SS、FS、GS）来实施寄存器寻址方式。

③ 位移量（Displacement）

位移量可以是 8、16 或 32 位长。

④ 基址寄存器 B

基址寄存器可以是上述 32 位通用寄存器中的任何一个。例如，"MOV [ECX]"，EDX 指令中的目的操作数寻址，"MOV　ECX，[EAX＋24]"指令中的源操作数寻址。

注意，16 位的寻址方式只能使用 BX（非堆栈段）、BP（堆栈段）作为基址寄存器。

⑤ 变址寄存器 I

变址寄存器是 32 位通用寄存器中除 ESP 外的任何一个，但 16 位寻址中的变址寄存器只能是 SI 或 DI 寄存器。

⑥ 比例因子 S

比例因子可以是 1、2、4 或 8。

2. 指令格式

Pentium 指令的长度可以从 1 字节到 12 字节，还可以带前缀（Prefix），前缀的长度最大为 4 字节。Pentium 的指令格式见图 2.22。

字节数	0 或 1	0 或 1	0 或 1	0 或 1
含义	指令前缀	段超越	操作数长度取代	地址长度取代

（a）前缀

字节数	1 或 2	0 或 1				0 或 1		0、1、2 或 4	0、1、2 或 4
含义	操作码	Mod	Reg 或操作码	R/M	SS	变址	基址	位移量	立即数
位数		2	3	3	2	3	3		

（b）指令

图 2.22　Pentium 的指令格式

（1）前缀

① 指令前缀（Instruction Prefixes）。指令前缀包括 LOCK 前缀或重复前缀。

LOCK（锁定）前缀用于在多处理器环境中对共享存储器的排他性访问，它使处理器的 LOCK♯ 输出信号有效，指明现行总线周期被锁定。

重复前缀用于字符串的重复操作，它比软件循环快得多。共有 3 种重复前缀，它们是：REP、REPE/REPZ、REPNE/REPNZ。使用 REP 前缀时以 CX 寄存器值作为重复计数，指令每执行一次，CX 减 1，直到 CX 减 1 为 0。其他两种为条件 REP 前缀，重复操作直到指定的条件被满足或 CX 减 1 为 0 停止。

② 段超越（Segment Override）前缀。根据指令的意义和程序的上下文，一条指令所使用的段寄存器名可不出现在指令格式中，这有一个段默认规则。如果要求一条指令不按此默认规则使用某个段寄存器，则就要以段超越前缀明确指明此段寄存器。

③ 操作数长度取代（Operand Size Override）前缀。

④ 地址长度取代（Address Size Override）前缀。Pentium 在实地址模式下，操作数和地址的默认长度是 16 位；在保护模式下由段描述符中的 D 位来确定默认长度，若 D 位为 1，则操作数和地址的默认长度都是 32 位，否则为 16 位。若一条指令不采用默认的操作数或者地址长度，可分别（或同时）使用这两类前缀予以显示指明。

（2）指令

指令由 1 或 2 字节的操作码字段、一个 Mod R/M 字节和一个比例变址字节组成的地址说明字段、一个位移量字段和一个立即数字段组成。除操作码字段是必选之外，其他字段都是可选字段。

① 操作码字段。操作码（1～2 字节）指明指令的操作类型。字节中还包括某些位以说明操作的方向、位移量的大小或立即数的符号扩展等。

② MOD R/M 字段。这个字段规定了指令存储器操作数的寻址方式和给出寄存器操作数的寄存器号。除少数指令（如 PUSH、POP）预先规定了寻址方式之外，绝大多数指令都有这个字段。

③ SIB 字段。MOD R/M 字段的某种编码需要这个字段以将寻址方式说明完整化。它由比例系数 SS（2 位）、变址（Index）寄存器号（3 位）和基址（Base）寄存器号（3 位）组成，故称 SIB 字段。

由上可见，Pentium 提供存储器操作数的寻址方式字段是作为操作码字段的延伸，而不是与每个存储器操作数一起提供的。因此，指令中只能有一个存储器操作数，Pentium 没有存储器-存储器的操作指令。

总之，Pentium 的指令长度可从 1 字节到 12 字节（前缀除外），指令集的编码也很复杂。之所以这样做,部分原因是为了与它的前身 80x86 保持兼容,另外是 Pentium 希望能给编程者以更多灵活的编程支持。

3. 指令类型

为了保持与 80x86 兼容,Pentium 的指令集规模很庞大,如 80486 包括了 80386 的全部指令又增加 6 条指令,而 Pentium 包括了 80486 的全部指令又增加了 5 条指令。其中许多指令还在原有基础上进行了扩展,如 32 位乘除法指令:"MUL EBX"和"DIV　ECX"等。

2.6　高档 Pentium 微处理器简介

2.6.1　Pentium MMX

Pentium MMX 是英特尔在 Pentium 内核基础上改进的,其最大的特点是增加

了 57 条 MMX 扩展指令集。这些指令专门用来处理音/视频相关的计算,目的是提高 CPU 处理多媒体数据的效率,加速电脑的多媒体应用。Pentium MMX 的外观如图 2.23 所示。

MMX 指令集的推出非常成功,在之后生产的各型 CPU 都包括这些指令集,只不过其后的产品对其原有指令进行了改进和扩展。随着微软 Windows 系统的普遍采用,音/视频信号在个人电脑应用中已非常普及,加入

图 2.23　Pentium MMX 的外观图

MMX 指令集正好满足了当时的这种多媒体应用需求,对整个处理器性能的发挥起着非常重要的作用。

2.6.2　Pentium Pro

Pentium 处理器中除了 Pentium MMX 外,还有一种版本,即 1995 年秋天推出的 Pentium Pro 处理器,其外观如图 2.24 所示。Pentium Pro 处理器是英特尔首个专门为 32 位服务器、工作站设计的处理器,可以应用在高速辅助设计、机械引擎、科学计算等领域。英特尔在 Pentium Pro 的设计与制造上又达到了新的高度,

总共集成了 550 万个晶体管,并且整合了高速二级缓存芯片。

　　由于 Intel 当时对处理器流水线深度把握不够(整个处理器的流水线级数达 14 级),且与之配套的技术没跟上,使得初期的 Pentium Pro 版本在执行效率上还不及同频率或者低频率的 Pentium 处理器。但后来 Intel 及时发现了这一不良现象,并在技术上做出了相应处理,使得 Pentium Pro 处理器呈现出应有的效能水平,从而继续赢得了广大用户的信任。

2.6.3　Pentium Ⅱ

图 2.24　**Pentium Pro 外观**

　　1997 年,英特尔发布了 Pentium Ⅱ 处理器,它包括了 Intel 许多最新的技术。在这颗芯片内部集成了 750 万个晶体管(比最近一代 Pentium Pro 处理器所集成的晶体管数多出了 200 万个),并整合了 MMX 指令集技术,可以更快更流畅地播放视频、音频以及图像等多媒体数据,使得计算机中多媒体的应用更是得到前所未有的普及。在 Intel 的大力宣传下,当时计算机多媒体的处理能力在相当大程度上成了电脑档次高低的一个重要标志。

　　Pentium Ⅱ 首次引入了 S. E. C(Single Edge Contact,单边接触)封装技术,将高速缓存与处理器整合在一块 PCB 板上,通过类似于内置板卡一样的金手指与主板相应插槽电路接触,而不是 Socket 架构的插针,其外观如图 2.25 所示。

图 2.25　**Pentium Ⅱ 外观图**

　　由于处理器功能的不断增强,电脑的应用范围也得到了空前的扩张。借助于 MicroSoft(微软公司)的 Windows 操作系统应用功能的支持,Pentium Ⅱ 处理器在多媒体、互联网方面的应用水平逐步得到提高,并且为广大用户所接受。

2.6.4　Pentium Ⅲ

1999 年,英特尔发布了 Pentium Ⅲ 处理器。Pentium Ⅲ 处理器最大的改进就是新增加了 70 条新指令(如 SIMD、SSE),这些新增加的指令主要用于互联网流媒体扩展、3D、流式音频、视频和语音识别功能的提升。Pentium Ⅲ 可以使用户有机会在网络上享受到高质量的影片,并以 3D 的形式参观在线博物馆、商店等。

Intel 的 Pentium Ⅲ 处理器集成了由从 Compaq 公司购买的 P6 动态执行体系结构,双独立系统总线(DIB)架构、多路数据传输系统总线和 MMX 多媒体增强技术。

Pentium Ⅲ 处理器同样全面适合工作站和服务器。整个 Pentium Ⅲ 是一个相当庞大的系列,所涉及的处理器主频种类非常多,最低的是 450 MHz,最高的可达 1.33 GHz,系统总线频率也有两种:133 MHz 和 100 MHz。

缓存方面既支持全速、带 ECC 校正的 256 KB 高级二级缓存(L2 cache),或者是不连续、半速的 ECC 256 KB 二级缓存,又提供 32 KB 一级缓存(L1 cache)。内存寻址可以支持到 4 GB,物理内存可以支持到 64 GB。其制造工艺也有多种,最初是采用 0.25 μm,后期版本采用的是 0.18 μm,而服务器所用的 Pentium Ⅲ Xeon 处理器还有采用最先进的 0.13 μm 制造工艺的。

Pentium Ⅲ 处理器快速系统总线(FSB)设定在 133 MHz,每时钟周期传输 64 位数据,提供 8 字节×133 MHz＝1066 MB/s 的数据带宽。

在处理器的封装上存在着两种方式,既有 Pentium 处理器以前的 Socket 架构,也采用了 Pentium Ⅱ 处理器的 S.E.C 构架,如图 2.26 所示。这里的 Socket 就是以前最著名的 Socket 370。

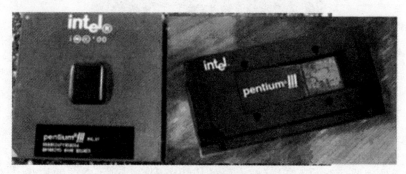

图 2.26　Pentium Ⅲ 外观图

2.6.5 Pentium 4

2000 年,英特尔发布了 Pentium 4 处理器。用户使用基于 Pentium 4 处理器的个人计算机,可以创建专业品质的影片,透过互联网传递电视品质的影像,实时进行语音、影像通信,实时 3D 渲染,快速进行 MP3 编码译码运算,在连接互联网时运行多个多媒体软件。

Pentium 4 采用 Socket 处理器架构。由于有不同的内核,所以在 P4 处理器家族中也存在多种不同的 Socket 架构。如图 2.27 所示的就是一款 Socket 478 架构的 P4 处理器外观图。

Pentium 4 处理器集成了 4200 万个晶体管,改进版的 Pentium 4(Northwood)更是集成了 5500 万个晶体管,并且开始采用 0.18 μm 进行制造,初始速度就达到了 1.5 GHz。

Pentium 4 还引入了 NetBurst 新结构,其优点如下:

① 快速系统总线(Faster System Bus, FSB),最开始是 400 MHz,后来有 533 MHz,目前最新的 FSB 为 800 MHz。

② 高级传输缓存(Advanced Transfer Cache)。

图 2.27 **Pentium 4 外观图**

③ 高级动态执行(Advanced Dynamic Execution),包含执行追踪缓存(Execution Trace Cache)、高级分支预测(Enhanced Branch Prediction)。

④ 超长管道处理技术(Hyper Pipelined Technology)。

⑤ 快速执行引擎(Rapid Execution Engine)。

⑥ 高级浮点以及多媒体指令集(SSE2)等等。

Pentium 4 处理器的系统总线虽然仅为 100 MHz,同样是 64 位数据带宽,但由于其利用了与 AGP4X 相同的 4 倍速技术,因此可传输高达 8 字节×100 MHz×4 =3200 MB/s 的数据传输速度,打破了 Pentium Ⅲ 处理器受系统总线瓶颈的限制。

其后 Intel 又不断改进系统总线技术,推出了 FSB533、FSB800 的新规格,将数据传输速度进一步提升。在最新的 Pentium 4 处理器中,Intel 已经支持双通道 DDR 技术,让内存与处理器传输速度也有很大的改进。目前,最新的 Pentium 4 处理器为 800FSB 的 3.2 GHz 处理器,除了 800 MHz FSB 的 P4 处理器外,533 MHz

FSB 的 P4 系列中也有主频达 3.06 GHz 的处理器。

Pentium 4 还提供了 SSE2 指令集,这套指令集增加了 144 条全新的指令,128 bit 压缩的数据在执行 SSE 指令集时仅能以 4 个单精度浮点值的形式来处理,而采用 SSE2 指令集时,该数据能采用多种数据结构处理,如 4 个单精度浮点数(SSE)、2 个双精度浮点数(SSE2)、16 字节数(SSE2)、8 个字数(SSE2)、4 个双字数(SSE2)、2 个四字数(SSE2)、1 个 128 位长的整数(SSE2)。

图 2.28　Xeon 处理器外观图

在服务器领域,Intel 于 2001 年发布了新一代 Xeon 处理器,如图 2.28所示。Xeon 处理器的市场定位瞄准高性能、均衡负载、多路对称处理等特性,而这些是台式计算机的 Pentium 品牌所不具备的。Xeon 处理器实际上也是基于 Pentium 4 的内核,比 Pentium Ⅲ Xeon 处理器要快 30%～90%,不过这还要视软件应用的配置而定。Xeon 处理器也是基于英特尔 P4 处理器才采用的 NetBurst 架构,有更高级的网络功能,更复杂更卓越的 3D 图形性能。

习题与思考题

1. 8086 是多少位的微处理器? 为什么?

2. EU 与 BIU 各自的功能是什么? 如何协同工作?

3. 8086 与其前一代微处理器 8085 相比,内部操作有什么改进?

4. 8086 微处理器内部有哪些寄存器? 它们的主要作用是什么?

5. 8086 对存储器的管理为什么采用分段的办法?

6. 在 8086 中,逻辑地址、偏移地址、物理地址分别指的是什么? 具体说明。

7. 给定一个存放数据的内存单元的偏移地址是 20C0H,(DS)＝0C00EH,求出该内存单元的物理地址。

8. 8086 为什么采用地址/数据引线复用技术?

9. 8086 与 8088 的主要区别是什么?

10. 怎样确定 8086 的最大或最小工作模式? 最大、最小模式产生控制信号的方法有何区别?

11. 8086 被复位以后,有关寄存器的状态是什么? 微处理器从何处开始执行程序?

12. 8086 基本总线周期是如何组成的? 各状态中完成什么基本操作?

13. 结合 8086 最小模式下总线操作时序图,说明 ALE、M/IO♯、DT/R♯、RD♯、READY 信号的功能。

14. 8086 可屏蔽中断请求输入线是什么?"可屏蔽"的含义是什么?

15. 8086 的中断向量表如何组成? 作用是什么?

16. 8086 如何响应一个可屏蔽中断请求? 简述响应过程。

17. 什么是总线请求? 8086 在最小工作模式下,有关总线请求的信号引脚是什么?

18. 简述在最小工作模式下,8086 如何响应一个总线请求。

第 3 章　8086 指令系统

指令系统是微处理器(CPU)所能执行的指令的集合,它与微处理器有密切的联系,不同的微处理器有不同的指令系统。

8086 指令系统是所有 x86 系列 CPU 的指令系统的基础,80286、80386 乃至 Pentium 等新型 CPU 的指令系统,仅仅是在这个基础上做了一些扩充。

本章先介绍指令、指令系统等基本概念,然后重点介绍了 8086 CPU 指令的格式、寻址方式、各类指令功能和用法等基本知识。这些指令种类和形式繁多,功能和格式各异,读者可通过具体的例子,掌握操作数的寻址方式以及常用指令的格式、功能、使用方法、对标志位的影响等,以便更好地学习和掌握有关的指令,进而为程序设计的学习打好基础。

3.1　概　　述

3.1.1　指令的基本内容

1. 指令的概念

指令是计算机所能识别和执行的指示和命令,指令在计算机上执行时,控制器根据指令的要求,控制计算机的各部件协调工作。

微处理器通过执行程序来完成指定的任务,而程序是由完成一个完整任务的一系列有序指令组成的,指令是指计算机进行某种操作的命令,指令的集合称为指令系统。不同系列的微处理器,有不同的指令系统。

指令是根据 CPU 硬件特点研制出来的,是计算机所能识别和执行的指示和命令。指令在计算机上执行时,控制器根据指令的要求,控制计算机的各部件协调工作。CPU 能够直接执行的指令,也是用二进制编码表示的,称为机器指令,这种语言称为机器语言。机器语言不便于编程。在编程时,一般用助记符来代表机器指令,指令的符号用规定的英文字母组成,称为助记符。用助记符表示的指令称为汇编语言指令或符号指令。

汇编语言指令与机器指令间有一一对应关系,可以充分发挥 CPU 的性能。

2. 指令的组成

计算机中的指令由操作码和操作数两部分构成。操作码也称指令码,它表示这条指令要进行的是什么样的操作,而操作数是参加本指令运算的数据。操作数的表现形式比较复杂,可以是参与运算的值,也可以是参与运算的值的“地址”。这里的“地址”是广义的,它既包括我们平常所理解的内存储单元的地址,也包括微处理器内部的寄存器。

3. 指令的表示方法

从形式上看,指令用一组二进制编码来表示,计算机根据二进制代码去完成所需的操作,如 8086 CPU 中有一条指令,其二进制代码形式为 01001011,十六进制代码为 4BH,指令功能是将 BX 的内容减 1。由于二进制代码不易理解,也不便于记忆和书写,故常常用字母和其他一些符号组成的“助记符”与操作数来表示指令。

上述指令如用助记符和操作数可表示为

　　　DEC BX

其中,DEC 是助记符,而 BX 是操作数(单操作数)。这样用助记符和操作数来表示的指令直观、方便,又好理解。

4. 指令的执行

要执行的程序段的指令,均保存在存储器中。当计算机需要执行一条指令时,首先产生这条指令的相应地址,并根据地址号打开相应的存储单元,取出指令代码,CPU 根据指令代码的要求以及指令中的操作数,去执行相应的操作。

注意区分这几个基本概念:

① 指令:微机完成规定操作的命令。

② 指令系统:机器指令的集合称为计算机的指令系统,即 CPU 所能识别的全部指令。

③ 程序:由计算机能识别的、按一定顺序排列的基本操作命令组成,用以实现某种特定功能的一系列指令的有序集合。

3.1.2　8086 指令的基本格式

8086 指令的一般格式如下:

〔标号:〕〔前缀〕操作码　〔操作数〕　〔;注释〕

共有四部分组成,其中括号表示的部分为任选部分,在具体指令中可有可无。

1. 标号（Lable）

标号即指令语句的标识符，也可理解为给该指令所在地址取的名字，或称为符号地址。它可以缺省，是可供选择的项。标号可由字母（包括英文 26 个大小写字母）、数字（0～9）及一些特殊符号组成，但第一个字符只能是字母，且字符总数不得超过 31 个（一般使用中取 1～8 个字符）。在标号的字符中间可插入空格或连接符，标号和后面的助记符之间必须用冒号分隔开。一般来说，跳转指令的目标语句或子程序的首语句必须设置标号。

2. 前缀及操作码（Prefixes and Opcode）

指令操作码，用来指示指令语句的操作类型和功能，通常用一些意义相近的英文缩写即助记符来表示。所有的指令语句都必须有操作码，不可缺少。在一些特殊指令中，有时在助记符前面加前缀，它和助记符配合使用，从而实现某些附加操作。

3. 操作数（Operand）

操作数，即参与操作的数据。不同的指令对操作数的要求也不相同，有的不带任何操作数，有的要求带一个或两个操作数。若指令中有两个操作数，中间必须用逗号分隔开，并且称逗号左边的操作数为目标操作数，右边的操作数为源操作数（还有的指令带三个操作数）。操作数与助记符之间必须以空格分隔。

4. 注释（Description）

注释是对有关指令语句及程序功能的标注和说明，同时增加程序的可读性。注释不影响程序的执行，也并非所有的语句都要加注释，可以缺省。可采用英文注释，也可用中文注释，注释与操作数之间用分号分隔，分号作为注释的开始。

这里操作码用便于记忆的助记符来表示（一般是英文单词的缩写）。根据指令的不同，操作数可以是一个，即单操作数，也可以是两个，即双操作数（源操作数和目标操作数），有的指令还可以没有操作数或隐含操作数。例如指令 MOV AX，DX 中的 MOV 是助记符，AX，DX 为操作数（双操作数），这条指令的功能是将 DX 中的内容送到 AX 中。

8086 系统中的操作数主要分为两类：

（1）数据操作数

这类操作数与数据有关，即指令中操作的对象是数据，分为：立即数操作数、寄存器操作数和存储器操作数。

① 立即数操作数。所谓立即数是指具有固定数值的操作数,即常数。它可以是字节或字(8 位或 16 位)。存放时,该操作数跟随指令操作码一起存放在指令区,故又称为指令区操作数。

② 寄存器操作数。操作数事先存放在某寄存器中(CPU 的通用寄存器、专用寄存器或段寄存器),只要知道寄存器的名称(编号)就可以寻找到操作数。寄存器操作数既可作为源操作数,又可作为目标操作数。

③ 存储器操作数。约定操作数事先存放在存储器中存放数据的某个单元,只要知道存储器的地址即可寻到操作数。当然,操作数也可以存放在堆栈中(堆栈是存储器的一个特殊区域),只要知道堆栈指针,就可以用栈操作指令寻找操作数。存储器操作数可以是字节、字或双字,分别存放在 1 个、2 个或 4 个存储单元中。

(2) 转移地址操作数

这类操作数与程序转移地址有关,即指令中要操作的对象不是数据,而是要转移的目标地址。也可分为立即数操作数、寄存器操作数、存储器操作数,即要转移的地址包含在指令中、存放在寄存器中或存放在指定的存储单元中。

3.1.3　8086 CPU 的寻址方式

计算机中无论是什么指令,其操作的对象都是数据,指令必须指出操作数的值是多少或指出操作数存放在什么地方。形成操作数存放地址的方法,称为寻址方式。寻址方式要涉及寄存器、存储器、外设接口电路。

在 8086 系统中,段寄存器 CS、DS、ES 和 SS 在程序运行过程中分别指向当前的代码段、数据段、附加段和堆栈段。而操作数可能存放在代码段中,也可能存放在数据段、附加段、堆栈段中,还可能存放在 8086 CPU 内部的寄存器中。存放操作数的内存单元相对于其所在段的段起始地址偏移量称为偏移地址或有效地址 EA(Effective Address,16 位地址偏移量称为有效地址)。

在 8086 系统中,一般将寻址方式分为两类:一类是寻找操作数的地址;另一类是寻找要执行的下一条指令的地址,即程序寻址,这部分将在程序转移指令(JMP)和调用指令(CALL)中介绍。本节主要讨论针对操作数地址的寻址方式。掌握寻址方式,对于学习和掌握 8086 指令系统有很大的帮助。

1. 立即数寻址

立即数寻址(Immediate Addressing)中,指令所用的 8 位或 16 位操作数(立即数)作为指令的一部分,紧跟在指令的操作码之后,存放于内存的代码段中。在 CPU 取指令时随指令码一起取出并直接参加运算。立即数可以是 8 位的,也可以是 16 位的,若立即数为 16 位,则存放时低 8 位在低地址单元存放,高 8 位在高地址单元存放,即按"高高低低"原则存放。

立即数寻址中,操作数为常数,指令中直接写出该常数值,以 A～F 打头的数字,前面要加一个 0。

例 3.1

    MOV AX,3000H

指令执行情况如图 3.1 所示。执行结果为:(AH)=30H,(AL)=00H。

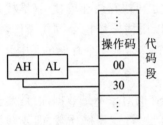

图 3.1 立即数寻址方式

要注意的是立即数只能是整数,不能是小数、变量或其他类型的数据;另外立即数只能作为源操作数,而不能作为目的操作数。

2. 直接寻址(Direct Addressing)

直接寻址,这种寻址方式针对源操作数或目的操作数存放在存储器中的情况,是在指令的操作码后面直接给出操作数的 16 位偏移地址,所以直接寻址是对存储器进行访问时可采用的最简单的方式。

操作数在内存中,指令给出存储单元的有效地址 EA。

8086 执行某种操作时,预先规定了采用的段和段寄存器 DS,即有基本的段约定,如果要改变默认的段约定(即段超越),则需要在指令中明确指出来。

直接寻址的操作数本身若无特殊声明使用段超越,则默认存放在内存的数据段(DS 段)中。

例 3.2

    MOV BX, ES:[3400H]

将 ES 段中偏移地址为 3400H 和 3401H 两单元的内容送 BX 中。

例 3.3

    MOV AX, [2040H]

将 DS 段的偏移地址为 2040H 和 2041H 两单元的内容送到 AX 中,若 DS=3000H,则该指令的操作数的物理地址为:32040H 和 32041H。

要注意不要将直接寻址与前面介绍的立即寻址混淆,直接寻址指令中的数值不是操作数本身,而是操作数的 16 位偏移地址。为了区分两者,指令系统规定偏移地址必须用方括弧[]括起来。

在汇编语言中,有时也用一个符号来代替数值以表示操作数的偏移地址,一般将这个符号称为符号地址。上例中若用 DATA 代替偏移地址 3400H,则该指令可写成:

    MOV BX, ES:DATA

其中 DATA 字母是符号地址,DATA 必须在程序的开始处予以定义。

一般说来,在程序设计中,把全部数据集中放在一个或几个数据段中,在程序的开始,把当前要使用的数据段的基地址送给 DS 寄存器,然后用缺省段地址的寻址方式使用该段中的数据。如果要使用另一个数据段,再把要使用的数据段的基地址送给 DS 寄存器,然后用缺省段地址的寻址方式使用新数据段中的数据。很少使用段替换前缀。

3. 寄存器寻址

寄存器寻址(Register Addressing)方式的特点是:操作数存放在指令规定的寄存器中,指令中指定寄存器号。对于 16 位的操作数来说,寄存器可以是 AX、BX、CX、DX、SI、DI、SP 和 BP 等;对于 8 位的操作数来说,寄存器可以是 AL、AH、BL、BH、CL、CH、DL 和 DH 等。

例 3.4

　　INC　　CX　　　　;将 CX 内容加 1

　　MOV　DX,AX　　;AX 的内容送 DX

采用寄存器寻址方式的指令在执行时,操作就在 CPU 内部进行,而不需要访问存储器,因而执行速度快。

4. 寄存器间接寻址

寄存器间接寻址(Register Index Addressing)的特点是:操作数在存储器中,内存单元的有效地址也可以用某些寄存器的值来表示。操作数的有效地址在基址寄存器 BX、BP 或变址寄存器 SI、DI 中。其操作数的段基址有以下两种情况:

第一种情况是:在默认情况下,当使用 BX、SI、DI 寄存器时表示操作数在当前数据段(DS 给出段基址);当使用 BP 时表示操作数在当前堆栈段(SS 给出段基址)。

第二种情况是:在指令中指定段超越前缀来取其他段中的操作数。

操作数在存储器中,有效地址 EA=[寄存器]。若以 SI、DI、BX 间接寻址,则默认 DS 的内容作为段地址。若以 BP 间接寻址,则默认 SS 的内容作为段地址。

该寻址方式可用于表格处理,在处理完表中的一项后,修改指针寄存器的内容就可以处理表中的另一项。

注意　寄存器间接寻址时,寄存器名一定要放在方括号中。

　　MOV AX,[SI]　　;寄存器间接寻址

　　MOV AX,SI　　　;寄存器寻址

例 3.5

　　MOV AX,[BX]

将以 DS 为段基址,以 BX 为偏移量的数据段中相应单元的内容送 AX。

若 DS＝2000H,BX＝1000H,存储器 21000H 字单元的内容为 3456H,则执行上述指令后 AX＝3456H。

例 3.6

      MOV AX, ES:[BX]

将以 ES 为段基址,以 BX 为偏移量的附加段中相应单元的内容送 AX。

5. 寄存器相对寻址

寄存器相对寻址(Register Relative Addressing)的特点是,操作数的有效地址 EA(即偏移量)是一个基址或变址寄存器的内容加上指令中指定的 8 位或 16 位位移量(Displacement)。当使用 BX 时,缺省的段寄存器为 DS;当使用 BP 时,缺省的段寄存器为 SS,当然也允许使用段超越前缀的方式寻址。

操作数的有效地址:EA＝[基址或变址寄存器]＋位移量;

基址寄存器为 BX、BP, BX 以 DS 作为默认段寄存器,BP 以 SS 作为默认段寄存器;

变址寄存器为 SI、DI,以 DS 作为默认段寄存器;

位移量在指令中给出,位移量可以是 8 位或 16 位的。

书写时寄存器名要放在方括号中,位移可不写在方括号中。如:

    MOV   AX, [BX+3]

    MOV   AX, 3[SI]

例 3.7

      MOV AX, COUNT [DI]   或   MOV AX, [COUNT +DI]

设 DS＝3000H,DI＝1000H,COUNT＝4000H(位移量的符号地址),则物理地址为

$$30000H ＋ 1000H ＋ 4000H ＝ 35000H$$

若存储器的 35000H 字单元内容为 1990H,则执行上述指令后 AX＝1990H。

6. 基址变址寻址

基址变址寻址(Based Index Addressing)中的操作数的有效地址是一个基址寄存器(如 BX、BP)和一个变址寄存器(如 SI、DI)的内容之和,两个寄存器均由指令指出。操作数的段地址分配和前面所述相同,即使用默认段基址或使用段超越前缀来指定段基址。操作数的有效地址 EA＝[基址寄存器]＋[变址寄存器]。

一般由基址寄存器来决定默认变址寄存器,可以使用段超越。

该寻址方式主要用于二维数组。用基址寄存器存放数组首地址,而用变址寄存器来定位数组中的各元素。

下面两种表示方法是等价的：

  MOV AX，[BX+DI]

  MOV AX，[DI][BX]

例 3.8

  MOV AX，[BX][DI]　或　MOV AX，[BX+DI]

设 DS=2000H，DI=1000H，BX=8000H，则该指令表示将以物理地址=20000H+8000H+1000H=29000H 为首地址的一个字的内容送 AX 中。

7. 相对基址变址寻址

相对基址变址寻址(Relative Based Indexed Addressing)中操作数的有效地址是一个基址寄存器、一个变址寄存器的内容和 8 位或 16 位位移量这三者之和。同样的，当使用基址寄存器 BX 时，缺省的段寄存器是 DS；当使用基址寄存器 BP 时，缺省的段寄存器是 SS。操作数的有效地址：EA=[基址寄存器]+[变址寄存器]+位移量。

一般以基址寄存器来决定默认变址寄存器。

该寻址方式也主要用于二位数组操作，位移量即为数组起始地址。

下面四种表示方法是等价的：

  MOV AX，[BX+DI+1234H]

  MOV AX，1234H[BX+DI]

  MOV AX，1234H[DI][BX]

  MOV AX，1234H[BX][DI]

例 3.9

    MOV AX，[BX+SI+0080H]

即将 BX 与 SI 中的内容与 0080H 相加作有效地址。

例 3.10　设(DS)=2000H，(ES)=2100H，(SS)=1500H，(SI)=00A0H，(BX)=0100H，(BP)=0010H，数据变量 VAL 的偏移地址为 0050H，请指出下列指令的源操作数字段是什么寻址方式？它的物理地址是多少？

① MOV　AX，21H　　　② MOV　AX，BX　　　③ MOV　AX，[1000H]

④ MOV　AX，VAL　　　⑤ MOV　AX，[BX]　　　⑥ MOV　AX，ES:[BX]

⑦ MOV　AX，[BP]　　　⑧ MOV　AX，[SI]　　　⑨ MOV　AX，[BX+10]

⑩ MOV　AX，VAL[BX]

⑪ MOV　AX，[BX][SI]

⑫ MOV　AX，VAL[BX][SI]

解

① MOV　AX，21H

立即寻址，源操作数直接放在指令中。

② MOV AX, BX

寄存器寻址,源操作数放在寄存器 BX 中。

③ MOV AX, [1000H]

直接寻址,EA = 1000H,PA = (DS)×10H + EA = 2000H×10H + 1000H = 21000H。

④ MOV AX, VAL

直接寻址,EA = [VAL] = 0050H,PA = (DS)×10H + EA = 2000H×10H + 0050H = 20050H。

⑤ MOV AX, [BX]

寄存器间接寻址,EA = (BX) = 0100H,PA = (DS)×10H + EA = 2000H×10H + 0100H = 20100H。

⑥ MOV AX, ES:[BX]

寄存器间接寻址,EA = (BX) = 0100H,PA = (ES)×10H + EA = 2100H×10H + 0100H = 21100H。

⑦ MOV AX, [BP]

寄存器间接寻址,EA = (BP) = 0010H,PA = (SS)×10H + EA = 1500H×10H + 0010H = 15010H。

⑧ MOV AX, [SI]

寄存器间接寻址,EA = (SI) = 00A0H,PA = (DS)×10H + EA = 2000H×10H + 00A0H = 200A0H。

⑨ MOV AX, [BX+10]

相对寄存器寻址,EA = (BX) + 10D = 0100H + 000AH = 010AH,PA = (DS)×10H + EA = 2000H×10H + 010AH = 2010AH。

⑩ MOV AX, VAL[BX]

相对寄存器寻址,EA = (BX) + [VAL] = 0100H + 0050H = 0150H,PA = (DS)×10H + EA = 2000H×10H + 0150H = 20150H。

⑪ MOV AX, [BX][SI]

基址变址寻址,EA = (BX) + (SI) = 0100H + 00A0H = 01A0H,PA = (DS)×10H + EA = 2000H×10H + 01A0H = 201A0H。

⑫ MOV AX, VAL[BX][SI]

相对基址变址寻址,EA = (BX) + (SI) + [VAL] = 0100H + 00A0H + 0050H = 01F0H,PA = (DS)×10H + EA = 2000H×10H + 01F0H = 201F0H。

存储器寻址时的约定见表 3.1。

表 3.1　存储器寻址时的约定

存储器操作类型	默认段寄存器	允许超越的段寄存器	偏移地址寄存器
取指令代码	CS	无	IP
堆栈操作	SS	无	SP
源串数据访问	DS	CS、ES、SS	SI
目的串数据访问	ES	无	DI
通用数据访问	DS	CS、ES、SS	偏移地址
以 BP、SP 间接寻址的指令	SS	CS、DS、ES	偏移地址

程序只能在 CS 段,堆栈操作数只能在 SS 段,目的串操作数只能在 ES;其他操作虽然也有默认段,但允许段超越。

3.2　8086 指令系统分类

8086 的指令系统是一个指令数目庞大、指令形式多样、指令功能很强的指令系统,它可分为六大类。学习指令系统要重点掌握指令的基本操作功能、合法的寻址方式以及对状态标志位的影响。

① 数据传送(Data Transter);

② 算术运算(Arithmetic);

③ 逻辑运算(Logic);

④ 串操作(String Menipulation);

⑤ 程序控制(Program Control);

⑥ 处理器控制(Processor Control)。

指令可以用大写、小写或大小写字母混合的方式书写。本节只介绍 8086 CPU 指令系统中的大部分常用指令,其他没有介绍到的指令,可参见相关参考文献。在介绍指令之前,先介绍一下本节中要用到的一些符号所表示的含义:

mem:　存储器操作数;

opr:　表示操作数;

ac:　累加器操作数(AX 或 AL);

src:　源操作数;

dist:　目的操作数;

data:　立即数;

disp:　8 位或 16 位位移量;

port：　输入/输出端口,可用数字或表达式表示;

[　]：　存储单元的内容;

reg：　寄存器;

segreg：　段寄存器;

count：　移位次数,可以是 1 或 CL;

S_ins：　串操作指令。

3.2.1　数据传送类指令

数据传送类指令是指令系统中使用最多的一类指令,也是条数最多的一类指令,常用于将原始数据、中间运算结果、最终结果及其他信息在 CPU 的寄存器和存储器之间进行传送。数据传送指令对状态标志位不发生影响,除(SAHF 和 POPF)外,根据功能的不同,数据传送类指令可分为:

① 通用数据传送指令:MOV;

② 交换指令:XCHG;

③ 堆栈操作指令:PUSH、POP;

④ 地址传送操作指令:LEA、LDS、LES;

⑤ 标志寄存器传送指令:LAHF、SAHF、PUSHF、POPF;

⑥ 累加器专用传送指令:IN、OUT、XLAT。

1. 通用数据传送指令 MOV

通用数据传送指令的一般形式为

　　　　MOV　dist, src　　;dist←src

它表示把源操作数(src),传送给目的操作数(dist),源操作数不变,目的操作数被源操作数所替换。传送指令每次可以传送一个字节或一个字,它可以实现 CPU 的内部寄存器之间的数据传送、寄存器和内存之间的数据传送,还可以将立即数送给内存单元或者 CPU 内部的寄存器。

例 3.11

　　　MOV　　AL, 28H　　　　　　;立即数 28H 送 AL

　　　MOV　　[BX], 2004H　　　　;立即数 2004H 送 BX 和 BX+1 所指向的两内存单元

　　　MOV　　AX, BX　　　　　　;BX 中的 16 位数据送 AX

　　　MOV　　DX, 5024　　　　　;立即数 5024 送 DX

　　　MOV　　AX, [BX]　　　　　;BX 和 BX+1 所指的两个内存单元的内容送 AX

　　　MOV　　DS, [SI+BX]　　　;SI+BX 和 SI+BX+1 所指向的两内存单元的内容送 DS

　　　MOV　　[SI], 3510H　　　　;立即数 3510H 送到 SI 和 SI+1 所指的两个内存单元

使用 MOV 指令要注意以下几点：

① 立即数只能作为源操作数，不能作为目的操作数。

② 立即数不能直接传送到段寄存器，但可通过其他寄存器或堆栈传送。

③ MOV 指令的两个操作数类型必须相同。例如："MOV　AL, BX"是错误的指令。

④ CPU 中的寄存器除 IP 外都可通过 MOV 指令访问。

⑤ CS 只能作为源操作数，不能作为目的操作数。

⑥ 段寄存器之间不能直接传送，两个内存单元之间不能直接传送。例如："MOV　[BX], [SI]"是错误的指令。

2. 交换指令 XCHG

交换指令一般形式为

　　　XCHG　reg, mem/reg

该指令可以实现字节交换，也可以实现字交换，可以实现数据在 CPU 的内部寄存器之间交换，也可以实现数据在 CPU 内部寄存器和存储单元之间进行交换。

例 3.12

　　　XCHG AL, BL　　　　　；AL 和 BL 的内容进行交换

　　　XCHG AX, DX　　　　　；AX 和 DX 之间进行字交换

　　　XCHG CX, [3450H]　　　；CX 中的内容和 3450H、3451H 两单元的内容进行交换

3. 堆栈操作指令 PUSH 和 POP

堆栈操作指令堆栈操作指令是用来完成压入和弹出堆栈操作的，常用在子程序调用时要保存返回地址，在中断处理过程中要保存断点地址，进入子程序和中断处理后还要保留通用寄存器的值。子程序执行完毕和中断处理完毕返回时，又要恢复通用寄存器的值，并分别将返回地址或断点地址恢复到指令指针寄存器中。8086 的堆栈操作必须遵循以下原则：

① 堆栈的存取每次必须是一个字（16 位），而不能是单独一个字节。

② 堆栈指令中的操作数只能是存储器或寄存器操作数，而不能是立即数。

③ 堆栈指针 SP 总是指向栈顶。所谓栈顶，是当前可用堆栈操作指令进行数据交换的存储单元。

④ 入栈时"先减后压"（SP 先减 2，再压入操作数），出栈时"先弹后加"（弹出操作数后，SP 加 2）。

堆栈操作指令共有两条：

① 压入堆栈指令（简称为压栈或入栈指令）：PUSH；

② 弹出堆栈指令（简称出栈指令）：POP。

其一般形式为

  PUSH mem/reg/segreg

  POP mem/reg/segreg

  例 3.13 已知 SS = 8000H，SP = 0020H，AX = 0543H，则"PUSH AX"和"POP DX"的操作示意图如图 3.2 和图 3.3 所示。

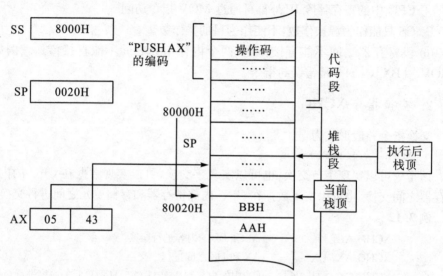

图 3.2　PUSH　AX 指令的操作过程示意图

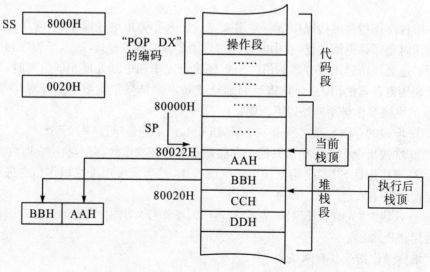

图 3.3　POP　DX 指令的操作过程示意图

特别注意两点：

（1）"PUSH　CS"是合法指令，可"POP　CS"却是非法指令，因为 8086 指令系统中不允许 CS 寄存器作为目的操作数，执行"POP　CS"将改变代码段寄存器 CS 的内容，会导致 CPU 从一个与程序无关的新段中去取下一条指令，从而使程序错误地运行。

（2）堆栈操作遵循"后进先出"的原则。保存内容和恢复内容时，要按照对称的次序执行一系列入栈和出栈操作。例如在某段子程序中需要保护 BX、CX、DI 的内容，则在子程序结束时，要按相应的顺序恢复 BX、CX、DI 的内容，堆栈操作如下：

```
PUSH    BX
PUSH    CX
PUSH    DI
…
POP     DI
POP     CX
POP     BX
```

4. 地址传送指令

（1）取有效地址指令 LEA（Load Effective Address）

LEA 指令的格式为

```
LEA reg,mem
```

LEA 指令的功能是将存储器地址送到一个寄存器（16 位）中，指令的源操作数必须是存储器操作数，目的操作数必须是寄存器操作数。

例 3.14

```
LEA  BP, [3456H]    ;将 3456 单元的偏移量送 BP,执行指令后 BP=3456H
LEA  BX, DATA       ;将内存单元 DATA 的偏移地址送 BX,这里 DATA 为符号地址
```

例 3.15　设 BX=1000H,DS=6000H,[61050H]=33H,[61051H]=44H,试比较以下两条指令单独执行时的结果：

```
LEA  BX,[BX+50H]
MOV  BX,[BX+50H]
```

执行第一条指令后 BX=1050H；执行第二条指令后 BX=4433H。

（2）地址指针装到 DS 和指定的寄存器指令 LDS（Load pointer with DS）

LDS 指令的一般格式为

```
LDS  reg,mem
```

LDS 指令的功能是把 2 个字的地址指针（一个段地址和一个偏移地址）传送到

DS 和另一个指定的寄存器中,其中地址指针的后一个字(即段地址)送到 DS。

例 3.16　设当前 DS=1000H,某地址指针的偏移地址 3450H 存放在当前数据段的 12210H、12211H 单元,段地址 3000H 存放在 12212H 和 12213H 单元,则执行指令

　　　　LDS　DI,[2210H]

后,DI=3450H,DS=3000H,其操作过程如图 3.4 所示。

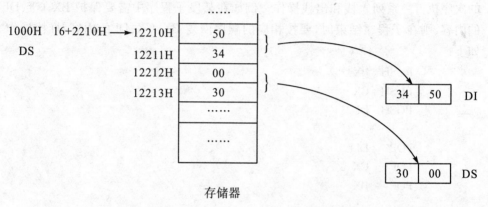

存储器

图 3.4　LDS　DI,[2210H]指令的操作过程

(3) 地址指针装到 ES 和指定的寄存器指令 LES(Load pointer with ES)

LES 指令格式为

　　　　LES　reg,mem

LES 指令与 LDS 指令功能类似,只是把 DS 换成 ES。操作时将段地址(后一个字)传送 ES 段寄存器。

要注意,LDS、LES 两条指令都是传送一个目的地址指针(包括一个偏移地址和一个段地址),共 32 位数据;源操作数必须是存储器操作数。

5. 标志寄存器传送指令

标志寄存器传送指令共有 4 条:

(1) 读取标志指令 LAHF(Load AH from Flags)

LAHF 指令执行时,将标志寄存器中的低 8 位传送到 AH 中,包括 5 个状态标志 SF、ZF、AF、PF、CF,其对应的位是第 7、6、4、2 和 0 位,而第 5、3、1 位没有定义。LAHF 指令的操作过程如图 3.5 所示。

(2) 设置标志指令 SAHF(Store AH into Flags)

SAHF 指令刚好与 LAHF 指令相反,执行时将 AH 寄存器的相应位送到标志

寄存器的低 8 位。该指令经常用于修改状态标志。

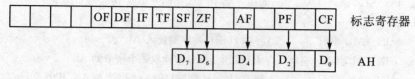

图 3.5　LAHF 指令的操作过程

（3）标志入栈指令 PUSHF(PUSH Flags)

该指令将标志寄存器的值压入堆栈顶部,同时堆栈指针 SP 减 2,这条指令在执行后标志寄存器的本身的内容并没有变。

（4）标志出栈指令 POPF(POP Flags)

POPF 指令与 PUSHF 指令刚好相反,执行时从堆栈栈顶弹出一个字送到标志寄存器,然后堆栈指针 SP 的值加 2。

PUSHF 指令和 POPF 指令分别起保护标志和恢复标志的作用。PUSH、LAHF 对标志位无影响,而 SAHF、POPF 将对标志位产生影响,使当前的标志位被新的值所替换。

6. 累加器专用传送指令

累加器专用传送指令共有 3 条,它包括输入/输出（I/O）指令和换码指令XLAT。

输入/输出指令共有两条:IN 和 OUT,它用来实现累加器(AX/AL)与 I/O 端口之间的数据传送,执行输入指令时 CPU 可以从一个端口（8 位）读入一个字节到AL 中,也可以从两个连续的 8 位端口读一个字到 AX 中。执行输出指令时,CPU可将 AL 中的一个字节写到一个 8 位端口中,也可以将 AX 中的一个字写到两个连续的 8 位端口中。

8086 系统的 I/O 指令中有以下两种寻址方式:

① 直接寻址方式:指令中直接指出一个 8 位的 I/O 端口地址,端口地址为00～FFH。

② 寄存器间接寻址方式:当端口地址大于 FFH（100H～FFFFH）时,端口地址由 DX 寄存器指定（也只能由 DX 指定）。当然,DX 中也可存放 8 位的端口地址。

（1）输入指令 IN

IN 指令的一般形式为

　　IN AL/AX, port　　;直接寻址,port 为 8 位立即数表示的端口地址

或

　　　　IN　AL/AX,　DX　　　　　;间接寻址,由 DX 指出 8 位或 16 位端口地址

　　例 3.17

　　　　IN　AL,38H　　　　　　;将 38H 端口的字节读入 AL

　　　　IN　AL,DX　　　　　　　;从 DX 所指端口中读取一个字节到 AL

　　　　IN　AX,50H　　　　　　;将 50H、51H 两端口的一个字读入 AX,其中 50H 端口的

　　　　　　　　　　　　　　　　;字节读入 AL,51H 端口中的字节读入 AH

　　　　IN　AX,DX　　　　　　　;从 DX 和 DX+1 所指的两个端口中读取一个字到 AX,低地

　　　　　　　　　　　　　　　　;址端口中的字节读入 AL,高地址端口中的字节读入 AH

　　(2) 输出指令 OUT

　　OUT 指令的一般形式为

　　　　OUT port,AL/AX　　　;直接寻址,port 为 8 位立即数表示的端口地址或 OUT DX

　　　　OUT DX,AL/AX　　　　;间接寻址,DX 给出 8 位或 16 位端口地址

　　例 3.18

　　　　OUT　35H,AL　　　　　;将 AL 中的一个字节输出到 35H 端口

　　　　OUT　60H,AX　　　　　;将 AX 中的一个字输出到 60H、61H 两端口,其中 AL 中的

　　　　　　　　　　　　　　　　;内容输出到 60H,AH 中的内容输出到 61H

　　　　OUT　DX,AX　　　　　　;将 AX 中的一个字输出到 DX 及 DX+1 所指的端口中

　　例 3.19

　　　　MOV　DX,288H

　　　　OUT　DX,AX

　　执行这两条指令的结果是将 AX 的内容输出到地址为 288H 和 289H 的两个端口。

　　(3) 换码指令 XLAT

　　该指令通过 AL 和 BX 寄存器进行表格查找,将 8 位数装入 AL 中。它完成的操作为:AL← [BX+AL]。XLAT 指令常用于查表操作,即 BX 寄存器含有表格的起始地址,而 AL 中的值是作进入表格中的偏移量,查出表格中的内容送入 AL 中。

　　例 3.20　设 DS =3000H,AL=09H,BX=0080H,执行指令 XLAT 作用是:将存储单元 30089H 的内容送入 AL 中。

3.2.2　算术运算类指令

　　8086 CPU 指令系统中,具有完备的加、减、乘、除等算术运算指令,有很强的运算能力,它们分别是:

① 加法指令：ADD、ADC、INC；

② 减法指令：SUB、SBB、DEC、NEG、CMP；

③ 乘法指令：MUL、IMUL；

④ 除法指令：DIV、IDIV、CBW、CWD；

⑤ 十进制调整指令：AAA、DAA、AAS、DAS、AAM、AAD。

算术运算指令可处理：无符号的二进制数、带符号的二进制数、无符号压缩十进制数（压缩 BCD 码）、无符号非压缩十进制数（非压缩 BCD 码）。压缩十进制数只有加/减运算，其他类型的数均可进行加、减、乘、除运算。要注意的是算术运算的指令大多会对标志位产生影响。

1. 加法指令

加法指令共有 3 条，其一般形式如下：

① 不带进位加法指令：

　　　　ADD　mem1/reg1, mem2/reg2/data

② 带进位加法指令：

　　　　ADC　mem1/reg1,mem2/reg2/data

③ 增量（INCrement）指令：

　　　　INC reg/mem

其中增量指令的功能将指定的操作内容加 1，再送回操作数。

例 3.21

ADD　AL，50H	;AL ← AL＋50H
ADD　BX，3060H	;BX ← BX＋3060H
ADD　AX，[BX＋3000H]	;BX＋3000H 和 BX＋3001H 所指的两单元的内容与
	;AX 内容相加，结果放回 AX 中
ADC　BX，[SI]	;SI 和 SI＋1 所指的两个存储单元的内容与 BX 的值
	;及 CF 的值相加，结果放回 BX 中
ADC [DI]，AX	;DI 及 DI＋1 所指的两个存储单元的内容与 AX 的值
	;及 CF 的值相加，结果放到 DI 和 DI＋1 所指的单
	;元中
INC　BL	;BL 中的内容加 1
INC CX	;CX 中的内容加 1

注意　ADD、ADC 指令的操作对标志位 ZF、CF、OF、PF、SF 等会产生影响；INC 指令对 CF 没有影响，而对 ZF、OF、SF、PF、AF 等会产生影响。指令对标志位的影响见附录 B。

2. 减法指令

(1) 不带借位的减法指令 SUB(SUBtract)

指令格式：

　　SUB　　mem1/reg1,mem2/reg2/data

指令功能：将目的操作数与源操作相减,结果送回目的操作数。

(2) 带借位减法 SBB(SuBtract with Borrow)

该指令的格式与 SUB 一样,只是在两个操作数相减时,还要减去借位标志 CF 的现行值,结果仍送目的操作数。

(3) 减量指令 DEC(DECrement)

指令格式：

　　DEC　　mem/reg

指令功能：将指定寄存器或存储单元的内容减 1,可见其功能与 INC 指令刚好相反,注意段寄存器不能用此指令减 1。

SUB、SBB 指令对标志的影响可参考 ADD、ADC 指令,DEC 指令对标志的影响则可参考 INC 指令。

(4) 取补指令 NEG(NEGate)

指令格式：

　　NEG　　mem/reg

指令功能：对指定操作数取补,再将结果送回。由于对一操作数取补,相当于用 0 减去该操作数,故 NEG 指令也属于减法指令。

例如 3.22

　　NEG　　AL　　　;将 AL 中的各位求反后再在最低位加 1,即 $\overline{AL}$+1→AL,亦即
　　　　　　　　　　;0−AL→AL

(5) 比较指令 CMP(CoMPare)

指令格式：

　　CMP　　mem1/reg1, mem2/reg2/date

指令功能：将两个操作数相减,但不将结果送回到目的操作数,仅根据结果影响标志位,CMP 指令对标志位的影响与 SUB 相同。

例 3.23

　　SUB　SI, 2010H　　　　　　　　;SI 中的数减去 2010H,结果送回 SI
　　SUB　[BP+8], CL　　　　　　　;将 SS 段的 BP+8 所指的单元中的值减去 CL 的值,
　　　　　　　　　　　　　　　　　;结果放在 BP+8 所指的堆栈单元

```
        SBB    BX,3040H              ;BX 中的内容减去 3040H,并减去 CF 的值,结果
                                     ;送 BX
        SBB    [DI+3],2000H          ;将 DI+3 和 DI+4 所指的两单元的内容减去立即
                                     ;数 2000H,并减去 CF 的值,结果放在 DI+3 及 DI+4
                                     ;所指的单元
        DEC    AX                    ;AX 内容减 1,送回 AX
        NEG    BL                    ;将 BL 中的数取补,送回 BL
        CMP    AX,BX                 ;将 AX 内容与 BX 的内容相比较,结果仅影响标
                                     ;志位
        CMP    BX,3000H              ;将 BX 的内容与 3000H 相比较,结果仅影响标志位
```

3. 乘法指令

（1）无符号乘法指令 MUL(MULtiplication)

指令格式：

```
        MUL    mem/reg
```

指令功能：将寄存器或存储单元的内容乘以 AL 或 AX 的值,注意 AL 或 AX 为隐含的操作数。当 mem/reg 为一个字节时,另一个乘数为 AL 的值,运算的结果（16 位）送 AX;若 mem/reg 为一个字,另一个乘数应为 AX 的值,运算结果（32 位）的低位字放 AX 中,高位字放 DX 中。

该指令对标志的影响为：当乘积的高半部分（字节相乘时为 AH,字相乘时为 DX）不为零,则 CF＝1,OF＝1,代表 AH 或 DX 中存放了乘积的有效数字;否则 CF＝OF＝0。

（2）带符号数的乘法指令 IMUL(Integer　MULtiplication)

指令在格式上和功能上与 MUL 指令类似,不同的是,IMUL 指令要求两乘数都为带符号数（补码）,且乘积也是补码表示的数。若乘积的高半部分是低半部分的符号位的扩展（所谓符号位扩展,是指结果为正时高半部分全部扩展为 0,或结果为负时高半部分全部扩展为 1）,则 OF＝CF＝0;否则 OF＝CF＝1。

例 3.24　设 AL＝85H,BL＝2AH,均为带符号数,求指令"IMUL　BL"的执行结果。

解

$$85H＝10000101B＝-123D$$
$$2AH＝00101010B＝42D$$
$$(-123D)\times 42D＝-5166D＝EBD2H$$

故执行该指令后 AX＝EBD2H,由于 AH＝EBH≠FFH,所以标志位 CF＝OF＝1。

4. 除法指令

与乘法指令类似,除法指令也分无符号数的除法 DIV 和带符号数的除法 IDIV 指令,被除数隐含在累加器 AX(字节除)或 DX 和 AX(字除)中。在除法运算中如果除数是 8 位的,则要求被除数是 16 位;如果除数是 16 位的,则要求被除数是 32 位。

(1) 无符号数的除法指令 DIV (Division)

指令格式:

  DIV mem/reg

指令功能:将 AX(16 位)中或 DX 和 AX(32 位)中的内容,除以在指定的寄存器或存储单元中的内容。对于字节除法,所得的商存于 AL,余数存于 AH;对于字除法,所得的商存于 AX,余数存于 DX。

例 3.25 若 AX=0FD5H,DX=068AH,CX=08E9H,则执行指令"DIV CX"之后,将商放在 AX 中,余数存于 DX,即 AX=0BBE1H, DX=080CH。

(2) 带符号数的除法指令 IDIV(Integer DIVision)

该指令的格式和功能与 DIV 指令相同,只不过在 IDIV 指令中,操作数是补码数,商和余数也是补码数,其中商可能为正或负数,余数总是与被除数的符号相同,为正或负数。

如果被除数的位数不够(被除数和除数位数一样),则应在进行除法之前,对被除数进行扩展,以达到所需的位数。对于带符号数,扩展后不应使该数的值和符号位发生变化,因此应该是带符号位的扩展,例如 01010110B 应扩展成 0000000001010110B,11001001B 应扩展为 1111111111001001B。CBW 指令和 CWD 指令就是用于符号扩展的指令。

(3) 字节扩展为字指令 CBW(Convert Byte to Word)

指令功能:把 AL 中的符号扩展到 AH 中。若 AL<80H,则扩展后 AH=00H;若 AL≥80H,则扩展后 AH=FFH。

(4) 字扩展为双字指令 CWD(Convert Word to Double word)

指令功能:将 AX 中的符号扩展到 DX 中。若 AX<8000H,则扩展后 DX=0000H;若 AX≥8000H,扩展后 DX=FFFFH。

CBW 与 CWD 指令常用于在两数相除之前,使被除数的长度增为原来的两倍。两指令都不影响标志位。

例 3.26 设被除数存放在内存(2800H)单元,除数存放在内存(2801H)单元,它们均是有符号数。编程作除法,将商存在(2802H)单元,余数放(2803H)单元。

实现上述要求的程序片段为

```
MOV   DI, 2800H
MOV   AL, [DI]
MOV   BL, [DI+1]
CBW
IDIV  BL
MOV   [DI+2], AL
MOV   [DI+3], AH
```

若(2800H)=9CH(表示－100D),(2801H)=09H(表示＋9D),则执行程序后,AL(商)=0F5H(表示－11D),AH(余数)=0FFH(表示－1D),余数的符号与被除数相同。

若(2800H)=64H(表示＋100D),(2801H)=0F7H(表示－9D),则执行程序后,AL(商)=0F5H(表示－11D),AH(余数)=01H(表示＋1D)。

5. 十进制调整指令

除上述加、减、乘、除基本算术运算指令外,8086 还提供了 6 条用于 BCD 码运算的调整指令,这些调整指令都采用隐含寻址方式——将 AL(或 AL 和 AH)作为隐含的操作数。它们常与加、减、乘、除指令配合使用,实现 BCD 码的算术运算。

BCD 码的存放形式有两种:压缩型 BCD 码、非压缩型 BCD 码。

压缩型 BCD 码(也称组合型 BCD 码):一个字节表示两位 BCD 码。如 10010110 表示两位 BCD 码 9 和 6。

非压缩型 BCD 码(也称非组合型 BCD 码):一个字节表示一位 BCD 码,有效位在低 4 位,高 4 位为零。如 00001001 表示一位 BCD 码 9,00000110 表示一位 BCD 码 6。

(1) 加法的 BCD 码调整

① AAA:加法的非压缩型 BCD 码调整指令

指令功能:对在 AL 中两个非压缩型 BCD 码相加的结果,调整成非压缩型 BCD 码。调整后的结果低位在 AL 中,高位在 AH 中。调整的原则是:若 AL 低 4 位大于 9 或 AF=1,则 AL+6,AH+1,CF 与 AF 置 1,AL 高 4 位清 0;否则,CF 和 AF 清 0。

该指令必须紧跟在加法指令之后且只能对 AL 中的内容进行调整。本指令不影响 PF、ZF、SF、OF。

② DAA:压缩型 BCD 码调整指令

指令功能:对在 AL 中两个压缩型 BCD 码相加的结果,调整成压缩型 BCD 码放在 AL 中。

DAA 指令必须紧跟在加法指令之后且只能对 AL 中的内容进行调整。它影响 CF、PF、AF、ZF、SF,其中 CF=1 说明结果大于 99。

该指令的调整原则是:若 AL 中的低 4 位>9 或 AF=1,则 AL+6→AL, 1→AF;若 AL 中的高 4 位>9 或 CF=1,则 AL+60→AL,1→CF。

例 3.27

```
        MOV   BL, 35H
        MOV   AL, 85H
        ADD   AL, BL
        DAA
```

结果 AL=20H,CF=1,AF=1,PF=0,ZF=0,SF=0。

(2) 减法的 BCD 码调整

① AAS:减法的非压缩型 BCD 码调整指令。

指令功能:对在 AL 中两个非压缩型 BCD 码相减的结果,调整成非压缩型 BCD 码,调整后的结果低位在 AL 中,高位在 AH 中。它影响标志寄存器的 AF、CF 位。

本指令必须紧跟在减法指令之后且只能对 AL 中的内容进行调整。

该指令调整的原则是:若 AF=1,则 AL−6→AL,AH−1→AH,1→CF。

例 3.28

```
        SUB   AL, BL         ;AL 和 BL 中的非压缩型 BCD 码相减
        AAS                  ;调整 AL 为正确的非压缩型 BCD 码
```

② DAS:减法的压缩型 BCD 码调整指令。

指令功能:对在 AL 中两个压缩型 BCD 码相减的结果,调整成压缩型 BCD 码在 AL 中。

DAS 对标志寄存器的影响同 DAA 指令。同样的,它必须紧跟在减法指令之后且只能对 AL 中的内容进行调整。

该指令的调整原则如下:若 AL 中低 4 位大于 9 或 AF=1,则 AL−06H→AL,并使 AF 置 1;若 AL 中高 4 位大于 9 或 CF=1,则 AL−60H→AL,并使 CF 置 1。

(3) 乘法的 BCD 码调整

AAM:乘法的非压缩型 BCD 码调整。

指令功能:对 AX 中两个非压缩型 BCD 码相乘的结果调整成两位非压缩型 BCD 码,调整后的结果低位非压缩型 BCD 码在 AL 中,高位非压缩型 BCD 码在 AH 中。该指令影响 PF、SF、ZF,也须紧跟在乘法指令 MUL 之后。注意,BCD 码数总是作为无符号数看待,所以相乘时不能用 IMUL 指令。

调整过程:把 AL 的内容除以 0AH,商放 AH 中,余数放 AL 中。AAM 的操作实质是将 AL 中不大于 99 的二进制数转换成非压缩型 BCD 码。

(4) 除法的 BCD 码调整

AAD:除法的非压缩型 BCD 码调整。

指令功能:用在两位非压缩型 BCD 码相除之前,对 AX 内容进行调整,使两个未组合的十进制数相除之后可得到非组合的 BCD 码结果,商在 AL 中,余数在 AH 中。

调整原则:AH×0AH＋AL→AL,0→AH。显然 AAD 的操作实质是将 AX 中的两位十进制数(非压缩型 BCD 码)转换为二进制数,该指令影响 PF、SF、ZF。与上述其他调整指令不同,AAD 指令须放在相应的除法指令之前。

例 3.29　计算 $23÷4＝$?

MOV	AX,0203H	;AX=0203H,即非压缩型 BCD 数 23
MOV	BL,4	;BL=04H,即非压缩型 BCD 数 4
AAD		;AX=02H×0AH＋03H=0017H
DIV	BL	;AH=03H,AL=05H,即结果是商 5 余 3

注意　执行完 AAD 后,AH＝0,AL＝17H;再执行 DIV 后,AH＝03H,AL＝05H。

3.2.3　逻辑运算与移位类指令

8086 CPU 可以对 8 位或 16 位操作数进行逻辑操作,完成这些逻辑操作的指令可分成两类:逻辑运算类指令和移位类指令。

1. 逻辑运算类指令

(1) 逻辑与指令 AND

指令格式:

　　　AND mem1/reg1,mem2/reg2/data

指令功能:将指令中两操作数的内容按位做逻辑"与"运算,结果送回目的操作数。

例 3.30　指令"AND AL,0FH"的作用是 AL 中内容和 0FH 相与,结果放到 AL 中,亦即将 AL 的高 4 位清零,低 4 位不变;指令"AND　AX,BX"的作用是 AX 和 BX 中的内容相与,结果放在 AX 中。

(2) 逻辑或指令 OR

指令格式:

OR mem1/reg1,mem2/reg2/data

指令功能:将指令中两操作数的内容按位做逻辑"或"运算,结果送回目的操作数。

例 3.31 指令"OR AX,00FFH"是将 AX 的内容与 00FFH 进行逻辑"或"运算,结果放 AX 中,亦即将 AX 的低 8 位置 1,高 8 位不变。

(3) 逻辑非指令 NOT

指令格式:

NOT mem/reg

指令功能:将指定的寄存器或存储单元的内容按位取反。

该指令常用来对某个数作求反运算。

(4) 逻辑异或指令 XOR

指令格式:

XOR mem1/reg1,mem2/reg2/data

指令功能:将指令指定的两操作数的内容按位做逻辑"异或"运算,结果送回目的操作数 mem1/reg1 中。

例 3.32

XOR AL,08H	;AL 和 08H 相异或,结果放在 AL 中
XOR BX,2000H	;BX 的内容和 2000H 相异或,结果放在 BX 中
XOR AX,AX	;AX 的内容本身进行异或,结果是将 AX 清零

(5) 测试指令 TEST

指令格式:

TEST mem1/reg1,mem2/reg2/data

指令功能:将 mem2/reg2 指定的内容与 mem1/reg1 指定的内容按位做逻辑"与"运算,但不送回操作结果,只根据结果影响标志位。

TEST 指令常用来检测操作数的某些位是 1 还是 0。

例 3.33

TEST AL,09H	;若 AL 中 D_3、D_0 位均为 0,则 ZF=1;否则 ZF=0
TEST AX,8000H	;若 AX 的最高位为 1,则 ZF=0;否则 ZF=1

上述 5 条逻辑运算指令中,其操作数可以是 8 位或 16 位,NOT 指令对标志无影响,其他 4 条指令执行后,标志位 CF=0,OF=0,而 SF、ZF、PF 根据逻辑运算的结果设置,AF 未定义。

例 3.34 用逻辑指令完成下列操作:

① 将 AX 最高位置 1,其余位不变;

② 将 CX 高 3 位清零,其余位不变。

解

①　OR AX,8000H;

②　AND CX,1FFFH。

2. 移位指令

移位指令可分为非循环移位和循环移位两大类,其中循环移位又可分为带进位位的循环移位和不带进位位的循环移位两大类。根据移位操作性质,移位指令又可分为逻辑移位操作和算术移位操作两种。根据移位方向,移位指令可分为左移操作和右移操作两种。

移位指令可以对指定的寄存器或存储器单元中的内容进行指定的移位,可以进行 8 位或 16 位操作。移位的位数可以是 1 位或若干位。若移位位数为 1 位,则在指令中直接给出移位位数 1;如移位位数大于 1,则应先将移位位数置于 CL 中,在移位指令中用 CL 指定移位位数。

(1) 非循环移位指令

① 逻辑左移指令 SHL(SHift logical Left)

指令格式:

　　　SHL　mem/reg,count;

式中,count 表示 1 或 CL(以下同),是移位的位数。

指令功能:将操作数左移 count 位,最高位移入进位标志位 CF,移动后空出的最低位补 0,如图 3.6 所示。

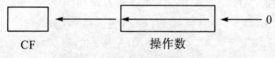

图 3.6　SHL 指令操作示意图

② 逻辑右移指令 SHR(SHift logical Right)

指令格式:

　　　SHR mem/reg,count

指令功能:将操作数右移 count 位,最高位补 0,最低位移入 CF。如图 3.7 所示。

图 3.7　SHR 指令操作示意图

③ 算术左移指令 SAL(Shift Arithmetic Left)

指令格式：

　　SAL mem/reg,count

本指令的功能与逻辑左移 SHL 相同；不同之处是：逻辑左移 SHL 将操作数视为无符号数，而算术左移指令 SAL 将操作数视为带符号数。

④ 算术右移指令 SAR(Shift Arithmetic Right)

SAR 指令格式与 SHR 指令相同，只不过 SAR 指令是将目的操作数视为带符号数，其操作是将目的操作数向右移 1 位或 CL 指定的位数，操作数的最低位移入标志位 CF。

SAR 与 SHR 的区别是，算术右移时最高位不是补 0，而是保持不变，SAR 指令操作如图 3.8 所示。

操作数　　　　　　　　　CF

图 3.8　SAR 指令操作示意图

非循环移位指令执行后，当移位数为 1 时，若移位后结果的最高位与标志位 CF 不相等，则 OF=1；若相等则 OF=0。标志位 SF、ZF、PF、OF 根据移位结果置位，AF 未定义。若移位次数不为 1，则 OF 的状态不定。

例 3.35　将 AL 中的数乘以 10 的程序段如下：

```
SAL AL, 1          ;将 AL 中的内容左移 1 位,得 2×AL
MOV BL, AL         ;2×AL 保存在 BL 中
MOV CL, 2          ;在 CL 中置入移位次数 2
SAL AL, CL         ;2×AL 左移 2 位,得 8×AL
ADD AL, BL         ;8×AL 加上 2×AL,得 10×AL
```

从指令的数量上看，此方法显得繁琐了些，但执行时间却比用乘法指令快得多。

(2) 循环移位指令

循环移位指令也是将指定的存储单元或寄存器的内容左移或右移。它与非循环移位指令的区别是：循环移位指令的移位将按一闭环回路进行。

① 循环左移指令 ROL(ROtate Left)

指令格式：

　　ROL　reg/mem, count

指令功能：将操作数左移 count 位，最高位一方面进入进位标志位 CF，另一方面移入最低位，形成环路，如图 3.9 所示。

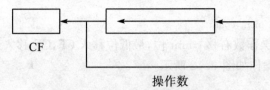

图 3.9　ROL 指令操作示意图

② 循环右移指令 ROR(ROtate Right)

指令格式:

　　　ROR　reg/mem，count

指令功能:将操作数右移 count 位,最低位一方面移入进位标志位 CF ,另一方面移入最高位,形成环路 如图 3.10 所示。

图 3.10　ROR 指令操作示意图

例 3.36　执行下列指令后 AL 中的值为多少? CF=?

　　　MOV　AL,0C6H
　　　MOV　CL,2
　　　ROR　AL,CL

移位前 AL=C6H=11000110B,右移 2 位后 AL=10110001B=B1H,最后移入 CF 的值是 1,故执行上述指令后 AL=B1H,CF=1。

③ 带进位循环左移指令 RCL(Rotate Left through Carry)

指令格式:

　　　RCL reg/mem,count

指令功能:将操作数左移 count 位,最高位进入标志位 CF,CF 移入最低位。

RCL 指令的操作如图 3.11 所示。

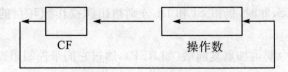

图 3.11　RCL 指令操作示意图

④ 带进位循环右移指令 RCR(Rotate Right through Carry)

指令格式：

　　RCR　　reg/mem,count

指令功能：将操作数右移 count 位，最低位移入 CF，CF 移入最高位形成环路。RCR 指令的操作如图 3.12 所示。

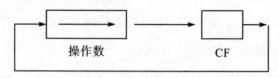

操作数　　　　　　CF

图 3.12　RCR 指令操作示意图

　　循环移位指令只影响 CF 和 OF，指令执行后，当指定循环移位数为 1 时，若循环左移后结果的最高位不等于 CF，则 OF=1，否则 OF=0，这可用来表示循环移位前后的符号位是否发生变化。CF 和 OF 根据移位结果置位，其他标志无影响。若移位次数不为 1，则 OF 的状态不定。

3.2.4　串操作类指令

　　串操作指令就是用一条指令实现对一串字符或数据的操作。在计算机应用中，若处理的数据较多，它们将被连续存放在一片存储区中，形成一个数据块（如一个数组中的全部数据），被存放的数据可以是字符或其他数据。这样一个数据块，称为串（String）。换言之，串就是存储器中一系列连续的字或字节。串操作就是针对这些字或字节进行的某种相同的操作，串操作指令就是因此而设置的。8086 串操作指令有以下特点：

　　① 串操作指令用 SI 对源操作数进行间接寻址，并假定是在 DS 段中，而用 DI 对目的操作数进行间接寻址，并假定是在 ES 段中（即目的串的地址和源串地址分别由 ES：DI、DS：SI 提供）。在使用串操作指令之前应先设置好 SI 和 DI 的初值。

　　② 在同一个段内实现字符串传送时，应将数据段基址和附加段基址设置成同一数值，即 DS=ES，此时，仍由 SI 和 DI 分别指出源操作数和目的操作数的有效地址。

　　③ 串操作指令前可加重复前缀（如 REP），通过它们来控制串操作指令的重复执行。

　　④ 串操作具有方向性，地址的修改与方向标志 DF 有关：DF=0 时，SI、DI 作自动增量修改；DF=1 时，SI 和 DI 作自动减量修改。因此在执行串操作之前，往往要先设置 DF 的值（利用指令 STD 将 DF 置 1，CLD 将 DF 清 0）。

⑤ 串操作指令是唯一的一组源操作数和目的操作数都在存储单元的指令。

⑥ 串操作指令中有许多参数是隐含约定的,见表 3.2。

表 3.2　串操作指令的隐含参数

隐含参数	对应的单元或寄存器
源串的起始地址	DS:SI
目标串的起始地址	ES:DI
重复次数	CX
LODS 指令的目的操作数	AL/AX
STOS 指令的源操作数	AL/AX
SCAS 指令的扫描值	AL/AX
地址修改方向	DF=0,SI、DI 自动增量修改
	DF=1,SI、DI 自动减量修改

1. 串传送指令 MOVS(MOVe String)

该指令有 3 种具体格式:

① MOVSB;

② MOVSW;

③ MOVS　dist, src。

MOVS 指令可将以[SI]为有效地址的源串中的字节或字传送到[DI]为有效地址的目的串中,同时自动修改 SI 和 DI 中的有效地址使之指向串中的下一个元素。该指令不影响标志位。

MOVSB 指令是传送字节操作,MOVSW 指令是传送字的操作,而第三种格式则应在操作数中表明是字还是字节操作。

例 3.37

```
      MOVS  ES:BYTE PTR [DI], DS:[SI]    ;BYTE PTR 是汇编操作符,用以说
                                         ;明是字节操作
```

实际上,由于 MOVS 指令的寻址方式是隐含的,所以第③种格式中的 dist 和 src 只提供汇编程序作类型检查用,程序中一般只采用第①种和第②种格式。

例 3.38　已知 DS=1500H, SI=2000H; ES=3000H , DI=1000H,CX=0005H,DF=0 则执行指令"REP　MOVSB"会把源串中的 5 个字节的数据传送到目的串所在的存储区中,指令的执行情况如图 3.13 所示。

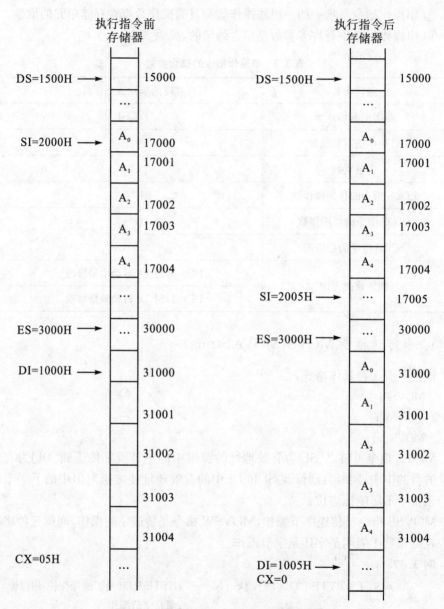

图 3.13 指令"REP MOVSB"操作示意图

2. 读串指令 LODS(LOaD from String)

指令格式有 3 种：

① LODSB；

② LODSW；

③ LODS　src。

LODS 指令的功能是把源串中的一个字节或字的数据送入 AL 或 AX 中,同时按照 DF 标志修改 SI。本指令不影响状态标志位。

若 DF=0,则字节操作时:AL ← [SI],SI ← SI+1;字操作时:AL ← [SI],AH ← [SI+1],SI ← SI+2。

3. 存串指令 STOS(STore into String)

指令格式有 3 种:

① STOSB;

② STOSW;

③ STOS　dist。

指令功能:把 AL 或 AX 中一个字节或字的内容送入目的串所在存储单元中,并按照 DF 的值修改 DI。

若 DF=0,则字节操作时:[DI] ← AL,DI ← DI+1;字操作时:[DI] ← AL,[DI+1] ← AH,DI ← DI+2。

STOS 指令常用于初始化某一缓冲区为同一数据。

例 3.38　已知 ES=2000H,DI=1000H,CX=000AH, AL=E9H,DF=0 则执行指令:

　　　　REP STOSB

后将存储器中从 21000 到 21009 单元全部置为 E9H,这里 REP 为重复前缀。

4. 串比较指令 CMPS(CoMPare String)

指令格式有 3 种:

① CMPSB;

② CMPSW;

③ CMPS　dist,src。

CMPS 指令把由 DI 指定的附加段目的串中的 1 B(或字)与由 SI 指定的数据段中源串的一个字节(或字)相减,不保存结果,但影响标志位,并按照 DF 的值修改 SI 和 DI。CMPS 对标志位的影响与 CMP 指令相同。

5. 串扫描指令(Scan String)SCAS

指令格式有 3 种:

① SCASB;

② SCASW;

③ SCAS　dist。

　　该指令把 AL 的内容去减 DI 指定的目的串中的一个字节数据,或将 AX 中的内容去减 DI 指定的目的串中的一个字数据。不送运算结果,只根据结果影响标志位(对标志位的影响与 CMP 相同),并按照 DF 的值修改 DI。

　　6. 重复前缀

　　重复前缀的功能是重复执行紧跟其后的串操作指令,直到 CX＝0 才停止,重复次数由 CX 寄存器控制,每重复执行一次,CX 减 1。

　　若以 S_ins 表示串操作指令,重复前缀有以下三种形式:

```
REP    S_ins           ;CX≠0,重复执行串操作指令 S_ins,REP 常用作
                       ;MOVS,STOS 指令的前缀
REPE/REPZ    S_ins     ;CX≠0 且 ZF＝1 重复;否则不重复。这种前缀常用
                       ;作 CMPS,SCAS 指令的前缀
REPNE/REPNZ    S_ins   ;CX≠0 且 ZF＝0 时重复;否则不重复。REPNE/REPNZ
                       ;也常用作 CMPS,SCAS 指令的前缀
```

3.2.5　控制转移类指令

　　在程序运行过程中,往往需要根据不同的条件执行不同的代码片段,因此程序的执行要产生分支或转移,使用控制转移类指令来控制程序的流程。

　　由于程序的寻址是由 CS 和 IP 两部分组成的(即程序的入口地址是由 CS 和 IP 决定的),而转移指令的作用是要改变程序的执行顺序,转移到指定程序段的入口地址,即要改变 CS 和 IP 的值(或仅改变 IP 的值)。若同时改变 CS 和 IP 的转移称为段间转移,其目标属性用 FAR 表示;仅改变 IP 的转移称为段内转移,其目标属性用 NEAR 表示,对于很短距离的段内转移(-128～+127),可称为短转移,其目标属性用 SHORT 表示。

　　无论是段内转移还是段间转移,都还有直接转移和间接转移之分。

　　直接转移:在转移指令中直接指明目标地址的转移称为直接转移。

　　间接转移:如果转移地址存放在某一寄存器或内存单元中,则称为间接转移。

　　若转移地址存放在寄存器中,则只能实现段内间接转移(因为寄存器间接寻址的最大范围为 64 KB);若转移地址存放在内存单元中,则既可实现段内间接转移,也可实现段间间接转移。

　　另外段内转移还有相对转移和绝对转移之分。

　　相对转移:目标地址是 IP 值加上一个偏移量的转移称相对转移。

　　绝对转移:以一个新的值完全代替当前的 IP 值(CS 值可能也发生改变)的转移称为绝对转移。在 8086 指令系统中,段内直接转移都是相对转移,段内间接转

移以及段间转移都是绝对转移。

8086 提供了四种控制转移指令:无条件转移指令、条件转移指令、循环控制指令和中断指令。除中断指令外,其他转移类指令都不影响状态标志。8086 的控制转移指令见表 3.3。

表 3.3　控制转移类指令

类型	指令格式	指令功能	条件	说明
无条件转移	JMP　目标标号	无条件转移		
	CALL　过程名	调用子程序		
	RET	过程返回		
条件转移	JZ/JE　目标标号	结果为 0/相等转移	ZF=1	
	JNZ/JNE　目标标号	不为 0/不相等转移	ZF=0	
	JP/JPE　目标标号	结果为偶性转移	PF=1	结果有偶数个 1
	JNP/JPO　目标标号	结果为奇性转移	PF=0	结果有奇数个 1
	JO　目标标号	溢出转移	OF=1	
	JNO　目标标号	无溢出转移	OF=0	
	JC　目标标号	有进(借)位转移	CF=1	
	JNC　目标标号	无进(借)位转移	CF=0	
	JS　目标标号	符号位为 1 转	SF=1	结果为负数转
	JNS　目标标号	符号位为 0 转	SF=0	结果为正数转
	JB/JNAE　目标标号	低于/不高于等于转	CF=1	无符号数
	JNB/JAE　目标标号	不低于/高于等于转	CF=0 或 ZF=1	无符号数
	JA/JNBE　目标标号	高于/不低于等于转	CF=0 且 ZF=0	无符号数
	JNA/JBE　目标标号	不高于/低于等于转	CF=1 或 ZF=1	无符号数
	JL/JNGE　目标标号	小于/不大于等于转	$(SF \oplus OF)=1$	带符号数
	JNL/JGE　目标标号	不小于/大于等于转	$(SF \oplus OF)=0$ 或 ZF=1	带符号数
	JG/JNLE　目标标号	大于/不小于等于转	$(SF \oplus OF)=0$ 且 ZF=0	带符号数
	JNG/JLE　目标标号	不大于/小于等于转	$(SF \oplus OF)=1$ 或 ZF=1	带符号数
循环控制	LOOP　目标标号	CX≠0 循环	CX≠0	CX←CX−1
	LOOPE/LOOPZ 目标标号	等于/结果为 0 循环	ZF=1 且 CX≠0	CX←CX−1
	LOOPNE/LOOPNZ 目标标号	不等于/不为 0 循环	ZF=0 且 CX≠0	CX←CX−1
	JCXZ　目标标号	CX 的内容为 0 转移	CX=0	CX←CX(不减 1)

续表

类型	指令格式	指令功能	条件	说明
中断	INT　中断类型号	中断调用		类型号:0~255
	INTO	溢出时中断		即产生 4 号中断
	IRET	中断返回		

注意　指令中条件缩写字母的含意分别是:

A:Above 高于　　　B:Below 低于　　　C:Carry 进位　　　E:Equal 等于

G:Greater 大于　　　L:Less 小于　　　N:Not 无　　　O:Over 溢出

S:Sign 符号　　　PE:Parity Even 奇偶性偶　　　PO:Parity Odd 奇偶性奇

1. 无条件转移指令

(1) JMP(JuMP)指令

JMP 有以下几种指令格式及操作含义:

```
JMP   SHORT   L1              ;段内短转移,转到 L1 标号处,属相对转移
JMP   NEAR   L2               ;段内直接转移,转到 L2 标号处,属相对转移
JMP   FAR   L3                ;段间直接转移,转到 L3 标号处,属绝对转移
JMP   WORD PTR[mem]           ;段内间接转移, WORD PTR 表示"字"存储器操作数
JMP   DWORD PTR[mem]          ;段间间接转移, DWORD PTR 表示"双字"存储器操
                             ;作数
JMP   reg                     ;段内间接转移。转移到[reg]处执行,属绝对转移
```

上面的 L1、L2、L3 都是标号。标号位于指令所在行的开始处,以字母开头,后跟字母或数字且以冒号结尾的一个标识符。标号用来表明该行指令的符号地址。

例 3.40　…

```
        JMP LOOP1
            …
    LOOP1: MOV   BX, AX
            DEC   SI
            …
```

这里,LOOP1 即为标号。

例 3.41　指出下列无条件转移指令的操作含义:

① JMP　LP1;

② JMP　FAR PTR LP2;

③ JMP　WORD PTR [BX];

④ JMP　DWORD PTR [SP+DI]。

解　① 直接转移到段内标号 LP1 处执行。

② 段间直接转移,CS ← LP2 的段地址;IP ← LP2 的偏移地址。

③ 段内间接转移,IP ← [BX],[BX+1]。

④ 段间间接转移,IP ← [SP+DI],[SP+DI+1];CS ← [SP+DI+2], [SP+DI+3]。

例 3.42　设 DS＝2000H,BX＝1000H,DI＝500H,内存单元(21500H)＝ 12H,(21501H)＝34H,(21502H)＝00H,(21503H)＝28H,则执行指令"JMP DWORD PTR [BX+DI]"后:IP＝3412H,CS＝2800H,即程序转到 2B412H (28000H+3412H)去执行。

在编写程序时,经常把一些功能独立的程序段分离出来成为子程序(Subroutine)即过程(Procedure)模块。在主程序中,可以调用子程序(CALL 指令),进入子程序完成功能之后,最后执行的一条指令必须是返回指令 RET。

(2) CALL 指令

指令格式:

　　CALL　过程名

指令功能:保护程序断点后,转到子程序处执行。具体操作如下:

段内调用:① SP ← SP−2,当前 IP 内容压栈。

② 将过程名所在的目标地址的偏移地址送 IP,程序无条件转移到过程名所在的目标地址去执行。段内调用时 CS 值不变。

段间调用:① SP ← SP−2,先把当前 CS 内容压栈。

② SP ← SP−2,再把当前 IP 内容压栈。

③ 将过程名所在的目标地址的偏移地址送 IP,段基地址送 CS,程序无条件转移到过程名所在的目标地址去执行。

(3) RET 指令

指令格式:

　　RET

指令功能:执行与 CALL 指令相反的操作,从子程序返回到主程序。具体操作如下:

段内返回:IP ← 栈顶字,SP ← SP+2;

段间返回:IP ← 栈顶字,SP ← SP+2;CS ← 栈顶字,SP ← SP+2。

RET 命令常放在子程序的最后。

2. 条件转移指令

条件转移指令是根据执行该指令时 CPU 标志的状态而决定是否发生控制转

移的指令。如果满足条件,则程序转移到指定的目标地址;如不满足转移条件,则继续执行该条件转移指令的下一条指令。

条件转移指令分为单个状态条件转移、无符号数条件转移、带符号数条件转移三种,具体见表3.2。

条件转移指令属于短转移,范围在$-128\sim+127$。如果转移范围较大,超出了该范围,则可先将程序转移到附近某处,再在该处放置一条无条件转移指令,以转到所需的目标。

如下列程序段,判断 AX 和 BX 两个无符号数的大小,若 AX 高于 BX 则转移到目标 MAX(设 MAX 较远);否则转移到 MIN:

```
        CMP   AX, BX      ;两个无符号数做一次比较运算,仅影响标志位
        JA    TEMP        ;若 AX 高于 BX,则先转移到附近地址 TEMP
        JMP   MIN         ;否则 AX 不高于(低于等于)BX,转移到 MIN
TEMP: JMP   MAX         ;无条件转移到 MAX
```

3. 循环控制指令

循环控制指令是段内短距离相对转移指令,可用来控制程序段的循环执行。循环指令用 CX 寄存器作为计数器(循环次数都由 CX 的值指定),执行时它首先使 CX 减 1。若减 1 后不为 0,则转移到目标地址;否则就执行 LOOP 指令之后的指令。循环控制指令有如下 4 种格式和操作:

(1) LOOP 目标标号

指令功能:CX ←CX−1。若 CX≠0,则转移到目标地址;若 CX=0,则顺序执行下一条指令。

(2) LOOPE/LOOPZ 目标标号

指令功能:CX←CX−1。若 CX≠0 且 ZF=1,则转移到目标地址;否则顺序执行下一条指令。

(3) LOOPNE/LOOPNZ 目标标号

指令功能:CX←CX−1。若 CX≠0 且 ZF=0,则转移到目标地址;否则顺序执行下一条指令。

(4) JCXZ 目标标号

指令功能:若 CX=0,则转移到目标地址;CX≠0 则顺序执行下一条指令。

例 3.25 检查一段被传送过的字节数据是否与源串相同。若两串相同,则 BX 寄存器清零;若两串不同,则 BX 指向源串中第一个不相同字节的地址,且将该字节的内容置入 AL 中。相应的程序段如下:

```
        CLD                     ;0→DF
        MOV CX, 160             ;假定串的长度为 160 个字节
        MOV SI, 4400H           ;SI 指向源串首地址
        MOV DI, 2200H           ;DI 指向目的串首地址
        REPE  CMPSB             ;串比较,直至 ZF=0 或 CX=0 才停止执行
        JZ   EQUAL              ;结果为 0,转 EQUAL 执行
        DEC  SI
        MOV  BX, SI             ;第一个不相同字节的有效地址 → BX
        MOV  AL, [SI]           ;第一个不相同字节的内容 → AL
        JMP  DONE               ;无条件转至 DONE 执行
EQUAL: MOV  BX, 0              ;两串完全相同,BX=0
        DONE: HLT
```

4. 中断指令 INT(INTerrupt)

在程序运行期间,有时会遇到某些特殊情况要求 CPU 暂时中止它正在运行的程序,转去自动执行一组专门的中断服务程序(或称中断子程序)来处理这些事件,处理完毕又返回原被中止的程序并继续执行,这样一个过程称为中断(INTerrupt)。

8086 中断系统分为外部中断(又称硬件中断)和内部中断(又称软件中断)两种。中断指令可引起 CPU 中断,这种由指令引起的 CPU 中断,称为软中断。

执行中断,除保护程序断点外,还将标志寄存器内容压栈,中断服务程序入口地址由中断向量表获得。有关中断的处理问题第 7 章将作专门介绍,这里只介绍有关中断的几条指令。

(1) 中断指令 INT(INTterrupt)

指令格式:

    INT n

指令中的 n 为中断类型号(0~255),例如 4 号中断是溢出中断。

该指令执行如下操作:

① 将标志寄存器内容压入堆栈;

② 将标志位 IF、TF 清零;

③ 将当前代码段寄存器 CS 的内容压入堆栈;

④ 将当前 IP 内容压入堆栈;

⑤ 将中断服务程序的入口地址的代码段地址装入 CS;

⑥ 将中断服务程序的入口地址的偏移地址装入 IP 中。

其中中断服务程序的入口地址(段地址、偏移地址)的获取与中断类型号直接相关,具体介绍见第 7 章 8086 CPU 的中断系统。

INT 指令只影响 IF、TF,对其他标志位无影响。

(2) 溢出中断指令 INTO(INTerrupt if Overflow)

带符号数运算中的溢出是一种出错,在程序中应当尽量避免,当有溢出时,也应能尽快发现,否则程序再运行下去,其结果便毫无意义。为此 8086 指令中专门提供了一条溢出中断指令,用来判断带符号数加减运算是否有溢出。

指令格式:

INTO

该命令常用于算术运算中,若算术运算(它的上一条指令)的结果产生溢出,即 OF=1,则立即调用一个处理算术溢出的中断服务程序;否则不进行任何操作,接着执行下一条指令。

(3) 中断返回指令 IRET(RETurn from Interrupt)

IRET 指令用于从中断服务子程序返回到被中止的程序继续执行。任何中断子程序不管是软件引起的还是硬件引起的,最后执行的一条指令一定是 IRET,用以退出中断服务程序,返回到被中止的程序的断点处。

执行该指令的具体操作如下:

① 将堆栈中断点地址弹出到 IP 和 CS;

② 将压入堆栈的标志字内容弹出至标志寄存器,以恢复原标志寄存器的内容。

3.2.6　处理器控制指令

处理器控制指令只是完成简单的控制功能,指令中不需要设置地址码,因此又称为无地址指令。8086 指令系统中的这类指令见表 3.4。

表 3.4　处理器控制指令

分类	指令格式	功能	操作内容
标志位操作	STC	进位标志置 1	$CF \leftarrow 1$
	CLC	进位标志置 0	$CF \leftarrow 0$
	CMC	进位标志取反	$CF \leftarrow \overline{CF}$
	STD	方向标志置 1	$DF \leftarrow 1$
	CLD	方向标志置 0	$DF \leftarrow 0$
	STI	中断允许标志置 1	$IF \leftarrow 1$
	CLI	中断允许标志置 0	$IF \leftarrow 0$

续表

分类	指令格式	功能	操作内容
外部同步	HLT	暂停	
	WAIT	等待$\overline{\text{TEST}}$信号有效	
	ESC　ext-opcode,src	交权给外部协处理器	
	LOCK	封锁总线	
空操作	NOP	空操作	

这类指令用来对 CPU 进行控制,如修改标志寄存器,使 CPU 暂停,使 CPU 与外设同步等。

1. 状态标志位操作指令

① 清除进位指令

CLC(CLear,Carry),该指令使进位标志 CF=0。

② 置 1 进位位指令 STC (SeT Carry),该指令使 CF=1。

③ 取反进位位指令 CMC(COMplement Carry),该指令使 CF 的值取反。

④ 清除方向标志位指令 CLD(CLear Direction),该指令使方向标志 DF=0。

⑤ 置 1 方向标志位指令 STD(SeT Direction),该指令使 DF=1。

⑥ 清除中断标志位指令 CLI(CLear Interrupt),该指令使中断标志 IF=0。

⑦ 置 1 中断标志位指令 STI(SeT Interrupt),该指令使 IF=1。

2. 外部同步指令

8086 CPU 工作在最大工作模式下时,与别的处理器一起构成多微处理器系统。当 CPU 需要协处理器帮它完成某个任务时,CPU 可用同步指令向有关协处理器发出请求,8086 指令系统中为此设置了 3 条同步控制指令。

(1) 等待指令 WAIT

8086 CPU 执行 WAIT 指令时,进入等待状态,每隔 5 个时钟周期,测试一次 $\overline{\text{TEST}}$ 引脚,当测试到该引脚上的信号变为低电平(有效)时,便退出等待状态。WALT 指令与 ESC 指令联合使用,提供了一种存取 8087 数据的能力。

(2) 处理器交权指令 ESC(ESCape)

指令格式:

　　ESC　mem

当 8086 在最大模式下工作时,配备 8087 协处理器,以增强运算功能。当 8086 需要 8087 配合时,就在程序中执行一条 ESC 指令,把存储单元 mem 的内容送到数据总线上去,协处理器获取后,完成相应的操作。

(3) 封锁总线指令 LOCK

LOCK 指令是一个前缀,可放在任何一条指令前面,它主要是为多机共享资源而设计的。这条带前缀 LOCK 的指令的执行,可使 8086 的 LOCK 引脚低电平有效,从而使得该指令在执行期间封锁外部总线,即禁止系统中其他处理器在该指令执行期间使用总线,这个过程持续到该指令执行完毕才结束。

3. 其他处理器控制指令

(1) 空操作指令 NOP(NO OPeration)

CPU 执行此指令时,不做任何具体的操作,但要消耗 3 个时钟周期的时间。所以该指令常用于程序的延时等。

(2) 暂停指令 HLT(HaLT)

执行这条指令将使 CPU 处于暂停状态。该指令不影响标志位。当 CPU 处于暂停状态时,只有在下列三种情况之一发生时,处理器才脱离暂停状态:

① 在中断指令允许情况下(IF=1),在 INTR 线上有请求。

② 在 NMI 线上有请求。

③ 在 RESET 线上有复位信号。

以上我们已经介绍了 8086 CPU 的整个指令系统,对一些常用的指令作了比较完整的介绍。

习题与思考题

1. 简要分析 8086 的指令格式由哪些部分组成。什么是操作码? 什么是操作数? 8086 指令系统中操作数分为几类? 指出数据的存放位置。

2. 8086 操作数寻址方式有几种? 简单说明每一类寻址方式的特点。

3. 试指出指令"MOV BX, 3040H"和"MOV BX, [3040H]"有什么区别?

4. 指出下列指令是否有错,并说明理由。

(1) MOV [DI], [SI]

(2) MOV CS, AX

(3) MOV 1200, AX

(4) MOV DS, CS

(5) PUSH FLAG

(6) POP CS

(7) MOV CL, AX

(8) MOV [5000H], [1000H]

5. 执行下面两条指令后,标志位 CF、AF、ZF、SF、PF 和 CF 的值分别是多少?

  MOV AL,91H

  ADD AL,8CH

6. 设 AX＝9678H 是一个有符号数据,下述程序段执行后 AX 和 BX 内容分别是什么?

  MOV BX,AX

  NEG BX

  ADC AX,BX

  ADD BX,AX

7. 已知 AX＝0FFAAH,CF＝1,下述程序段执行后 AX 和 CF 的内容分别是什么?

  MOV CX,00ABH

  OR CX,FF00H

  SUB AX,CX

8. 指出下列指令源操作数的寻址方式。

(1) MOV AX,1234H   (2) MOV AX,BX

(3) NOV AX,[1234H]   (4) MOV BX,[SI+1000H]

(5) MOV CX,[BP+05H]   (6) MOV DX,[BX+SI]

(7) MOV AX,[BX]   (8) MOV BL,[BP+SI+1000H]

9. 在 8086 中,堆栈操作是字操作还是字节操作? 已知 SS＝1050H,SP＝0006H,AX＝1234H,若对 AX 执行压栈操作(即执行 PUSH AX),试问 AX 的内容存放在何处?

10. 假如要从 200 中减去 AL 中的内容,用"SUB 200,AL"对吗? 如果不对,应采用什么方法?

11. 设(DS)＝2000H,(ES)＝2100H,(SS)＝1500H,(SI)＝00A0H,(BX)＝0100H,(BP)＝0010H,数据变量 VAL 的偏移地址为 0050H。请指出下列指令的源操作数字段是什么寻址方式? 它的物理地址是多少?

(1) MOV AX,21H

(2) MOV AX,BX

(3) MOV AX,[1000H]

(4) MOV AX,VAL

(5) MOV AX,[BX]

(6) MOV AX,ES:[BX]

(7) MOV AX,[BP]

(8) MOV AX,[SI]

(9) MOV AX,[BX+10H]

(10) MOV AX,VAL[BX]

(11) MOV AX,[BX][SI]

(12) MOV AX,VAL[BX][SI]

12. 给定寄存器及存储单元的内容为:(DS)＝2000H,(BX)＝0100H,(SI)＝0002H,(20100)＝32H,(20101)＝51H,(20102)＝26H,(20103)＝83H,(21200)＝1AH,(21201)＝

B6H,(21202)=D1H,(21203)=29H。试说明下列各条指令执行完后,AX 寄存器中保存的内容是什么。

(1) MOV　AX, 1200H

(2) MOV　AX, BX

(3) MOV　AX, [1200H]

(4) MOV　AX, [BX]

(5) MOV　AX, 1100H[BX]

(6) MOV　AX, [BX][SI]

13. 试说明指令"MOV BX,10H[BX]"与指令"LEA BX,10H[BX]"的区别。

14. 分析下列指令的正误,对于错误的指令要说明原因并加以改正。

(1) MOV AH, BX

(2) MOV　[BX], [SI]

(3) MOV AX, [SI][DI]

(4) MOV MYDAT[BX][SI], ES:AX

(5) MOV BYTE PTR[BX], 1000

(6) MOV　BX, OFFSET MAYDAT[SI]

(7) MOV CS, AX

(8) MOV　DS, BP

15. 设 VAR1、VAR2 为字变量,LAB 为标号,分析下列指令的错误之处并加以改正。

(1) ADD VAR1, VAR2

(2) MOV　AL, VAR2

(3) SUB AL, VAR1

(4) JMP　LAB[SI]

(5) JNZ　VAR1

16. 已知 (AL)=6CH,(BL)=0A9H,执行指令"ADD AL,BL"后,AF、CF、OF、PF、SF、和 ZF 的值各为多少?

17. 试判断下列程序执行后,(BX)=的内容。

　　　　MOV CL, 5

　　　　MOV BX, 01C9H

　　　　ROL BX, 1

　　　　RCR BX, CL

18. 写出能够完成下列操作的 8086 CPU 指令。

(1) 把 4629H 传送给 AX 寄存器;

(2) 从 AX 寄存器中减去 3218H;

(3) 把 BUF 的偏移地址送入 BX 中。

19. 根据以下要求写出相应的汇编语言指令。

(1) 把 BX 和 DX 寄存器的内容相加,结果存入 DX 寄存器中;

(2) 用 BX 和 SI 的基址变址寻址方式,把存储器中的一个字节与 AL 内容相加,并保存在

AL 寄存器中；

(3) 用寄存器 BX 和位移量 21B5H 的变址寻址方式把存储器中的一个字和(CX)相加,并把结果送回存储器单元中；

(4) 用位移量 2158H 的直接寻址方式把存储器中的一个字与数 3160H 相加,并把结果送回该存储器中；

(5) 把数 25H 与(AL)相加,结果送回寄存器 AL 中。

20. 按下列要求写出相应的指令或程序段。

(1) 使 BL 寄存器中的高、低四位互换；

(2) 屏蔽 AX 寄存器中的 b10 和 b5 位；

(3) 分别测试 AX 寄存器中 b2 和 b13 位是否为 1：

　　TEST　AX,　0000 0000 0000 0100B

测试 AX 寄存器中 b2 位是否为 1；

　　TEST　AX,　0010 0000 0000 0000B

测试 AX 寄存器中 b13 位是否为 1。

21. 执行以下两条指令后,标志寄存器 FLAGS 的六个状态为各为何值?

　　MOV AX, 95C8H

　　ADD AX, 8379H

22. 若(AL)＝85H,(BL)＝11H,在分别执行指令 MUL 和 IMUL 后,其结果是多少?

23. 编程求 AX 累加器和 BX 寄存器中两个无符号数之差的绝对值,结果放内存(2800H)单元中。

24. 若有两个 4 B 的无符号数相加,这两个数分别存放在 2000H 和 3000H 开始的存储单元,将所求的和存放在 2000H 开始的内存单元中,试编制程序。

第4章　汇编语言程序设计

本章主要介绍了汇编语言程序的基本结构与组成、伪指令及其使用方法、DOS功能调用和 BIOS 功能调用，以及汇编语言程序设计的基本技术。本章还给出了汇编语言程序上机和调试的实例，通过实例可以了解汇编语言程序设计与开发的全过程。本章介绍的程序设计技术包括简单程序设计、分支程序设计、循环程序设计和子程序设计，每种程序设计均给出了多个具体实例，并对设计思想进行了分析，提供了有价值的程序设计技术和方法。使用这些技术和方法可以为 PC 机开发基于汇编语言的软件。

1. 机器语言与汇编语言（Machine Language and Assembly Language）

计算机程序由一系列指令序列组成。计算机通过对每条指令的译码和执行来完成相应的操作。指令必须以二进制代码的形式存放在内存中，才能够被计算机所识别和理解，并加以执行。由二进制代码表示的指令称为机器指令，相应的程序称为机器语言程序。

机器语言程序由 0、1 二进制代码组成，不便于编程和记忆。由此产生了用指令助记符表示的汇编语言指令，对应的程序称为汇编语言程序。

例 4.1　将 4 位二进制数转换为 ASCII 码字符。当数在 0000B～1001B 时，对应的 ASCII 码为'0'～'9'；当数在 1010B～1111B 时，对应的 ASCII 码为'A'～'F'。设待转换的数据已在累加器 AL 中（低 4 位）。8086 汇编语言程序如下：

```
        AND AL, 0FH
        CMP AL, 0AH
        JB  NUM
        ADD AL, 07H
NUM：   ADD AL, 30H
        RET
```

对例 4.1 程序进行汇编以后，得到 8086 汇编指令对应的机器代码（用十六进制数表示），如表 4.1 所示。在表 4.1 中，第一列表示机器代码存放的内存地址，该地址与机器所处的环境有关；第二列表示 8086 机器代码，每条指令的机器代码由一个或几个字节组成；第三列表示汇编指令，由指令助记符和操作数组成。指令前可能有标号，表示该指令第一个字节所在的地址。

表 4.1　汇编后的机器代码

地　　址	机器代码	对应的汇编指令
E380：0000	24 0F	AND AL，0FH
E380：0002	3C 0A	CMP AL，0AH
E380：0004	72 02	JB　NUM
E380：0006	04 07	ADD AL，07H
E380：0008	04 30	NUM：　ADD AL，30H
E380：000A	C3	RET

2. 汇编语言与高级语言(Assembly Language and Computer-independent Language)

从例 4.1 可见,汇编语言程序的基本单位仍然是机器指令,只是采用助记符表示,便于人们记忆。因此汇编语言是一种依赖于计算机微处理器的语言,每种机器都有它专用的汇编语言(如 8086 CPU 与 8031 单片机的汇编语言即不相同),故汇编语言一般不具有通用性和可移植性。由于进行汇编语言程序设计必须熟悉机器的硬件资源和软件资源,因此具有较大的难度和复杂性。

高级语言,如 BASIC、FORTRAN、C 语言等是面向过程的语言,不依赖于机器,因而具有很好的通用性和可移植性,并且具有很高的程序设计效率,便于开发复杂庞大的软件系统。

既然高级语言有很多优点,为什么还要学习汇编语言呢? 理由如下:

① 汇编语言仍然是各种系统软件(如操作系统)设计的基本语言。利用汇编语言可以设计出效率极高的核心底层程序,如设备驱动程序。迄今在许多高级应用编程中,32 位汇编语言编程仍然占有较大的市场。

② 用汇编语言编写的程序一般比用高级语言编写的程序执行得快,且所占内存较少。

③ 汇编语言程序能够直接有效地利用机器硬件资源,在一些实时控制系统中更是不可缺少的。

④ 学习汇编语言对于理解和掌握计算机硬件组成及工作原理是十分重要的,也是进行计算机应用系统设计的先决条件。

汇编语言程序除了前面所述的指令性语句外,还包括伪指令语句。见例 4.2。

例 4.2　将一个 8 位二进制数分成高 4 位和低 4 位分别转换为两个 ASCII 字符。设待转换的数据及转换好的 ASCII 字符均存放在数据段中。完整的汇编语言源程序如下:

```
NAME      HEXTOASC
;* * * * * * * * * * * * * * * * * * * * * * * * * * * * * * * * * * *
DATA      SEGMENT                    ;数据段定义开始
HEX       DB 5AH
ASC       DB 2 DUP(?)
DATA      ENDS                       ;数据段定义结束
;* * * * * * * * * * * * * * * * * * * * * * * * * * * * * * * * * * *
;* * * * * * * * * * * * * * * * * * * * * * * * * * * * * * * * * * *
STACK     SEGMENT                    ;堆栈段定义开始
          DB 256 DUP('S')
TOP       EQU  $ −STACK
STACK     ENDS                       ;堆栈段定义结束
;* * * * * * * * * * * * * * * * * * * * * * * * * * * * * * * * * * *
;* * * * * * * * * * * * * * * * * * * * * * * * * * * * * * * * * * *
CODE      SEGMENT                    ;代码段定义开始
          ASSUME CS:CODE, DS:DATA, SS:STACK
;.............................................................
START： MOV   AX, DATA             ;主程序开始
          MOV   DS, AX
          MOV   AX, STACK
          MOV   SS, AX
          MOV   SP, TOP
          MOV   BX, OFFSET ASC
          MOV   AL, HEX
          MOV   AH, AL
          MOV   CL, 4
          SHR   AL, CL
          CALL NEAR PTR CONVERT
          MOV   [BX], AL
          INC   BX
          MOV   AL, AH
          CALL NEAR PTR CONVERT
          MOV   [BX], AL
          HLT                        ;主程序结束
;.............................................................
CONVERT PROC                         ;过程(子程序)定义开始
          AND AL, 0FH
          CMP AL, 10
```

```
              JB   NUM
              ADD AL,7
NUM:          ADD AL, '0'
              RET
CONVERT ENDP                        ;过程(子程序)定义结束
;..............................................................
CODE     ENDS                       ;代码段定义结束
;* * * * * * * * * * * * * * * * * * * * * * * * * * * * * * * *
         END   START                ;程序结束
```

　　从例 4.2 可以看出,汇编语言源程序一般包括了数据段、堆栈段和代码段,即程序由段结构组成。它们由段定义开始语句"SEGMENT"和段定义结束语句"ENDS"来定义一个段。每个段都有一个段名,段名可自由选取,如数据段的段名为"DATA",堆栈段的段名为"STACK",代码段的段名为"CODE"。

　　数据段、堆栈段和代码段的作用各不相同。数据段用于存放变量、数据和结果;堆栈段用于执行压栈和弹栈操作,以及子程序调用和参数传递;代码段则是所编制的执行程序或常数表格。各个段都由一系列语句组成。语句包括指令语句和伪指令语句。指令语句(Instruction Statements)产生对应的机器代码,指定 CPU 做什么操作,而伪指令语句(Directive Statements)并不产生机器代码,仅仅起控制汇编过程的作用,它指定汇编器(Assembler)作何种操作。

　　汇编器是专门把汇编语言源程序汇编成机器语言的工具软件。它通过伪指令来了解诸如"变量名列表""变量所在位置""过程名"等信息。在例 4.2 中,NAME、SEGMENT/ENDS、DB、EQU、ORG、ASSUME、PTR、PROC/ENDP、END 等都是伪指令,它们是汇编语言源程序的重要组成部分。

4.1　常量、变量和标号

　　常量、变量和标号是汇编语言能识别的 3 种基本数据项,它是汇编语言中操作数的基本组成部分。一个数据项包含有它的数值和属性两部分,这两部分与一条语句汇编成机器目标代码都有直接关系。

4.1.1　常量的 4 种形式

　　常量是没有任何属性的固定值,经过汇编后,它的值是确定的,且在程序执行中也不会变化。主要有以下几种形式:

① 二进制数:后跟字母 B,如 01001111B。

② 八进制数:后跟字母 Q,如 123Q。

③ 十进制数:后跟字母 D 或不跟字母,如 12D 或 12。

④ 十六进制数:后跟字母 H,如 0FH、30H。注意,当数字的第一个字符是 A～F时,在字符前应添加一个数字 0,以示和变量或标识符的区别。如 0AH 表示十六进制数,而 AH 则表示 8086 CPU 中的 8 位寄存器。

⑤ 字符和字符串:字符或字符串的值是取其对应的 ASCII 码,并规定用一对单引号括起来。如:字符“0”,其对应的 ASCII 码为 30H;字符串“ABC”以 ASCII 码 41H、42H 和 43H 存放。

4.1.2　变量

变量是代表存放在某些存储单元的值,这些数据在程序运行期间随时可以修改。为了便于对变量的访问,它常常以变量名的形式出现在程序中,它可以认为是存放数据存储单元的符号地址。

例如:

```
DATA1  DB  10H    ;定义一个字节 10H 存放于 DATA 1 为变量名的存储单元中
DATA2  DW  1234H  ;定义一个字 1234H 存放于 DATA 2 为变量名的存储单元中
DATA3  DB  ?      ;定义一个空字节存放于 DATA3 为变量名的存储单元中
```

4.1.3　变量和标号的属性

标号是可执行指令语句目标代码的符号地址,它常作转移指令或调用指令的目标操作数,确定程序转向的目标地址。

例如:

```
        MOV CX, 98
        MOV AX, 1
        MOV BX, 2
LP:     ADD AX, BX
        INC BX
        LOOP LP
```

1. 变量的属性

所有的变量都具有 3 个属性:

(1) 段属性(Segment):指出所定义的变量存放在所在段的段基值。

（2）段内偏移属性（Offset）：指所定义的变量存放于存储单元的地址与所在段首址之间的地址偏移字节数。

（3）类型属性（Type）：指所定义的变量所占存储单元的字节数。本属性由数据定义伪指令 DB（字节）、DW（字）、DD（双字）等决定。

2. 标号的属性

所有标号也都具有 3 个属性：

（1）段属性：指标号所指的目标代码所在段的段基值。

（2）段内偏移属性：指标号所指的目标代码的地址与所在段的段首址之间的地址偏移字节数。

（3）距离属性：表示本标号在转移指令中可转移的距离。可分为两种：NEAR（近标号），本标号只能实现标号所在段的转移和调用指令所访问（即段内转移）；FAR（远标号），本标号可被其他段的转移和调用指令访问（即段间转移）。

4.2 汇编语言的源程序格式

汇编语言程序的每行语句由 1～4 个部分组成。指令语句和伪指令语句在格式上稍有区别，指令语句的标号后有冒号"："，而伪指令语句的标号后则没有冒号。

指令语句的格式为

  〔LABEL：〕 OPERATION   〔OPERAND〕 〔;COMMENT〕
    标号   指令助记符   操作数   注释

伪指令语句的格式为

  〔LABEL〕   OPERATION   〔OPERAND〕 〔;COMMENT〕
    标号   指令助记符   操作数   注释

语句格式中用方括号括起来的部分，可以有也可以没有。每部分之间用空格（至少一个）分开，一行最多可有 132 个字符。

LABEL：标号，表示段名、变量名、过程名或指令符号地址等。

OPERATION：指令助记符，为指令或伪指令的助记符。

OPERAND：操作数，表示操作的对象，由一个或多个表达式组成，表达式与表达式之间必须用逗号"，"分开。

COMMENT：注释，用来说明语句的功能，以"；"开始。汇编程序对"；"以后的部分不予汇编。

编程序语句中的四个部分，均可以用大写、小写或大小写混合编写。

标号是一个自行设计的标识符或名称，最多可由 31 个字母、数字和特别字符

（?、@、_、$）等组成。但不能用数字开头,中间不能有空格,也不能为汇编语言的保留字。

注意 保留字指有专门用途的字符或字符串,如 CPU 的寄存器名、指令助记符、伪指令助记符等。

标号一般表示变量名、段名、过程名或指令符号地址。变量名、段名和过程名由专门的伪指令语句定义,而指令符号地址则根据需要在标号中写上,后面跟一个":"。

在同一个汇编单位(以 END 结束的程序模块)中,标号不能相同。

操作数可以是常数、变量、标号、寄存器名或表达式。

由运算符连接起来的式子叫做表达式。汇编程序在对其汇编时,按一定的规则对表达式进行运算后得到一个数值或一个地址。

表达式可分:算术表达式、逻辑表达式、关系运算表达式、分析运算表达式和合成运算表达式。

1. 算术运算符

算术运算符如表 4.2 所示。

表 4.2 算术运算符

符号	名称	运算结果
+	加法	和
—	减法	差
*	乘法	乘积
/	除法	商
MOD	模除	余数
SHL	左移	左移后二进制
SHR	右移	右移后二进制

例如:

5 * 8＋30, 128/100, 206 MOD 128

3 个算术表达式,其结果分别为 70、1 和 78。算术运算表达式的最后结果仍为一个数。

2. 逻辑运算符

逻辑运算符如表 4.3 所示。

表 4.3 逻辑运算符

符号	名称	运算结果
AND	与运算	逻辑与结果
OR	或运算	逻辑或结果
XOR	异或运算	逻辑异或结果
NOT	非运算	逻辑非结果

逻辑表达式的结果视情况不同而可能为 8 位或 16 位二进制数。

逻辑运算符与逻辑运算指令的区别在于,前者在汇编时完成逻辑运算,而后者在指令执行时完成逻辑运算。例如:

    AND AL, 10101010B AND 0FH

其中,"10101010B AND 0FH"为逻辑表达式,其结果在汇编时即已确定,为 00001010B,故上述指令等价于

    AND AL, 00001010B

3. 关系运算符

关系运算符如表 4.4 所示。

表 4.4 关系运算符

符号	名称	运算结果
EQ	相等	
NE	不相等	
LT	小于	结果为真输出全"1"
LE	小于等于	结果为假输出全"0"
GT	大于	
GE	大于等于	

若关系成立,则结果为真(0FFFFH);否则为假(0000H)。例如指令

    MOV BX, 5 GT 3

中,"5 GT 3"为关系表达式,该关系成立,结果为 0FFFFH。故指令等价于

    MOV BX, 0FFFFH

4. 数值返回运算符

数值返回运算符如表 4.5 所示。

表 4.5　数值返回运算符

符号	名称	运算结果
OFFSET	返回偏移地址	偏移地址
SEG	返回段基址	段基址
TYPE	返回元素字节数	字节数
LENGTH	返回变量单元数	单元数
SIZE	返回变量总字节数	总字节数

例如,例 4.2 中的指令

　　MOV　BX, OFFSET　ASC

其中,"OFFSET　ASC"即为分析运算表达式,它的作用为取存储器操作数(变量)ASC 的地址偏移量,由于在例 4.2 中,ASC 的偏移地址为 0001H,即 OFFSET ASC＝0001H。故该指令等价于

　　MOV　BX, 0001H

5. 修改属性运算符

修改属性运算符可以在程序运行过程中,通过修改属性运算符来修改变量或标号的属性。修改属性运算符如表 4.6 所示。

表 4.6　修改属性运算符

符号	名称	运算结果
段寄存器名	段前缀	修改段
PTR	修改类型属性	修改后类型
THIS	指定类型/距离属性	指定后类型
HIGH	分离高字节	高字节
LOW	分离低字节	低字节 SIZE
SHORT	短转移说明	−128～+127 字节间转移

例如段操作符,段前缀有段寄存器 CS、DS、ES、SS 后跟冒号":",用来表示某个变量或地址被修改到哪个段寄存器提供的段基址中。

如指令"MOV DX, SS:[BX]"中,源操作数的内存单元段地址本应该是在数据段 DS 中,通过段超越前缀修改在堆栈段 SS 中。

6. 其他运算符

其他运算符如表 4.7 所示。

表 4.7 其他运算符

符号	名称	运算结果
( )	圆括号	改变运算符优先级
[ ]	方括号	下标或间接寻址
.	点运算符	连接结构与变量
〈〉	尖括号	修改变量
MASK	记录位图	位图形
WIDTH	记录宽度	记录字段位数

4.3 伪 指 令

伪指令语句只是用来指示、引导汇编程序在汇编时做一些操作,它不产生机器代码,本身也不占用存储单元。

常用的伪指令主要分为下列几类:

① 段定义语句 SEGMENT/ENDS;

② 数据定义语句 DB、DW、DD 等;

③ 段分配语句 ASSUME;

④ 过程定义语句 PROC/ENDP;

⑤ 标号赋值语句 EQU,=;

⑥ 位置计数器 $ 和定位伪指令 ORG;

⑦ 结构定义伪指令 STRUC/ENDS;

⑧ 程序模块定义伪指令 NAME/END、PUBLIC/EXTRN。

除此常见的伪指令以外,还有一些其他的伪指令,例如:群定义语句 GROUP、记录定义语句 RECODE。

还有高档微机增加的一些伪指令,在这里不再一一赘述。

1. 段定义伪指令 SEGMENT/ENDS

SEGMENT 和 ENDS 为程序分段的定义,其格式如下:

　　　　[段名]　SEGMENT [定位方式] [组合方式] [类别名]
　　　　　　　　指令语句或伪指令语句
　　　　[段名]　ENDS

(1) 段名

段名是赋予该段的一个名称,它位于 SEGMENT 与 ENDS 伪指令之前,成对出现,且前后必须一致。段名的取法与标号、变量名等相同。在同一个模块中,不同段的段名不能相同。

段名代表该段的段地址。例如:

  MOV AX, DATA

  MOV DS, AX

表示取数据段的段地址(用段名表示)送 AX,然后再将 AX(段地址)送数据段寄存器 DS。

(2) 定位方式

程序的段必须连续放置在内存单元的某个区域,并占据一定的存储空间。为了对程序的段进行合理的管理,需要对段放置的起始地址进行规定,这就是定位方式的作用。有 4 种定位类型:BYTE、WORD、PARA、PAGE。起始地址分别为(X 表示可为 0 或 1):

  BYTE XXXX XXXX XXXX XXXX XXXX B

  WORD XXXX XXXX XXXX XXXX XXX0 B

  PARA XXXX XXXX XXXX XXXX 0000 B

  PAGE XXXX XXXX XXXX 0000 0000 B

分别表示以字节、字、节、页的边界为起始地址。如果缺省定位方式,则以节(PARA)的边界为起始地址。一节包含 16 个连续的字节单元,一页包含 256 个连续的字节单元。

(3) 组合方式

对于规模较大的程序,常将程序分割为多个模块。在不同的模块中,段名可以相同,组合方式的作用是指示连接程序,把同名的段按照指定的方式组合起来形成一个新的段。组合方式共有 6 种。

① NONE:表示该段与其他模块的段没有任何关系,每段都有自己的基址。这是缺省方式。

② PUBLIC:表示该段与其他模块中说明为 PUBLIC 方式的同名段互相组合成一个逻辑段,逻辑段的长度为各段长度之和。

③ STACK:表示此段为堆栈段,连接时把所有 STACK 方式的同名段连接成一个段,由 SS 指向该段的起始地址。

④ COMMON:表示该段与其他模块中所有已说明为 COMMON 的同名段共享相同的存储区域,共享的长度为模块同名段中的最大长度,各共享段具有相同的段起始地址。

⑤ MEMORY 方式:表示该段应定位在所有其他段的上面。若有多个段选用 MEMORY,则除第一个之外,其余段均作为 COMMON 处理。

⑥ AT：表示该段按绝对地址定位，其段地址即为其后表达式的值，位移量为 0。

（4）类别名

类别名必须用单引号括起来。连接程序把类别名相同的所有段放在连续的存储区域内，先出现的段放前，后出现的在后，但对各段不进行重新组合。一般总是定义堆栈段的类别名为"STACK"，如：

　　　　STACK　SEGMENT　PARA　STACK　'STACK'
表示堆栈段从节的起始地址开始存放，组合方式为 STACK，别名为"STACK"。

2. 数据定义伪指令 DB、DW、DD 等

（1）格式 1

　　　　［变量名］{DB/DW/DD} 表达式

功能：定义一变量，并为其分配一定数量的存储单元，变量的初值由表达式的值指定。若初值可任意，则用问号(?)表示。变量名可省。例如：

　　　　HEX　　DB　5AH

定义了 1 个字节变量，并分配一个存储单元，其初值为 5AH。

　　　　VWORD　DW　1234H

定义了 1 个字型变量，并分配 2 个存储单元，其初值为 1234H。在存放字变量时，低字节在前，高字节在后。存储单元依次赋给初值为：34H、12H。

　　　　BUFFER　DW　1,0,−1

定义了 3 个字单元，并初始化为：01H、00H、00H、00H、0FFH、0FFH。

　　　　STR　　　DB　'Program'

定义了 1 个字符串，并以字符的 ASCII 码依次存放：50H、72H、6FH、67H、72H、61H、6DH。

　　　　HEX_OFF　DW　HEX

定义了 1 个字单元，其初值为已定义变量 HEX 的偏移量。注意，本语句中，不是把 HEX 的初值赋予变量 HEX_OFF，而是取变量 HEX 的偏移地址赋予 HEX_OFF。

　　　　DDVAR　　DD　12345678H

定义了 1 个双字单元，其初值为 12345678H，在内存中按下列次序存放：78H、56H、34H、12H。

（2）格式 2

　　　　［变量名］{DB/DW/DD} DUP（表达式）

这种格式用于定义一些重复的数据或分配一数据块空间。例如：

```
        ASC    DB   2  DUP(?)
```
分配 2 个字节单元,初值任意。语句
```
        BUF    DW   100  DUP(0)
```
分配 100 个字单元,初值为 0。实际占用 200 个字节单元。

DUP 操作符可以嵌套,例如:
```
        ZIP   DB   3  DUP (0,2 DUP (1))
```
存储单元依次初始化为:0、1、1、0、1、1、0、1、1。

3. 段分配语句 ASSUME

SEGMENT/ENDS 可以用来定义不同的段。尽管取了一些意义明显的段名,如 DATA、CODE、STACK 等,但汇编程序仍然不知道哪个对应数据段、哪个对应代码段、哪个对应堆栈段。因此,用 ASSUME 伪指令来说明段寄存器与段名之间的对应关系,以便能够正确汇编。

ASSUME 语句的一般格式为
```
    ASSUME   段寄存器:段名  [,段寄存器:段名] [,……]
```
其中,段寄存器有 CS、DS、ES、SS。每个指定之间用逗号分开。例如说明语句为
```
    ASSUME CS:CODE, DS:DATA, SS:STACK
```
表示 CODE 为代码段,DATA 为数据段,STACK 为堆栈段。该程序中没有用到附加段。

注意 ASSUME 语句只是对各段的性质进行说明,并未向各个段寄存器真正赋值。要向各个段寄存器赋值,必须在程序中用指令语句实现。例 4.2 中指令向 SS 赋值:
```
    MOV   AX, STACK
    MOV   SS, AX
```

4. 过程定义语句 PROC/ENDP

过程即是子程序。汇编语言规定必须对过程进行定义,以确定过程的三种属性。过程的属性确定之后,就可对调用指令 CALL 进行正确汇编,决定是产生近调用指令还是远调用指令。近调用时,只需将返回位置的偏移地址压栈,而远调用时,需将返回位置的偏移地址和段地址都压入堆栈。

(1) 过程的三种属性

① 段属性:过程所在段的段地址。

② 偏移量属性:过程所处位置的段内偏移地址。

③ 类型属性(NEAR 和 FAR):过程为 NEAR 或 FAR 类型。NEAR——近过程,该过程与调用指令 CALL 处在同一个代码段中(段名相同);FAR——远过程,

该过程与调用指令 CALL 处在不同的代码段中(段名不同)。

(2) 过程的定义

过程定义的格式如下：

```
过程名   PROC   NEAR/FAR
         语句
         ......
         RET
过程名   ENDP
```

其中过程名是为该过程指定的一个名称,与变量、标号的定义法相同。PROC/ENDP 必须成对出现。编写过程时,最后一条指令必须是返回指令 RET。它将堆栈内保存的返回地址弹出,以实现程序的正确返回。

5. 标号赋值语句 EQU,＝

(1) EQU 伪指令

EQU 伪指令为常量、变量、表达式或其他符号定义一个名字,但不分配内存空间,格式如下：

```
         符号名   EQU   数值表达式
```

例如：

```
THREE  EQU  3              ;标号 THREE 代表数值 3
TOP    EQU  $−STACK
```

(2) 等号语句＝

等号语句"＝"与 EQU 语句具有相同的功能,区别在于 EQU 左边的标号不允许重复定义,而"＝"定义的语句允许重复定义。格式如下：

```
         符号名＝数值表达式
```

注意 ① 使用 EQU 可使程序简单明了,便于修改。

② "＝"伪操作与 EQU 功能相似,但"＝"语句可重复定义,而 EQU 不能。

③ EQU 可用 PURGE 解除,以便重新赋予新的数值。

6. 位置计数器 $ 和定位伪指令 ORG

(1) 位置计数器 $

在汇编过程中,汇编程序专门设置了一个表示当前位置的计数器,称位置计数器 $。正常情况下,汇编程序每扫描一个字节,位置计数器的值即加 1。例如：

```
TOP    EQU  $−STACK
```

表示当前位置计数器的值 $ 减去 STACK 代表的起始位置的值,然后把两者的差

值赋予符号常量 TOP。本例中,TOP 的值为 256。又如:

     JMP $

表示程序跳转到本条指令,即进入死循环状态。该语句一般用于等待中断的发生。

(2) ORG 伪指令

ORG 伪指令把数据表达式的值赋予位置计数器。通过 ORG 伪指令,可以将位置计数器设置为新值,以便其后的指令性语句或数据定义语句从指定的位置处进行汇编。ORG 伪指令格式为

     ORG   [数据表达式]

例如,变量 HEX 的原来位置为数据段中的 0000H 单元,现将该变量改放到0100H 单元:

     ORG   0100H

     HEX   DB   5AH

7. 结构定义伪指令 STRUC/ENDS

结构是一种复杂的数据类型。结构体中包含若干个字段,其数据类型一般为基本的数据类型。像记录一样,要使用结构,首先要定义结构类型,然后定义结构型变量,并分配存储单元,最后采用“.”运算符访问结构体中的字段。

(1) 结构类型的定义

在所有段定义语句之前定义结构类型,其格式如下:

     结构名   STRUC

        ……

     [字段名 1] {DB/DW/DD}表达式

     [字段名 2] {DB/DW/DD}表达式

        ……

     结构名   ENDS

表达式中可以包含 DUP 在内的重复操作符。例如:

     COURSE STRUC

       NO DD ?

     CNAME DB 'Assembler'

     SCORE DW 0

     COURSE ENDS

定义了结构名为 COURSE 的结构,该结构包含 3 个成员变量,结构体长度为15(=4+9+2)个字节。

（2）结构类型变量的定义及存储器分配

一般在数据段中定义结构类型变量，其格式如下：

　　　　［变量名］　结构名　＜［字段值表］＞

例如，定义一个结构变量 COURSE1，其初值为缺省：

　　　　COURSE1　　COURSE　＜　＞

（3）结构的使用

定义了结构型变量之后，在程序中即可使用，格式如下：

　　　　结构变量名. 字段名

例如：

　　　　MOV　AX，COURSE1. SCORE

表示取结构变量 COURSE1 的 SCORE 字段值。

8. 程序模块定义伪指令 NAME/END、PUBLIC/EXTRN

汇编语言程序可划分为许多模块，对每个模块独立地进行汇编，然后连接形成可执行文件。

（1）NAME/END 伪指令

NAME/END 伪指令定义一个模块，作为一个独立的汇编单位，汇编处理只进行到模块结束语句 END 为止。NAME 缺省时模块若使用了 TITLE 语句，则 TITLE 语句中前 6 个字符为模块名，否则源文件名将作为模块名。格式如下：

　　　　NAME　　模块名
　　　　　　……
　　　　END　　　标号

（2）PUBLIC 伪指令

PUBLIC 伪指令用来说明本模块中被定义的哪些符号（常量、变量、标号、过程名）可以被其他模块所引用，格式如下：

　　　　PUBLIC　　［符号名表］

例如，在模块 A 中，定义了字型变量 ABC、常量 BCD、近过程 CDE，它们将在其他模块中被引用，则在模块 A 中需做如下说明：

　　　　PUBLIC　　ABC，BCD，CDE

（3）EXTRN 伪指令

EXTRN 伪指令用来说明本模块中哪些符号（常量、变量、标号、过程名）是引用其他模块已经被 PUBLIC 所说明的，格式如下：

　　　　EXTRN　　［符号:类型，……］

符号的类型可为 BYTE、WORD、DWORD、NEAR、FAR 和 ABS(符号常量)等,必须与它们在其他模块中定义的类型一致。例如,在模块 B 中对模块 A 中的上述符号进行引用,语句为

EXTRN ABC:WORD,BCD:ABS,CDE:NEAR

4.4 顺序程序设计

学习了 8086 指令及汇编语言伪指令之后,按汇编语言语句的格式要求,即可编写满足各种功能要求的汇编语言源程序。按程序的功能结构来分类,可把程序分为顺序程序、分支程序、循环程序和子程序等类型。任何复杂的程序结构可看作这些基本结构的组合。

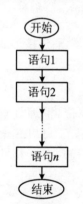

图 4.1 顺序结构流程图

顺序结构是最简单的程序结构,程序的执行顺序就是指令的编写顺序。所以,安排指令的先后次序就显得至关重要。另外,在编程序时,还要妥善保存已得到的处理结果,为后面的进一步处理提供有关信息,从而避免不必要的重复操作。

由图 4.1 可知,顺序结构的程序只有一个起始框,1~n 个执行框和一个结束框。语句 1,语句 2,…,语句 n 可以由单条指令或一个程序段组成。CPU 执行顺序程序时,将程序中的指令一条条地顺序执行,无分支、循环和转移。这种结构最常见,也最简单,只要遵照算法步骤依次写出相应的指令即可。

在进行顺序结构程序设计时,主要考虑如何选择简单有效的算法,如何选择存储单元和寄存器。

例 4.3 编写程序段完成:在内存 ADDR 开始的两个字单元中,存放着两个字数据,完成这两个字数据的相加,并将相加的和(设仍为一个字数据)存放于内存 RESULT 开始的存储单元中。

解题思路:先从第一个字单元中将第一个字数据取出来送入累加器,然后将累加器中的内容与第二个字单元中的数据相加,最后将相加结果(和)再从累加器中存入内存中存放结果的单元中,如图4.2所示。

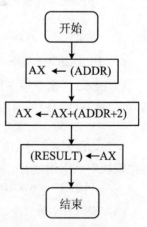

图 4.2 例 4.3 流程图

程序如下：

```
        DATA SEGMENT
        ADDR DW X1, X2
        RESULT DW
        DATA ENDS
        CODE SEGMENT
        ASSUME CS: CODE, DS: DATA

START: MOV AX, DATA
        MOV DS, AX
        MOV AX, ADDR
        ADD AX, ADDR+2
        MOV RESULT, AX
        MOV AH, 4CH
        INT 21H
        CODE ENDS
        END START
```

当 X1＝1C84H，Y＝2F5BH 时,运行结果为：X1＝1C84H，X2＝2F5BH
RESULTS＝4BDFH。

例4.4　编写程序段,完成下面公式的计算(其中:变量 X 和 Y 是 32 位无符号数,变量 A、B 和 Z 是 16 位无符号数)：

(X−Y−29)/Z 的商→A,(X−Y−29)/Z 的余数→B

定义数据段：

```
    DATA    SEGMENT
            X   DD   453921F0H
            Y   DD   123A6825H
            Z   DW   0A86CH
            A   DW   ?
            B   DW   ?
            DATA        ENDS
```

定义代码段：

```
    CODE    SEGMENT
            ……
            MOV   AX, WORD PTR X        ;取 X 的低位字
            MOV   DX, WORD PTR X+2      ;取 X 的高位字
            SUB   AX, WORD PTR Y        ;与 Y 的低位字相减
            SBB   DX, WORD PTR Y+2      ;与 Y 的高位字相减,并考虑低位的借位
```

```
        SBB   AX, 29D                ;结果的低位与 29D 相减
        SBB   DX, 0                  ;可能产生借位,再减去借位
        DIV   Z                      ;32 位无符号数(DX:AX)除以 16 位无符
                                     ;号数 Z
        MOV   A, AX                  ;商在 AX 中,保存商
        MOV   B, DX                  ;余数在 DX 中,保存余数
        ……
        CODE    ENDS
```

例 4.5 编写程序段,完成下面公式的计算:$A = (X+Y) - (W+Z)$,其中 X、Y、Z、W 均为用压缩 BCD 码表示的数。

定义数据段:

```
    DATA    SEGMENT
            X  DB  39H
            Y  DB  25H
            W  DB  86H
            Z  DB  46H
            A  DB  ?
    DATA    ENDS
```

程序如下:

```
        MOV  AL, W
        ADD  AL, Z          ;AL=(W+Z)
        DAA                 ;加法的十进制调整
        MOV  A, AL          ;调整后的结果存到单元 A
        MOV  AL, X
        ADD  AL, Y          ;AL=(X+Y)
        DAA                 ;加法的十进制调整
        SUB  AL, A          ;AL=(X+Y)-(Z+W)
        DAS                 ;减法的十进制调整
        MOV  A, AL          ;结果送 A
```

上例中,因要做十进制加法和减法调整运算,故加、减运算必须采用 AL 累加器作为目的寄存器。

例 4.6 编写完整的汇编语言程序,用 8086 的 16 位无符号数乘法指令实现两个 32 数的乘法运算。

算法分析:8086 没有 32 位无符号数乘法指令,需借助于 16 位无符号数乘法指令做 4 次乘法,然后把部分积相加,如图 4.3 所示。

例如:求 00018000H * 00010FFFH = 0000000197FE8000H,完整的汇编语言程序如下:

```
NAME        MULTIPLY_32BIT
DATA        SEGMENT
MULNUM   DW  8000H,0001H,0FFFH,0001H    ;定义被乘数 B、A 与乘数 D、C
PRODUCT  DW  4  DUP(?)                  ;定义乘积,低字在前
DATA        ENDS
STACK       SEGMENT  PARA STACK  'STACK'
DB  100 DUP(?)
STACK       ENDS
CODE        SEGMENT
ASSUME   CS:CODE,DS:DATA,SS:STACK
START       PROC  FAR
BEGIN:      PUSH   DS                   ;DS 中包含的是程序段前缀的起始
                                        ;地址

MOV         AX,0
PUSH        AX                          ;设置返回至 DOS 的段值和偏移量
MOV         AX, DATA
MOV         DS, AX                      ;置段寄存器初值
MOV         BX,0
MULU32:     MOV  AX, MULNUM[BX]         ;B→AX
MOV         SI, MULNUM[BX+4]            ;D→SI
MOV         DI, MULNUM[BX+6]            ;C→DI
MUL         SI                          ;B×D
MOV         PRODUCT[BX],AX              ;保存部分积 1
MOV         PRODUCT[BX+2],DX
MOV         AX, MULNUM[BX+2]            ;A→AX
MUL         SI                          ;A×D
ADD         AX,PRODUCT[BX+2]
ADC         DX,0                        ;部分积 2 的一部分与部分积 1 的
                                        ;相应部分相加
MOV         PRODUCT[BX+2], AX
MOV         PRODUCT[BX+4],DX            ;保存
MOV         AX, MULNUM[BX]              ;B→AX
MUL         DI                          ;B×C
ADD         AX, PRODUCT[BX+2]           ;与部分积 3 的相应部分相加
ADC         DX, PRODUCT[BX+4]
MOV         PRODUCT[BX+2],AX
MOV         PRODUCT[BX+4],DX
PUSHF                                   ;保存后一次相加的进位标志
```

```
MOV        AX, MULNUM[BX+2]            ;A→AX
MUL        DI                          ;A×C
POPF
ADC        DX,0
ADC        AX, PRODUCT[BX+4]           ;与部分积4的相应部分相加
ADC        DX, 0
MOV        PRODUCT[BX+4],AX
MOV        PRODUCT[BX+6],DX
RET
START      ENDP
CODE       ENDS
END        BEGIN
```

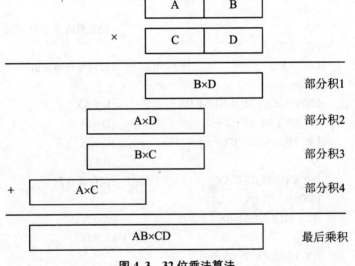

图 4.3 32 位乘法算法

4.5 分支程序设计

分支程序的基本思想是根据逻辑判断的结果来形成程序的分支。分支有两分支和多分支。对于两分支,若条件 P 成立,则执行 A;否则执行 B。如图 4.4所示。

例 4.7 试编写程序段,实现符号函数 y=sgn(x)。

分析:变量 X 的符号函数可表示为

$$Y = \begin{cases} 1 & (X>0) \\ 0 & (X=0) \\ -1 & (X<0) \end{cases}$$

程序可通过对符号标志的判别来确定执行哪一分支。

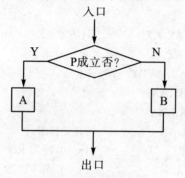

图 4.4 两分支程序

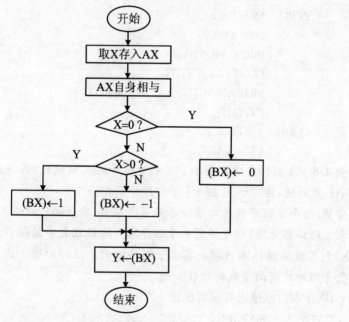

图 4.5 例 4.7 流程图

```
DATA  SEGMENT
X  DW  06H
Y  DW  ?
DATA  ENDS
```

```
        STACK   SEGMENT
                DB100 DUP(?)
        STACK   ENDS
        CODE    SEGMENT
                ASSUME CS:CODE,DS:DATA,SS:STACK
        START:PUSH   DS
                XOR   AX,AX          ;清零 AX
                PUSH AX
                MOV AX,DATA
                MOV DS,AX
                MOV AX,X
                OR AX,AX             ;建立标志
                JZ ZERO              ;x＝0,转 ZERO
                JNS PLUS             ;x>0, 转 PLUS
                MOV BX,0FFFFH        ;x<0,则(BX)＝-1
                JMP DONE
        ZERO： MOVBX,0
                JMPDONE
                PLUS： MOVBX,1
                DONE： MOVY,BX
                MOVAH,4CH            ;返回 DOS
                INT21H
        CODE    ENDS
                ENDSTART
```

例 4.8 在数据段中定义了 256 个子程序的入口地址(段地址:偏移地址),试根据 AL 中的值,决定调用 256 个子程序中的哪一个。

分析:每个子程序的入口地址占用 4 个字节,需将 AL 的值乘以 4,再加上入口地址表首的偏移地址,即可得到某子程序入口地址在表中的偏移地址,将该地址送入 BX,利用段间间接调用指令实现子程序调用。这种处理方法,类似于后面章节中将要介绍的中断向量表的处理。即

BX＝入口地址表首偏移地址＋AL＊4

```
        DATA      SEGMENT
        TABADD    DD   SUB0          ;0#子程序入口地址
                  DD   SUB1          ;1#子程序入口地址
                  ......
                  DD   SUB255        ;255#子程序入口地址
        DATA      ENDS
```

```
STACK       SEGMENT  PARA STACK  'STACK'
            DB  100 DUP(?)
STACK       ENDS
CODE1       SEGMENT
ASSUME      CS：CODE1,DS：DATA,SS：STACK
            ……
            XOR  AH，AH              ;AH 清 0
            MOV  CL，2
            SHL  AX,CL               ;AX 左移 2 次相当于乘以 4
            MOV  BX,OFFSET TABADD    ;取表首的偏移地址
            ADD  BX，AX              ;加上 AL×4
            CALL  DWORD  PTR［BX］   ;段间间接调用子程序
            ……
CODE1       ENDS
;代码段 CODE2 定义 256 个子程序(过程)：
CODE2       SEGMENT
            ASSUME  CS：CODE2
SUB0        PROC  FAR
            ……
            RET
SUB0        ENDP
SUB1        PROC  FAR
            ……
            RET
SUB1        ENDP
            ……
SUB255      PROC  FAR
            ……
            RET
SUB255      ENDP
CODE2       ENDS
```

程序中定义了两个代码段：CODE1 和 CODE2，分别用两个 ASSUME 语句来说明。

4.6　循环程序设计

循环结构是一个重要的程序结构，它具有重复执行某段程序的功能。

　　循环结构由初始化、循环体和循环控制 3 个部分组成。初始化部分完成对诸如地址指针寄存器、计数寄存器等循环过程中用到的寄存器及存储器置初值；循环体完成需重复执行的工作；循环控制则用于判断循环是否结束，若结束则跳出循环，未结束则修改地址指针和计数器值，为下一轮循环做准备。以上三部分可以在程序中用各种不同的形式体现出来，有时也并非清晰地表达出来。常用的循环结构如图 4.6 所示。

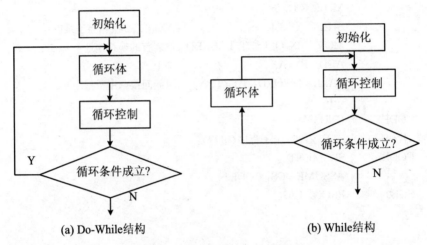

(a) Do-While结构　　　　　　　　　　(b) While结构

图 4.6　常用的循环结构示意图

　　循环结束条件有多种，最常见的有：

① 用计数器控制循环；

② 按问题的条件控制循环；

③ 用开关量控制循环。

　　有些情况下，在循环体内又嵌套了循环，这种结构称为多重循环。多重循环常用于软件延时程序或二维数组处理等。

　　例 4.9　分类统计字数组 ARRAY 中正数、负数和零的个数，并分别存入内存字变量 POST、NEGA 和 ZERO 中，数组元素个数保存在数组的第一个字中。

　　分析　将字变量与 0 比较，然后判断是大于 0(JG)、等于 0(JE)还是小于 0(JL)，以分别对相应的计数器加 1。

```
DATA        SEGMENT
ARRAY       DW   8                           ;元素个数
            DW   230，−1437，26，−31，0，3458，0，10
POST        DW   0
NEGA        DW   0
ZERO        DW   0
```

```
DATA        ENDS
CODE        SEGMENT
            ASSUME CS:CODE, DS:DATA
START:      MOV    AX, DATA
            MOV    DS, AX
            XOR    AX, AX          ;用 AX 作为正数的计数器
            XOR    BX, BX          ;用 BX 作为负数的计数器
            XOR    DX, DX          ;用 DX 作为零的计数器
            MOV    CX, ARRAY       ;用 CX 来进行循环计数
            JCXZ   DONE            ;考虑数组的元素个数为 0 的情况
            LEA    DI, ARRAY+2;    ;用指针 DI 来访问整个数组
AGAIN       CMP    WORD PTR[DI], 0 ;与 0 做比较
            JG     HIGH            ;大于 0,为正数
            JE     EQUAL           ;等于 0
            INC    BX              ;小于 0,为负数,负数个数增 1
            JMP    NEXT
HIGH:       INC    AX              ;正数个数增 1
            JMP    NEXT
EQUAL       INC    DX              ;0 的个数增 1
NEXT:       INC    DI
            INC    DI
            LOOP   AGAIN           ;未完循环
DONE:       MOV    POST, AX        ;把各类的统计数保存到内存单元中
            MOV    NEGA, BX
            MOV    ZERO, DX
            MOV    AX, 4C00H       ;结束程序返回 DOS
            INT 21H
CODE        ENDS
            END   START
```

例 4.10　在以 MEM 开始的内存区域中,存放了 10 个 16 位无符号数,找出其中的最大值和最小值,分别存于 MAX 和 MIN 为首的内存单元中。

分析　要寻找 100 个无符数中的最大值和最小值,可先取数据块中的一个数据作为标准,将它放到 MAX 和 MIN 中,然后将数据块中的其他数逐个与 MAX 和 MIN 单元中的数比较,凡大于 MAX 者,取代 MAX 中原来的数据,小于 MIN 者,取代 MIN 中原来的数据(见图 4.7)。

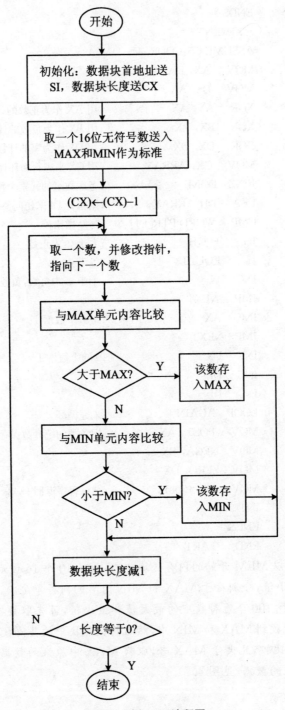

图 4.7　例 4.10 流程图

```
DATA    SEGMENT
MEM  DW   1,7,-5,1000,-300,346,…,50976   ;共 100 个数据
MAX  DW   ?
MIN  DW   ?
DATA        ENDS
CODE        SEGMENT
            ASSUME  CS:CODE,DS:DATA
START:      PUSH  DS
            XORAX,AX                     ;清零 AX
            PUSH  AX
            MOV AX,DATA
            MOV DS,AX
            LEA SI,MEM                   ;(SI)←数据块首址
            MOV CX,100                   ;(CX)←数据块长度
            CLD                          ;清零 DF
            LODSW                        ;取一个 16 位无符号数到 AX
            MOV MAX,AX                   ;送 MAX 单元
            MOV MIN,AX                   ;送 MIN 单元
            DEC CX                       ;(CX)-1
NEXT:       LODSW                        ;取下一个数,并修改地址指针
            CMP AX,MAX                   ;与 MAX 单元内容比较
            JNC GREATER                  ;比 MAX 大,则转 GREATER
            CMP AX,MIN                   ;否则,与 MIN 单元内容比较
            JC LESS                      ;比 MIN 小,则转 LESS
            JMP GOON                     ;否则,转 GOON
GREATER:MOVMAX,AX                        ;(MAX)←(AX)
            JMP GOON                     ;转 GOON
LESS:       MOV MIN,AX                   ;(MIN)←AX
GOON:       LOOP NEXT                    ;CX 减 1,若不等于 0,转 NEXT
            MOV AH,4CH                   ;返回 DOS
            INT 21H
CODE        ENDS
            END START
```

4.7　子　程　序

　　子程序是程序设计中经常使用的程序结构。把一些固定的、经常使用的功能

做成子程序的形式,可以使源程序及目标程序大大缩短,提高程序设计的效率和可靠性,使程序结构模块化,程序清晰,容易修改。

4.7.1　子程序的调用指令

子程序的调用指令由 CALL 指令实现。子程序调用方式已在前面第3章叙述过,即近程调用、远程调用、直接调用和间接调用。

子程序的调用指令与转移指令很类似,但也有区别。两者都是转移到标号处去处理程序指令,转移指令只要转移到标号处处理即可,不考虑程序返回的问题,而子程序的调用指令在调用子程序后还要返回主程序。所以要保护返回地址 IP (段内调用)或 CS:IP(段间调用)入堆栈中,这是 CPU 在调用子程序之前自动完成的任务。

注意,在调用子程序后,CPU 就处理子程序,CPU 内的寄存器和一些内存单元就转变为子程序的工作现场,即有可能破坏主程序的工作现场。那么用户要留意主程序的现场信息是否要提前保护。保护现场的方法很多,常见的是在子程序开始前用压栈(PUSH)的方法将需要保护的寄存器和内存单元推入堆栈加以保护,达到保护现场的目的。

4.7.2　子程序的返回指令

子程序的返回指令由 RET 指令实现。CPU 完成子程序执行过程后,还要返回主程序。在遇到 RET 指令时,堆栈会主动弹出一个字或双字给 IP 或 CS:IP,即将调用子程序前保护的地址作为子程序结束后的返回地址,CPU 将顺利返回主程序。

注意,与调用指令相对应,如果用户在子程序调用前保护了主程序的某些现场信息,在子程序执行后要注意恢复主程序现场信息,即按次序将入栈的内容弹出(POP),达到恢复现场的目的。使用堆栈一定要小心,这里不再赘述。

4.7.3　子程序定义伪指令

子程序定义也称为过程定义,每一个子程序包括在过程定义语句 PROC 和 ENDP 中间。

其格式为

　　过程名 PROC 属性

　　……

RET

过程名 ENDP

调用过程时,只要在 CALL 指令后写上该过程名即可,RET 指令总是放在过程体的末尾,用来返回主程序。当过程和主程序在同一代码时,过程可定义为 NEAR 属性;当过程和主程序不在一个代码段时,则过程定义为 FAR 属性。

编写子程序是为了让程序结构清楚。为了防止调用出错,一般会将所编写的子程序给一个功能说明,主要包括以下几方面:

① 功能描述:子程序的名称、功能和性能;

② 子程序中用到的寄存器和内存单元;

③ 子程序的入口参数和出口参数;

④ 子程序中调用其他子程序的名称。

例如,某一个子程序说明如下:

;名称:BCD2

;功能:将一个字节的 BCD 码转换成二进制

;所用寄存器与内存单元:CX

;入口参数:DL

;出口参数:DL

;调用其他子程序:无

子程序如下:

```
BCD2     PROC NEAR(或 FAR)
         PUSH CX
         MOV CH,DL
         AND CH,0FH            ;存第八位
         MOV CL,4
         SHR DL,CL             ;高八位右移四位乘十
         MOV CL,10
         MUL CL
         ADD DL,CH             ;高八位加第八位
         POP CX
         RET
```

4.7.4　子程序参数的传递

对于一个子程序,应该注意它的入口参数和出口参数。入口参数是主程序传给子程序的参数,而出口参数是子程序运算完传给主程序的结果。主程序在调用子程序时,一方面初始数据要传给子程序,另一方面子程序运行结果要传给主程

序。因此,主子程序之间的参数传递是非常重要的。

参数传递一般有 3 种方法实现:

① 利用寄存器。这是一种最常见方法,把所需传递的参数直接放在主程序的寄存器中传递给子程序,传递速度较快。

② 利用存储单元。主程序把参数放在公共存储单元,子程序则从公共存储单元取得参数。

③ 利用堆栈。主程序将参数压入堆栈,子程序运行时则从堆栈中取参数。

例 4.11 编写一个将单字节的二进制数转换成 BCD 码数的程序,再将对应的十进制数位转换成 ASCII 码字符串,在显示器上显示出来。

分析:设单字节二进制数存放在 NUMBIN 单元。利用除法实现转换:

第一步,将该数除以 100,商即为 BCD 码数的百位,保留第一步所得余数。

第二步,将第一步所得余数再除以 10,商即为 BCD 码数的十位,余数即为 BCD 码数的个位。

第三步,将 BCD 码数的百位、十位和个位分别加上 30H,即为它们的 ASCII 码。

第四步,将 ASCII 码字符串存入一个缓冲区,然后调用 DOS 功能调用"INT 21H"的 09H 号功能即可显示该字符串。

程序如下:

```
DATA        SEGMENT
NUMBIN      DB   0E7H                ;待转换的单字节二进制数
STRING      DB   10 DUP(20H)         ;定义显示缓冲区,初值全为空格 20H
            DB   0DH, 0AH            ;定义回车换行符
            DB   '$'                 ;定义结束符
DATA        ENDS
STACK       SEGMENT   PARA STACK   'STACK'
DB          100 DUP(?)
STACK       ENDS
CODE        SEGMENT
ASSUME      CS: CODE,DS:DATA,SS:STACK
START       PROC   FAR
BEGIN:      PUSH   DS                ;DS 中包含的是程序段前缀的起始地址
MOV         AX,0
PUSH        AX                       ;设置返回至 DOS 的段值和偏移量
MOV         AX, DATA
MOV         DS,AX                    ;置段寄存器初值
LEA         DI, STRING
```

```
XOR        AH, AH                    ;AH 清零
MOV        AL, NUMBIN
MOV        BL, 100D
DIV        BL                        ;AX 除以 BL,商在 AL 中,余数在 AH 中
CALL       BCDTOASC                  ;调用转换程序,入口参数:AL=BCD 数
MOV        AL,AH                     ;取余数送 AL
XOR        AH, AH
MOV        BL, 10D
DIV        BL
CALL       BCDTOASC
MOV        AL,AH
CALL       BCDTOASC
CALL       DISPASC                   ;调用显示程序
RET
START      ENDP
BCDTOASC   PROC                      ;BCD 码到 ASCII 码转换程序
ADD        AL, 30H
MOV        [DI], AL                  ;保存 ASCII 字符
INC        DI                        ;指向下一个单元
RET
BCDTOASC   ENDP
DISPASC    PROC                      ;显示子程序
LEA        DX, STRING
MOV        AH, 09H
INT        21H
RET
DISPASC    ENDP
CODE       ENDS
END        BEGIN
```

例 4.12 利用堆栈传递被加数和加数,在子程序中实现两个 32 位无符号数相加的过程,结果置于 DX:AX 中返回。

```
DATA       SEGMENT
NUM1       DD  01234567H            ;定义第一个 32 位数,存放顺序:67H,45H,
34H,01H
NUM2       DD  89ABCDEFH            ;定义第二个 32 位数,存放顺序:0EFH,0CDH,
0ABH,89H
RESULT     DD  (?)                  ;定义结果单元
DATA       ENDS
```

```
STACK      SEGMENT  PARA STACK  'STACK'
           DB   100 DUP(?)
STACK      ENDS
CODE       SEGMENT
           ASSUME  CS:CODE,DS:DATA,SS:STACK
START      PROC   FAR
BEGIN:     PUSH   DS
           MOV    AX,0
           PUSH   AX
           MOV    AX,DATA
           MOV    DS,AX
           MOV    BX,OFFSET NUM1
           MOV    AX,[BX]         ;取第一个数的低字(4567H)
           PUSH   AX              ;压入堆栈
           MOV    AX,[BX+2]       ;取第一个数的高字(0123H)
           PUSH   AX              ;压入堆栈
           MOV    AX,[BX+4]       ;取第二个数的低字(0CDEFH)
           PUSH   AX              ;压入堆栈
           MOV    AX,[BX+6]       ;取第二个数的高字(89ABH)
           PUSH   AX              ;压入堆栈
           CALL   ADDPROC         ;调用过程
           MOV    BX, OFFSET  RESULT     ;保存结果
           MOV    [BX], AX
           MOV    [BX+2], DX
           RET
START      ENDP
ADDPROC    PROC                   ;32 位无符号数相加的过程
           PUSH   BP              ;保护 BP
           MOV    BP, SP          ;将当前的堆栈指针 SP 送 BP
           MOV    AX,[BP+10]      ;取第一个数的低字(最先压栈的数)
           MOV    DX,[BP+8]       ;取第一个数的高字
           ADD    AX,[BP+6]       ;与第二个数的低字相加
           ADC    DX,[BP+4]       ;与第二个数的高字相加,并考虑低字相加的进位
           POP    BP              ;恢复 BP
           RET    8               ;返回,并使 SP 再加 8,以丢弃堆栈中参数
ADDPROC    ENDP
CODE       ENDS
           END   BEGIN
```

设被加数为 A,加数为 B,先压入 A 的低字,再压入 A 的高字;然后再压入 B 的低字和高字。设主程序在执行 CALL 指令之前的堆栈情况如图 4.8(a)所示,进入子程序之后,SP 减 2,将 CALL 指令的下一条指令的返回地址压栈(因是近调用,只存放偏移地址)。执行"PUSH BP"指令之后,SP 再减 2。当把 SP 赋给 BP 时,BP 指向了堆栈的栈顶,而 BP＋4 则指向了参数区,此时堆栈的情况如图 4.8(b)所示。图中 SP 的具体值与系统初始化情况有关。

SP指针	堆栈区地址	堆栈区内容
SP→	SS:0058	89ABH
	SS:005A	CDEFH
	SS:005C	0123H
	SS:005E	4567H
栈底	SS:0060	/////

SP指针	堆栈区地址	堆栈区内容
BP=SP→	SS:0054	BP内容
	SS:0056	返回地址
BP+4	SS:0058	89ABH
BP+6	SS:005A	CDEFH
BP+8	SS:005C	0123H
BP+10	SS:005E	4567H
栈底	SS:0060	/////

　　　　(a) Call指令之前的堆栈　　　　　　(b) 执行"PUSH BP"指令之后的堆栈

图 4.8 利用堆栈进行参数传递

例 4.12 中的指令 RET 8 是带弹出值返回指令,该弹出值一般为偶数,它使 SP 指针在正常返回的基础上,再加上 8,使 SP 恢复为主程序压入参数前的值,即丢弃主程序压栈时的参数。

4.8 BIOS 调用和 DOS 系统功能调用

DOS(Disk Operating System)和 BIOS(Basic Input and Output System)为用户提供两组系统服务程序。用户程序可以调用这些系统服务程序。但在调用时,首先,不用 CALL 指令;其次,不用这些系统服务程序的名称,而采用软中断指令"INT n";最后,用户程序也不必与这些服务代码连接。因此,使用 DOS 和 BIOS 调用编写的程序简单、清晰,可读性好而且代码紧凑,调试方便。

BIOS 是 IBM PC 及 PC/XT 的基本 I/O 系统,包括系统测试程序、初始化引导程序、一部分中断矢量装入程序及外部设备的服务程序。由于这些程序固化在 ROM 中,只要机器通电,用户便可以调用它们。

DOS 是 IBM PC 及 PC/XT 的操作系统,负责管理系统的所有资源,协调微机的操作,其中包括大量的可供用户调用的服务程序,完成设备及磁盘文件的管理。

4.8.1 DOS 中断和系统功能调用

8086/8088 指令系统中,有一种软中断指令"INT n"。每执行一条软中断指令,就调用一个相应的中断服务程序。当 n=0~4H 时,被 8088/8086 CPU 所占用;当 n=5~1FH 时,调用 BIOS 中的服务程序;当 n=20~3FH 时,调用 DOS 中的服务程序。其中,"INT 21H"是一个具有多种功能的服务程序,一般称之为 DOS 系统功能调用。

DOS 常用的软中断命令如表 4.8 所示。

表 4.8　DOS 常用软中断命令

软中断指令	功能	入口参数	出口参数
INT 20H	程序正常退出	无	无
INT 21H	系统给你调用	AH=功能号(n),相应入口号	相应出口号
INT 22H	结束退出		
INT 23H	Ctrl-Break 处理		
INT 24H	出错退出		
INT 25H	读磁盘	AL=驱动器号 CX=读入扇区号 DX=起始逻辑扇区号 DS:BX=内存缓冲区地址	CF=0 成功 CF=1 出错
INT 26H	写磁盘	AL=驱动器号 CX=写入扇区号 DX=起始逻辑扇区号 DS:BX=内存缓冲区地址	CF=0 成功 CF=1 出错
INT 27H	驻留退出	DS:DX=程序长度	

DOS 软中断的调用步骤如下:

① 设置入口参数;

② 执行 DOS 功能调用：INT　n;

③ 分析出口参数。

1. DOS 系统功能调用的一般步骤

DOS 为磁盘操作系统的简称。DOS 提供了极为丰富的子程序,能够实现控制键盘、显示器、读写文件、串行通信等一系列功能。采用 DOS 系统功能调用时,其一般步骤为:

① 功能调用号送 AH 寄存器；

② 设置入口参数；

③ 执行 DOS 功能调用：INT　21H；

④ 分析出口参数。

2. 常用的 DOS 系统功能调用

（1）键盘输入

调用格式：

```
    MOV  AH,01H
    INT  21H
```

功能：等待从键盘输入一个字符并将输入字符的 ASCII 码送入寄存器 AL 中，同时在显示器上显示该字符。

入口参数：无。

出口参数：AL＝输入的 ASCII 码字符。

（2）显示单个字符

调用格式：

```
    MOV  AH, 02H
    MOV  DL,'字符'
    INT  21H
```

功能：将 DL 中的字符送显示器显示。

入口参数：DL＝待显字符的 ASCII 码。

出口参数：无。

（3）控制台输入

调用格式：

```
    MOV  AH, 08H
    INT  21H
```

功能：与键盘输入相似，但只从键盘上输入而不显示字符。

入口参数：无。

出口参数：AL＝输入的 ASCII 码字符。

（4）显示字符串

调用格式：

```
    MOV  AH, 09H
    MOV  DX, OFFSET STRING
    INT  21H
```

　　功能:在显示器上显示以"＄"(24H)为结束符的字符串。若显示的字符串要求回车换行,可在字符串中加入 0DH 或 0AH 控制码。

　　入口参数:"DS:DX"指向字符串首地址。

　　出口参数:无。

　　例 4.13　要显示下列 DISO 数组变量中定义的字符串:

```
DISO    DB    'PRESS ANY KEY TO QUIT',0DH,0AH, '$'
```

　　程序如下:

```
    LEA   DX, DISO
    MOV   AH,09H
    INT   21H
```

　　(5) 键盘输入字符串

　　调用格式:

```
    MOV   AH, 0AH
    MOV   DX, OFFSET BUF
    INT   21H
```

　　功能:从键盘上往指定缓冲区中输入字符串并送显示器显示。

　　缓冲区应按规定的格式定义。

　　入口参数:"DS:DX"指向缓冲区首地址。

　　出口参数:输入的字符串及字符个数。

　　缓冲区应按规定格式定义。例如定义 80 个字符的输入缓冲区,格式如下:

```
    BUF   DB   81          ;最大输入的字符个数假定为 81
          DB   ?           ;实际输入的字符个数
          DB   80   DUP(?) ;输入字符的 ASCII 码存放区(最多存放 80 个字符)
```

4.8.2　BIOS 中断调用

　　BIOS 为基本输入输出系统(Basic Input and Output System),它提供了最底层的控制程序。操作系统和用户程序都是建立在 BIOS 的基础之上。

　　BIOS 的调用方法与 DOS 调用类似,步骤如下:

　　① 置功能号 n 赋值给 AH;

　　② 置入口参数;

　　③ 执行"INT n";

　　④ 分析出口参数。

　　下面简单介绍 BIOS 的常用功能。

（1）设置显示器显示模式

与显示器有关的 BIOS 中断调用为"INT 10H"。下列程序设置显示器为 80×25 行,16 色:

调用格式:

```
MOV   AH, 00H        ;功能号为 00H,表示设置显示模式
MOV   AL, 03H        ;显示模式代码 03H 表示 80×25 行,16 色文本方式
INT   10H            ;显示器 BIOS 10H 中断
```

（2）设置光标位置

下列程序把光标设置到第 6 行、第 20 列的位置:

调用格式:

```
MOV   AH, 02H        ;功能号为 02H,表示设置光标位置
MOV   BH, 00H        ;0 页
MOV   DH, 06H        ;设置光标在第 6 行
MOV   DL, 14H        ;设置光标在第 20 列
INT   10H            ;显示器 BIOS 10H 中断
```

更多的 DOS 系统功能调用的详细说明请参阅本书附录 A(DOS 系统功能调用 INT 21H)。

4.9　汇编语言程序上机过程

4.9.1　汇编语言程序上机的工作环境

汇编语言的源程序需要编译和连接后才能在计算机上执行。

DOS 操作系统下,编辑、修改和运行汇编语言程序,需要用文本编辑软件、宏汇编程序、连接程序和调试程序。

① 文本编辑软件:EDIT. EXE 等;

② 宏汇编程序:MASM. EXE、TASM. EXE 等;

③ 连接程序:LINK. EXE、TLINK. EXE 等;

④ 调试程序:CV. EXE、TD. EXE 等。

利用 Turbo C 集成开发调试环境,可以完成汇编源程序的编辑、修改、汇编、连接和调试。

4.9.2　汇编语言程序上机过程

1. 编辑源程序

编辑一个汇编语言源程序,可以使用各种文本编辑软件,如 Windows 记事本、MS-DOS 自带的 EDIT 软件等。命令格式如下:

　　　　C:\MASM>EDIT　文件名. ASM(回车)

下面的例子说明了用 EDIT 文本编辑器来建立 ASM 源程序的步骤(假定要建立的源程序名为 HELLO. ASM),用 NOTEPAD(记事本)建立 ASM 源程序的步骤与此类似。

在 Windows 中点击桌面左下角的"开始"按钮→选择"运行"→在弹出的窗口中输入"EDIT. COM　C:\ASM\HELLO. ASM",屏幕上出现 EDIT 的编辑窗口,如图 4.9 所示。

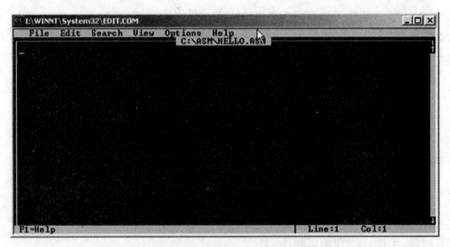

图 4.9　文本编辑器 EDIT 的编辑窗口

如果键入 EDIT 命令时已带上了源程序文件名(C:\ASM\HELLO. ASM),在编辑窗口上部就会显示该文件名。如果在键入 EDIT 命令时未给出源程序文件名,则编辑窗口上会显示"UNTITLED1",表示文件还没有名字,在这种情况下保存程序文件时,EDIT 会提示输入要保存的源程序的文件名。

编辑窗口用于输入源程序。源程序输入完毕后,用 Alt-F 打开 File 菜单,用其中的 Save 功能将文件存盘。如果在键入 EDIT 命令时未给出源程序文件名,则这时会弹出一个"Save as"窗口,在这个窗口中输入你想要保存的源程序的路径和文件名(本例中为 C:\ASM\HELLO.ASM)。

2. 汇编源程序

源文件 HELLO.ASM 建立后,要使用汇编程序对源程序文件汇编,汇编后产生二进制的目标文件(.OBJ 文件)。对汇编语言源程序进行汇编时,汇编程序对 .ASM文件进行扫描。再经过汇编,直到得到无错误的目标程序(扩展名为.OBJ)。命令格式如下:

$\qquad$ C:\MASM>MASM　文件名.ASM (回车)

操作时的屏幕显示如图 4.10 所示。

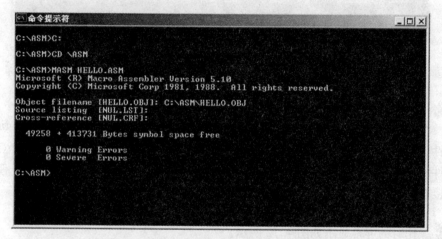

图 4.10　在 DOS 命令提示符窗口中进行汇编

注意　若打开 MASM 程序时未给出源程序名,则 MASM 程序会首先提示让你输入源程序文件名(Source filename),此时输入源程序文件名 HELLO.ASM 并回车,然后进行的操作与上面完全相同。

如果没有错误,MASM 就会在当前目录下建立一个 HELLO.OBJ 文件(名字与源文件名相同,只是扩展名不同)。如果源文件有错误,MASM 会指出错误的行号和错误的原因。图 4.11 是在汇编过程中检查出两个错误的例子。在这个例子中,可以看到源程序的错误类型有两类:

(1) 警告错误(Warning Errors)。警告错误不影响程序的运行,但可能会得出错误的结果。此例中无警告错误。

(2) 严重错误(Severe Errors)。对于严重错误,MASM 将无法生成 OBJ 文件。此例中有两个严重错误。

如果出现了严重错误,必须重新进入 EDIT 编辑器,根据错误的行号和错误原因来改正源程序中的错误,直到汇编没有错为止。

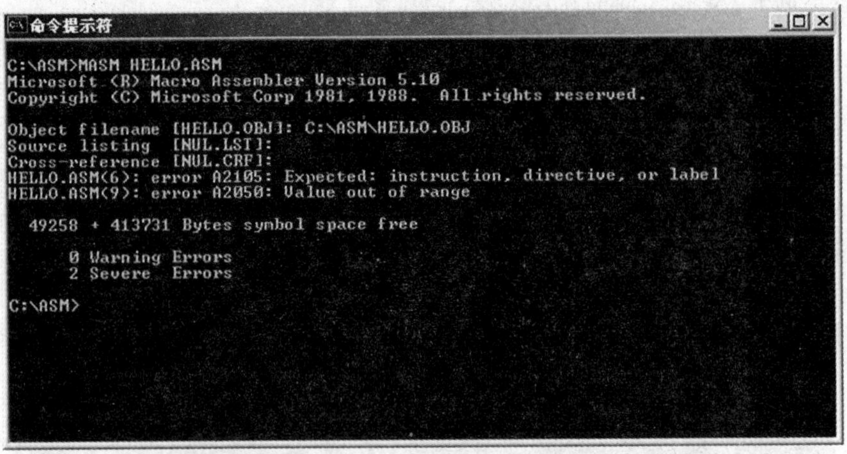

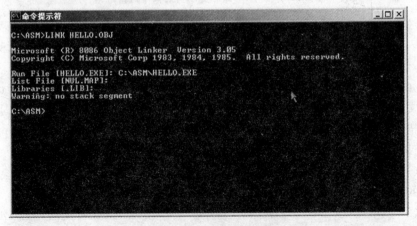

图 4.11 有错误的汇编过程例子

3. 用 LINK. EXE 产生 EXE 可执行文件

在上一步骤中,汇编程序产生的是二进制目标文件(OBJ 文件),并不是可执行文件,要想使我们编制的程序能够运行,还必须用连接程序(LINK. EXE)把 OBJ 文件转换为可执行的 EXE 文件。连接程序可以将若干个目标模块连同库子程序连接在一起,生成扩展名为. EXE 的可执行文件。命令格式如下:

C:\MASM>LINK 文件名. OBJ (回车)

操作时的屏幕显示如图 4.12 所示。

图 4.12 把 OBJ 文件连接成可执行文件

注意 若打开 LINK 程序时未给出 OBJ 文件名,则 LINK 程序会首先提示让你输入 OBJ 文件名（Object Modules），此时输入 OBJ 文件名 HELLO. OBJ 并回车，然后进行的操作与上面完全相同。

如果没有错误，LINK 就会建立一个 HELLO. EXE 文件。如果 OBJ 文件有错误，LINK 会指出错误的原因。如链接时有其他错误，须检查修改源程序，重新汇编、连接，直到正确。

4. 执行程序

当建立了可执行文件后，就可以在 DOS 下输入该文件名。

    C:\MASM>文件名. EXE（回车）

程序运行结束后，返回 DOS。如果运行结果正确，那么程序运行结束时结果会直接显示在屏幕上。如果程序不显示结果，如何知道程序是否正确呢？ 这时，就要使用 TD. EXE 调试工具来查看运行结果。此外，大部分程序必须经过调试阶段才能纠正程序执行中的错误，调试程序时也要使用 TD. EXE。

5. 程序的调试

运行程序后，可通过 DEBUG 命令调试程序，并检查修改内存单元或寄存器的内容。命令格式如下：

    C:\MASM>DEBUG   文件名. EXE（回车）

Debug 的主要窗口如图 4.13 所示，系统提供了许多调试命令，可以单步执行、设置断点、显示寄存器内容和查看内存单元内容等。

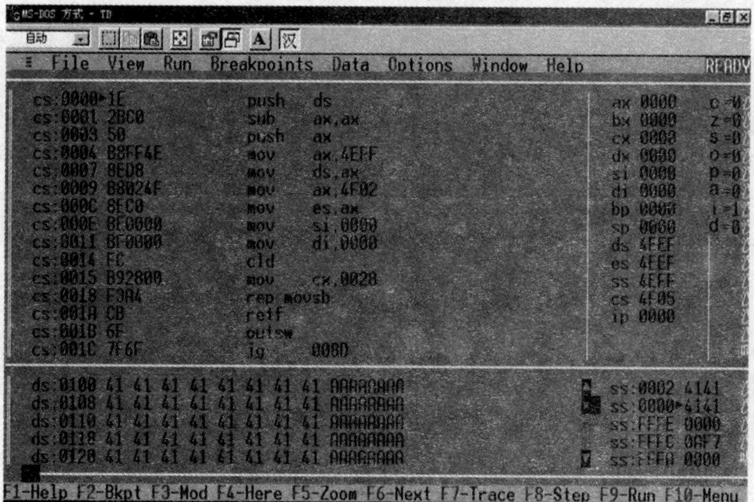

图 4.13　TD 调试器的显示画面

系统窗口从左至右,从上至下分为 5 个区域:机器语言程序区、汇编语言源程序区、寄存储器显示区、内存显示区和堆栈区等,可以安装表 4.9 的 DEBUG 调试命令对寄存器和内存单元的内容可随时修改。

表 4.9 DEBUG 调试过程中用到的 DEBUG 命令

子命令	格式	简要说明
汇编	A　地址	从指定地址开始把宏汇编语言语句直接汇入内存
	A	接着上一条 A 子命令的结束地址继续进行汇编,若是第 1 次,则从 CS:100 开始
显示	D　地址	从指定地址开始显示内存中 40 字节或 80 字节的内容
	D	接着上一条 D 子命令的结束地址继续进行显示,若是第 1 次,则从 DS:100 开始
修改	E　地址	以连续的方式显示并且允许修改若干字节。按空格进到下一字节,按 ENTER 键结束 E 子命令
执行	G=地址	从指定地址开始执行程序至结束
	G	从当前的 CS:IP 开始执行程序,直至结束。第一次从 CS:100 开始
	G 地址 1 地址 2 …	从当前的 CS:IP 开始执行程序,当遇到地址 1,地址 2,…中的一个时,停止执行。并显示出寄存器、标志和下一条应执行的指令。断点可设置 10 个
寄存器	R	显示所有寄存器的内容
跟踪	T=地址	从指定地址开始执行一条指令并显示寄存器、标志和下一条应执行的指令
单步执行	T	执行当前的 CS:IP 所指向的一条指令
反汇编	U　地址	从指定地址开始反汇编 16 或 32 字节的指令
停止	Q	结束 DEBUG 程序,不保存正在内存中调试的文件

4.10　汇编语言程序设计实例

1. 算术运算

例4.12　从键盘读入两个五位十进制数(1 位符号位+4 位数值位),并将这两个十进制数分别转换为二进制数,然后求其和,再将和以十进制的形式进行显示。

```
DATA SEGMENT
        CC DB '+'
        ww db '—'
        GG DB '='
        II DB 0DH,0AH,'$'
        AA DB 5 DUP(?)
        www dw 0
        ghh db '0',0dh,0ah,'$'
        bnm dw 0
DATA ENDS

STACK SEGMENT
        DB   200   DUP(0)
STACK ENDS

CODE SEGMENT
        ASSUME CS:CODE,DS:DATA,SS:STACK

START: MOV AX, DATA
        MOV DS, AX
        MOV CX, 20
        CALL RAND                ;产生一随机数
        CALL MCAT                ;将随机数转换为 16 进制表示的 ASCII 码字符
        MOV   AX, BX
        PUSH AX
        CMP  www, 0              ;WWW=0?
        JE   A1                  ;执行"+"
        CMP  www, 1              ;www=1?
        JE   A2                  ;执行"—"
A1:     MOV DL, CC               ;显示"+"
        MOV AH, 2
        INT 21H
        CALL RAND                ;产生另一随机数
        add bx, 0fh
        CALL MCAT                ;将随机数转换为 16 进制表示的 ASCII 码字符
        MOV DL, GG               ;显示"="
        MOV AH, 2
        INT 21H
```

```
              POP AX
              ADD AX, BX
              cmp ax, 0
              jne   yjw1
              lea dx, ghh
              mov ah, 9
              int 21h
              jmp qq1
yjw1:         JMP B1
A2:           MOV DL, WW          ;显示"－"
              MOV AH, 2
              INT 21H
              mov cx, 65535
mai1:         loop mai1
              CALL RAND1
              CALL MCAT
              MOV DL, GG
              MOV AH, 2
              INT 21H
              POP AX
              Sbb AX, BX
              cmp ax, 0
              jne   yjw2
              lea dx, ghh
              mov ah,9
              int 21h
              jmp qq1
yjw2:         JMP B1
B1:           MOV  BX, AX
              CALL MCAT
              lea  DX, II
              MOV  AH, 9
              INT  21H
QQ1:  MOV  AH, 4CH
              INT  21H

MCAT  PROC                       ;将随机数转换为 16 进制表示的 ASCII 码字符子程序
              PUSH AX
```

```
          push bx
          PUSH CX
          PUSH DX
          CMP BX, 9
          JA S1
          PUSH AX
          PUSH BX
          PUSH CX
          PUSH DX
          mov ax, bx
          mov bl, 5
          div bl
          cmp ah, 3
          jae vb1
          mov www, 1
          jmp vn1
vb1:      mov www, 0
vn1:      pop dx
          pop cx
          pop bx
          pop ax
          ADD BL, 30H
          MOV AA, BL
          MOV AA+1, '$'
          LEA DX, AA
          MOV AH, 9
          INT 21H
          JMP s3
s1:       MOV CL, 4
          MOV AL, 0
          PUSH BX
          SHL BX, CL
          CMP BH, 9
          JBE V1
          SUB BH, 9
          ADD BH, 40H
          JMP MM1
V1:       ADD BH, 30H
```

```
MM1:   MOV AA, BH
       POP BX
       AND BL, 0FH
       PUSH AX
       PUSH BX
       PUSH CX
       PUSH DX
       mov ax, bx
       mov bl, 5
       div bl
       cmp ah, 3
       jae vb2
       mov www, 1
       jmp vn2
vb2:   mov www, 0
vn2:   pop dx
       pop cx
       pop bx
       pop ax
       CMP BL, 9
       JBE TT1
       SUB BL, 9
       ADD BL, 40H
       JMP RR1
TT1:   ADD BL, 30H
RR1:   MOV AA+1, BL
       MOV AA+2, '$'
       LEA DX, AA
       MOV AH, 9
       INT 21H
s3:    POP DX
       POP CX
       POP BX
       POP AX
       RET
MCAT   ENDP

RAND   PROC
```

```
        PUSH CX
        PUSH DX
        PUSH AX
        STI
        MOV AH, 0          ;读时钟计数器值
        INT 1AH
        MOV AX, DX         ;清高 6 位
        AND AH, 3
        MOV DL, 101        ;除 101,产生 0～100 余数
        DIV DL
        MOV BL, AH         ;余数存 BX,作随机数
        POP AX
        POP DX
        POP CX
        RET
RAND    ENDP

RAND1   PROC
        PUSH CX
        PUSH DX
        PUSH AX
        STI
        MOV AH, 0
        INT 1AH
        MOV ax, cx
        AND AH, 3
        MOV DL, 101
        DIV DL
        MOV BL, AH
        POP AX
        POP DX
        POP CX
        RET
RAND1   ENDP

CODE    ENDS
        END   START
```

习题与思考题

1. 什么是汇编语言？它和机器语言及高级语言有何区别？

2. 汇编语言程序的变量与标号有什么定义与规定？它们有什么属性？

3. 汇编语言程序的每行语句由哪些部分组成？指令语句前的标号和伪指令语句前的标号在写法上有何不同？

4. 汇编语言程序一般包括哪些段？如何定义这些段？这些段分别有什么作用？

5. 什么是伪指令？它和指令有何区别？

6. 下面是变量定义伪指令：

```
DATA    SEGMENT
BUF     DW    3 DUP(5,2 DUP(8))
CED     DB    'Welcome to you',ODH, OAH, '$'
ADDR    DW    BUF
COUNT   EQU   $ -CED
DATA    ENDS
```

（1）按内存单元存放的先后次序，按字节写出数据段中的数据。

（2）对 BUF、CED、ADDR 等变量施行 TYPE、LENGTH、SIZE 运算符后，其结果分别为多少？

（3）COUNT 的值为多少？

7. 什么是 DOS 和 BIOS 功能调用？采用 DOS 功能调用时，一般步骤是什么？

8. 什么是汇编器？汇编语言程序上机包括哪些步骤？

9. 编写一个将 16 位二进制数转换成 BCD 码数的程序。

10. 编程实现将键盘输入的小写字母转换成大写字母后输出。

11. 在内存 BLOCK 开始处存放了 10 个无符号字节数，从中找出最大值送入 MAX 单元中。

12. 在首地址 BLOCK 处存放了 10 个字数据（无符号数），编程求其和，存入 SUM 单元。

13. 编写一个带符号数四则运算的程序，完成[Z−(X * Y+100)]/1000 的运算，商送 V 单元，余数送 W 单元。这里，X、Y、Z 均为带符号数。设 X=FFF0H=−16, Y=0008H=8,Z=007F=127。

14. 从 BUF 单元开始有 10 个带符号数：−1,3,248,90,42,9042,−4539,0,−28,792。试找出它们的最大值、最小值和平均值，并分别送 MAX、MIN 和 AVG 单元。试编写完整的汇编语言程序。

15. 输入一个字符，若其 ASCII 码小于 41H，显示"N"，否则显示"C"。

16. 编写一个统计分数段的子程序，要求将优（90～100 分）、良（80～89 分）、中（70～79 分）、及格（60～69 分）、不及格（60 分以下）的学生人数统计出来，分别送内存单元中。

第 5 章 存 储 系 统

存储器(Memory)是计算机的重要组成部件,用来存放程序和数据。本章首先介绍半导体存储器的分类、组成及主要性能指标;然后介绍 CPU 运行过程中能随时进行数据读写的随机存储器(RAM),包括静态随机存储器(SRAM)和动态随机存储器(DRAM);接着介绍只读存储器(ROM),包括掩膜 ROM 和可编程 ROM;最后介绍存储器与 CPU 的接口技术。

5.1 存储系统与半导体存储器的分类

存储系统是计算机的重要组成部分,由许多具有"记忆"功能的存储器构成,用来存储程序和数据。计算机中的全部信息,包括输入的原始数据、计算机程序、中间运行结果和最终运行结果都要保存在存储器中。具有两种稳定状态的物理器件就可以用来制作存储器,如开关的"通"和"断",其中一种状态用于代表二进制数的"0",另一种状态用于代表二进制数的"1"。

5.1.1 存储系统及半导体存储器的层次结构

随着 CPU 速度的不断提高和软件规模的不断扩大,人们希望存储器能同时满足速度快、容量大、价格低等要求,而采用单一工艺制造的半导体存储器往往难以同时满足这三方面的要求。为了解决这一矛盾,目前,高档微机系统中普遍采用分级存储器结构和虚拟存储器结构来组织整个存储系统。

分级存储器结构,就是设计一个快慢搭配、具有层次结构的存储系统,如图5.1所示。它呈现金字塔形结构,越往上存储器件的速度越快,CPU 的访问频度越高,同时系统的拥有量也就越小。从图中可以看出,CPU 内的寄存器位于该塔的顶端,它有最快的存取速度,容量也是最小的;向下依次是内部 Cache、外部 Cache、主存储器、外存储器;位于塔底的存储设备,容量最大,但速度可能也是较慢或最慢的。

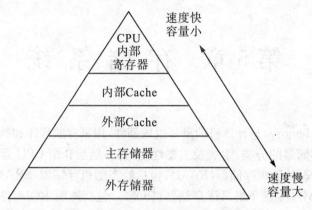

图 5.1　微机分级存储器结构示意图

1. CPU 内部寄存器组

位于 CPU 芯片内部的寄存器存取速度比较快,主要是用来存放运算过程中所需要的操作数地址、操作数及中间结果。但受芯片面积和集成度的限制,寄存器的数量是有限的。

2. 高速缓冲存储器(Cache)

高速缓冲存储器是为解决 CPU 和内存之间速度匹配问题而设置的。它是介于 CPU 与内存之间的一个小容量高速存储器,容量只有几千字节至几百万字节,其存取速度足以与微处理器相匹配,用于保存 CPU 正在使用的代码和数据。它有效利用了某些程序访问存储器在时间上和空间上有局部域的特性,如子程序的反复调用,变量的重复使用,都是在使用某个特定区域。设置高速缓冲存储器是高档微型计算机中最常用的一种方法,现在的高档微处理器一般具有两级 Cache 结构。如 Pentium 内集成了 16 KB 的一级 Cache(也叫内部 Cache),而把二级 Cache(也叫外部 Cache)放在主板上;Pentium Ⅱ以后的 CPU 则把 CPU 内核与一级缓存和二级缓存一起封装在芯片内。目前,已出现了带有三级缓存的 CPU。

在 Cache 系统中,主存储器保存要运行的所有程序和数据,Cache 中保存主存储器的部分副本。当 CPU 访问存储器时,首先检查 Cache,如果要存取的数据已经在 Cache 中,CPU 就能很快完成访问,这种情况称为命中 Cache。采用二级 Cache 时,当一级 Cache 不命中时,由二级 Cache 提供 CPU 所需的数据。如果数据不在 Cache 中,那么,CPU 必须从主存中提取数据。Cache 控制器决定哪一部分存储块移入 Cache,哪一部分移出 Cache。通常程序所用的大多数数据都可在 Cache 中找到,即大多数情况下能命中 Cache。Cache 的命中率取决于 Cache 的容量、Cache 的控制算法和 Cache 的组织方式,当然还和所运行的程序有关,如程序中的转移指令。使用组织良好的 Cache 系统,命中率可达 95%。故采用 Cache 技术后可以提高 CPU 访问存储器的速度。

3. 主存储器

主存储器又简称为内存,是计算机的组成部分之一,CPU 可通过三总线直接与之沟通,并用其存放当前正在使用的(即执行中)的数据和程序。它的物理实质就是利用半导体材料制成一组或多组具备数据输入/输出和数据存储功能的集成电路,内存只用于暂时存放程序和数据,一旦关闭电源或发生断电,其中的程序和数据就会丢失。选择内存时,应该从存储容量、存取速度、可靠性和功耗等方面来综合考虑。

4. 外存储器

外存储又称为辅助存储器,简称外存。例如利用磁性材料制成的磁带、磁盘、硬盘都属于外存,利用表面的"坑"和"空白"来存储数据"1"和"0"的光盘也属于外存。外存容量大,但速度比内存慢得多。它主要用来存放当前暂时不参加运行的程序和数据,以及某些需要永久保存的信息。外存在微机系统中相当于一个需要配备专门的 I/O 接口的装置,只有通过这种接口可能完成对外存的读写操作。例如在对软盘和硬盘用配有专用的软盘驱动器,光盘要配置光盘驱动器。

5.1.2 半导体存储器的分类和特点

由于半导体存储器具有存取速度快、集成度高、体积小、功耗低、应用方便等优点,它已被广泛用于组成微型计算机内存。按其制造工艺分类可分为双极型(TTL型)和金属氧化物型(MOS 型)两类。TTL 型相对于 MOS 型来说其特点是存取速度快、集成度低、功耗大、成本高;MOS 型存储器集成度高、功耗低、成本低,但存取速度要比 TTL 型的慢。微机的内存主要由 MOS 型半导体构成。按存取方式分,半导体存储器又可以分为只读存储器 ROM(Read Only Memory)和随机存取存储器 RAM(Ramdom Access Memory)两大类。

1. 只读存储器 ROM

如果一个存储器只能读出,不能改写,称之为只读存储器或简称 ROM。断电后,ROM 中存储的信息仍保留不变,所以,ROM 是非易失性存储器。微型系统中常用 ROM 存放固定的程序和数据,如监控程序、操作系统中的 BIOS(基本输入/

输出系统)或用户需要固化的程序。

按照编程的方式不同,ROM 可分为以下几种:

(1) 掩膜 ROM(Masked ROM)

掩膜 ROM 存储的信息由存储器生产厂家根据用户程序要求采用掩模工艺制成,一经制作完成,用户只能读出,不能改写。掩膜 ROM 通常用于存储大批量生产的比较成熟的固定程序和数据。

(2) PROM(Programable ROM)

该存储器在出厂时器件中没有任何信息,一般由二极管矩阵组成是空白存储器。这种 ROM 写入时,利用外部引脚输入地址,对其中的二极管键进行选择,使某一些二极管连接处被烧断,而另一些则保持原状。保持原状的代表"1",而被烧断的代表"0"。PROM 一旦写入就不能更改,故比较适合存储非批量的固定程序和数据。

(3) EPROM——可擦除可编程 ROM(Erasable PROM)

在实际工作中,往往一个设计好的程序在经过一段时间使用后,又需要修改,如果这个程序在 ROM 或 PROM 中,就会感到不便了。而 EPROM 是一种可多次进行擦除和重写的 ROM,可以满足这方面的要求。

EPROM 的编程主要是通过改变电荷分布来实现的,编程的过程就是一个电荷的注入过程。编程结束后,尽管撤除了电源,但由于绝缘层的包围,注入的电荷无法泄漏,故而达到存储信息的作用。EPROM 芯片上有一个石英窗口,当紫外光照到石英窗口上,由于光电作用,内部的电荷分布会被破坏,使电路慢慢地恢复为初始状态,从而把写入的信息擦去,这样又可对 EPROM 重新编程。但 EPROM 写过程很慢,所以它仍然作为只读存储器使用。

(4) EEPROM(E^2PROM)——电可擦除可编程 ROM(Electrically Erasable PROM)

E^2PROM 是一种电可擦除的 PROM。可以以字节为单位进行擦除和改写,而不像 EPROM 那样整体被擦除;也不需要用户把芯片从系统中取下来用编程器编程,因此使用比较方便。

随着技术的发展,E^2PROM 的擦写速度不断加快,容量不断提高,它可作为非易失性的 RAM 使用。

(5) 闪存(Flash Memory)

这种存储器相对于 E^2PROM 而言,可以用电气方法快速擦写存储单元的内容。闪存最大的特点是:一方面可使内部信息在不加电的情况下保持 10 年之久;一方面,又能以比较快的速度将信息擦除后重写。闪存可反复擦/写几十万次之多,而且,可实现分块擦和重写、按字节擦和重写,有很大的灵活性。

2. 随机存取存储器 RAM

RAM 也称读/写存储器,即 CPU 在运行过程中能随时进行数据的读出和写入,存放的信息在断电后会全部丢失。按照 RAM 存储器内部存储数据原理的不同,可分为静态 RAM(Dynamic RAM)和动态 RAM(Static RAM)两种。

（1）静态 RAM(Static RAM,SRAM)

SRAM 的特点是基本存储电路一般由 MOS 晶体管触发器组成,每个触发器可存放一位二进制的 0 或 1;只要不断电,所存信息就不会丢失。SRAM 最基本的存储电路为 6 个 MOS 组成 1 位,因此集成度相对来说较低,功耗也比较大,难以构成大容量的存储器件。SRAM 的存取时间可小到 2 ns,因此,Cache 通常由 SRAM 组成。

（2）动态 RAM(Dynamic RAM,DRAM)

DRAM 的基本存储电路是以 MOS 晶体管的栅极和衬底间的分布电容(寄生电容)来存储二进制信息的。由于电容总会存在泄漏现象,时间长了 DRAM 内存储的信息会自动消失,为维持 DRAM 所存信息不变,需要外加刷新电路定时地对 DRAM 进行刷新(Refresh),即对电容补充电荷。虽然 DRAM 的工作速度比 SRAM 慢得多,而且需要刷新,但因其成集成度高、成本低、功耗小等优点,一般微型机系统中的内存储器多采用 DRAM。

5.2　读写存储器

如果存储器模块既能读出又能写入,称之为读写存储器,能够随机存取(存取时间与存储单元的物理位置无关)的读写存储器称为随机存取(读写)存储器,简称 RAM。另外一种存取方式,必须按序访问各个单元的存储器,称为顺序存取器,如磁带,其访问存储器的存取时间与存储单元的物理位置有关。

根据存储原理的不同,可将 RAM 分为许多类,如 SRAM、DRAM、非易失性 RAM、伪静态 RAM、多端口 RAM、铁电介质 RAM 等。目前,用于计算机内存的随机存储器主要是 SRAM 和 DRAM。

5.2.1　静态读写存储器

1. 基本存储电路

　　静态 RAM 的存储单元的核心是锁存器。图 5.2 是一种 CMOS 型 6 管静态随机读写存储电路，$T_1 \sim T_4$ 为组成基本的锁存器，其中 T_1、T_2 是两个增强型的 NMOS 管，T_3、T_4 为两个增强型的 PMOS 管。锁存器具有两个不同的稳定状态：① 若 T_1 截止则 T_2 导通使 B(Q) = "1"(高电平)，它使 T_3 导通、T_4 截止，于是 A($\overline{Q}$) = "0"(低电平)，又保证了 T_1 截止，这是一种稳定状态；② 若 T_1 导通则 T_2 截止，使 B(Q) = "0"(低电平)，它使 T_3 截止、T_4 导通，于是 A($\overline{Q}$) = "1"(高电平)，同时又保证了 T_1 导通，这是另一种稳定状态。可以用这两种不同稳定状态分别表示"1"或"0"。T_5 和 T_6 也是两个增强型的 NMOS 管，其控制栅极接行选择线 X_i，若该行选通，则 T_5 和 T_6 管同时导通，则可把存储单元与线位接通。

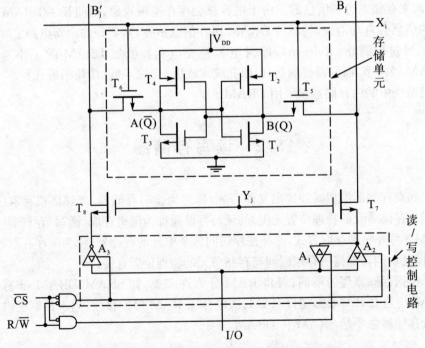

图 5.2　CMOM 型 6 管静态 RAM 的基本存储电路

　　图 5.2 中的 $T_7 \sim T_8$ 也为增强型的 NMOS 管，其衬底接地，控制栅极接列选择线，用于控制存储单元数据的输出/输入。$T_7 \sim T_8$ 受控于列地址译码器，该列选择

线 Y_j 被选用时,$T_7 \sim T_8$ 同时导通,此时把存储单元与读/写控制电路接通。只有相应的行、列地址都被选中时,$T_5 \sim T_8$ 同时导通,通过读/写控制电路控制 I/O 线上数据的传送方向才可对存储单元进行读/写操作。

2. 工作过程

该基本存储电路的工作过程如下:

① 当该存储单元被选中时,片选 $\overline{CS}=0$,地址译码线 X_i、Y_j 同时为高电平,控制管 T_5、T_6、T_7、T_8 导通。

② 要读该存储单元的数据时,$R/\overline{W}=1$,此时三态门 A_1 导通,则就可把 B(Q) 的值通过 T_5、T_6 和 A_1 送到 I/O 上。这样,就读取了原来存储器的信息。读出以后,原来存储器内容不变,所以,这种读出是一种非破坏性读出。

③ 要写该存储单元时,$R/\overline{W}=0$,此时三态门 A_2 和 A_3 导通,要写入的值可通过 A_2、T_7 和 T_5 送到 B(Q) 处,同时 A_3 对 I/O 上的值取反后通过 T_8 和 T_6 送到 A($\overline{Q}$)处。这样就把 I/O 上的数据写入到存储单元中,当写入信号和地址译码信号消失后,该状态仍能保持,只要不断电,这个状态也会一直保持下去,除非重新写入一个新的数据。

3. 基本结构

静态 RAM 通常由地址译码、存储矩阵、读/写控制逻辑及三态数据缓冲器 4 个部分组成,其内部组成框图如图 5.3 所示。

(1) 存储矩阵

一个基本存储单元存放一位二进制信息,通常一块存储器芯片中的基本存储单元电路按字结构或位结构的方式排列成矩阵,称为存储矩阵。如果采用位结构,则每次可以读/写一位数据信息,如果采用字结构,则每次可以读/写一个字单元。1 个字中所含的位数称为字长。在实际应用中,常以字数和字长的乘积表示存储器的容量。

例如,128×8 的存储器芯片表示字数为 128,字长为 8,访问时则需要 7 根地址线和 8 根数据线。又如 1024×1 的存储器芯片,表示字数为 1024,字长为 1,访问时需要 10 根地址线和 1 根数据线。

(2) 地址译码

通常 RAM 以字为单位进行数据的读出与写入(每次写入或读出一个字),为了区别各个不同的字,将存放同一字的存储单元作为一组,并赋予一个号码,称为地址。不同的字单元具有不同的地址,从而在进行读写操作时,可以按照地址选择访问(读写操作)的单元。字单元也称单元地址。

　　地址译码电路实现地址的选择。在大容量的存储器中,通常采用双译码结构,即将输入地址分为行地址和列地址两部分,分别由行、列地址译码电路译码。行、列地址译码电路的输出作为存储矩阵的行、列地址选择线,由它们共同确定欲选择的地址单元。地址单元的个数 N 与二进制地址码的位数 n 满足 $N = 2^n$ 的关系。例如,要访问 $1K \times 8$ 的存储器,地址需要 10 根线来译码,用其中 5 条($A_4 \sim A_0$)用于行(X)译码,5 条($A_9 \sim A_5$)用于列(Y)译码,行、列同时选中的单元为所要访问的单元。这种结构的优点是芯片封装时引线较少。

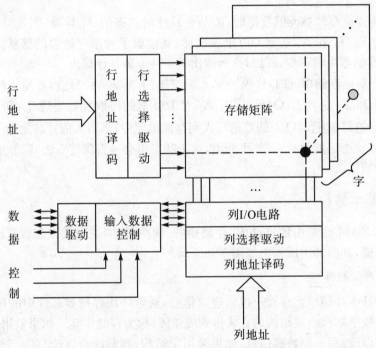

图 5.3　存储器芯片内部结构框图

(3) 读/写控制与三态数据缓冲器

　　存储器的读/写操作由 CPU 控制,一般 CPU 送出的高位地址经译码后送到读/写控制器的$\overline{CS}$输入端,作为片选信号。芯片被选中后才允许对其进行读/写。当读/写命令送入存储器芯片的读/写控制电路的 R/$\overline{W}$ 端时,被选中存储单元中的数据经三态 I/O 数据缓冲器送数据总线(读操作时),或将数据总线上的数据经三态 I/O 数据缓冲器写入被选中的存储单元(写操作时)。

4. 典型的 SRAM 芯片

　　SRAM 的内部结构基本相同,只是在不同容量时其存储体的矩阵排列结构不同。常用的有 2114(1 K×4 位)、4118(1 K×8 位)、6116(2 K×8 位)、6264(8 K×8 位)、62128(16 K×8 位)和 62256(32 K×8 位)等。下面以 Intel 6116 为例来说明一般 SRAM 的引脚情况及操作方式。

(1) Intel 6116 引脚

Intel 6116 为高速静态 CMOS 随机存取存储器,存储容量为 2 K×8 位,即 2048 个字,每字 8 位。Intel 6116 芯片内部有 16384(2048×8)个基本存储单元,排列成 128×128 的矩阵,即每行有 16 个字。需要 11 条地址线,其中 A_{10}～A_4 这 7 根地址线用于行译码,产生 128 个行选择线,A_3～A_0 列地址产生 16 个列选择线,每个列选择线同时接每个字单元的 8 位。Intel 6116 引脚如图 5.4 所示,内部功能框图如图 5.5 所示。

A_{10}～A_0(Address Inputs):地址线,三态,可寻址 2 KB 的存储空间。

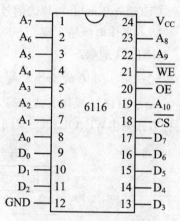

图 5.4　Intel 6116 引脚图

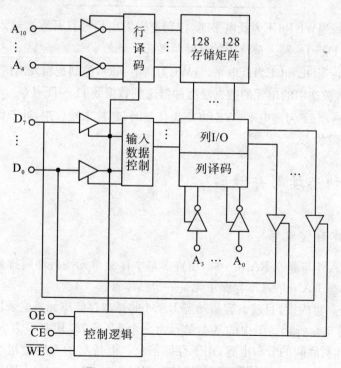

图 5.5　Intel 6116 内部功能框图

$D_7 \sim D_0$(Data Bus):数据线,双向,三态。

$\overline{WE}$(Write Enable):写允许信号的输入端,低电平有效。

$\overline{OE}$(Output Enable):读允许信号输入端,低电平有效。

$\overline{CE}$(Chip Enable):片选信号输入端,低电平时有效。

V_{CC}:工作电源输入端。

GND:接地端。

(2) Intel 6116 的操作方式

Intel 6116 的操作方式有写入、读出和保持三种工作方式,芯片具体工作于哪一种方式则由$\overline{WE}$、$\overline{OE}$和$\overline{CE}$共同作用决定,具体见表5.1。

表 5.1　Intel 6116 操作方式

$\overline{WE}$	$\overline{CE}$	$\overline{OE}$	方式	$D_0 \sim D_7$
$\times$	1	$\times$	未选中	高阻
1	0	0	读	OUT
0	0	1	写	IN

① 写入:当$\overline{WE}$和$\overline{CE}$为低电平时,控制逻辑发出信号打开数据输入缓冲器,数据由数据线 $D_7 \sim D_0$ 写入被选中的存储单元。

② 读出:当$\overline{OE}$和$\overline{CE}$为低电平,且$\overline{WE}$为高电平时,控制逻辑发出信号打开数据输出缓冲器,被选中的单元的数据经缓冲器送到数据线 $D_7 \sim D_0$ 上。

③ 保持:当$\overline{CE}$为高电平、$\overline{WE}$和$\overline{OE}$为任意时,芯片未被选中,处于保持状态,数据线呈现高阻状态。

5.2.2　动态读写存储器

1. 基本存储电路

动态 RAM 与静态 RAM 一样,由许多基本存储单元按行和列排列组成矩阵。最简单的动态 RAM 的基本存储单元是一个晶体管。

为了提高集成度,目前大容量动态 RAM 的基本存储单元普遍采用单管结构,其电路如图 5.6 所示。图中的基本单元为一个 MOS 管,其中 C 为 MOS 晶体管 T_1 的栅极和衬底间的分布电容,用于存储信息。但是 C 的电容量很小,充电后电压仅为 0.2 V 左右,所以充电电压的维持时间很短,一般 2 ms 左右即会泄漏,造成信息丢失。图中 C_d 为杂散电容,是由连接位线上元件形成的,一般 $C_d > C$。

2. 工作过程

该基本存储电路的工作过程如下：

① 读该存储单元时，行、列选择线被选中，管 T_1、T_2 导通，C 中的数据也可通过刷新放大电路送出。由图 5.6 可以看出，当 T_1 导通时，电容 C 上的电荷就会向电容 C_d 上转换，这样 C 上的数据就会被破坏，故每次读出后，必须对读出单元刷新，即重写，也叫读刷新。由于 C 上的电压较小，因此读出的值也需要放大后才能送到数据总线上。

② 要写存储单元的数据时，同样行和列的选择信号为"1"，基本存储单元被选中，数据输入/输出线送来的信息通过 T_2、刷新放大电路和 T_1 送到电容 C 上。

③ 刷新操作。DRAM 不单在读出存储单元的值时需要刷新，而且 C 上的电容过段时间就会泄露，因此还要定时对 DRAM 的所有基本存储电路进行补充电荷，以保证存储的信息不变，即定时刷新。定时刷新的具体操作就是每隔一定时间（一般每隔 2 ms）对 DRAM 的所有单元进行读出，经读出放大器放大后再重新写入原电路中。虽然每次进行的正常读/写存储器

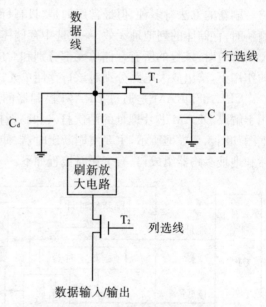

图 5.6 DRAM 单管基本存储电路

的操作也相当于进行了刷新操作，但由于 CPU 对存储器的读/写操作是随机的，并不能保证在 2 ms 时间内能对内存中所有单元都进行一次读/写操作，以达到全部刷新效果，所以，对于 DRAM 必须设置专门的刷新电路，定时对 DRAM 刷新。现在大多数 DRAM 芯片其本身带有片内刷新电路，这样，就不需要外部刷新电路了。

3. 基本结构

(1) DRAM 芯片的结构特点

动态 RAM 与静态 RAM 一样，都是由许多基本存储单元按行、列排列组成的二维存储矩阵。为了便于刷新，DRAM 芯片一般都设计成位结构，即一个芯片上含有若干字，每个字只有一位数据位，如 4 K×1 位、8 K×1 位、16 K×1 位、64 K×

1位或256K×1位等。

DRAM存储体的二维矩阵结构也使得DRAM的地址线分成行地址线和列地址线两部分,并且在芯片内部设置有行、列地址锁存器。在对DRAM进行访问时,总是先由行地址选通信号$\overline{\text{RAS}}$(Row Address Select)把行地址送入内置的行地址锁存器,随后再由列地址选通信号$\overline{\text{CAS}}$(Column Address Select)把列地址送入内置的列地址锁存器,并由读/写控制信号控制数据读出或写入。刷新和地址两次打入是DRAM芯片的主要特点。

(2) DRAM的刷新

刷新的方法有多种,但最常用的是"只有行地址有效"的方法。按照这种方法,刷新时,存储体的列地址无效,一次选中存储体中的一行进行刷新。当行选通信号$\overline{\text{RAS}}$有效时,该行的所有存储单元都分别和对应的读出放大电路接通,在定时时钟的作用下,读出放大电路分别对该行存储单元进行一次读出、放大和重写,即刷新。

CPU和DRAM是通过DRAM控制器的连接在一起的,DRAM控制器主要用于解决DRAM芯片地址的两次打入和刷新控制等问题。DRAM控制器的逻辑框图如图5.7虚框所示,主要由刷新定时器、仲裁电路、刷新地址计数器、定时发生器和地址多路器组成,具有工作时流程如下:

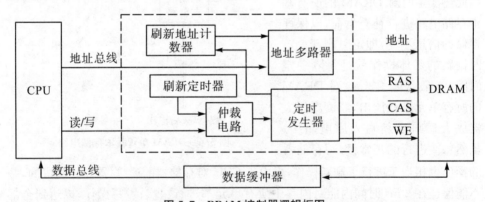

图 5.7　DRAM 控制器逻辑框图

① 刷新定时器产生定时刷新请求,若同时有CPU访问存储器的请求,则由仲裁电路来裁定两者的优先权,原则上,CPU的读/写请求优先于刷新请求。

② 根据仲裁结果控制定时发生器(控制信号发生器),提供相应的行地址选通信号$\overline{\text{RAS}}$、列地址选通信号$\overline{\text{CAS}}$、写允许信号$\overline{\text{WE}}$和刷新地址计数器的计数输入信号,以满足对DRAM进行正常访问和刷新的要求。

③ 地址多路器一方面将CPU的地址总线转换成分时的DRAM行地址和列地址,另一方面在地址总线与刷新地址之间切换,每次刷新的地址则由刷新地址计

数器来提供。CPU 正常读/写 DRAM 时,行地址和列地址来自地址总线,而刷新时只有来自刷新地址计数器的行地址而没列地址。

4. 典型的 DRAM 芯片

下面以 Intel 2164A 为例来介绍 DRAM 芯片。

Intel 2164A 是一种 64 K×1 的动态 RAM 存储器芯片,它的基本存储单元采用就是单管存储电路。Intel 2164A 片内有 65536 个存储单元,每个单元只有 1 位数据,用 8 片 2164A 才能构成 64 KB 的存储器。同样为了减少地址线引脚数目,地址线又分为行地址线和列地址线,而且分时工作。

(1) Intel 2164A 引脚

Intel 2164A 是具有 16 个引脚的双列直插式集成电路芯片,片内有 64 K 个单元地址,需要 16 条地址线寻址。采用行和列两部分地址,由于地址分时打入,且内部有地址锁存器,故只需 8 根地址线便可以输入 16 位地址。2164A 的引脚安排如图 5.8 所示。

$A_0 \sim A_7$:地址信号的输入端,分时接收 CPU 送来的 8 位行、列地址。

$\overline{RAS}$:DRAM 控制产生的行地址选通信号输入端,低电平有效,兼作芯片选择信号。当 $\overline{RAS}$ 为低电平时,表明芯片当前接收的是行地址。

$\overline{CAS}$:RAM 控制产生的列地址选通信号 $\overline{AS}$ 输入端,低电平有效,表明当前正在接收的是列地址(此时 $\overline{RAS}$ 应保持为低电平)。

$\overline{WE}$:写允许控制信号输入端,当其为低电平时,执行写操作;否则,执行读操作。

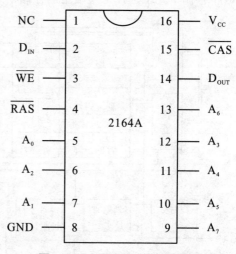

图 5.8 Intel 2164A 外部引脚图

D_{IN}:数据输入端。

D_{OUT}:数据输出端。

V_{CC}:电源输入端。

GND:地。

NC:未用引脚。

(2) Intel 2164A 的内部结构

DRAM 存储体一般由 4 个 N 行×N 列矩阵组成,如 Intel 2164A 就是由 4 个

128×128 的存储矩阵组成的,具体见图 5.9。2164A 内部主要有:

① 存储体:64 K×1 的存储体由 4 个 128×128 的存储阵列构成;

② 地址锁存器:Intel 2164A 的 16 位地址信息要分两次送入芯片内部,但由于引脚数量的限制,这 16 位地址信息必须通过同一组引脚分两次接收,因此,在芯片内部设有保存 8 位行地址的行地址锁器和保存 8 位列地址信息的列地址锁存器;

③ 数据输入缓冲器:用以暂存输入的数据;

④ 数据输出缓冲器:用以暂存要输出的数据;

⑤ 4 选 1 的 I/O 控制:由行地址信号的最高位(RA7)和列地址信号的最高位(CA7)控制,能从相应的 4 个存储矩阵中选择一个进行输入/输出操作;

⑥ 行、列时钟缓冲器:用以协调行、列地址的选通信号;

⑦ 写允许时钟缓冲器:用以控制芯片的数据传送方向;

⑧ 刷新放大器:共有 4 个,与 4 个 128×128 存储阵列相对应,把相应存储单元的信息经放大后,再写回原存储单元,是实现刷新操作的重要组成部分;

⑨ 1/128 行、列译码器:分别用来接收 7 位的行、列地址,经译码后,从 128×128 个存储单元中选择一个确定的存储单元,以便对其读/写操作。

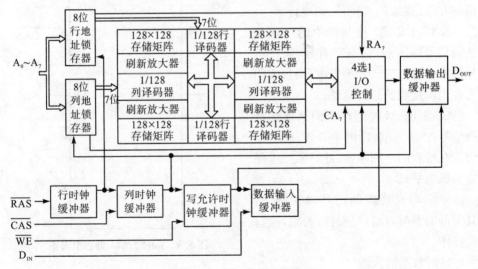

图 5.9　Intel 2164A 内部结构

5.3　只读存储器

ROM 基本电路结构如图 5.10 所示,由地址译器、存储矩阵和输出缓冲器等组成。存储矩阵是主体,由许多存储单元排列而成,每个单元能存放 1 位二进制代码,每一个或一组存储单元有一个对应地址。地址译码器的作用是将地址代码译成相应的控制信号,通过控制信号把指定的存储单元从存储矩阵中选出,并将单元中的数据送到输出缓冲器。输出缓冲器采用三态门组成,在提高存储器带负载能力的同时,实现对输出状态的三态控制,以便存储器与系统的总线相连。

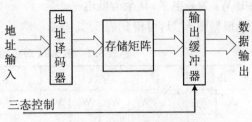

图 5.10　ROM 结构示意图

根据写入数据的方式不同,ROM 可分为两大类:固定 ROM 和可编程 ROM。固定 ROM 存放的数据是由生产厂家在生产时写入的,用户在使用时无法再改变。可编程 ROM 存放的数据是由用户以一定的方式将数据写入芯片中的。

下面对几种常见的 ROM 作详细介绍。

5.3.1　掩膜只读存储器

图 5.11 是利用二极管和地址组成的 $2^2 \times 4$ 位容量的掩膜 ROM。$A_1 A_0$ 是存

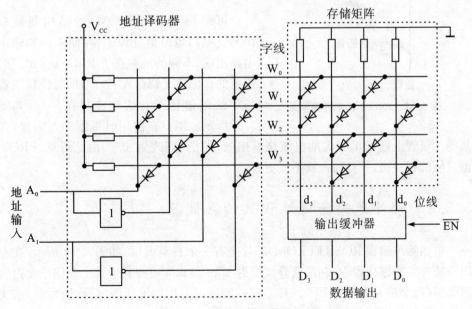

图 5.11　二极管构成的掩模 ROM

储器的地址输入,通过由二极管和电阻组成译码电路可将 A_1A_0 对应的编码(00,01,10,11)分别译成 W_0、W_1、W_2、W_3 四条字线上的高电平。如 A_1A_0 为 00 时,字线中 W_0 为高电平,其余为低电平。

根据图 5.11,可得到表 5.2。

表 5.2　图 5.11 对应的 ROM 数据表

地址		$\overline{EN}$	字线				位线				数据输出			
A_0	A_1		W_3	W_2	W_1	W_0	d_3	d_2	d_1	d_0	D_3	D_2	D_1	D_0
×	×	1	×	×	×	×	×	×	×	×	高阻	高阻	高阻	高阻
0	0	0	0	0	0	1	1	0	1	0	1	0	1	0
0	1	0	0	0	1	0	1	1	0	1	1	1	0	1
1	0	0	0	1	0	0	0	1	1	0	0	1	1	0
1	1	0	1	0	0	0	0	1	0	1	0	1	0	1

由表 5.2 可知,此掩模 ROM 00 单元的数据为 1010,01 单元数据为 1101,10单元数据为 0110,11 单元数据为 0101。

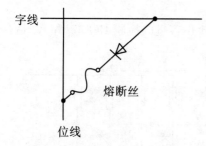

图 5.12　PROM 基本存储单元

5.3.2　可编程只读存储器

可编程 ROM(PROM)的结构与掩模ROM 一样,也由地址译码、存储矩阵和输出电路组成,不同的地方在于 PROM 在出厂时所有的存储单元都存入了"1",即每位位线都与字线通过管子和熔丝连接在一起,如图5.12所示。用户在使用时根据编程需要,让某些二极管上通以足够大的电流烧断熔丝,即把"1"改为"0"。由此可见,PROM也只能编程一次,一旦写入就不能更改。

5.3.3　紫外光擦除可编程只读存储器

可擦除可编程 ROM(EPROM)芯片上有一个石英窗口,如图 5.13 所示,在专用的紫外线的擦抹器中,利用紫外线照射 15~20 min 可将其中每个存储单元内容擦除掉(每个单元内容为 FF)。其编程一般通过专用的编程器(俗称烧写器)来实现,编程后,信息可保存 10 年。EPROM 芯片可多次擦除和重新编程。

1. 存储原理

EPROM 是采用浮栅技术生产的可编程存储器,它的存储单元多采用叠栅注入 MOS 管(Stacked-gate Injection Metal-Oxide-Semiconductor,SIMOS)。N 沟道叠栅注入 MOS 管结构及符号如图 5.14 所示。除控制栅外,SIMOS 还有一个没有外引线的栅极,称为浮置栅。当浮置栅上没有电荷时,给控制栅加上控制电压,MOS 管导通;而当浮置栅上带有负电荷时,则衬底表面感应的是正电荷,这使得 MOS 管的开启电压变高,因此给控制栅加上同样的控制电压,MOS 管仍处于截止状态。因此可利用 SIMOS 管的浮置栅是否存有电荷来控制 MOS 管的通和断,即存储数据"0"和"1"。EPROM 芯片写入数据后,必须用不透光胶纸将石英窗口密封,以免破坏芯片内信息。

图 5.13 EPROM 芯片

图 5.15 是用 N 沟道 SIMOS 管构成的 EPROM 基本存储单元。写入数据时,在控制栅 G_C 和漏极 D 上同时加上较高电压,通常为 25 V(正常工作时为 5 V),这时漏、源极之间形成导电沟道,沟道内的电子在漏、源极之间的强电场作用下获得动能,在受到控制栅所加正电压的电场吸引下,将有部分电子穿透 SiO_2 绝缘层到达浮置栅上。当所加高电压脉冲去掉后,由于浮置栅处于绝缘状态,栅上的电子很难泄漏(在 100 ℃环境下每年损失不到 1%),因此可以保留很长时间。

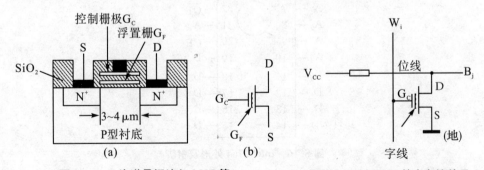

图 5.14 N 沟道叠栅注入 MOS 管   **图 5.15 EPROM 基本存储单元**

当浮置栅上没有电荷时,给接在行选择线上控制栅加上＋5 V 的控制电压,即选中字线后,MOS 管漏极 D 和源极 S 导通,此时位线上为低电平;而当浮栅上注入足够多的电子后,选中字线(即加＋5 V 电压)后,由于开启电压升高,此时 MOS 管仍处于截止状态,此时位线上为高电平。

因为写入数据时需要 25 V 的电压,故对 EPROM 的编程需要使用编程器。而且要改写 EPROM 时,首先要将原来所有的存储的内容擦去,即使浮置栅上的电子回到衬底中。

2. 典型 EPROM 芯片

典型的 EPROM 芯片,以 Intel 公司的 27 系列为代表。市场上常见的 Intel 公司的产品有:2716(2 K×8 b)、2732(4 K×8 b)、2764(8 K×8 b)、27128(16 K×8 b)、27256(32 K×8 b)、27512(64 K×8 b)等。大容量的 EPROM,包括 27010 (128 K×8 b)、27020(256 K×8 b)、27040(512 K×8 b)、27080(1 M×8 b)等。若采用 CMOS 工艺,其功耗要小,一般是在名称中加上一个 C,如 27C64。

下面以 Intel 2764 为例,介绍 EPROM 芯片的基本特点、工作方式及使用特点。

(1) Intel 2764 引脚

图 5.16 是 Intel 2764 的外形及引脚图,图 5.17 是它的逻辑图,其中图5.17(b)为简化逻辑图。

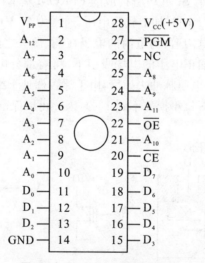

图 5.16　Intel 2764 外形及引脚

$A_0 \sim A_{12}$:13 根地址输入线,用于寻址片内的 8 K 个存储单元。

$D_0 \sim D_7$:8 根数据线,正常工作时为数据输出线,连接数据总线;编程时为数据输入线。

$\overline{OE}$:输出允许信号,低电平有效,连接 $\overline{RD}$ 信号。当该信号为 0 时,芯片中的数据可由 $D_0 \sim D_7$ 端输出。

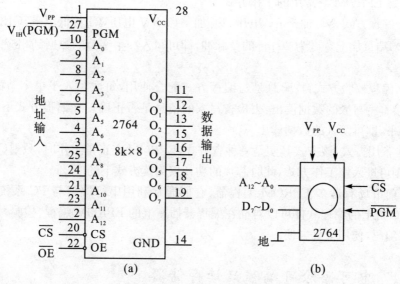

图 5.17　Intel 2764 逻辑图

$\overline{CE}$:片选信号输入端,低电平时有效。

$\overline{PGM}$:编程脉冲输入端,连编程控制信号,读操作时为高电平状态。对 EPROM 编程时,要在该引脚加上宽度为 50 ms 的负脉冲,才能将数据写入到相应的存储单元中。

V_{PP}:编程电压输入端,编程时应在该端加上编程高电压。不同的芯片对 V_{PP} 的值要求的不一样,可以是 $+12.5$ V、$+15$ V、$+21$ V、$+25$ V 等。

V_{CC}:工作电压。

(2) Intel 2764 工作方式

Intel 2764 常用的有 4 种工作方式,即读方式、编程方式、检验方式和备用方式。这 4 种工作方式下各引脚情况如表 5.3 所示。

表 5.3　Intel 2764 工作方式

工作方式	V_{CC}	V_{PP}	$\overline{CE}$	$\overline{OE}$	$\overline{PGM}$	$D_0 \sim D_7$
读出	$+5$ V	$+5$ V	0	0	1	输出
编程	$+5$ V	$+12.5$ V	0	1	负脉冲	输入
编程校验	$+5$ V	$+12.5$ V	0	0	1	输出
备用	$+5$ V	$+5$ V	1	$\times$	$\times$	高阻

① 读出方式:V_{CC} 和 V_{PP} 加 $+5$ V 电压,$\overline{OE}$ 和 $\overline{CE}$ 接低电平,$\overline{PGM}$ 接高电平,该

方式也是 EPROM 最常用的工作方式。

② 编程方式:V_{CC} 加+5 V 电压,V_{PP} 加+12.5 V 电压,$\overline{CE}$ 接低电平,$\overline{OE}$ 接高电平,$\overline{PGM}$ 端每加上宽度为 50 ms 的负脉冲,即可写入一个字节的数据到相应的存储单元中。

③ 编程校验方式:校验总是与编程方式配合使用,每次写入 1 个字节的数据后,紧接着将写入的数据读出,去检查写入的信息是否正确。在编程方式下,$\overline{PGM}$ 接高电平,即可写入的数据读出。

④ 备用方式:该方式其实是一种省方式,EPROM 在正常工作时,只要 $\overline{CE}$ 接高电平,则可进入该工作方式,此时芯片的功耗仅为读方式下的 25%。

目前市场有许多 EPROM 编程器,它们通常利用串行端口与 PC 系统相连。利用 PC 机上的编程软件可以对插在编程器插座上的 EPROM 编程、检验,也可读出器件编码,使用十分方便。

5.3.4 电可擦除可编程只读存储器

EPROM 的一块芯片可多次使用,但用紫外线擦除信息需很长时间,而且还必须脱机进行,若在编程过程中整个芯片只写错一位,也必须整个擦掉重写,这对于实际使用是很不方便的。电可擦除可编程只读存储器(EEPROM)采用新工艺制作存储单元,可实现用电信号快速擦除,克服了以上缺点。

早期 EEPROM 芯片都需用高电压脉冲进行编程和擦写,由专用编程器来完成。目前,绝大多数 EEPROM 集成芯片都在内部设置了升压电路,使擦、写、读都可在+5 V 电源下进行,不需要编程器,也可以在线擦除和编程,使用比较方便。

1. 存储原理

EEPROM 又称 E^2 PROM,采用浮栅隧道氧化层 MOS 管(Floating-gate Tunnel Oxide MOS,Flotox)。Flotox 管与 SIMOS 管相似,它也有两个栅极——控制栅 G_C 和浮置栅 G_F,不同的是 Flotox 管的浮置栅与漏极区(N^+)之间有一小块面积极薄的二氧化硅绝缘层(厚度在 2×10^{-8} m 以下)的区域,称为隧道区,如图 5.18 所示。当隧道区的电场强度大到一定程度时,漏极区和浮置栅之间出现导电隧道,电子可以双向通过形成电流,这种现象称为隧道效应。这样在编程时可以使漏极上的电荷通过导电隧道流向浮置栅,而在擦除时可使浮置栅上的电荷通过导电隧道流向漏极。

图 5.19 是一种由 Flotox 管组成的 E^2 PROM 基本存储单元,图中 T_2 是选通管,其衬底接地,若选通字线 W_i,则 T_2 导通。T_1 是 Flotox 管。

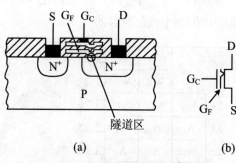

图 5.18 浮栅隧道氧化层 MOS 管

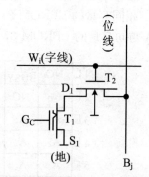

图 5.19 E²PROM 基本存储单元

① 只读状态:控制栅 G_c 加 $+3\,V$ 电压,字线 W_i 加 $+5\,V$ 正常电压,这时 T_2 管导通。若浮栅上有注入电子,则 T_1 不能导通,在位线 B_j 上可读出 1(位线通过负载管接高电位);若浮栅上没有注入电子,则 T_1 导通,在位线上可读出 0。

② 写状态:令字线 $W_i=1$,位线 $B_j=0$,则 T_2 导通,T_1 漏极 D_1 接近 0 电平,然后在 G_c 加上 $21\,V$ 正脉冲,就可以在浮置栅与漏极区之间的极薄绝缘层内出现隧道,通过隧道效应使电子注入浮置栅。擦除时,控制栅 G_c 接 0 电平,字线 $W_i=1$,位线 B_j 加上 $21\,V$ 正脉冲,通过 T_2 后使 T_1 漏极获得大约 $+20\,V$ 的高电压,则浮置栅上的电子通过隧道效应返回衬底,则浮置栅上就没有注入电子。

2. 典型 E²PROM 芯片

E²PROM 芯片有并行和串行之分,与微机连接的以并行居多。常见的并行 E²PROM 芯片有 2816/2816A、2817/2817A、2864A 等。这些芯片的主要性能指标见表 5.4(表中芯片均为 Intel 公司产品)。

表 5.4 E²PROM 芯片的主要性能指标

参数	2816	2816A	2817	2817A	2864A
取数时间/ns	250	200~250	250	200~250	250
读电压/V	5	5	5	5	5
写/擦电压 V_{PP}/V	21	5	21	5	5
字节擦写时间/ms	10	9~15	10	10	10
写入时间/ms	10	9~15	10	10	10
容量字节	2 K	2 K	2 K	2 K	8 K
封装	DIP24	DIP24	DIP28	DIP28	DIP28

常见 E²PROM 芯片的引脚如图 5.20 所示。在芯片的引脚设计上,E²PROM

2816 与相同容量的 EPROM 2716 和静态 RAM 6116 是兼容的,8 KB 的 E²PROM 2864A 与同容量的 EPROM 2764 和静态 RAM 6264 也是兼容的。

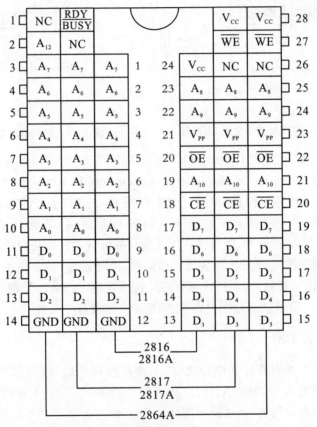

图 5.20　常见并行 E²PROM 引脚

$A_0 \sim A_{12}$:地址输入线。

$D_0 \sim D_7$:8 根数据线。

$\overline{OE}$:输出允许信号。

$\overline{CE}$:片选信号输入端。

$\overline{WE}$:写允许。

V_{PP}:编程电压输入端。

V_{CC}:工作电压。

RDY/$\overline{BUSY}$:写结束状态输出信号。本引脚为漏极开路输出,当开始写入数据时,RDY/$\overline{BUSY}$=0,变为低电平,一旦写入完毕后,RDY/$\overline{BUSY}$=1,即为高电平。

$\overline{\text{WE}}$:写允许信号输入端。

NC:未使用。

3. E^2PROM 的工作方式

下面以 2864A 为例来说明 E^2PROM 的工作方式。2864A 有 4 种工作方式。

(1)维持方式

当 $\overline{\text{CE}}$ 为高电平时,2864A 进入低耗维持方式。此时,输出线呈高阻态,芯片的电流从 140 mA 降至维持电流 60 mA。

(2)读方式

当 $\overline{\text{OE}}$ 和 $\overline{\text{CE}}$ 为低电平,且 $\overline{\text{WE}}$ 为高电平时,内部的数据缓冲器被打开,此时可进行读操作。

(3)写方式

2864A 提供两种数据写入方式:页写入和字节写入。

① 页写入。为提高写速度,2864A 片内设置 16 字节的"页缓冲器",将整个存储器阵列划分成 512 页,每页 16 字节。高 9 位地址($A_{12} \sim A_4$)确定页,低 4 位地址($A_3 \sim A_0$)选择页缓冲器中的 16 个地址单元之一。写操作分两步来实现:

第一步,在软件控制下把数据写入页缓冲器。这步称为页装载,与一般的静态 RAM 写操作是一样的。

第二步,在最后一个字节(即第 16 个字节)写入到页缓冲器后 20 ns 自动开始,把页缓冲器的内容写到 E^2PROM 阵列中对应地址的单元中,这一步称为页存储。

写方式时,$\overline{\text{CE}}$ 为低,在 $\overline{\text{WE}}$ 下降沿,地址码 $A_{12} \sim A_0$ 被片内锁存器锁存,在 $\overline{\text{WE}}$ 上升沿数据被锁存。片内有一个字节装载限时定时器,只要时间未到,数据可随机地写入页缓冲器。在连续向页缓冲器写数据过程中,不用担心限时定时器会溢出,因为每当 $\overline{\text{WE}}$ 下降沿时,限时定时器自动被复位并重新启动计时。限时定时器要求写一个字节数据时间 T_{BLW} 须满足:$3 \mu s < T_{BLW} < 20 \mu s$,这也是正确对 2864A 页面写操作的关键。当一页装载完毕,不再有 $\overline{\text{WE}}$ 信号时,限时定时器将溢出,页存储操作随即自动开始。首先把选中页的内容擦除,然后把要写入的数据由页缓冲器传递到 E^2PROM 阵列中。

② 字节写入。与页写入类似,不同的是仅写入一个字节,限时定时器就溢出。

(4)数据查询方式

用软件来检测写操作中页存储周期是否完成。在页存储期间,如对 2864A 执行读操作,那么读出的是最后写入的字节,若芯片的转储工作未完成,则读出数据的最高位是原来写入字节最高位的反码。据此,可判断芯片的编程是否结束。如果读出的数据与写入的数据相同,表示芯片已完成编程,可继续向 2864A 装载下一页数据。

5.3.5　闪速存储器

闪速存储器(Flash Memory)是新一代电信号擦除的可编程 ROM,即可以作 ROM 也可以作 RAM。它既吸收了 EPROM 结构简单、编程可靠的优点,又保留了 E^2PROM 用隧道效应擦除快捷的特性。

图 5.21(a)是快闪存储器采用的叠栅 MOS 管示意图,其结构与 EPROM 中的 SIMOS 管相似,两者区别在于浮栅与衬底间氧化层的厚度不同。在 EPROM 中氧化层的厚度一般为 30～40 nm,在快闪存储器中仅为 10～5 nm,而且浮置栅和源区重叠的部分是源区的横向扩散形成的,面积极小,因而浮置栅—源区之间的电容很小,当 G_C 和 S 之间加电压时,大部分电压将降在浮置栅与源区之间的电容上。同样可根据浮置栅上是否存有电荷来存储信息。

图 5.21(b)就是用一只叠栅 MOS 管组成快闪存储器的存储单元。由于每个存储单元可由一只单管构成,因此集成度可以做得很高。

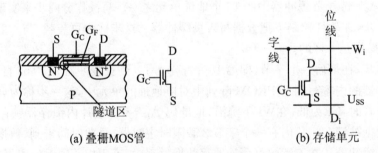

(a) 叠栅MOS管　　　　　　　　　(b) 存储单元

图 5.21　快闪存储器

闪存单元的编程方法主要有两种:沟道热电子注入和隧道效应。沟道热电子注入是目前闪存最为广泛的编程方式。沟道热电子注入的编程时间为微秒数量级,而隧道效应为毫秒数量级,因此闪存数据写入要比 E^2PROM 快得多。在控制栅极接+12 V 电压,源极接 0 电平,同时在漏极上加+7 V 电压即可将电荷注到浮置栅上。

擦除方法是利用隧道效应进行的,类似于 E^2PROM 写 0 时的操作。在擦除状态下,控制栅极接 0 电平,同时在源极加入幅度为 12 V 左右、宽度为 100 ms 的正脉冲,在浮置栅和源区间极小的重叠部分产生隧道效应,使浮置栅上的电荷经隧道释放。如果将片内叠栅 MOS 管的源极连在一起,擦除时是将这些存储单元同时擦除,即可实现块擦除和整片擦除,这也是闪存不同于 E^2PROM 的一个特点。

闪存目前主要有两种：一是 NOR 型，二是 NAND 型。NOR 型闪存有独立的地址线和数据线，但价格比较贵，容量比较小；而 NAND 型闪存的地址线和数据线是共用的 I/O 线，但相比 NOR 型来说成本要低一些，而容量大得多。因此，NOR 型闪存比较适合频繁随机读写的场合，通常用于存储程序代码并直接在闪存内运行，手机使用的闪存一般是 NOR 型，所以手机的"内存"容量通常不大；NAND 型闪存主要用来存储资料，我们常用的闪存产品，如闪存盘、数码存储卡都是用 NAND 型闪存。

Flash ROM 型号很多，常用的有 29 系列和 28F 系列，29 系列有 29C256（256 K 位）、29C512（512 K 位）、29C010（1 M 位）、29C020（2 M 位）、29C040（4 M 位）等，28F 系列有 28F256（256 K 位）、28F512（512 K 位）、28F010（1 M 位）、28F020（2 M 位）、28F040（4 M 位）等。

图 5.22 是 28F256 引脚图，图 5.23 是其逻辑图，图 5.24 是其内部结构框图。28F256 读访时间为 90 ns，可与一般高速的 CPU 相匹配而不需要插入等待周期。典型字节编程时间为 10 μs，整片写入时间为 0.5 s。需要提供两种电源电压，工作电源电压＋5 V，擦除编程电源电压＋12 V。电平与

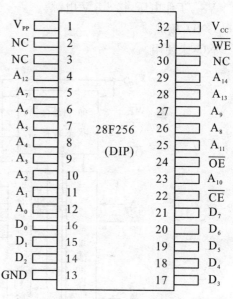

图 5.22   28F256 引脚

TTL 兼容，可循环擦写 10000 次。其容量为 256 K 位，即 32 K 个字节。

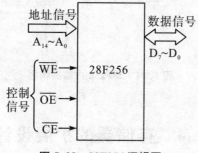

图 5.23   28F256 逻辑图

$A_0 \sim A_{14}$：地址输入线。

$D_0 \sim D_7$:8 根数据线。

$\overline{OE}$:读选通线,低电平有效。

$\overline{CE}$:片选线,低电平有效。

$\overline{WE}$:写选通线,低电平有效。在写入周期,控制指令寄存器和存储单元阵列的写入。在该脉冲的下降沿锁存目标地址,在上升沿锁存数据。

V_{PP}:擦除/编程电源,只有当其为高压$+12.0 \pm 0.1$ V(或± 0.5 V)时,才能向指令寄存器中写入数据。当$V_{PP} < V_{CC} + 2$ V时,存储单元的内容不能被改变。

V_{CC}:工作电压,接$+5$ V电源。

GND:接地。

NC:未使用。

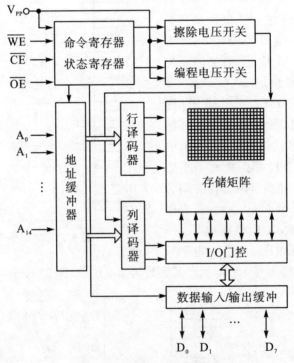

图 5.24　28F256 内线结构图

5.4　存储器的扩展设计

CPU 通过地址总线、数据总线及控制总线与存储器的连接。连接时应注意的问题如下：

（1）CPU 总线的负载能力

在微型机系统中，CPU 通过总线与存储器芯片、I/O 接口芯片连接，而 CPU 的总线驱动能力是有限的。一般输出线的直流负载能力只能带一个 TTL 负载，存储器芯片多为 MOS 电路，直流负载很小，主要负载为电容负载。在小型系统中，CPU 可直接与存储器芯片连接，但当与大容量的存储器连接时就应考虑总线的驱动问题。解决方法是单向传送的地址和控制总线，可采用三态锁存器和三态单向驱动器等来加以锁存和驱动；双向传送的数据总线，可以采用三态双向驱动器来加以驱动，或加入总线驱动器来增加 CPU 总线的驱动和负载能力。

（2）CPU 时序与存储器芯片存取速度的配合问题

在微机工作过程中，CPU 对存储器的读/写操作是最频繁的基本操作。因此，在考虑存储器与 CPU 连接时，必须考虑存储器芯片的工作速度是否能与 CPU 的读/写时序相匹配，应从存储器芯片工作时序和 CPU 时序两个方面来考虑。如果不满足则要考虑更换存储芯片或在总线周期中插入等待状态 T_w 来解决。

（3）存储器的地址分配和片选问题

首先确定整机存储容量，再确定选用存储芯片的类型和数量，之后划分 RAM、ROM 区，画出地址分配图。存储器空间的划分和地址编码是靠地址线来实现的。对于多片存储芯片构成的存储器，其地址编码原则是：低位地址总线作为片内寻址，高位地址线用来产生存储芯片的片选信号。

5.4.1 存储器地址分配及译码

1. 存储器地址分配

微型机系统所能配置的最大物理内存容量决定于 CPU 地址总线的位数。如具有 20 位地址总线的 8086 可配置的最大容量为 1 MB，而 32 位地址总线的 80386/80486/Pentium 可配置的最大容量为 4 GB。而 Pentium Pro 开始的后续芯片，由于地址线为 36 位，故其内存容量可达 64 GB。

在微型计算机系统中，通常采用分区来管理内存，这样有利于软件的开发和系统的维护，具体如图 5.25 所示。主要由以下 4 个部分组成：

（1）基本内存区

基本内存就是常规内存（Conventional Memory），指的是 0～640 KB 的内存区。在 DOS 环境下，一般的应用程序只能使用系统的常规内存。由于基本内存区

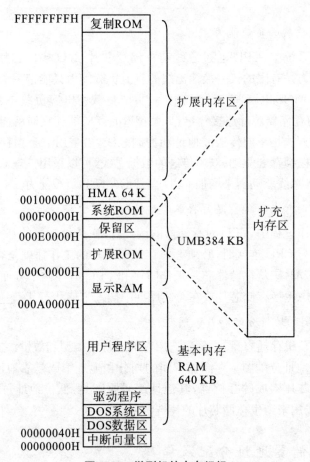

图 5.25　微型机的内存组织

容纳了 DOS 操作系统、DOS 运行需要的系统数据、驱动程序以及中断向量表等，所以应用程序能使用的常规内存其实是不到 640 KB 的。Windows 操作系统考虑到与 DOS 系统的兼容性，是将 DOS 作为其下属的一个子系统，因此，从 8086 到 Pentium 的常规内存的大小、内容、功能都一直保持不变。

（2）高端内存区

高端内存（Upper Memory）是指位于常规内存之上的 384 K 内存。程序一般不能使用这个内存区域，但是如果想充分利用这些空间，则可用 EMM386. exe 这样的内存管理软件将激活高端，还允许用户将某些设备驱动程序和用户程序装入高端内存。如扩展 ROM 可作显卡扩展驱动 ROM、网卡缓冲区、硬盘控制器缓冲区等。

在高端内存区的最高端是 64 KB 的系统 ROM BIOS。8086/8088 CPU 等微处理器在硬件复位后,IP=0000H,而 CS=FFFFH,因此程序从地址为 FFFF0H 处执行,故将其内存空间的高端 F0000H~FFFFFH 安排为 ROM 区,存放 BIOS 程序,作为 CPU 加电或复位时程序的启动地址。

(3) 扩充内存区

扩充内存(Expanded Memory)的原理是利用扩充内存管理软件 EEM (Expanded Memory Manage)把高端内存中 64 KB 的保留区分成 4 个页,每页 16 KB,同时 EMM 也把扩充内存分成许多 16 KB 大小的页,每 4 页作为 1 个页组。当使用扩充内存时,EMM 将扩充内存中的页组映射到高端内存的 4 个页中,由此,可间接访问扩充内存中的数据。

扩充内存是一种早期的增加内存的标准,最多可扩充到 32 MB。使用扩充内存必须在计算机中安装专门的扩充内存板,而且还要安装管理扩充内存板的管理程序。由于扩充内存是在扩展内存之前推出的,所以大多数程序都被设计成能使用扩充内存,而不能使用扩展内存。扩充内存使用起来比较麻烦,所以在扩展内存出现后不久就被淘汰。但是因为许多软件采用了扩充内存机制,所以,高档微机系统的内存驱动软件仍将一部分扩展内存空间仿真扩充内存使用。要使用时须在 CONFIG. SYS 文件中加入如下语句:

DEVICE=C:\DOS\HIMEM. SYS
DEVICE=C:\DOS\EMM386. EXE RAM 32000
DOS=UMB

这三条命令行的作用是:将扩展内存驱动程序 IMEM. SYS 装到 DOS 区,此程序管理扩展内存;然后,从扩展内存划出 32 MB 的空间作为扩充内存使用,由 EMM386. EXE 管理扩充内存;这部分内存空间成了高端内存区块 UMB 中的一部分供 DOS 使用。

(4) 扩展内存区

扩展内存(Extended Memory)只能用在 80286 或更高档次的机器上,目前几乎所有使用 DOS 的机器上超过 1 MB 的内存都是扩展内存。扩展内存本来是不能被 DOS 使用的,但如果在系统配置程序 CONFIG. SYS 的第一行加入命令 "DEVICE=C:\DOS\HIMEM. SYS"后就可以了。

因为 ROM 芯片的读写速度比 RAM 芯片慢,因此就出现了"影子"内存,即 Shadow RAM。Shadow RAM 所使用的物理芯片是 CMOS DRAM(动态随机存取存储器)芯片。Shadow RAM 占据了系统主存的一部分地址空间。其编址范围为 C0000~FFFFF,即为 1 MB 主存中的 768~1024 KB 区域。而把原来在该区 ROM BIOS 放在了扩展内存区的最高端。机器通电后,将自动地把系统 BIOS、显示 BIOS 及其他适配器的 BIOS 装载到 Shadow RAM 的指定区域中。所以当需要访问

BIOS 时,只需访问 Shadow RAM 即可,而不必再访问 ROM,大大提高系统的工作效率。

应该说明的是,只有当系统配置有 640 KB 以上的内存时才有可能使用 Shadow RAM。在系统内存大于 640 KB 时,用户可在 CMOS 设置中按照 ROM Shadow 分块提示,把超过 640 KB 以上的内存分别设置为"允许(Enabled)"即可。

2. 存储器地址译码

一个存储器系统通常由许多存储器芯片组成,对存储器的寻址由两部分组成:一是芯片内寻找存储单元,也就是片内寻址;二是寻找存储器芯片,也就是片间寻址。

(1) 芯片内寻址

存储芯片的地址线通常与系统的低位地址总线相连。寻址时,这部分地址的译码是在存储芯片内部完成的,称为片内译码。设某存储器有 N 条地址线,该芯片被选中时,其地址线得到 N 位地址信号,经芯片内部进行 $N \rightarrow 2^N$ 的译码,译码后的地址范围是:$000\cdots000$(N 位全为 0)到 $111\cdots111$(N 位全为 1)。片内地址译码通常有两种方式,一种是单译码,另一种是双译码。

① 单译码

单译码方式是一个" N 中取 1 "的译码器,如图 5.30 所示。译码器输出驱动 N 根字线中的一根,每根字线对应的存储单元由 M 位组成。若某根字线被选中,则对应存储单元上的 M 位信号便同时被读出或写入。

在图 5.26 中,字线 N 为 16,M 为 4 位,则地址译码器地址输入线 p 应为 4 位,可译出 16 个状态,分别控制 16 条字线($W_0 \sim W_{15}$)。当地址信号为 0000 时,选中字线 W_0,则可对存储体的 0 单元进行读/写操作;若地址信号为 1111,选中字线 W_{15},则可对存储体的 15 单元进行操作。

单译码方式主要用于小容量的存储器。对于大容量的存储器,需要的字线就很会很多,如 1 MB 存储体的芯片,则需要 $2^{10} = 1024$ 根字选择线,这时可以选择采用双译码方式。

② 双译码

双译码方式采用的是两级译码电路。当字选择线的根数 N 很大时,$N = 2^p$ 中的 p 必然也大,这时可将 p 分成两部分,如:$N = 2^p = 2^{(q+r)} = 2^q \times 2^r = X \times Y$,这样便将对 N 的译码分别由 X 译码和 Y 译码两部分完成。

现仍以 $p = 10$ 为例,若采用双译码,可分为:$N = 2^{10} = 2^5 \times 2^5 = 32 \times 32$,这时只需要 $32 + 32 = 64$ 根字选择线即可,而单译码却需要 1024 根字选择线。其译码结构如图 5.27 所示。

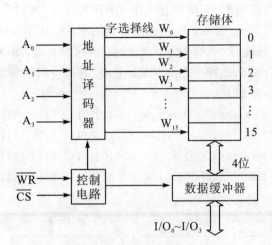

图 5.26　单译码方式示意图

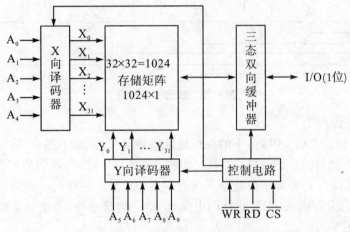

图 5.27　双译码方式示意图

（2）芯片间寻址

前面提过，将高位地址线通过译码器或线性组合后的输出作为芯片的片选信号，可实现片间寻址。片间寻址通常有 3 种方法：线选法、全译码法和部分译码法。下面以 16 位地址线微型处理器为例来说明。

① 线选法

线选法是指利用地址总线的高位地址线中的某一位直接作为存储器芯片的片选信号（$\overline{\text{CS}}$），用地址线的低位来实现片内寻址。线选法的优点是结构简单，缺点是地址空间浪费大。由于部分地址线未参与译码，必然会出现地址重叠。此外，当通过线选的芯片增多时，就可能出现可用地址空间不连续的情况。

　　图 5.28 为线选法的例子,图中有 4 个 2 KB 的芯片,片内 2 K 寻址由地址线 $A_0 \sim A_{10}$ 来完成。片间采用线选法进行寻址,如图所示。用于片选的地址线($A_{14} \sim A_{11}$)在每次寻址时只能有一位有效,不允许同时有多位有效,而 A_{15} 并没有用到,即 A_{15} 可以是 0 也可以是 1,这样也会出现地址重叠、存储空间的利用率低的现象。由图可知,芯片地址分配如下:

芯片 0:×111 0000 0000 0000B　～　×111 0111 1111 1111B

芯片 1:×110 1000 0000 0000B　～　×110 1111 1111 1111B

芯片 2:×101 1000 0000 0000B　～　×101 1111 1111 1111B

芯片 3:×011 1000 0000 0000B　～　×011 1111 1111 1111B

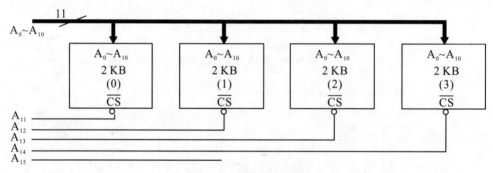

图 5.28　线选法示意图

② 部分译码法

　　部分译码法是将 CPU 余下的高位地址线中某几位(而不是全部)地址线用来译码,作为存储器的片选信号。对被选中的芯片而言,未参与译码的高位地址线可以为 0,也可以为 1,即每个存储单元将对应多个地址。使用时一般将未用地址设为 0。采用部分译码法,可简化译码电路,但由于地址重叠,会造成系统地址空间资源的浪费。

　　如图 5.29 所示的电路,采用部分译码对 8 个 2 KB 芯片进行片间寻址。由于只有 8 个芯片,用 3 根地址线即可译出,故可从高位地址线 $A_{11} \sim A_{15}$ 中任选 3 根来译码。未参加译码的高位地址线是 0 还是 1 对芯片寻址都没有影响。图 5.29 中若选 $A_{15} \sim A_{13}$ 这 3 根来参与译码,则各芯片的地址分配如下:

芯片 0:000× ×000 0000 0000B　～　000× ×111 1111 1111B

芯片 1:001× ×000 0000 0000B　～　001× ×111 1111 1111B

芯片 2:010× ×000 0000 0000B　～　010× ×111 1111 1111B

芯片 3:011× ×000 0000 0000B　～　011× ×111 1111 1111B

芯片 4:100× ×000 0000 0000B　～　100× ×111 1111 1111B

芯片 5:101× ×000 0000 0000B　～　101× ×111 1111 1111B

芯片 6:110× ×000 0000 0000B　～　110× ×111 1111 1111B

芯片 7:111× ×000 0000 0000B　～　111× ×111 1111 1111B

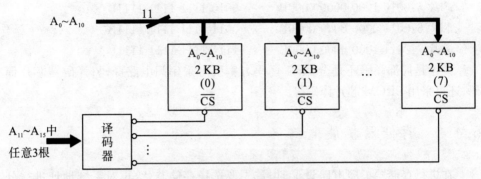

图 5.29　部分译码法示意图

③ 全译码法

全译码法是指将 CPU 余下的高位地址线全部用来参与译码。采用全译码法，每个存储单元的地址都是唯一的，不存在地址重叠，但译码电路较复杂，连线也较多。

若将如图 5.29 所示的部分译码电路改为全译码，结果如图 5.30 所示。从图中可以看出，译码电路较为复杂，而且译出来的部分片选线并没有用到。各芯片的地址分配如下：

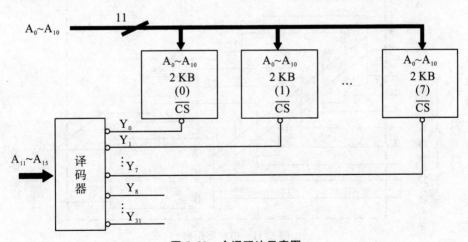

图 5.30　全译码法示意图

芯片 0:0000 0000 0000 0000B　～　0000 0111 1111 1111B

芯片 1:0000 1000 0000 0000B　～　0000 1111 1111 1111B

芯片 2:0001 0000 0000 0000B　～　0001 0111 1111 1111B

芯片 3:0001 1000 0000 0000B　～　0001 1111 1111 1111B

芯片 4:0010 0000 0000 0000B　～　0010 0111 1111 1111B

芯片 5:0010 1000 0000 0000B　～　0010 1111 1111 1111B

芯片 6:0011 0000 0000 0000B　～　0011 0111 1111 1111B

芯片 7:0011 1000 0000 0000B　～　1111 1111 1111 1111B

无论是局部译码还是全译码,译码方案既可采用门电路译码、译码器芯片译码,还可采用 PROM 芯片译码等。

5.4.2　存储器扩展电路

在进行存储器扩展电路设计时,首先要选择存储芯片,再对系统地址进行分配,还要对芯片进行组配。选择存储芯片时要考虑芯片的类型、功耗、读写速度、接口电路、成本等。组配时,要考虑存储的位、字扩展和字位全扩展。

1. 存储器位扩展

存储器芯片的数据位有 1 位、4 位和 8 位,通过位扩展,使每个字最小满足 8 位的要求。

如用 1 K×1 位芯片组成 1 KB 存储器的位扩展设计如图 5.31 所示。

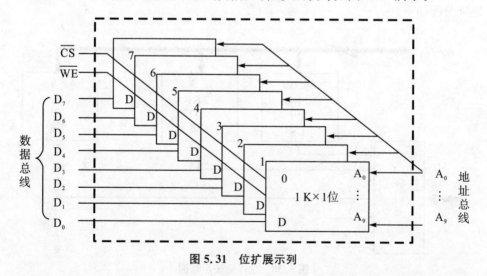

图 5.31　位扩展示列

在图 5.31 中,8 片 1 K×1 位的存储芯片对应的地址线、读写控制线$\overline{\text{WE}}$和片选信号线$\overline{\text{CE}}$分别连接在一起,而数据线分别连接到数据总线的不同位线上。如把虚线中的部分用一个芯片来等效,就变为 1 K×8 的芯片了,从而达到位扩展的目的。当 CPU 访问该芯片时,其发出的地址和控制信号同时被送到内部的 8 个芯片上,选中各芯片中具有相同地址的单元,8 个芯片的各数据位就组成同一个字节的 8 位,其内容被同时读到数据总线的相应位或数据总线上的内容被同时写入相应单元,完成对一个字节的读/写操作。

2. 存储器字扩展

位扩展时,字数不变,而位数在变;而字扩展时仅在字向扩展,而位数不变。用 1 K×8 的存储器芯片组成 4 K×8 的存储器时的连接图如图 5.32 所示。

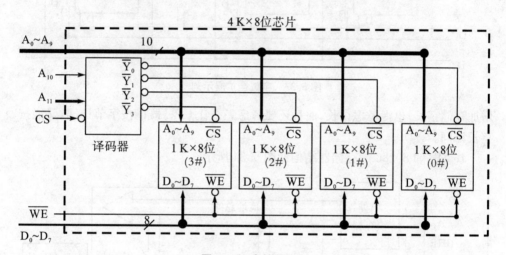

图 5.32　字扩展示列

从图 5.32 中可以看出,各芯片的数据线线($D_0 \sim D_7$)和地址线($A_0 \sim A_9$),以及写允许 $\overline{WE}$ 都通过并联接在一起的,而选 $\overline{CS}$ 可通过线选或译码的方式接到地址总线上,图中采用的是部分译码法,这样就把原来的 10 位 1 K 字扩展到 12 位 4 K 字,而位数保持不变,即 8 位,图中虚框可看成一个 4 K×8 的存储器芯片。

3. 存储器字位全扩展

采用字位全扩展法,就是既在位方向上扩展,又在字方向上扩展,如图 5.33 所示。图中先用位扩展方法把 8 片 2 K×1 位的存储芯片构成 2 K×8 位的存储组,再用字扩展法再把 8 组这样的存储组构成 16 K×8 位的存储器,整个存储器共计用了 64 片 2 K×1 位的存储芯片,构成了 16 K×8 位的存储器。

在各种微型计算系统中,字长有 8 位、16 位、32 位和 64 位之分,存储器通常是以字节为基本存储单元的,若存一个 16 位或 32 位的数据,需将数据放在连续的几个内存单元中,这种存储器称为"字节编址结构"。构成这种存储器结构时,即既要

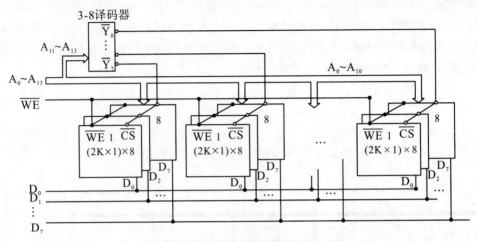

图 5.33　字位全扩展示列

增加存储字长,也得考虑位长,而且还要考虑怎么让 CPU 既能按字节访问,又能按字长访问。

16 MB 的 80286 的存储器结构如图 5.34 所示。

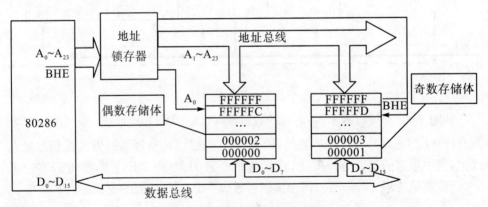

图 5.34　80286 存储器结构

80286 CPU 地址线为 24 位,数据线为 16 位。图中的存储器由两部分组成,一部分是偶数存储体,另一部分是奇数存储体。偶数存储体的地址全为偶数,而奇数存储体的地址全为奇数。为了实现这一目的,通常让地址线 $A_0 \sim A_{23}$ 参与偶数存储体译码,而让 $A_1 \sim A_{23}$ 参与奇数存储体译码,这样只要 A_0 有效,便可选中偶数存储体。数据总线的 $D_0 \sim D_7$ 与偶数存储体的数据线连接,$D_8 \sim D_{15}$ 与奇数存储体的数据线连接。通过 A_0 与高 8 位数据总线允许 $\overline{BHE}$ 配合,可实现单独访问奇数存储体、偶数存储体或同时访问。

对于内部地址总线 32 位,数据总线 64 位的 Pentium 微处理,在构成存储器时,一般要使用 8 体结构,以支持 8 位字节、16 位字、32 位双字和 64 位四字操作,如图 5.35 所示。一般是把 $A_0 \sim A_2$ 地址单独拿出来产生 8 路 $\overline{BE}$ 存储体选择信号。当 $\overline{BE}_0 \sim \overline{BE}_7$ 同时有效时,可同时对四字操作。

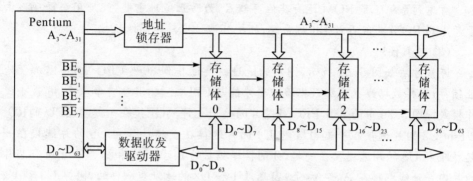

图 5.35　Pentium 存储器结构

5.4.3　存储器扩展设计实例

微处理器不同时,内部地址总线及数据总线的位数是不一样的,故存储器与 CPU 的连接方法也是不一样的。此外,当用 SRAM 与 CPU 连接时,还要考虑其刷新问题,如刷新控制器的连接。由于 8 位 8088 CPU 与存储器连接比较简单,下面以 8086 CPU 与存储器的连接为例来说明存储器与 CPU 连接的一般方法。

8086 CPU 有 20 位地址总线,可寻址 1 MB 存储空间。8086 CPU 有 16 位数据总线,可以读/写一个字节,也可读/写一个字。8086 CPU 有两种工作模式,即最大模式与最小模式,不同工作模式,与存储器的连接方法是不一样的。

在最小模式系统配置中,8086 CPU 的地址线经过 3 片地址锁存器送出,数据线经过 2 片数据收发器与数据总线连接。8086 CPU 与存储器芯片连接的控制信号主要有读选通信号 $\overline{RD}$、地址锁存信号 ALE、写选通信号 $\overline{WR}$、存储器或 I/O 选择信号 $M/\overline{IO}$、数据允许输出信号 $\overline{DEN}$、数据发送/接收控制信号 $DT/\overline{R}$、准备好信号 READY、高 8 位数据总线允许信号 $\overline{BHE}$。下面举例说明 8086 CPU 与存储器的连接方法。

例 5.1　要求用 8 K×8 的 2764 EPROM 芯片组成 8086 CPU 的 64 KB ROM 存储器。系统配置为最小模式。

解　2764 在前面已经介绍过,引脚可见图 5.16。

(1) 确定芯片数及组配方法

由于 2764 是 8 K×8 的 EPROM,故需要 8 片就可以组成 64 KB 的 ROM。

由于 8086 通常是采用双体存储器,故把 8 片 EPROM 分成两大组,一组是偶数地址,一组是奇数地址,每组由 4 片组成。

(2) 确定译码的方法及地址分配

考虑到系统除了 ROM 还有其他存储器,为防止地址重叠,此处用全译码。由于考虑到 ROM 一般存放 BIOS 系统,故把其地址安排在高地址端。

(3) 连接图

连接方法如图 5.36 所示,图中的地址线要连接到 8086 CPU 上,还需加上地址锁存,同样数据线也要加数据缓冲器才能与 CPU 连接,具体可参考 8086 最小工作模式。图 5.36 中的 8 片 PROM 芯片的输出允许端 $\overline{OE}$ 接在一起接 CPU 的 $\overline{RD}$。U1 和 U2 的片选接在一起、U3 和 U4 的片选接在一起、U5 和 U6 的片选接在一起、U7 和 U8 的片选连接在一起,分别接译码器的 $\overline{Y_7}$、$\overline{Y_6}$、$\overline{Y_5}$ 和 $\overline{Y_4}$。由于所有芯片的片内寻址线都接在 $A_1 \sim A_{13}$ 上,因此,U1 和 U2 的地址是一样的,同样 U3 和 U、U5 和 U6、U7 和 U8 也是一样的,但 U1、U3、U5、U7 把数据送至 $D_0 \sim D_7$ 上,U2、U4、U6、U8 把数据送至 $D_8 \sim D_{15}$。各芯片的地址分配如下:

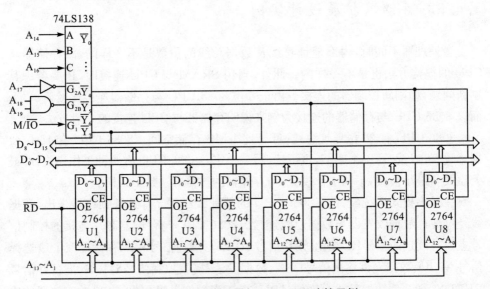

图 5.36　ROM 存储器与 8086 CPU 连接示例

U1 和 U2:1111 1100 0000 0000 0000B ～ 1111 1111 1111 1111 1111B,即 FC000H～FFFFFH

U3 和 U4:1111 1000 0000 0000 0000B ～ 1111 1011 1111 1111 1111B,即 F8000H～FBFFFH

U5 和 U6：1111 0100 0000 0000 0000B～ 1111 0111 1111 1111 1111B，即 F4000H～F7FFFH

U7 和 U8：1111 0000 0000 0000 0000B～ 1111 0011 1111 1111 1111B，即 F0000H～F3FFFH

例 5.2 要求用 8 K×8 的 6264 RAM 芯片组成 48 KB 的 RAM 存储器。系统配置为最小模式，要求 RAM 的地址从 00000H 开始并连续。

解 SRAM6264 的引脚图如图 5.37 所示，有 28 个引脚，两个片选择信号输入端，只有当 $\overline{CE_1}$ 为低电平，同时 CE_2 为高电平，才能对芯片操作。

要组成 48 KB 的 RAM 需用 6 片。同样把 6 片 EPROM 分成两大组，一组是偶数地址，一组是奇数地址，每组由 3 片组成。

同样片选采用全译法，连接图如图 5.38 所示。

在图 5.38 中，同样为了构成双体存储器，先进行位扩展，然后把 U1 和 U2 的片选 $\overline{CE_1}$ 接在一起、U3 和 U4 的片选 $\overline{CE_1}$ 接在一起、U5 和 U6 的片选 $\overline{CE_1}$ 接在一起。为了便于 8086 CPU 进行单个字节访问，将 U1、U3、U5 的片选 CE_2 接在一起并通过非门接 A_0，而 U2、U4、U6 的片选 CE_2 接在一起并通过非门接 $\overline{BHE}$。这样只要 A_0 数为 0 则选中偶数储存体；而 $\overline{BHE}$ 为低电平则选中奇数储存体；A_0 为 0，同时 $\overline{BHE}$ 为低电平则同时选中。

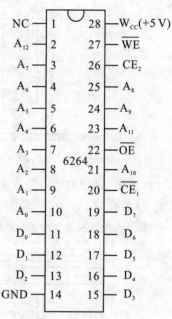

图 5.37　Intel 6264 引脚图

图 5.38 中的 6 片 SRAM 芯片的输出允许端 $\overline{OE}$ 接在一起接 CPU 的 $\overline{RD}$，写允许输入端 $\overline{WE}$ 接在一起接 CPU 的 $\overline{WR}$。存储器或 I/O 选择信号 M/$\overline{IO}$ 接译码器的控制端 G_1。

各芯片的地址分配如下：

U1 和 U2：0000 0000 0000 0000 0000B ～ 0000 0011 1111 1111 1111B，即 00000H～03FFFH

U3 和 U4：0000 0100 0000 0000 0000B ～ 0000 0111 1111 1111 1111B，即 04000H～07FFFH

U5 和 U6：0000 1000 0000 0000 0000B ～ 0000 1011 1111 1111 1111B，即 08000H～0BFFFH

每片 SRAM 芯片上的地址是不连接的，如芯片 U1 上的地址为 00000H，

000002H,00004H,…,03FFEH;而芯片 U2 上的地址分别为 00001H,000003H, 00005H,…,03FFFH。

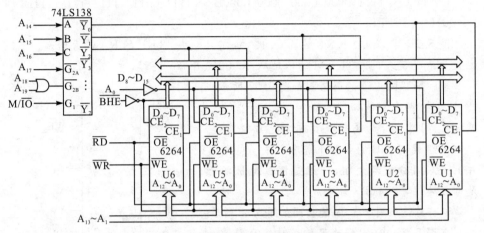

图 5.38　RAM 存储器与 8086CPU 连接示例

例 5.3　要求用 32 K×8 的 62256 RAM 和 32 K×8 的 27256 EPROM 芯片组成 192 KB RAM 和 192 KB ROM 存储器。系统配置为最小模式。

解　根据题目要求可知,需 62256 和 27256 各 6 片。具体连接方法如图 5.39 所示。

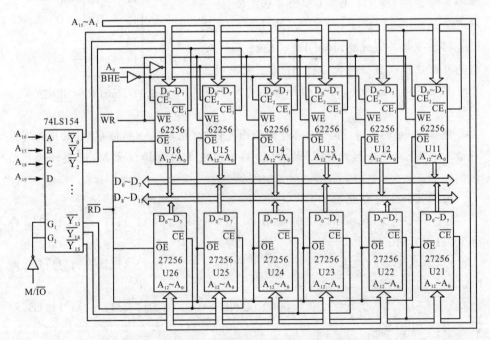

图 5.39　RAM 存储器与 8086 CPU 连接示例

图 5.39 中的 74LS154 为 4 线/16 线译码器,G_1 和 G_2 是控制端,低电平有效。图中各芯片的地址分配如下:

U11 和 U12:0000 0000 0000 0000 0000B ～ 0000 1111 1111 1111 1111B,即 00000H～0FFFFH

U13 和 U14:0001 0000 0000 0000 0000B ～ 0001 1111 1111 1111 1111B,即 10000H～1FFFFH

U15 和 U16:0010 0000 0000 0000 0000B ～ 0010 1111 1111 1111 1111B,即 20000H～2FFFFH

U21 和 U22:1111 0000 0000 0000 0000B ～ 1111 1111 1111 1111 1111B,即 F0000H～FFFFFH

U23 和 U24:1110 0000 0000 0000 0000B ～ 1110 1111 1111 1111 1111B,即 E0000H～EFFFFH

U25 和 U26:1101 0000 0000 0000 0000B ～ 1101 1111 1111 1111 1111B,即 D0000H～DFFFFH

习题与思考题

1. 什么是微型计算机的分级存储器结构? 其特点是什么?

2. Cache 是什么? 它有什么作用?

3. RAM 和 ROM 这两类存储器有什么不同? 它们在计算机中各有什么主要用途?

4. 常用的 ROM 有哪些? 怎样编程? 其特点各是什么?

5. 根据本章所学知识,当我们要购买内存条进行扩充时,应该注意些什么?

6. 什么是读写存储器? 什么是随机读写存储器?

7. 简述半导体存储器静态 RAM 与动态 RAM 的特点。

8. DRAM 的刷新控制器有什么作用?

9. 简述地址译码的两种方式,并指出它们在基本原理和适用场合上的区别。

10. 在基于 8086 的微计算机系统中,存储器是如何组织的? 是如何与处理器总线连接的? BHE# 信号起什么作用?

11. 存储器的哪一部分用来存储程序指令及像常数和查找表一类的固定不变的信息? 哪一部分用来存储经常改变的数据?

12. 什么是位扩展? 什么是字扩展?

13. 存储器芯片的片选地址选择有几种方式? 各自的特点是什么?

14. 现有 1024×1 静态 RAM 芯片,欲组成 64 K×8 位存储容量的存储器,需要多少 RAM 芯片? 多少根片内地址选择线? 至少需要多少根地址线来译码?

15. 下列 RAM 各需要多少根地址线用来片内译码?

512×4 位,1 K×8 位,1 K×4 位,2 K×1 位,4 K×12 位,16 K×1 位

16. 某 RAM 芯片的存储容量为 1024×8 位,该芯片的外部引脚应有几条地址线? 几条数据线? 若已知某 RAM 芯片引脚中有 13 条地址线,8 条数据线,那么该芯片的存储容量是多少?

17. 8080、8086、80386 及 Pentium 的存储器结构有什么不同?

18. 利用 2764 芯片(EPROM,8 K×8 位)并采用 74LS138 译码器进行全译码,在 8086 系统的最高地址区组成 32 KB 的 ROM,请画出这些芯片与系统总线连接的示意图。

19. 利用 6264 芯片(EPROM,8 K×8 位)并采用 74LS138 译码器进行全译码,在 8086 系统的最低地址区组成 32 KB 的 RAM,请画出这些芯片与系统总线连接的示意图。

20. 利用 6264 芯片(EPROM,8 K×8 位)并采用 74LS138 译码器进行全译码,在 8086 系统的最高地址区组成 32 KB 的 RAM,请画出这些芯片与系统总线连接的示意图。

第 6 章 输入/输出技术

输入/输出(I/O)设备作为计算机系统的一个重要组成部分,能够实现计算机与外界之间的信息交换。各种外部信息,包括程序、数据等,都必须通过输入设备才能输入至计算机。而计算机内部的各种信息也只有通过输出设备才能实现显示和打印等控制动作。在微机系统中,CPU 与外部设备交换信息是非常重要与频繁的操作,这种操作必须利用输入/输出设备,并通过 I/O 接口与系统相连来实现。

当实现一个数据的输入/输出操作时,CPU 必须在众多的外部设备中寻找一个确定的设备,而如何寻找这一特定的外部设备就是输入/输出寻址方式要解决的问题。当找到一个确定的外部设备以后,接下来的问题就是如何同它进行信息交换,这就是输入/输出控制方式要解决的问题。

6.1 I/O 接口概述

在不同的微机系统中,为实现外部设备与微机系统的连接,人们使用了大量的输入/输出设备,如键盘、鼠标、显示器、软/硬磁盘存储器等;在某些控制场合,还用到了模/数转换器、数/模转换器等。由于以上这些设备和装置的工作原理、驱动方式、信息格式以及工作速度等各不相同,其数据处理速度也各不相同,但都比 CPU 的处理速度要慢。所以,这些外部设备不能与 CPU 直接相连,而必须经过中间电路再与系统连接,这部分中间电路被称作 I/O 接口电路,简称 I/O 接口(Input/Output Interface)。

I/O 接口技术是实现计算机与外部设备之间信息进行交换的一门技术,在微机系统设计和应用过程中占有极其重要的地位。

I/O 接口电路介于主机与外部设备之间,是微处理器与外部设备信息交换的桥梁,是能够协助完成数据传送和传送控制任务的那部分电路。外部设备通过I/O 接口电路把信息传送给微处理器进行处理,而微处理器将处理结果通过 I/O 接口电路传送到外部设备。

由此可见,如果没有 I/O 接口电路,微处理器就不可能发挥其应有的作用,人们也就无法使用计算机。

对于主机,接口提供外部设备的工作状态和数据;对于外部设备,接口电路寄存了主机发送给外部设备的命令和数据,使主机和外部设备之间协调一致地工作。

6.1.1　I/O接口的功能

作为接口电路,通常必须为外部设备提供几个不同地址的寄存器,每个寄存器称为一个I/O端口。通常,I/O接口示意图如图6.1所示。I/O接口内部通常由数据、状态、控制3类寄存器组成,CPU可分别对数据、状态、控制3种端口(Port)寻址,并与之交换信息。这3种端口被简称为数据口、状态口、控制口。

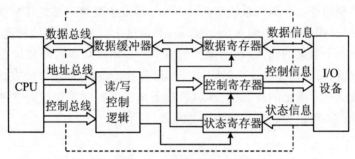

图6.1　I/O接口示意图

数据寄存器可分为输入缓冲寄存器和输出缓冲寄存器两种。在输入时,由输入缓冲寄存器保存外设发往CPU的数据;在输出时,由输出缓冲寄存器保存CPU发往外设的数据。输入/输出缓冲寄存器,在高速工作的CPU与慢速工作的外设之间起协调与缓冲作用。

状态寄存器主要用来保存外设现行的各种状态信息,从而让处理器了解数据传送过程中正在发生或最近已发生的状况。

控制寄存器用来存放处理器发来的控制命令与其他信息,确定接口电路的工作方式和功能。

以上3种寄存器是I/O接口电路中的核心部分,在较复杂的I/O接口电路中还包括数据总线和地址总线缓冲器、端口地址译码器、内部控制器、对外联络控制逻辑等部分。

读/写控制逻辑单元与CPU的地址总线AB、控制总线CB连接,接收CPU发送到I/O接口的读/写控制信号和端口选择信号,选择接口内部的寄存器进行读/写操作。

主机与外围设备之间交换数据为什么需要通过接口电路? 接口电路应具备哪些功能才能实现数据传送呢? 下面进行具体介绍。

接口电路基本功能如下：

(1) 对输入/输出数据进行缓冲、隔离和锁存

外设品种繁多，其工作原理、工作速度、信息格式、驱动方式都有差异。外设不能直接和 CPU 总线相连，要借助于接口电路与总线隔离，接口电路起缓冲、暂存数据的作用。在众多外设中，在某一时段仅允许被 CPU 选中的设备通过接口享用总线，与 CPU 交换信息，而没有选中的设备由于接口的隔离作用不能享用总线。

对输入接口，其内部都有起缓冲和隔离作用的三态门电路，只有当 CPU 选中此接口，三态门选通时，才允许选定的输入设备将数据送至系统数据总线。而其他没有被选中的输入设备，此时相应的接口三态门"关闭"，从而达到与数据总线隔离的目的。

对于输出设备，由于 CPU 输出的数据仅在输出指令周期中的短暂时间内存在于数据总线上，故需在接口电路中设置数据锁存器，暂时锁存 CPU 送至外设的数据，以便使工作速度慢的外设有足够的时间准备接收数据及进行相应的数据处理，从而解决了主机的"快"和外设的"慢"之间的矛盾。

所以，根据输入/输出数据进行缓冲、隔离、锁存的要求，外设经接口与总线相连，其连接方法必须遵循"输入要三态、输出要锁存"的原则。

(2) 对信号的形式和数据格式进行交换与匹配

CPU 只能处理数字信号，信号的电平一般在 $0\sim 5$ V 之间，而且提供的功率很小。而外部设备的信号形式多种多样，有数字量、模拟量(电压、电流、频率、相位)、开关量等。所以，在输入/输出时，接口电路必须将信号转变为适合对方需要的形式。例如，将电压信号变为电流信号，弱电信号变为强电信号，数字信号与模拟信号的相互转换，并行数据与串行数据的相互转换，配备校验位等。

(3) 提供信息相互交换的应答联络信号

计算机执行指令时所完成的各种操作都是在规定的时钟信号下完成的，并有一定的时序。而外部设备也有自己的定时与逻辑控制，但通常与 CPU 的时序是不相同的。外设接口就需将外设的工作状态(如"忙"、"就绪"、"中断请求")等信号及时通知 CPU，CPU 根据外设的工作状态经接口发出各种控制信号、命令及传递数据。接口不仅控制 CPU 送给外设的信息，也能缓存外设送给 CPU 的信息，以实现 CPU 与外设间信息符合时序的要求，协调工作。

(4) 正确寻址与微机交换数据的外设

对任何一个微机系统，通常含有多个 I/O 设备。而每一个 I/O 设备的接口电路，又可能包括多个端口，如数据口、控制口、状态口，以及对外联络控制逻辑等其他端口。其中每种端口的数目可能还不止一个。但 CPU 在某一段时间只能与一

台外设交换信息,因此需要通过接口地址译码对外设进行寻址,以选定所需的外设,只有选中的设备才能与 CPU 交换信息;当同时有多个外设需要与 CPU 交换数据时,也需要通过外设接口来安排其优先顺序。

所以,每个端口都必须要有自己对应的端口地址。当系统对某个端口访问时,能迅速找到相应的端口。接口电路的功能之一就是能对 CPU 给出的端口地址进行译码。

6.1.2　CPU 与 I/O 之间的接口信号

CPU 与 I/O 之间的接口信号通常包括数据信息、状态信息和控制信息等。

1. 数据信息

在微型计算机系统中,数据信息通常包括数字量、模拟量和开关量 3 种类型。数字量是指由键盘或其他读入设备输入的,以二进制形式表示的数,或是以 ASCII 码表示的数或字符,其位数有 8 位、16 位和 32 位 3 种。模拟量是指在计算机控制系统中,某些现场信息(如压力、声音等)经传感器转换为电信号,再通过放大得到模拟电压或电流。这些信号不能直接输入至计算机,需先经 A/D 转换才能输入计算机;同样,计算机对外部设备的控制先必须将数字信号经 D/A 转换转变成模拟量,再经相应的幅度处理后才能去控制执行机构。开关量是指只含两种状态的量(如电灯的开与关,电路的通与断等),故只需用一位二进制数即可描述。对一个字长为 16 位的机器一次输出就可以控制 16 个这样的开关量。

2. 状态信息

状态信息主要用来指示输入/输出设备当前的状态。当有输入时,主要查看输入设备是否准备好。若准备好,则状态信息为"Ready(就绪)"。当有输出时,看输出设备是否有空。若有空,则状态信息为"Empty(闲)";若输出设备正在输出信息,则状态信息显示为"Busy(忙)"。

3. 控制信息

控制信息主要是指 CPU 向接口内部控制寄存器发出的各种控制命令,用于改变接口的工作方式及功能,如选通信号、启停信号等。

数据信息、状态信息和控制信息作为 CPU 与 I/O 设备间的接口信号,由于信息的性质不同,必须分别传送。但大部分微型计算机都只有通用的输入 IN 和输出 OUT 指令。因此,状态信息与控制信息必须作为数据来传送。且在传送过程中为了区分这些信息,它们必须要有自己专用的端口地址。CPU 在传送这些信息时,可以根据不同的任务,寻址不同的端口,从而实现不同的操作。由于一个外设端口是 8 位,而通常情况下状态与控制端口都仅有 1 位或 2 位,故不同外设的状态与控制信息可共用一个端口。

6.2　I/O 端口及其寻址方式

外部设备与微处理器进行信息交换必须通过访问该外设相对应的端口来实现。具体访问这些外设端口的过程叫做寻址。端口的寻址方式通常有两种:存储器映像的 I/O 寻址方式和 I/O 端口单独寻址方式。

CPU 既与内存交换数据,也与外设交换数据。计算机对内存单元进行了编址,每一个字节的存储单元占一个地址,CPU 通过在地址线上发送地址信号来通知存储器要与哪一个存储单元交换数据;同样,计算机对外设接口也进行了编址,叫做端口地址。在与 I/O 接口交换数据时,CPU 通过在地址线上发出要访问外设接口的端口地址来指出要与哪个 I/O 接口交换数据。

CPU 对外设的访问,实质上是对外设接口电路中相应的端口进行访问。I/O 端口的编址方式有两种:

① I/O 设备独立编址。这种方式中存储器与 I/O 设备各有自己独立的地址空间,各自单独编址,互不相关。I/O 端口的读、写操作由 CPU 的引脚信号 IQR 和 IQW 来实现;访问 I/O 端口用专用的 IN 指令和 OUT 指令。此方式的优点是 I/O 设备不占存储器地址空间;缺点是需要专门的 I/O 指令。

② I/O 设备与存储器统一编址。这种方式中存储器和 I/O 端口共用统一的地址空间。在这种编址方式下,CPU 将 I/O 设备与存储器同样看待,因此不需要专门的 I/O 指令,CPU 对存储器的全部操作指令均可用于 I/O 操作,故指令多,系统编程比较灵活,I/O 端口的地址空间可大可小,从而使外设的数目几乎不受限制。统一编址的缺点是 I/O 设备占用了部分存储器地址空间,从而减少了存储器可用地址空间的大小,影响了系统内存的容量。

计算机的 I/O 设备采用哪种编址方式,取决于 CPU 的硬件设计。如 8086 采用独立编址方式,存储器用 20 位二进制数编址,范围是:00000H～FFFFFH,共 1 MB;I/O 设备用 16 位二进制数编址,范围是:0000H～FFFFFH ,共 64 KB ,但实际系统只用了 0～3FFH 这 1024 个地址。

6.2.1 I/O端口与存储器统一编址(存储器映像编址)

存储器映像的I/O寻址方式是将I/O端口地址与存储器地址统一分配,同等看待。也可以认为是在存储器中给I/O端口分配了一个存储器地址。其寻址的连接方式如图6.2所示。在图中,由于I/O口地址是整个存储器地址空间的一部分,故可用存储器读写信号$\overline{\text{MEMR}}/\overline{\text{MEMW}}$来控制其读写,而不需要专门的$\overline{\text{IOR}}/\overline{\text{IOW}}$控制信号。至于到底访问哪个空间,可通过地址译码来实现。对 64 KB 存储器的存储空间来说,利用这种寻址方式时可将该存储空间分为高半地址与低半地址两部分,其中高半地址为I/O端口地址,低半地址为存储器地址。具体可利用 A_{15} 的状态来区分两种地址,即当 $A_{15}=0$ 时,$A_{14}\sim A_0$ 用于指定存储单元,当 $A_{15}=1$ 时,$A_{14}\sim A_0$ 用于指定 I/O 端口。

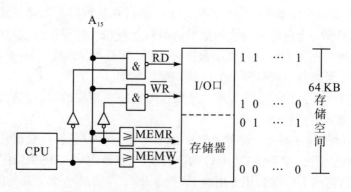

图6.2 存储器映像的I/O端口寻址连接方式

存储器映像寻址的主要优点是:端口寻址手段丰富,对其数据进行操作可与对存储器操作一样灵活。且不需要专门的 I/O 指令,这有利于 I/O 程序的设计。此外,这种 I/O 寻址方式还有两个优点:一是 I/O 寄存器数目与外设数目不受限制,而只受总存储容量的限制;二是读写控制逻辑比较简单。

主要缺点是:

① I/O端口占用了一部分存储器地址空间,使可用的内存空间相对减少。另外,当所有地址都必须作为存储器单元使用时,则不能采用这种方法。

② 对外设的访问和对存储器的访问一样,必须对全部地址线译码,因而地址译码电路比较复杂。

③ 存储器操作指令字节长,需要较长的执行时间,降低了 I/O 操作速度。

④ 用存储器指令来处理输入/输出,在程序清单中不易区别,给程序的设计、分析和调试带来一定的困难。

6.2.2 I/O 端口与存储器独立编址

I/O 端口单独寻址方式是将 I/O 端口和存储器分开寻址。由于它们编址的独立性,所以,微处理器需要提供两类访问指令:一类用于存储器访问,它具有多种寻址方式;另一类用于 I/O 端口的访问,这类指令往往比较简单。在这种寻址方式中,CPU 访问 I/O 端口必须采用专用 I/O 指令,故也叫专用 I/O 指令方式(Special I/O Instruction Mode)。这些专用的 I/O 指令通常有两类,即输入指令 IN、输出指令 OUT 及其相关指令组。对于不同的微处理器,具有各不相同的指令格式。

由于系统需要的 I/O 端口寄存器通常要比存储器单元少得多,所以设置256～1024 个端口对于一般微型机系统已经足够,故对 I/O 端口的选择只需用到 8～10 根地址线。图 6.3 为 I/O 端口单独寻址方式示意图,图中对 I/O 端口的选择用到了 8 根地址线。与存储器映像寻址相比,处理器对 I/O 端口和存储单元的不同寻址是通过不同的读写控制信号 $\overline{\text{IOR}}$、$\overline{\text{IOW}}$、$\overline{\text{MEMR}}$、$\overline{\text{MEMW}}$ 来实现的。

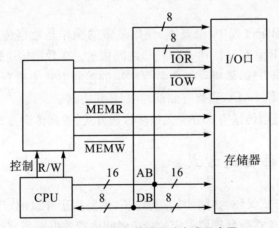

图 6.3 I/O 端口单独寻址方式示意图

像 8086 等就采用了 I/O 端口单独寻址方式。这些指令包含直接寻址和寄存器间接寻址两种类型。对以 8086 为 CPU 的 PC 系列机而言,如采用直接寻址,则其输入指令格式为

    IN AL, PORT
    OUT PORT, AL

这种直接寻址方式的端口地址为一个字节长,可寻址 256 个端口。

如采用间接寻址,则其输入指令格式为

    IN AL, DX
    OUT DX, AL

　　这种间接寻址方式的端口地址为两个字节长,由 DX 寄存器间接给出,可寻址 64 K 个端口地址。

　　对上述 I/O 指令,累加器 AL 一次传送一个字节数,而 AX 一次传送两个字节数。指令中指定端口及其下一个端口的内容,分别与 AL 和 AH 寄存器的内容相对应。

　　这种寻址方式的优点是:I/O 空间与存储器空间各自独立,可分开设计。由于采用单独的 I/O 指令,其助记符与存储器指令明显不同,因而使程序编制清晰,易于理解。I/O 地址线较少,所以译码电路简单。I/O 指令格式短,执行时间快。

　　缺点是:I/O 指令较少,访问端口的手段远不如访问存储器的手段丰富,导致程序设计的灵活性较差;需要存储器和 I/O 端口两套控制逻辑,增加了控制逻辑的复杂性。

6.3　CPU 与外设之间的数据传送方式

　　在计算机的操作过程中,最基本、使用最多的操作是数据传送。在微机系统中,数据主要在 CPU、存储器和 I/O 接口之间传送。在数据传送过程中,关键问题是数据传送的控制方式,微机系统中数据传送的控制方式主要有程序控制传送方式、中断传送方式和 DMA(直接存储器存取)传送方式。

　　程序控制的数据传送方式分为无条件传送方式、查询传送方式。

6.3.1　无条件传送方式

　　无条件传送方式又称为"同步传送方式",主要用于外设的定时是固定的且已知的场合,外设必须在微处理器限定的指令时间内把数据准备就绪,并完成数据的接收或发送。当程序执行到输入输出指令时,CPU 不需了解端口的状态,直接进行数据的传送。这种信息传送方式,只限于定时为已知且固定不变的低速 I/O 接口,或不需要等待时间的 I/O 设备才能使用。例如,让数码管显示输出代码时,数码管可随时接收 CPU 所传送的数据,并可立即显示。当 CPU 与外部设备交换数据时,总认为它们处于"就绪"状态,随时可进行数据传送。

　　按这种方式传送信息时,外部设备必须已准备好,系统不需要查询外设的状态。在输入时,只给出 IN 指令;而在输出时,则仅给出 OUT 指令。这种传送方式的输入输出接口电路最简单,一般只需要设置数据缓冲寄存器和外设端口地址译码器就可以了。其接口示意图如 6.4 所示。

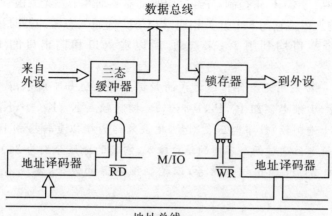

图 6.4 无条件传送接口示意图

在输入时,可认为来自外设的数据已输入至三态缓冲器,此时 CPU 执行 IN 指令,指定的端口地址经地址总线送至地址译码器,并和 M/$\overline{IO}$、$\overline{RD}$ 信号相"与"后,选通这个输入接口的三态缓冲器,将输入设备送入接口的数据经数据总线输至 CPU。

在输出时,CPU 执行 OUT 指令,将输出数据经数据总线加到输出锁存器的输入端。指定端口的地址由地址总线送至地址译码器,并和 M/$\overline{IO}$、$\overline{WR}$ 信号相"与",选通该输出接口的锁存器,将输出数据暂存锁存器,由它再把数据输出到外设。

无条件传送的接口电路和程序控制都比较简单,但有它特殊的应用条件:输入时外设必须已准备好数据,输出时接口锁存器必须为空,即接口和 I/O 设备在无条件传送时必须保持"就绪"状态。

图 6.5 为一个无条件传送的接口电路。其中 8 位锁存器构成输出口。数据的

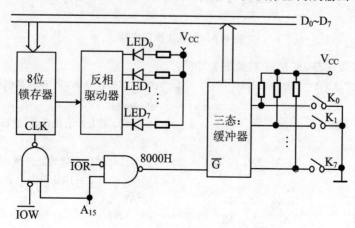

图 6.5 无条件传送的接口电路

锁存通过时钟信号 **CLK** 来控制,并经反向驱动器驱动 8 个发光二极管发光。三态缓冲器构成输入口。它与 8 个开关相连,当 CPU 选通三态缓冲器时,读取各开关的状态。两个端口均利用 A_{15} 来选通,所以输入口和输出口的 I/O 地址同为 8000H。

例 6.1 一个采用无条件传送方式的数据采集系统如下所示,被采样的数据是 8 个模拟量,由继电器组 P_0,P_1,P_2,…,P_7 控制触点 K_0,K_1,…,K_7 逐个接通。用一个 4 位(十进制数)数字电压表测量,把被采样的模拟量转换成 16 位 BCD 代码,高 8 位和低 8 位通过两个不同的端口输入,它们的地址分别为 340H 和 341H。CPU 通过端口 342H 输出控制信号,以控制继电器的吸合,实现不同模拟量的采集。

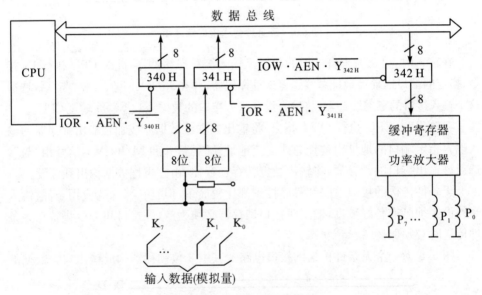

图 6.6 例 6.1 接口电路

数据采集过程,可用以下程序来实现:

```
START:MOV  CX, 0100H        ;01→CH,置合第一个继电器的代码
                            ;00000001
                            ;00→CL,断开所有继电器的代码
                            ; 00000000
      LEA  BX, BUFFER       ;将源操作数的有效地址送到 BX 寄存
                            ;器中,即(BX)←BUFFER
      XOR  AL, AL           ;清 AL 及 CF
NEXT:  MOV  AL, CL          ;(AL)←(CL)=00H
      MOV  DX, 342H         ;指向输出输出口
```

```
OUT  DX, AL              ;断开所有继电器线圈
CALL  NEAR  DELAY1       ;模拟继电器触点的释放时间
MOV  AL, CH              ;(AL)←(CH)＝01H
OUT  DX, AL              ;使 P₀ 吸合  0000 0001
CALL  NEAR DELAY2        ;模拟触点闭合及数字电压表的转换时间
MOV  DX, 340H            ;指向高 8 位地址
IN   AL, DX              ;读入采样的高 8 位数据
MOV  [BX], AL            ;存数
INC  BX                  ;修改存储单元的地址
INC  DX                  ;指向低 8 位地址
IN   AL, DX              ;读入采样的低 8 位数据
MOV  [BX], AL            ;存数
INC  BX                  ;修改存储单元的地址,为下次存数作准备
                         ;工作
RCL  CH, 1               ;CH 左移一位,为下一个触发点(继电
                         ;器)闭合做准备
JNC  NEXT
```

6.3.2　查询传送方式

　　程序控制下的查询传送方式,又称异步传送方式。它在执行输入/输出操作之前,需通过测试程序对外部设备的状态进行检查。当所选定的外设已准备"就绪"后,才开始进行输入/输出操作。其工作流程包括以下两个基本工作环节(图 6.7):

　　(1) 查询环节

　　这个环节主要通过读取状态寄存器的标志位来检查外设是否"就绪"。若没有"就绪",则程序不断循环,直至"就绪"后才继续进行下一步工作。但在实际过程中,有时由于外设故障导致不能"就绪",使查询程序进入一个死循环。为解决这个问题,通常可采用加超时判断来处理这种异常情况,即循环程序超过了规定时间,则自动退出该查询环节。

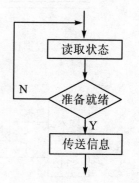

图 6.7　查询传送方式流程图

　　系统是否"就绪",可在状态寄存器中设置某一位为标志位来确定。若系统中有多个端口的状态需查询,可定义多个标志位,并将它们集中在同一个状态寄存器内,查询时可采用轮询办法进行。此时,CPU 将依

次按照既定的顺序依次查询各标志位,若某个标志位"就绪",则对其进行服务,服务完成后继续进行查询。

(2) 传送环节

当上一环节完成后,将对数据口实现寻址,并通过输入指令从数据端口输入数据,或利用输出指令从数据端口输出数据。

查询传送方式中 CPU 与 I/O 设备的关系是 CPU 主动,I/O 被动,即 I/O 操作由 CPU 启动。其优点是:比无条件传送方式更容易实现数据的有准备传送,控制程序也容易编写,且工作可靠,适应面宽。但由于需要不断测试状态信息,使大量CPU 工时将被查询环节消耗掉,导致传送效率较低。在 CPU 负担不重、所配外设对象不多、实时性要求不太高的情况下可使用这种传送方式。

查询传送方式包括查询式输入和查询式输出两种。

1. 查询式输入

由于 CPU 与 I/O 设备的工作往往不同步,故当 CPU 执行输入操作时,很难保证外设已经准备好输入信息;同样,CPU 在执行输出操作时,也很难保证外设已准备好接收输出信息。所以,在程序控制下的传送方式,必须在传送前先检查外设的状态。对查询传送方式,接口部分除了有数据传送的端口外,还必须有传送状态信息的端口,其输入接口电路如图 6.8 所示。8 位锁存器与 8 位三态缓冲器构成数据寄存器,该接口的输入端连接输入设备,输出端直接与系统的数据总线相连。状态寄存器由 1 位锁存器和 1 位三态缓冲器构成。输入设备可通过控制信号对该状态口进行控制,CPU 也可通过数据线 D_0 访问该状态口。

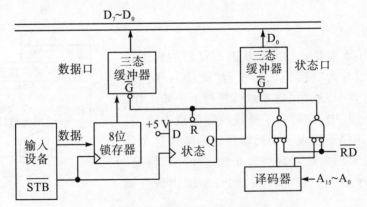

图 6.8 查询输入接口电路

具体工作过程如下:当输入设备的数据已经准备好后,一方面将数据送入 8 位锁存器,另一方面对 D 触发器触发,使状态信息标志位 D_0 为 1。当 CPU 要求外设输入信息时,先检查状态信息。若数据已经准备好,则输入相应数据,并使状态信息清"0";否则,等待数据准备"就绪"。图 6.8 中读入的数据为 8 位,而状态信息为 1 位,其对应数据和状态信息如图 6.9 所示。当有多个外设时,状态信息可使用同一端口,但使用不同的位。图 6.10 为这种查询输入方式的程序流程图。

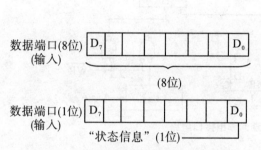

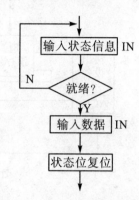

图 6.9　查询式输入时的数据和状态信息　　图 6.10　查询式输入程序流程图

查询式输入的相应程序段为

```
NEXTIN:  IN AL, STATUS_PORT    ;从状态口输入状态信息
         TEST AL, 01H          ;测试标志位是否为 1
         JZ NEXTIN             ;未就绪,继续查询
         IN AL, DATA_PORT      ;从数据端口输入数据
```

2. 查询式输出

当有信息输出时,与查询输入一样,CPU 必须了解外设此时的状态。若外设有空,则执行输出指令;否则就继续查询,直至有空为止。因此,查询式输出方式的接口电路同样必须包含状态信息端口。具体接口电路如图 6.11 所示。8 位锁存器作为数据寄存器,其输入端与数据总线相连,输出端连接输出设备。与查询式输入一致,状态寄存器同样由 1 位锁存器和 1 位三态缓冲器构成。输出设备可通过另外的信号线对该状态口进行控制,CPU 则可利用数据线 D_7 输入该状态口的信息。

具体工作过程如下:当输出设备将数据输出后,会发出一个 ACK 信号,使 D 触发器翻转为 0。CPU 查询到这个状态信息后,便知道外设空闲,可以执行输出指令,将新的输出数据发送到数据总线上,同时把数据口地址发送到地址总线上。由地址译码器产生的译码信号和 $\overline{WR}$ 相"与"后,发出选通信号,将输出数据送至 8 位锁存器。同时,将 D 触发器置为 1,并通知外设进行数据输出操作。

图 6.11 中读入的数据为 8 位,状态信息为 1 位,其对应数据和状态信息如图

6.12 所示。与查询式输入一样,对多个外设可使用同一端口来存放状态信息,但使用不同的位。图 6.13 为查询式输出程序流程图。

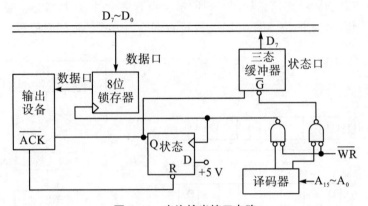

图 6.11 查询输出接口电路

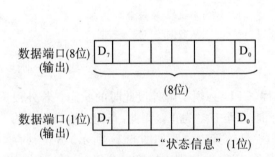

图 6.12 查询式输出的端口信息

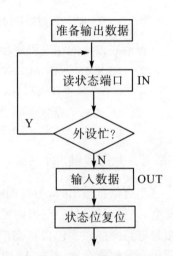

图 6.13 查询式输出程序流程图

查询式输出的相应程序段为

```
NEXTOUT:   IN AL, STATUS_PORT        ;从状态口输入状态信息
           TEST AL, 80H              ;测试标志位 D₇
           JNZ NEXTOUT               ;未就绪,继续查询
           MOV AL, BUF               ;从缓冲区 BUF 取数据
           OUT DATA_PORT, AL         ;从数据端口输出
```

查询传送方式的优点:① 安全可靠;② 用于接口的硬件较省。其缺点:CPU 必须循环等待外设准备就绪,导致效率不高。

6.3.3　中断传送方式

程序查询方式独占 CPU,而通常外设的输入/输出速度很慢,这对 CPU 资源的使用造成很大浪费,使得 CPU 在查询过程中除了检测外设状态以外,不能做任何其他事情,使整个系统性能下降。尤其对某些数据输入或输出速度很慢的外部设备,如键盘、打印机等更是如此。如果 CPU 对这些设备不需要等待,则可执行大量的其他指令。

为弥补这种缺陷,提高 CPU 的使用效率,在 I/O 传输过程中,可采用中断传输机制。即 CPU 平时可以忙于自己的事务,当外设有需要时可向 CPU 提出服务请求;CPU 响应后,转去执行中断服务子程序;待中断服务程序执行完毕后,CPU 重新回到断点,继续处理被临时中断的事务。在这种情况下,CPU 与外设可同时工作,大大提高其使用效率。

在中断传送控制方式中,CPU 执行功能程序与外部设备工作,两者是并行进行的,它改变了 CPU 主动查询外设状态的情况,而是当外设一切准备就绪后,主动向 CPU 提出进行数据传输的请求。

中断过程就是 CPU 对一个随机请求进行处理的过程,它一般包括 5 个方面,即中断申请、中断排队、中断响应、中断服务和中断返回。

图 6.14 为中断传送方式下的接口电路图。图中的数据寄存器由 8 位锁存器与 8 位三态缓冲器构成。当输入装置准备“就绪”以后,发出选通信号,将数据存入锁存器,并使 D 触发器翻转为 1。若此时允许中断(中断允许触发器置为 1),则产生一个中断请求信号 INTR;CPU 响应此中断后,暂停现在的工作,转入中断服务程序,执行数据输入的指令,并将中断请求标志复位。待中断处理结束后,CPU 返回断点处继续执行原来的任务。

图 6.14 中的中断矢量及相关电路的功能是 CPU 响应中断时,用于识别“中断源”,有关内容将在下一章详细讨论。

中断传送方式中 CPU 与 I/O 设备的关系是 I/O 主动,CPU 被动,即 I/O 操作由 I/O 设备启动。在这种传送方式中,中断服务程序必须是预先设计好的,且其程序入口地址已知,调用时间则由外部信号决定。中断传送的显著特点是:能节省大量的 CPU 时间,实现 CPU 与外设并行工作,提高计算机的使用效率,并使 I/O 设备的服务请求得到及时处理。可适应于计算机工作量饱满,且实时性要求又很高的系统。但这种控制方式的硬件比较复杂,软件开发与调试也相应比程序查询方式困难。

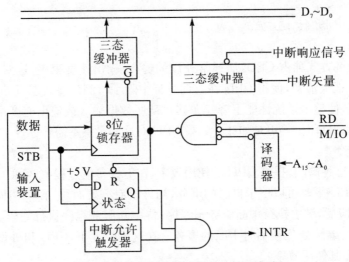

图 6.14　中断传送方式的输入接口电路

6.3.4　DMA 方式

在前几种程序控制的传送方式中,所有传送均通过 CPU 执行指令来完成。而每条指令均需要取指时间和执行指令时间,无形当中降低了数据交换速度。况且 CPU 的指令系统仅支持 CPU 与存储器,或者 CPU 与外设间的数据传送。当外设需要与存储器交换数据时,需要利用 CPU 做中转,实际上这一步是不必要的。此外,由于传送多数是以数据块的形式进行的,这种传送还伴随着地址指针的改变,以及传送计数器的改变等附加操作,这使得传输速度进一步降低。为解决这个问题,减少不必要的中间步骤,可采用 DMA 传送方式。

DMA 方式又叫直接存储器存取方式,即在外设与存储器间传送数据时,不需要通过 CPU 中转。CPU 只是启动 DMA 过程,丝毫不干预传输过程,整个 DMA 过程是由 DMA 控制器完成,也不需要软件的介入。在 DMA 控制器的控制下,外设和存储器利用数据总线直接进行数据交换。这样,数据的传送速度就取决于存储器的存取时间,故数据传送速率大大提高。

DMA 控制器除控制存储器与外设之间的数据传送之外,还可以控制存储器与存储器之间的数据传送。

在 DMA 控制系统中,在没有进行 DMA 传送时,CPU 作为系统中核心设备管理和使用 3 条总线进行数据的传送和处理,而 DMA 控制器仅作为 CPU 的一般外部设备,CPU 可对它进行一般的 I/O 操作和初始化等工作。当需要进行 DMA 传送时,则 DMA 控制器成为系统中的核心设备,DMA 控制器必须接管 CPU 对 3

条总线的管理和使用权,代替 CPU 的位置,由 DMA 控制器发出地址和控制信号,完成存储器和外设之间的数据传送。

与上述几种传送方式比较起来,DMA 方式的主要优点是传输速度高,适用于高速传输的外部设备;缺点是需要专门的 DMA 控制器,增加了成本。

1. DMA 传送的工作原理

DMA 传送的工作原理可用图 6.15 表示。

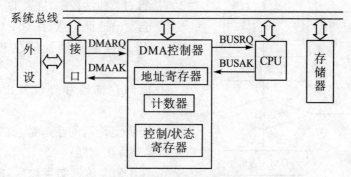

图 6.15　DMA 传送原理图

当外设把数据准备好以后,通过接口向 DMA 控制器发出一个请求信号 DMARQ(DMA 申请);DMA 控制器收到此信号后,便向 CPU 发出 BUSRQ 信号;CPU 完成现行的机器周期后相应发出 BUSAK 信号,交出对总线的控制权;DMA 控制器收到此信号后便接管总线,并向 I/O 设备发出 DMA 请求的响应信号 DMAAK,完成外设与存储器的直接连接;而后按事先设置的初始地址和需传送的字节数,在存储器和外设间直接交换数据,并循环检查传送是否结束,直至数据全部传送完毕。

DMA 方式的工作流程如图 6.16 所示。在整个 DMA 工作期间,不同传送周期有不同的时序要求,且随 DMA 芯片的不同而有所差异。DMA 传送完成后,自动撤销发向 CPU 的总线请求信号,使总线响应信号 BUSAK 和 DMA 的响应信号 DMAAK 相继失效。此时,CPU 恢复对总线的控制权,继续执行正常操作。

随着大规模集成电路技术的发展,DMA 传送可以应用于存储器与外设间信息交换,并扩展到两个存储器之间,或者两种高速外设之间进行信息交换。

2. DMA 控制器的基本功能

DMA 控制器是能在存储器和外部设备之间实现直接而高速地传送数据的一种专用处理器。它应具有独立访问内存的能力,能取代 CPU,提供内存地址和必要的读写控制信号,将数据总线上的信息写入存储器或从存储器读出,即可实现图

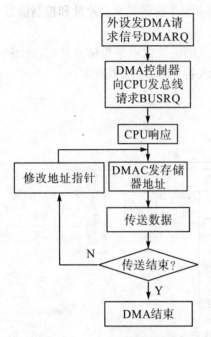

图 6.16　DMA 工作流程

6.16 所示的各项功能。为此,要求 DMA 控制器具有独立控制三总线来访问存储器和 I/O 端口的能力,具体来说,DMA 控制器应具有如下功能:

① 能在接收到外设的 DMA 请求后,向 CPU 发出 DMA 请求信号 DMARQ;

② 当 CPU 发出 DMA 响应信号 BUSAK 之后,接管对总线的控制,进入 DMA 方式;

③ 能发出地址信息,并对 I/O 端口或存储器寻址,即能输出地址信息和修改地址指针;

④ 能向存储器和外设发出读/写控制信号;

⑤ 能决定传送的字节数,并对 DMA 传送是否结束作出判断;

⑥ 在 DMA 传送结束以后,能发出结束 DMA 请求信号,并释放总线,让 CPU 重新获得总线控制权。

3. DMA 操作方式

DMA 控制器有 3 种常见的操作方式,即单字节方式、字组方式和连续方式。

(1) 单字节方式

在单字节操作方式下,DMA 控制器操作每次均只传送一个字节,即获得总线控制权后,每传送完一个字节的数据,便将总线控制权还给 CPU。按这种工作方式,即使有一个数据块要传送,也只能传送完一个字节后,由 DMA 控制器重新向 CPU 申请总线。

(2) 字组方式

字组操作方式也叫请求方式或查询方式。这种方式以有 DMA 请求为前提,能够连续传送一批数据。在此期间,DMA 控制器一直保持总线控制权。但当 DMA 请求无效,数据传送结束,或检索到匹配字节,以及外加一个过程结束信号时,DMA 控制器便释放总线控制权。

(3) 连续方式

连续操作方式是指在数据块传送的整个过程中,不管 DMA 请求是否撤销,

DMA 控制器始终控制着总线。除非传送结束或检索到"匹配字节",DMA 控制器才把总线控制权交回 CPU。在传送过程中,当 DMA 请求失效时,DMA 控制器将等待它变为有效,却并不释放总线。

　　上述 3 种操作方式各有特色:从 DMA 操作角度来看,以连续方式最快,字组方式次之,单字节方式最慢。但如果从 CPU 的使用效率来看,则正好相反,以单字节方式最好,连续方式最差,字组方式居中。因为在单字节方式下,每传送完一个字节,CPU 就会暂时收回总线控制权,并利用 DMA 操作的间隙,进行中断响应、查询等工作。而在连续方式下,CPU 一旦交出总线控制权,就必须等到 DMA 操作结束,这将影响 CPU 的其他工作。因此,在不同应用中,应根据具体需要,确定不同的 DMA 控制器操作方式。

6.4　I/O 接口应用

　　例 6.2　利用 74LS244 作为输入接口,读取 3 个开关的状态,用 74LS273 作为输出接口,点亮红、绿、黄 3 个发光二极管,如图 6.17 所示。请画出该电路与 PC/XT 机系统总线的完整接口电路(包括端口地址译码器的设计),端口地址如图中所示(340H 和 348H),并编写能同时实现以下 3 种功能的程序:

　　① K_0、K_1、K_2 全部合上时,红灯亮;
　　② K_0、K_1、K_2 全部断开时,绿灯亮;
　　③ 其他情况黄灯亮。

　　解　开关状态的读入及 LED 二极管的亮灭控制可以采用无条件传送方式,用输入/输出指令来完成。I/O 连接电路图如图 6.18 所示。

　　74LS244 是三稳态非反相八缓冲器/总线驱动器,8 个缓冲器由两个控制端控制,每个控制端控制 4 个缓冲器。CPU 在执行输入指令时,74LS244 的控制端应出现低电平,使开关状态读入 CPU;其他

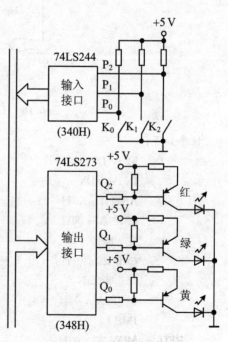

图 6.17　I/O 电路示意图

时间 74LS244 的输出 $1Y_1 \sim 1Y_3$ 处于高阻状态。CPU 控制总线时,AEN 为低电

平,输入总线周期时控制信号 $\overline{\text{IOR}}$ 出现低电平脉冲。74LS244 的端口地址译码信号由 74LS138 的 $\overline{\text{Y}}$ 提供。

74LS273 是单向输出带清零端的 8D 触发器,充当输出锁存器用,使 LED 二极管持续发光。74LS273 的 CP 端是上升沿有效,应采用 $\overline{\text{IOW}}$ 信号的后沿(上升沿)将数据总线上的数据(输出指令中 AL 的值)从 D 触发器的 D 端锁存到 Q 端。74LS273 的地址译码信号由 74LS138 的 $\overline{\text{Y}}_1$ 端提供。

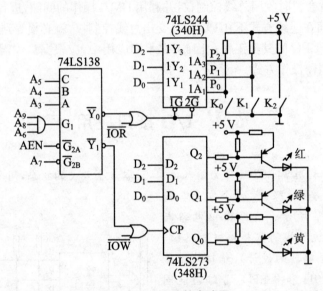

图 6.18　I/O 连接电路图

程序如下:

```
        MOV DX, 340H
        IN AL, DX
        AND AL, 07H
        CMP AL, 00H
        JZ  RED
        CMP AL, 07H
        JZ  GREtN
        MOV AL, 06H
        JMP L1
RED:    MOV AL, 03H
        JMP L1
GREEN: MOV AL, 05H
L1:     MOV DX, 348H
```

OUT DX，AL

INT　20H

习题与思考题

1. 什么是接口？其作用是什么？

2. 输入/输出接口电路有哪些寄存器？各自的作用是什么？

3. 什么叫端口？I/O 端口的编址方式有哪几种？各有何特点？

4. CPU 与输入/输出设备之间传送的信息有哪几类？相应的端口称为什么端口？

5. CPU 和外设之间的数据传送方式有哪几种？无条件传送方式通常用在哪些场合？

6. 相对于条件传送方式，中断方式有什么优点？和 DMA 方式比较，中断传送方式又有什么不足之处？

7. 采用无条件输入方式与外设接口时，接口电路应如何设计？

8. 说明查询式输入和输出接口电路的工作原理。

9. 简述在微机系统中，DMA 控制器从外设提出请求到外设直接将数据传送到存储器的工作过程。

10. 在一个微型计算机系统中，确定采用何种方式进行数据传送的依据是什么？

11. 计算机对 I/O 端口编址时通常采用哪两种方法？在 8086 系统中采用哪种方法？

12. 什么情况下两个端口可以用一个地址？

13. 设计一个外设端口地址译码器，使 CPU 能寻址 4 个地址范围：(1) 240～247H；(2) 248～24FH；(3) 250～257H；(4) 258～25FH。

14. DMA 控制器的地址线为什么是双向的？什么时候 DMA 控制器传送地址？什么时候 DMA 控制器往地址总线传送地址？

第 7 章　中断技术及控制器

中断是微处理器与外设进行信息交互的一种常用方法。本章讨论 8086 处理器的中断系统的工作过程，以及 8259A 可编程中断控制器的原理、工作方式及编程方法。

7.1　中断系统的基本概念

1. 中断的概念

在程序运行过程中，系统出现了一个必须由 CPU 立即处理的情况，此时，CPU 暂时中止当前执行的程序转而处理这个新的情况的过程就叫做中断。

通常，CPU 的运算速度要比外部设备的运算速度快，如果 CPU 总是用查询的方式与外设通信，大量的时间会被浪费在等待上。为了提高输入/输出数据的吞吐率，加快运算速度，便产生了中断技术。

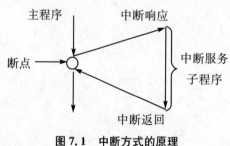

图 7.1　中断方式的原理

微机系统引入中断机制后，使 CPU 与外设（甚至多个外设）处于并行工作状态，便于实现信息的实时处理和系统的故障处理。中断方式的原理示意图如图 7.1 所示。

2. 中断系统及其作用、功能

中断系统是实现中断功能的软、硬件的集合。整个中断过程由计算机的中断系统配合用户设计的中断服务程序来实现。

中断系统在微机中可以有以下作用：
① 实现并行处理；
② 实现实时处理；
③ 实现故障处理。

微机的中断系统应具有以下功能：

① 中断响应：当中断源有中断请求时，CPU 能决定是否响应该请求。

② 断点保护和中断处理：在中断响应后，CPU 能保护断点，并转去执行相应的中断服务程序。

③ 中断优先权排队：当有两个或两个以上中断源同时申请中断时，应能给出处理的优先顺序，保证先执行优先级高的中断。

④ 中断嵌套：在中断处理过程中，发生新的中断请求，CPU 应能识别中断源的优先级别，在高级的中断源申请中断时，能中止低级中断源的服务程序，而转去响应和处理优先级较高的中断请求，处理结束后再返回较低级的中断服务程序，这一过程称中断嵌套或多重中断。

3. 中断源及其分类

在中断系统中能引起中断的事件称为中断源。中断源可以是外部事件（由 CPU 的中断请求信号引脚输入），也可以是 CPU 内部事件（由软件引起）。根据其用途分，一般有：

① 外部设备中断源：如中断传送接口外设、实时时钟等。

② 硬件故障中断源：如电源掉电。

③ 软件中断源：如运算错、程序错、中断指令等。

④ 处理器间中断（Interprocessor Interrupt）。一种特殊的硬件中断，由处理器发出，被其他处理器接收。仅见于多处理器系统，以便于处理器间通信或同步。

⑤ 伪中断（Spurious Interrupt）：一类不希望被产生的硬件中断。发生的原因有很多种，如中断线路上电气信号异常，或是中断请求设备本身有问题。

根据其是否可屏蔽分为：

① 可屏蔽中断（Maskable Interrupt）：硬件中断的一类，是指可通过在中断屏蔽寄存器中设定位掩码来关闭，通过指令确定 CPU 当前是否响应的（外部）中断源。

② 非屏蔽中断（Non-Maskable Interrupt，NMI）：是指无法通过在中断屏蔽寄存器中设定位掩码来关闭，一旦发生，CPU 必须响应的（外部）中断源。

7.2　8086 中断操作和中断系统

7.2.1　8086 中断分类

8086 可以处理 256 个不同类型的中断。每个中断类型对应一个中断类型号，这 256 个中断类型对应的中断类型号为 0～255。

能够向 CPU 发出中断请求的设备或事件称为中断源。从产生中断的方法来分，8086 的中断源有两类：内部中断和外部中断。其中，外部中断又分为非屏蔽中断和可屏蔽中断。

1. 内部中断

内部中断是 CPU 根据某条指令或者软件对标志寄存器中某个标志的设置而产生的。中断过程与硬件电路无关，因此内部中断也称软件中断。内部中断包括 5 个由内部硬件设置自动引发的中断，即溢出中断、除法出错中断、单步中断、断点中断，以及由中断指令直接请求的中断。

2. 外部中断

外部中断也叫硬件中断，由 CPU 中断请求信号引脚上输入的中断请求信号引起，分为非屏蔽中断和可屏蔽中断两种。

（1）非屏蔽中断

8086 的非屏蔽中断是指由 NMI 引脚上的中断请求信号引起的中断，它不受中断允许标志位 IF 的影响，不能用软件屏蔽。非屏蔽中断用来通知 CPU 发生了必须立即处理的事件，如系统掉电。8086 的非屏蔽中断由上升沿触发，中断类型号为 2，不需要中断响应周期。

（2）可屏蔽中断

外部设备通过 8086 的中断请求引脚 INTR 发起的中断请求，称为可屏蔽中断。接到有效的 INTR 信号后，如果中断允许标志位 IF 为 1，则 CPU 会在执行完当前指令后响应这一中断请求。

7.2.2　中断向量和中断向量表

每一个中断类型都对应有一个中断服务程序,这些中断服务程序的入口地址称为中断向量,把这些中断向量统一放在内存的一个固定区域里,就构成了中断向量表。

8086 系统中,在内存的 0 段的 0H～3FFH 地址范围建立了一个中断向量表,如图 7.2 所示。中断向量按中断类型号的顺序,在内存中由地位向高位排列。一个中断向量占用 4 个字节。前 2 个字节存放中断服务程序入口地址的段内偏移量(IP 的内容,16 位地址),低位字节存放在低地址,高位字节存放在高地址;后 2 个字节存放的是中断服务程序所在段的段地址(CS 的内容,16 位地址),存放方法同样是低位字节存放在低地址,高位字节存放在高地址。

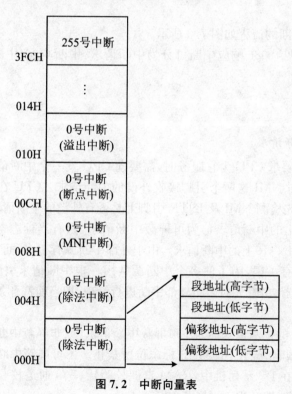

图 7.2　中断向量表

比如:类型号为 20H 的中断所对应的中断向量,在内存中存放的地址就应该是从 0000:0080H 开始的 4 个字节中。如果 0080H、0081H、0082H、0083H 这 4 个字节中的内容分别是 10H、20H、30H、40H,则对应的中断向量就是 4030H:2010H

(CS:IP)。

CPU 响应中断时,从中断向量表中查出中断向量地址,再从该地址中取出内容分别装入 IP 和 CS,从而转去执行相应的中断服务程序。

中断向量在表中的位置称为中断向量地址,中断向量地址与中断类型号的关系为

$$中断向量地址(首地址) = 中断类型号 \times 4$$

中断向量表中,类型号 0~4 已由系统定义,不允许用户做修改;类型号 5~31 是提供给系统使用的;类型号 32~255,原则上供用户定义,但是,有些中断已有固定的用途。比如 21H 类型的中断是 MS-DOS 操作系统调用,在 Windows 操作系统中仍有效。

7.2.3　CPU 响应中断的流程

8086 响应中断的流程如图 7.3 所示。

由图 7.3 可见,8086 响应中断可分为中断请求、中断响应、中断服务、中断返回四个阶段。

1. 中断请求

(1) 硬件中断请求

当外部设备要求 CPU 为它服务时,需要向 CPU 发一个中断请求信号。8086 CPU 用 INTR 和 NMI 这两个引脚接收外设的中断请求。CPU 在执行完每条指令后,CPU 都要先检测 NMI 及 INTR 引脚上是否有外设的中断请求信号。

INTR 引脚上的中断请求称为可屏蔽中断请求,只有当标志寄存器的 IF=1 时,CPU 才响应 INTR 上的中断请求。由于外部中断源有很多,而 CPU 的可屏蔽中断请求引脚只有一根,为了使多个中断源共用一根中断请求引脚,系统中引入 8259A 中断控制器,由它先对多路外部中断进行管理,把当前符合条件的中断请求信号转至 CPU。

NMI 引脚上的中断请求称为不可屏蔽中断请求(或非屏蔽中断请求),这种中断请求 CPU 必须响应,它不能被 IF 标志位所禁止。不可屏蔽中断请求通常用于处理应急事件。在 PC 系列机中,RAM 奇偶校验错、I/O 通道校验错和协处理器 8087 运算错等都能够产生不可屏蔽中断请求。

(2) 内部中断源的中断请求

CPU 的中断源除了外部硬件中断源外,还有内部中断源。内部中断请求不需要使用 CPU 的引脚,它由 CPU 在下列两种情况下自动触发:其一是在系统运行程

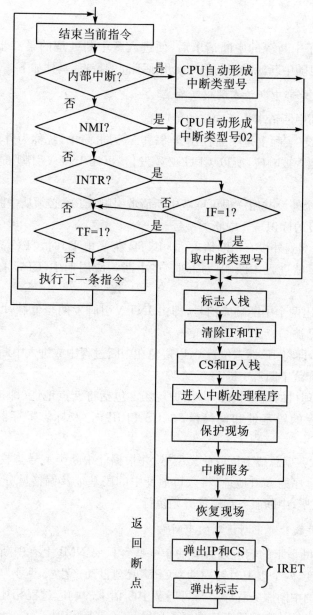

图 7.3　8086 响应中断的流程

序时,内部某些特殊事件发生(如除数为 0,运算溢出或单步跟踪及断点设置等);
其二是 CPU 执行了软件中断指令 INT n。所有的内部中断都是不可屏蔽的,即
CPU 总是响应(不受 IF 限制)。

2. 中断响应

CPU 接受了中断源的中断请求后,便进入了中断处理的第二步——中断响应。这一过程也随中断源类型的不同而出现不同的特点,具体如下:

(1) 可屏蔽外部中断请求的中断响应

可屏蔽外部中断请求中断响应的特点是:

① 由于外设(实际上是中断控制器 8259A,为求简单,统称为外设)不知道自己的中断请求能否被响应,所以 CPU 必须发信号(用 INTA 引脚)通知其中断请求已被响应。

② 由于多个外设共用一根可屏蔽中断请求引脚,CPU 必须从中断控制器处取得中断请求外设的标识——中断类型号。

当 CPU 检测到外设有中断请求(即 INTR 为高电平)时,CPU 又处于允许中断状态,则 CPU 就进入中断响应周期。在中断响应周期中,CPU 自动完成如下操作:

① 连续发出两个中断响应信号,即由 INTA 引脚发两个低脉冲,通知外设通知其中断请求已被响应。

② 关中断,即将 IF 标志位置 0,以避免在中断过程中或进入中断服务程序后,再次被其他可屏蔽中断源中断。

③ 保护处理机的现行状态,即保护现场。包括将断点地址(即被中断程序的下条要取出指令的段基址和偏移量,在 CS 和 IP 内)及标志寄存器的内容压入堆栈。

④ CPU 从数据总线上读取此类型号,并根据此中断类型号查找中断向量表,找到中断服务程序的入口地址,将入口地址中的段基址及偏移量分别装入 CS 及 IP,一旦装入完毕,中断服务程序就开始执行。

(2) 不可屏蔽外部中断请求的中断响应

NMI 上中断请求的响应过程要简单一些。只要 NMI 上有中断请求信号(由低向高的正跳变,两个以上时钟周期),CPU 就会自动产生类型号为 2 的中断,并准备转入相应的中断服务程序。与可屏蔽中断请求的响应过程相比,它省略了第 1 步及第 4 步中的从数据线上读中断类型号,其余步骤相同。

NMI 上中断请求的优先级比 INTR 上中断请求的优先级高,故这两个引脚上同时有中断请求时,CPU 先响应 NMI 上的中断请求。

(3) 内部中断的中断响应

内部中断是由 CPU 内部特定事件或程序中使用 INT 指令触发,若由事件触发,则中断类型号是固定的;若由 INT 指令触发,则 INT 指令后的参数即为中断类型号。故中断发生时 CPU 已得到中断类型号,从而准备转入相应中断服务程序中去。

3. 中断服务

在中断服务阶段,主要是执行相应的中断服务程序,所做的处理视应用场合而定。如外设的中断服务程序,主要是传递信息,而软件启动的中断服务程序则主要为系统中的其他程序服务。

4. 中断返回

当执行到 IRET 指令时,自动弹出 IP 和 CS 以及标志寄存器 FR,返回中断前的程序位置,执行下一条指令。

7.3 8259A 可编程中断控制器

为了管理多个中断源,系统中引入中断控制器。8259A 可编程中断控制器 (Programmable Interrupt Controller)是用于系统中断管理的专用芯片,在 IBM PC 系列微机中,都使用了 8259A,但从 80386 开始,8259A 都集成在外围控制芯片中。

7.3.1 8259A 的功能

8259A 基本功能有以下几点:

① 接受外设送来的中断请求,并将请求信号转给 CPU;

② 如果同时有多个请求,则选中其中优先级最高的中断请求送 CPU;

③ 在中断响应周期能自动向 CPU 提供可编程的标识码,如 8086 的中断类型号;

④ 可编程选择各种不同的工作方式。

此外,8259A 不仅有各种不同的中断工作方式,也能实现查询中断方式。在查询中断方式下,优先权的设置与向量中断方式时一样。在 CPU 对 8259A 进行查询时,8259A 把状态字送 CPU,指出请求服务的最高优先权级别,CPU 据此转移到相应的中断服务程序段。

7.3.2　8259A 的引脚信号与内部结构

1. 8259A 的引脚信号

图 7.4 是 8259A 的编程结构,为了分析 8259A 的工作原理,先介绍 8259A 的引脚信号。

引脚信号可分为四组。

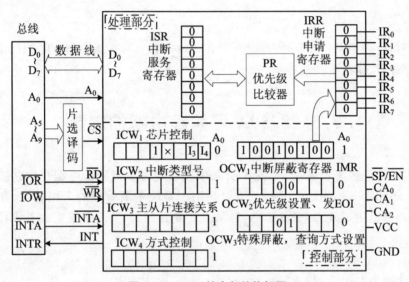

图 7.4　8259A 的内部结构框图

（1）与 CPU 总线相连的信号

$D_7 \sim D_0$：双向三态数据线,与 CPU 数据总线直接相连或与外部数据总线缓冲器相连。

$\overline{RD}$、$\overline{WR}$：读、写命令信号线,与 CPU 的读、写信号相连。

$\overline{CS}$：片选信号线,该引脚为低电平时选中芯片。

INT：中断请求信号输出端。用于向 CPU 发出中断请求信号。

$\overline{INTA}$：中断响应输入信号。用于接收 CPU 的中断响应信号。

A_0：地址线,用来选择 8259A 的两个端口,其中一个为奇地址端口,别一个为偶地址端口。

（2）与外部中断设备相连的信号

$IR_7 \sim IR_0$：与外设的中断请求信号相连,通常 IR_0 优先权最高,IR_7 优先权最低,按序排列。

(3) 级连信号

$CAS_0 \sim CAS_2$:从片选择信号码,这 3 个信号组合起来指示具体的从片。与 $\overline{SP/EN}$ 配合,实现级连。

$\overline{SP/EN}$:主从/允许缓冲线。在非缓冲工作方式中,用作输入信号,表示该 8259A 是主片($\overline{SP}=1$)或从片($\overline{SP}=0$)。在缓冲工作方式中,用作输出信号,以控制总线缓冲器的接收和发送($\overline{EN}$)。

(4) 其他

V_{CC}:接+5 V 电源。

GND:地线。

2. 8259A 的内部结构和工作原理

8259A 的内部结构框图如图 7.4 所示。8259A 内部由处理部分和控制部分组成。处理部分包含以下寄存器:

(1) 中断请求寄存器(IRR)

IRR 是一个具有锁存功能的 8 位寄存器,用于存放从外设来的中断请求信号 $IR_0 \sim IR_7$。IRR 具有上升沿触发和高电平触发两种触发方式。

(2) 中断屏蔽寄存器(IMR)

IMR 也是一个 8 位寄存器,用于存放中断请求信号的屏蔽状态。对应位为 1,表示屏蔽该中断请求;对应位为 0,表示开放该中断请求。IMR 可通过编程来设置。

(3) 优先级比较器(PR)

PR 用于管理、识别各中断源的优先级别。各中断源的优先级别可通过编程定义和修改,中断过程中自动变化。当有多个中断请求同时出现时,只响应其中优先级最高的中断请求。

当出现中断嵌套时,将新的中断请求与 ISR 中正在服务的中断源的优先权进行比较,若高于 ISR 中的中断级,则发出 INT,中止当前的中断处理程序,转而处理该中断,并在中断响应时,把 ISR 中相应位置位;反之,不发出 INT 信号。

(4) 中断在服务寄存器(ISR)

ISR 用于寄存所有正在被服务的中断源,是一个 8 位寄存器,对应位为 1,表示对应的中断源正在被处理。

3. 8259A 的工作流程

8259A 的工作流程如下：

① 中断源产生中断请求,使 8259A 的 IRR 相应位置 1。

② 经 IMR 屏蔽电路处理后($IRR\ AND\ \overline{IMR}$),送 PR。

③ PR 检测出最高的中断请求位,决定是否发出 INT 信号。

④ 若可发 INT 信号,则控制逻辑将 INT 信号送 CPU 的 INTR 引脚。

⑤ 若 CPU 开中断,则在执行完当前指令后,CPU 进入中断响应周期,发出两个中断响应信号$\overline{INTA}$。

⑥ 8259A 在收到第一个中断响应信号$\overline{INTA}$后,控制逻辑使相应的 ISR 位置 1,相应的 IRR 位清 0。

⑦ 8259A 在收到第二个中断响应信号$\overline{INTA}$后,控制逻辑将中断类型号送数据总线。若 8259A 工作在 AEOI(自动中断结束)模式,则使相应的 ISR 位清 0。

⑧ CPU 读取该中断类型号后,查中断向量表,转去执行相应的中断服务程序。

注意　这里的中断结束,是指将 8259A 的 ISR 对应位复位,而不是结束用户的中断服务程序,中断服务程序要执行 IRET 指令后才能结束。

7.3.3　8259A 的工作方式

8259A 有多种工作方式,可通过编程来设置,以灵活地适用于不同的中断要求。

8259A 的工作方式分为 4 类:中断触发方式、中断优先权管理方式、连接系统总线的方式、程序查询方式。其中,中断优先权管理方式是工作方式的核心,包括中断屏蔽方式、设置优先级方式和中断结束方式。

1. 中断触发方式

(1) 上升沿触发方式

在上升沿触发方式下,中断请求输入端 IR_i 出现由低电平到高电平的跳变时为有效的中断请求信号。其优点是 IR_i 端只在上升沿申请一次中断,故该端一直可以保持高电平而不会误判为多次中断申请。

(2) 电平触发方式

在电平触发方式下,中断请求输入端 IR_i 出现高电平时,即为有效的中断请求信号。使用该方式应注意,在 CPU 响应中断后(ISR 相应位置位后),必须撤销 IR_i 上的高电平,否则会发生第二次中断请求。

中断的触发方式由初始化命令字 ICW_1 的 D_3 位置来设置。

2. 中断屏蔽方式

(1) 普通屏蔽方式

在普通屏蔽方式下,可以通过设置中断屏蔽寄存器(IMR)的方式,对 8259A 的每一个中断请求输入端进行屏蔽设置,使其中断请求信号不能送到 CPU。

普通屏蔽方式通过写入屏蔽字 OCW_1 来设置,OCW_1 的内容存放在 IMR 中,对应位为 1,屏蔽该中断,对应位为 0,开放该中断。

(2) 特殊屏蔽方式

使用特殊屏蔽方式时,可以在执行较高优先级的中断时,开放所有未被屏蔽的中断,包括较低优先级的中断。采用特殊屏蔽方式时,用屏蔽字 OCW_1 对 IMR 中的某一位置 1,同时使 ISR 对应位清 0,这样在执行中断服务程序过程中,通过对本级中断源的屏蔽,可开放所有未被屏蔽的中断。

特殊屏蔽方式,通过在中断服务程序中对操作命令字 OCW_3 进行设置。

3. 中断优先级方式

(1) 普通全嵌套方式

该方式是 8259A 最常用的方式,简称全嵌套方式。8259A 初始化后未设置其他优先级方式,就按该方式工作,所以普通全嵌套方式是 8259A 的缺省工作方式。

普通全嵌套方式下,$IR_7 \sim IR_0$ 优先级由低到高按序排列,且只允许高级的中断源中断低级的中断服务程序。

在该方式下,一定要预置 AEOI＝0,使中断结束处于正常方式。否则,低级的中断源也可能打断高级的中断服务程序,使中断优先级次序发生错乱,不能实现全嵌套。

(2) 特殊全嵌套方式

特殊全嵌套方式与普通全嵌套方式相比,不仅要响应比本级高的中断源的中断申请,而且要响应同级别的中断源的中断申请。

特殊全嵌套方式一般适用于 8259A 级联工作时主片采用,主片采用特殊全嵌套工作方式,从片采用普通全嵌套工作方式可实现从片各级的中断嵌套。

在特殊全嵌套方式中,对主片的中断结束操作,应检查是否是从片的唯一中断,否则,不能给主片发结束中断(EOI)命令,以便从片能实现嵌套工作,只有从片中断服务全部结束后,才能给主片发 EOI 命令。

该方式通过初始化命令字 ICW_4 来设置。

(3) 优先级自动循环方式

优先级自动循环方式,在给定初始优先顺序 $IR_7 \sim IR_0$ 由低到高按序排列后,某一中断请求得到响应后,其优先权降到最低,比它低一级的中断源优先级最高,其余按序循环。如 IR_0 得到服务,其优先权变成最低,$IR_1 \sim IR_7$ 优先级由高到低按序排列。

使用优先权循环方式,每个中断源有同等的机会得到 CPU 的服务。

该方式通过操作命令字 OCW_2 来设置。

(4) 优先权特殊循环方式

优先权特殊循环方式与优先权自动循环方式相比,不同点在于它可以通过编程指定初始最低优先级中断源,使初始优先级顺序按循环方式重新排列。如指定 IR_3 优先级最低,则 IR_4 优先级最高,初始优先级由低到高排列顺序为 IR_3、IR_2、IR_1、IR_0、IR_7、IR_6、IR_5、IR_4。

该方式通过操作命令字 OCW_2 来设置。

4. 中断结束处理方式

当中断服务结束时,必须给 8259A 的中断服务寄存器 ISR 相应位清 0,表示该中断源的中断服务已结束,使 ISR 相应位清 0 的操作称中断结束处理。

中断结束处理方式有两类:自动结束方式(AEOI)和非自动结束方式(EOI),而非自动结束方式(EOI)又分为一般中断结束方式和特殊中断结束方式。

(1) 自动结束方式(AEOI)

当某级中断被 CPU 响应后,8259A 在第二个中断响应周期的 $\overline{INTA}$ 信号结束后,自动将 ISR 中的对应位清 0。

该方式是最简单的一种中断结束处理方式,适应于有一块 8259A 且没有中断嵌套的系统。因为 ISR 中的对应位清 0 后,所有未被屏蔽的中断源均已开放,同级或低级的中断申请都可被响应。

该方式通过初始化命令字 ICW_4 来设置。

(2) 一般的中断结束方式

使用一般的中断结束方式时,通过中断服务程序中 EOI 指令,使 ISR 中级别最高的那一位清 0。它只适用于全嵌套方式,使用该方式时,ISR 中级别最高的那一位就是当前正在处理的中断源的对应位。

(3) 特殊的中断结束方式

该方式与一般的中断结束方式相比,区别在于发中断结束命令的同时,用软件方法给出结束中断的中断源是哪一级的,使 ISR 的相应位清 0。它适用于任何非自动中断结束的情况。

5. 连接系统总线方式

(1) 非缓冲方式

每片 8259A 的数据线直接和系统数据总线相连,适用于单片或片数不多的 8259A 组成的系统。该方式通过初始化命令字 ICW_4 来设置。

在非缓冲方式时,单片 8259A 的 $\overline{SP}/\overline{EN}$ 端接高电平,级联 8259A 的主片的 $\overline{SP}/\overline{EN}$ 端接高电平,从片的 $\overline{SP}/\overline{EN}$ 端接低电平。

(2) 缓冲方式

使用缓冲方式时,每片 8259A 都通过总线驱动器与系统数据总线相连,适用于多片 8259A 级联的大系统。该方式通过也初始化命令字 ICW_4 来设置。

8259A 主片的 $\overline{SP}/\overline{EN}$ 端输出低电平信号,作为总线驱动器的启动信号,接总线驱动器的 $\overline{OE}$ 端,从片的 $\overline{SP}/\overline{EN}$ 端接地。

6. 程序查询方式

不仅 8259A 可以通过 INT 引脚向 CPU 发起中断请求,而且 CPU 也可以通过对 8259A 查询的方式来获得当前的中断请求信息以及 8259A 的工作状态。

在查询工作方式下,8259A 不发 INT 信号,CPU 也不开放中断,CPU 通过不断查询 8259A 的状态,当查到有中断请求时,就根据它提供的信息转入相应的中断服务程序。

设置查询方式的方法是:CPU 关中断(IF = 0),写入 OCW_3 查询方式字(OCW_3 的 D_2 位为 1),然后执行一条输入指令,8259A 便将一个查询字送到数据总线上。查询字中,$D_7 = 1$ 表示有中断请求,$D_2 D_1 D_0$ 表示 8259A 请求服务的最高优先级是哪一位。

如果 OCW_3 的 $D_2 D_1$ 位 = 11,表示既发查询命令,又发读命令。执行输入指令时,首先读出的是查询字,然后读出的是 ISR(或 IRR)。

查询方式时,不需执行中断响应周期,不用设置中断向量表,响应速度快,占用空间少。

7.3.4 8259A 的级联

在微机系统中,可以使用多片 8259A 级联使中断优先级从 8 级扩大到最多 64 级。级联时,只能有一片 8259A 为主片,其余都是从片,从片最多 8 片。

主片 8259A 的 $CAS_2 \sim CAS_0$ 作为输出线,可直接或通过驱动器连接到从片的 $CAS_2 \sim CAS_0$,每个从片的 INT 连接到主片的 $IR_7 \sim IR_0$ 中的一个,主片的 INT 端连 CPU 的 INTR 端。

在主从式级联系统中,主片和从片都必须通过设置初始化命令字进行初始化,通过设置工作方式命令字设置工作方式。

在主从式级联系统中,当从片中任一输入端有中断请求时,经优先权电路比较后,产生 INT 信号送主片的 IR 输入端,经主片优先权电路比较后,如允许中断,主片发出 INT 信号给 CPU 的 INTR 引脚,如果 CPU 响应此中断请求,发出 $\overline{INTA}$ 信号。主片接收后,通过 $CAS_2 \sim CAS_0$ 输出识别码,与该识别码对应的从片则在第二个中断响应周期把中断类型号送数据总线。如果是主片的其他输入端发出中断请求信号并得到 CPU 响应,则主片不发出 $CAS_2 \sim CAS_0$ 信号,主片在第二个中断响应周期把中断类型号送数据总线。

7.3.5　8259A 的控制字与初始化编程

8259A 有两种控制字:初始化字和操作命令字,可对它进行初始化及工作方式设定。8259A 的编程也可分为两部分,即初始化编程和工作方式编程。

8259A 的初始化字有 4 个:$ICW_1 \sim ICW_4$,用于初始化;操作命令字有 3 个:$OCW_1 \sim OCW_3$,用于设定 8259A 的工作方式及发出相应的控制命令。

初始化命令字通常是计算机系统启动时由初始化程序设置的,一旦设定,在工作过程中一般不再改变。操作命令字由应用程序设定(如设备的中断服务程序),用于中断处理过程的动态控制,可多次设置。

8259A 的初始化流程如图 7.5 所示。

1. 8259A 初始化与初始化命令字(ICW)

下面对 ICW 各字的格式和应用进行讨论。

(1) 初始化字 ICW_1

初始化字 ICW_1,也称芯片控制初始化命令字,是 8259A 初始化流程中写入的第一个控制字。ICW_1 写入后,8259A 内部有一初始化过程。初始化过程的主要动作有:顺序逻辑复位,准备按 ICW_2、ICW_3、ICW_4 的确定顺序写入;清除 ISR 和 IMR;指定 $IR_7 \sim IR_0$ 由低到高的固定优先级顺序;从片方式地址置为 7(对应 IR_7);设定为普通屏蔽方式;设定为 EOI 方式;状态读出电路预置为 IRR。

ICW_1 的格式如下:

A_0		D_7	D_6	D_5	D_4	D_3	D_2	D_1	D_0
0					1	LTIM	ADI	SNGL	ICW_4

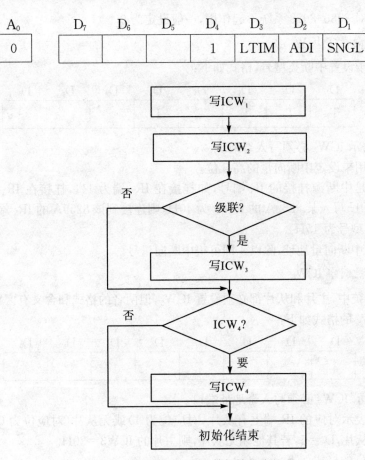

图 7.5　8259A 的初始化流程

$A_0 = 0$ 表示 ICW_1 必须写入偶地址端口。(注:这里的 A_0 只是用来说明 ICW_1 存放的端口地址,并不包含在 ICW_1 内。)

D_0:用于控制是否在初始化流程中写入 ICW_4。$D_0 = 1$ 要写 ICW_4;$D_0 = 0$ 不要写 ICW_4。8086/8088 系统中 D_0 必须置 1。

D_1:用于控制是否在初始化流程中写入 ICW_3。$D_1 = 1$ 不要写 ICW_3,表示本系统中仅使用了一片 8259A;$D_0 = 0$ 要写 ICW_3,表示本系统中使用了多片 8259A 级联。

D_2:对 8086/8088 系统不起作用;对 8098 单片机系统,用于控制每两个相邻中断处理程序入口地址之间的距离间隔值。

D_3:用于控制中断触发方式,$D_3 = 0$ 选择上升沿触发方式,$D_3 = 1$ 选择电平触发方式。

D_4:是特征位,必须为 1。

$D_7 \sim D_5$:对 8086/8088 系统不起作用,一般设定为 0。

(2) 中断向量字 ICW_2

ICW_2 用于设置中断类型号,格式如下:

A_0	D_7	D_6	D_5	D_4	D_3	D_2	D_1	D_0
1	T_7	T_6	T_5	T_4	T_3			

$A_0 = 1$:表示 ICW_2 必须写入奇地址。

$D_7 \sim D_3$:用来设定中断向量的高 5 位。

$D_2 \sim D_0$:是中断源挂接的 IR 端号,如挂接在 IR_7 端为 111,挂接在 IR_6 端为 110。例如,CPU 写入某 8259A 的 ICW_2 为 40H,则连接到该 8259A 的 IR_5 端的中断源的中断类型号为 45H。

如果已知中断向量地址,除以 4 即可得中断向量号。

(3) 级连控制字 ICW_3

在级联系统中,主片和从片都必须设置 ICW_3,但两者的格式和含义有区别。

主片 ICW_3 的格式如下:

A_0	D_7	D_6	D_5	D_4	D_3	D_2	D_1	D_0
1								

$A_0 = 1$ 表示 ICW_3 必须写入奇地址端口。

$D_7 \sim D_0$:表示对应的 IR 端上有从片(对应位为 1)或无从片(对应位为 0),如 IR_5 上挂接有从片,$D_5 = 1$,若其他端无从片,则主片的 ICW3 = 20H。

从片 ICW_3 的格式如下:

A_0	D_7	D_6	D_5	D_4	D_3	D_2	D_1	D_0
1						ID_2	ID_1	ID_0

$A_0 = 1$:表示 ICW_3 被写入奇地址。

$D_7 \sim D_3$:不用,常取 0。

$D_2 \sim D_0$:为从片的识别码,编码规则同 ICW_2。例如,若某从片的 INT 输出接到主片的 IR_5 端,则该从片的 $ICW_3 = 05H$。

(4) 方式字控制字 ICW_4

ICW_4 主要用于设置 8259A 的工作方式,格式如下:

A_0	D_7	D_6	D_5	D_4	D_3	D_2	D_1	D_0
1	0	0	0	SFNM	BUF	M/$\overline{S}$	AEOI	μ_{PM}

$A_0 = 1$:表示 ICW_4 必须写入奇地址端口。

D_0:系统选择,为 1 选择 8086/8088,为 0 表示当前所在为非 8 位系统,如 8080/8085。

D_1:中断结束方式选择,为 1 自动结束(AEOI),0 为正常结束(EOI)。

D_2:此位与 D_3 配合使用,表示在缓冲方式下,本片是主片还是从片,为 1 是主片,为 0 是从片。

D_3:缓冲方式选择,为 1 选择缓冲方式,为 0 选择非缓冲方式。当 $D_3 = 0$ 时,D_2 位无意义。

D_4:嵌套方式选择,为 1 选择特殊全嵌套方式,为 0 选择普通全嵌套方式。

$D_7 \sim D_5$:特征位,必须为 000,是 ICW_3 的标志码。

2. 工作方式编程与操作命令字 OCW

8259A 初始化完成后,其初始化命令字就不能改变,除非重新对 8259A 进行初始化。其他工作方式,如中断屏蔽、中断结束和优先级循环、查询中断方式等则都可在用户程序中利用操作命令字 OCW 设置和修改。

在 8259A 初始化完成后,8259A 即可接受中断申请,其工作方式即是初始化时确定的工作方式,也可称为缺省方式,但如不使用缺省方式,可在初始化完成后,写入操作命令字 OCW。

OCW 的写入没有严格的顺序,OCW 除了采用奇偶地址区分外,还采用了命令字本身的 $D_4 D_3$ 位作为特征位来区分。

(1) 中断屏蔽控制字 OCW_1

屏蔽控制字 OCW_1 用于屏蔽一些不希望中断请求。屏蔽字的格式如下:

A_0	D_7	D_6	D_5	D_4	D_3	D_2	D_1	D_0
1								

$A_0 = 1$:表示 OCW_1 必须写入奇地址端口。

$D_7 \sim D_0$:与 $IR_7 \sim IR_0$ 对应,对应位为 1 则屏蔽该级中断,对应位为 0 则开放该级中断。

(2) 优先级循环和非自动中断结束方式控制字 OCW_2

OCW_2 用于各中断源优先级循环方式和非自动中断结束方式的控制。OCW_2 的格式如下:

A_0	D_7	D_6	D_5	D_4	D_3	D_2	D_1	D_0
0	R	SL	EOI	0	0	L_2	L_1	L_0

$A_0=0$：表示 OCW_2 必须写入偶地址端口。

$D_2 \sim D_0(L_2 \sim L_0)$：中断源编码，在特殊 EOI 命令中指明清 0 的 ISR 位，在优先级特殊循环方式中指明最低优先权 IR 端号。

$D_4 D_3$：特征位，必须为 00。

$D_7 \sim D_5$：配合使用，用于说明优先级循环和非自动中断结束方式，其中 $D_7(R)$ 是中断优先权循环的控制位，为 1 循环，为 0 固定；$D_6(SL)$ 是 $L_2 L_1 L_0$ 有效控制位，等于 1 有效，否则无效；D_5 位是非自动中断结束方式控制位，$D_5=1$ 为普通中断结束方式，反之为特殊中断结束方式。配合使用确定的工作方式见表 7.1。

表 7.1　R、SL、EOI 配合使用表

R	SL	EOI	工 作 方 式	备注
0	0	1	普通 EOI	
0	1	1	特殊 EOI，$L_2 L_1 L_0$ 指定的 ISR 位清 0	
0	0	0	取消优先级自动循环	组合出有效的7个操作命令
0	1	0	无操作意义	
1	0	1	普通 EOI 命令，优先级自动循环	
1	1	1	普通 EOI 命令及优先级特殊循环方式，当前最低优先级为 $L_2 L_1 L_0$ 所指定	
1	0	0	优先级自动循环	
1	1	0	优先级特殊循环，$L_2 L_1 L_0$ 指定级别最低的优先级的 IR 端号	

（3）屏蔽方式和读状态控制字 OCW_3

屏蔽方式和读状态控制字 OCW_3 用于设置查询中断方式、特殊屏蔽方式、读 IRR 或 ISR 控制，格式如下：

A_0		D_7	D_6	D_5	D_4	D_3	D_2	D_1	D_0
1		$\times$	ESMM	SMM	0	1	P	RR	RIS

$A_0=0$：表示 OCW_3 必须写入偶地址端口。

D_7：无关。

$D_6 D_5$：特殊屏蔽方式控制位，为 11 时允许特殊屏蔽方式，为 10 时复位特殊屏蔽方式。

$D_4 D_3$：特征位，必须是 01。

D_2：查询中断方式控制位，$D_2=1$，进入查询中断方式，8259A 将送出查询字；否则是向量中断方式。

D_1：读命令控制位，$D_1=1$，是读命令，否则不是读命令。

D_0：读 ISR、IRR 选择位，为 1 选择 ISR，反之，选择 IRR。读命令中没有选择 IMR 的控制位，但这并不是说 CPU 不能读出 IMR 的内容，而是可以直接使用输入指令读出 IMR 的内容，因为 ISR、IRR、查询字都是偶地址，而只有 IMR 是奇地址，因此读 ISR、IRR 之前一般要发读命令，而读 IMR 之前不用发读命令。如果在读偶地址之前，不发读命令，也是可以的，但读出的内容一定是 IRR。

实际上，通过 $D_2D_1D_0$ 三位组合，控制了输入指令读出的是什么内容。$D_2=1$，且 $D_1=0$，读出的是查询字；$D_2=0$，且 $D_1=1$，读出的是 ISR($D_0=1$)或 IRR($D_0=0$)；如果 $D_2=1$，且 $D_1=1$，则第一条输入指令读出的是查询字，第二条输入指令读出的是 ISR($D_0=1$)或 IRR($D_0=0$)。IMR、ISR、IRR 各位的含义在 7.3.2 中已作介绍。

查询字的格式和各位的含义如下：

D_7	D_6	D_5	D_4	D_3	D_2	D_1	D_0
1					W_2	W_1	W_0

D_7：有无中断请求位，为 1 表示有，为 0 表示无。

$D_6 \sim D_3$：无意义。

$D_2 \sim D_0$（$W_2 \sim W_0$）：当前优先级最高中断源编码。

综上所述，8259A 通过奇偶两个地址、配合写入顺序和特征位，可以写入 7 个控制字，通过 OCW_3 又可以读出 1 个查询字和 2 个寄存器状态字 ISR 和 IRR，而 IMR 可直接读出。

3. 8259A 编程应用

例 7.1　设 8259A 应用于 8086 系统，中断类型号为 08H～0FH，它的偶地址为 20H，奇地址为 22H，设置单片 8259A 按如下方式工作：电平触发，普通全嵌套，普通 EOI，非缓冲工作方式，试编写其初始化程序。

分析：根据 8259A 应用于 8086 系统，单片工作，电平触发，可得：$ICW_1=$00011011B；根据中断类型号 08H～0FH，$ICW_2=$00001000B；根据普通全嵌套，普通 EOI，非缓冲工作方式，$ICW_4=$00000001B。写入此三字，即可完成初始化，程序如下：

```
        MOV AL, 1BH        ;00011011B,写入 ICW₁
        OUT 20H, AL
        MOV AL, 08H        ;00001000B,写入 ICW₂
        OUT 22H, AL
        MOV AL, 01H        ;00000001B,写入 ICW₄
```

　　　　　　OUT 22H，AL

　　例7.2　设 8259A 应用于 8086 系统，采用主从两片级联工作，主片偶地址端口 20H，奇地址端口 22H，中断类型号为 08H～0FH；从片偶地址端口 0A0H，奇地址端口 0A2H，中断类型号为 70H～77H。主片 IR_3 和从片级连，要实现从片级全嵌套工作，试编写其初始化程序。

　　　　分析：根据 8259A 应用于 8086 系统，主从式级联工作，主片和从片都必须有初始化程序，要实现从片级全嵌套工作，必须主片采用特殊全嵌套，从片采用普通全嵌套。如其他要求与例 7.1 相同，主片和从片初始化程序如下：

　　（1）主片初始化程序

　　　　　　MOV AL，19H　　　;00011001B，写入 ICW_1
　　　　　　OUT 20H，AL
　　　　　　MOV AL，08H　　　;00001000B，写入 ICW_2
　　　　　　OUT 22H，AL
　　　　　　MOV AL，08H　　　;00001000B，写入 ICW_3，在 IR_3 引脚上接有从片
　　　　　　OUT 22H，AL
　　　　　　MOV AL，11H　　　;00010001B，写入 ICW_4
　　　　　　OUT 22H，AL

　　（2）从片初始化程序

　　　　　　MOV AL，19H　　　;00011001B，写入 ICW_1
　　　　　　OUT 0A0H，AL
　　　　　　MOV AL，70H　　　;01110000B，写入 ICW_2
　　　　　　OUT 0A2H，AL
　　　　　　MOV AL，03H　　　;00000011B，写入 ICW_3，本从片的识别码为 03H
　　　　　　OUT 0A2H，AL
　　　　　　MOV AL，01H　　　;00000001B，写入 ICW_4
　　　　　　OUT 0A2H，AL

习题与思考题

1. 简答题。

（1）CPU 响应中断的条件是什么？响应中断后，CPU 有一个什么样的处理过程？

（2）中断向量表的作用是什么？怎么使用？

（3）简要说明 8259A 的内部结构和工作原理。

（4）特殊屏蔽方式和普通屏蔽方式有何异同？各适用于什么场合？

2. 中断服务程序的入口地址为 1234:EC59H，中断类型号为 13H，请作图表示该中断向量在中断向量表中的位置，并标明所占存储单元的地址。

3. 某系统有 5 个中断源,它们分别从中断控制器 8259A 的 $IR_0 \sim IR_4$ 以脉冲方式引入系统,中断类型码分别为 48H~4CH,中断入口的偏移地址分别为 2500H、4080H、4C05H、5540H 和 6FFFH,段地址均是 2000H,允许它们以全嵌套方式工作。请编写相应的初始化程序,使 CPU 响应任一级中断时,都能进入各自的中断服务子程序。

4. 设 8259A 应用在 8086 系统,采用电平触发方式,中断类型号为 60H~67H,采用特殊全嵌套方式,中断非自动结束,非缓冲工作方式,端口地址为 66H 和 64H,写出其初始化程序。

5. 某系统中设置 3 片 8259A 级联使用,两片从片分别接至主片的 IR_2 和 IR_6,同时,3 片芯片的 IR_3 上还分别连接了一个中断源。已知它们的中断入口均在同一段,段基址为 4000H,偏移地址分别为 1100H、40B0H、A000H,要求电平触发,普通 EOI 结束。画出它们的硬件连接图,编写全部的初始化程序。

6. 设 8259A 级联应用于 8086 系统,从片的中断请求线接于主片的 IR_7 输入端,主片端口地址为 66H 和 64H,从片端口地址为 60H 和 62H;主片 IR_0 的中断向量号为 50H,从片 IR_0 的中断向量号为 58H;主片工作方式同例 7.2,从片工作方式采用缺省工作方式。编写初始化程序,并画出硬件连接电路图。

第 8 章　并行通信接口

　　微机系统中 CPU 通过外部设备的接口电路与外设之间进行信息的传输。在接口电路中主要有锁存器、缓冲器、状态寄存器、命令寄存器、端口的译码以及相应的控制电路等,以解决驱动能力、时序和各种控制问题,方便信息的传送。随着半导体集成制造技术的不断进步,在相同面积的半导体材料上可以集成制造更复杂的电路,使得人们可以将不同的功能都集中到一块芯片上。这样便引申出了多功能或多工作模式接口芯片,而这些不同功能或模式的选择和设定基本上都是通过编程的方式来实现的,因此多功能或多模式的接口芯片通常都是"可编程外设接口芯片"(Programmable Peripheral Interface,PPI)。从某种程度上讲,在计算机硬件技术中,多功能与可编程是等价的。这些接口芯片按数据传送的方式分为两种方式:并行通信方式和串行通信方式。

　　本章主要介绍可编程并行 I/O 接口芯片 8255A 的结构和基本工作方式,然后通过典型实例介绍 8255A 在常见外设接口电路中的应用。

8.1　概　　述

　　并行通信是以微机的字长,通常是 8 位、16 位或 32 位为传输单位的,一次传送一个字长的数据,适合于外部设备与微机之间进行近距离、大量和快速的信息交换。实现并行通信的接口称为并行接口。一个并行接口可设计为只作为输入或输出接口,还可设计为既作为输入又作为输出接口,即双向输入/输出接口。

　　并行接口按工作原理分为不可编程并行接口和可编程并行接口。不可编程并行接口通常由三态缓冲器及数据锁存器等构成。这种接口的控制相对比较简单,但要改变其功能必须改变硬件电路;而可编程接口具有在不改变接口电路的情况下,通过编程设置和改变接口所实现的逻辑功能,因而灵活性很强。

　　例如,常见的不可编程的并行接口电路有 74LS244/254 三态缓冲器、74LS273/373 锁存器;可编程接口电路有 Intel 8255A 等。

8.1.1 典型的双向并行接口与外设连接

典型的双向并行接口与外设连接主要涉及以下几个方面(图 8.1)。

1. 并行接口与 CPU 的连接

① 数据总线:CPU 与并行接口进行数据交换的通道。

② 读出写入信号线:控制数据流向,确定操作是读还是写。

③ 复位线、准备好状态线:并行接口数据准备就绪。

④ 中断请求线:并行接口向 CPU 进行中断请求。

⑤ 地址译码电路:进行选择不同的接口电路,选择接口电路内部不同的寄存器。

2. 并行接口与外设的连接

① 输入设备:数据输入线,设备数据准备就绪状态线和接口接收数据应答线。

② 输出设备:数据输出线,接口数据准备就绪状态线和外设接收数据应答线。

3. 并行接口

① 控制寄存器:接收 CPU 发来的控制命令。

② 数据输入缓冲器、数据输出缓冲器:进行数据的输入、输出。

③ 状态寄存器:提供接口电路工作状态以供 CPU 查询。

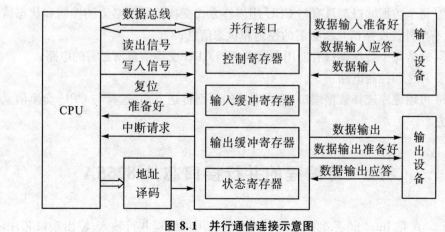

图 8.1　并行通信连接示意图

8.1.2　并行接口的工作原理

1. 并行接口输入数据的过程

外设将数据送到"数据输入线",通过"输入数据准备好"状态线通知并行接口取走,接口将数据锁存到"输入缓冲器",通过"数据输入回答"线通知外设,接口数据缓冲器已满,不要再送数据,接口在其内"状态寄存器"的相应位置 1,便于 CPU 查询和接口向 CPU 发中断请求之用。

CPU 从接口将数据取走后,接口将"数据输入准备好""数据输入回答"信号清除,以便外设输入下一个数据。

2. 并行接口输出数据的过程

接口"数据输出缓冲器"空,"数据输出准备好"状态线送 1,收到 CPU 发的数据,将之复位清 0,数据通过"数据输出"线送外设,由"数据输出准备好"线通知外设取数据。

8.1.3　并行接口的功能

可编程接口电路一般应具有以下功能:
① 两个或两个以上的具有锁存器或缓冲器的数据端口;
② 每个数据端口都具有与 CPU 用应答方式交换信号所必需的控制和状态信息,也有与外设交换信息所必需的控制和状态信息;
③ 通常每个数据端口有能用中断方式与 CPU 交换信息所必需的电路;
④ 片选和控制电路;
⑤ 可用程序选择数据端口,选择端口的数据传送方向,选择与 CPU 交换信息的方法。

8.2　可编程的并行接口芯片 8255A

8255A 是 Intel 86 系列微处理机配套的通用可编程并行输入/输出接口芯片,它可为 86 系列 CPU 与外部设备之间提供并行输入/输出通道。通过软件来设置芯片的工作方式,因此,用 8255A 连接外部设备时,通常不需再附加外部电路,使用方便。

8.2.1 并行接口 8255A 的内部结构

8255A 的内部结构和引脚图分别如图 8.2 所示。由图可见,片内有 3 个 8 位输入/输出口线,它由数据总线缓冲器、读/写控制逻辑、A 和 B 组控制电路、数据端口等组成。

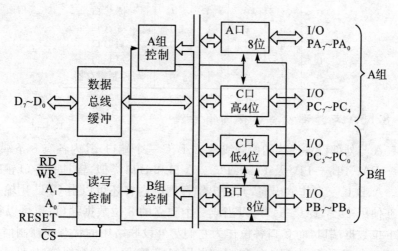

图 8.2　8255A 的内部结构

1. 8255A 与 CPU 连接的信号线

$D_7 \sim D_0$:数据线,三态双向 8 位,与系统的数据总线相连。

CS:片选信号,低电平有效。由系统地址线译码产生,低电平有效。地址信号 A_1、A_0 经片内译码产生 4 个有效地址,分别对应 A、B、C 三个独立的数据端口和一个公用的控制端口(内部控制寄存器)。在实际应用中,A_1、A_0 通常接到系统地址总线的 A_1、A_0。

WR:写信号,低电平有效。为低电平时,CPU 可以向 8255A 写入数据或控制字。

RD:读信号,低电平有效。为低电平时,允许 CPU 从 8255A 读取各端口的数据和状态。

A_1、A_0:端口地址选择信号。用于选择 8255A 的 3 个数据端口和 1 个控制端口。$A_1 A_0 = 00$ 选择 A 口;$A_1 A_0 = 01$ 选择 B 口;$A_1 A_0 = 10$ 选择 C 口;$A_1 A_0 = 11$ 选择控制口。

RESET:复位信号,高电平有效。为高电平时,8255A 所有的寄存器清 0,所有的输入/输出引脚均呈高阻态,3 个数据端口置为方式 0 下的输入端口。

CPU 对 8255 各端口进行读/写操作的信号关系如表 8.1 所示。

表 8.1　8255 各端口读/写操作的信号

CS	A_1	A_0	RD	WR	操作
0	0	0	0	1	读 A 口
0	0	1	0	1	读 B 口
0	1	0	0	1	读 C 口
0	0	0	1	0	写 A 口
0	0	1	1	0	写 B 口
0	1	0	1	0	写 C 口
0	1	1	1	0	写控制寄存器

2. 8255A 与外部设备连接的信号线

8255A 与外部设备连接的信号线是 A、B、C 三个端口,其内各有 8 条端口 I/O 线,$PA_7 \sim PA_0$、$PB_7 \sim PB_0$ 及 $PC_7 \sim PC_0$。A 口和 B 口类似,皆具有 I/O 锁存器和缓冲器。A、B、C 三口作输出时,其输出锁存器的内容还可以由 CPU 用输入指令读回。在使用中,A、B、C 三口可以当成三个独立的 8 位数据端口;也可以将 A、B 口当成 8 位数据端口,而 C 口各位作为它们与外设联络用的状态或控制信号。还可以将 C 口分成两部分,高 4 位和 A 口共同组成 12 位 A 组数据端口,低 4 位和 B 口组成 12 位 B 组数据端口。

控制寄存器用来接收对 8255 编程写入的控制字,实现对 A 组和 B 组工作方式的控制。

8.2.2　并行接口 8255A 芯片引脚

8255A 芯片采用 NMOS 工艺制造,是一个 40 引脚双列直插式(DIP)封装组件,其引脚排列如图 8.3 所示。

在现代的微机系统中,接口芯片组中包含有 8255 芯片功能,端口 A、B、C 和内部控制端口的 I/O 地址依次为 60H、61H、62H 和 63H。

8.2.3　并行接口 8255A 的控制字

控制字的功能是设置 8255A 的工作方式。在 8255 内部有两个控制寄存器,工作方式控制字和置位/复位控制字,它们共用同一个端口地址。这两个控制字写

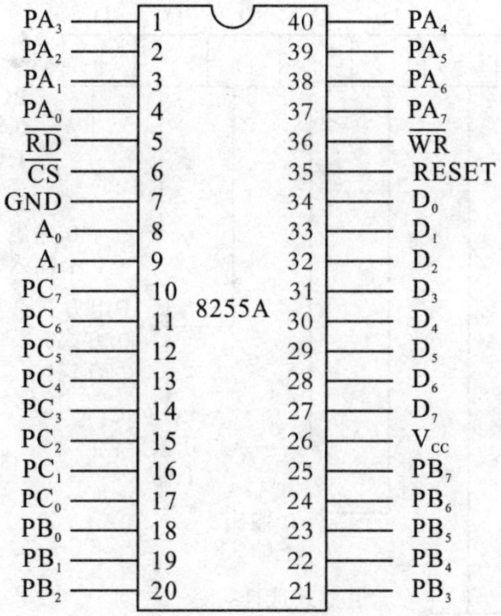

```
PA_3 ── 1      40 ── PA_4
PA_2 ── 2      39 ── PA_5
PA_1 ── 3      38 ── PA_6
PA_0 ── 4      37 ── PA_7
 RD ── 5      36 ── WR
 CS ── 6      35 ── RESET
GND ── 7      34 ── D_0
 A_0 ── 8      33 ── D_1
 A_1 ── 9      32 ── D_2
PC_7 ── 10     31 ── D_3
PC_6 ── 11  8255A  30 ── D_4
PC_5 ── 12     29 ── D_5
PC_4 ── 13     28 ── D_6
PC_3 ── 14     27 ── D_7
PC_2 ── 15     26 ── V_cc
PC_1 ── 16     25 ── PB_7
PC_0 ── 17     24 ── PB_6
PB_0 ── 18     23 ── PB_5
PB_1 ── 19     22 ── PB_4
PB_2 ── 20     21 ── PB_3
```

图 8.3　8255A 的引脚图

入同一端口地址($A_1A_0 = 11$),为了进行区分,控制字的 D_7 位作为标位,$D_7 = 1$ 表示是工作方式控制字;$D_7 = 0$ 表示是按位置位/复位控制字。8255 的工作方式选择与初始化是通过对其控制寄存器的写入来实现的。

1. 方式控制字

方式控制寄存器是一个 8 位的寄存器,图 8.4 列出了各位的作用。其中最高位 D_7 必须是"1",是方式控制字的特征位。当我们用输出指令(OUT)将方式控制字写入 8255 后,它被分存于 A、B 两组控制寄存器中。$D_6 \sim D_3$ 这 4 位控制 A 口与 C 口高 4 位(A 组)的工作方式及输入、输出选择。$D_2 \sim D_0$ 这 3 位控制 B 口及 C 口低 4 位(B 组)的工作方式及输入、输出选择。

从方式控制字的格式可以看出,数据输入/输出方向为:0—输出,1—输入。

例如,设 8255A 的端口地址为 60H~63H,要求 A 组工作在方式 0,A 口输出,C 口高 4 位输入;B 组工作在方式 1,B 口输出,C 口低 4 位输入,则对应的工作控制方式字为:10001101B 或 8DH。初始化程序如下:

```
MOV AL, 8DH    ;设置方式字
OUT 63H, AL    ;送到 8255A 控制字寄存器
```

例如,假设要把 PA 口指定为 0 方式输出,输入 PC 口上半部定为输入;PB 口指定为 1 方式输入,PC 口下半部定为输出,则其工作方式字是:10001110B 即 8EH。将此命令字写到 8255A 的控制寄存器中称为初始化,程序段为

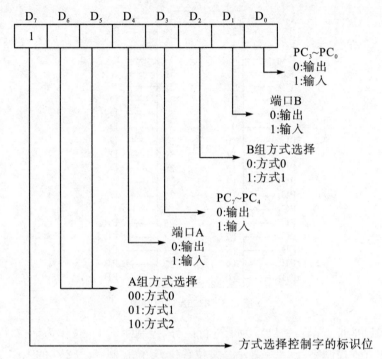

图 8.4　8255A 的方式控制字

```
MOV   DX, 8255A＋3          ;8255A 表示该芯片 PA 口地址
MOV   AL, 8EH
OUT   DX, AL               ;送到控制寄存器
```

2. C 口位控制字

8255 的 C 口命令字用于某个 PC 引脚输出高/低电平控制或软件设定 8255A 的相应状态。具有位控功能,即允许 CPU 用输出指令单独对 C 口的某一位写入"1"或"0"。这是通过向 8255 的控制寄存器写入一个位控制字来实现的。C 口的位控制字如图 8.5 所示。

说明:① 仅 C 口可按位置位/复位,且只对 C 口的输出状态进行控制(对输入无作用)。

② 一次只能设置 C 口 1 位的状态。

③ 这个控制字应写入控制口,而不是 C 口。

例 8.1　将 PC 口的 PC_5 引脚置成低电平时,则命令字为 00001010B,即 0AH。将该命令写入 8255A 的控制寄存器,就会使从 PC 口的 PC_5 引脚输出低电平,其程序段可为

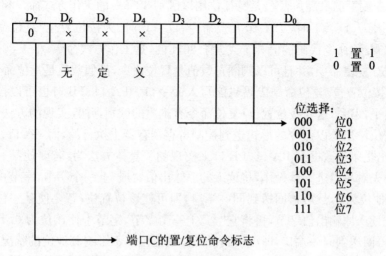

图 8.5   C 口位控制字

```
     MOV   DX, 8255A＋3   ;设 8255A 表示该芯片 PA 口地址
     MOV   AL, 0AH
     OUT   DX, AL
```

又如,若要使引脚 PC_5 输出高电平,则程序段为

```
     MOV   DX, 8255A＋3   ;设 8255A 表示该芯片 PA 口地址
     MOV   AL, 0BH
     OUT   DX, AL
```

例 8.2   设 8255A 的地址为 04A0H～04A3H,要求通过 8255A 芯片 C 口的 PC_2 位产生一个方波脉冲。

```
      MOV   DX, 04A3H          ;控制口地址
FB:   MOV   AL, 05H            ;对 PC₂ 置位的控制字
      OUT   DX, AL
      CALL DELAY              ;调用延时子程序
      MOV   AL, 04H            ;对 PC₂ 复位的控制字
      OUT   DX, AL
      JMP FB
```

关于控制字的几点注意事项 :

① 使用 8255 之前必须初始化。方式命令是对 8255A 的 3 个端口的工作方式及功能进行进行初始化设定,初始化工作要在使用 8255A 之前设置。

② 按位置位/复位命令只是对 PC 口的输出进行控制,使用它并不破坏已经建立的 3 种工作方式,而是对它们实现动态控制的一种支持。它可放在初始化程序以后的任何地方。

③ 控制字的最高位(D_7)是特征位用以区别 8255A 的工作方式命令和按位置位/复位命令字。$D_7=1$ 时,为工作方式命令;$D_7=0$ 时,为按位置位/复位命令。因此,可以判断,命令代码的值等于或大于 80H 的,是工作方式命令;小于 80H 的,是按位置位/复位命令,并且可以判断奇数值是置位命令,而偶数值是复位命令。

④ 按位置位/复位命令代码只能写入命令口。PA 口、PB 口也可以按位输出高/低电平,但是,这与按位置位/复位命令有本质的区别,并且实现的方法也不同。PC 口按位输出是以命令的形式送到控制寄存器存器去执行的,而 PA 口、PB 口的按位输出是以送数据到 PA 口、PB 口来实现的。具体方法为:若要使某一位置高电平,则先对端口进行读操作,将读入的原输出值,"或"上一个字节,字节中使该位为 1,其他位为 0,然后再回送到同一端口,即可使该位置位;若要使某一位置低电平,则先读入原输出值字节,再将它"与"上一个字节,字节中使该位为 0,其他位为 1,然后再回送到同一端口,即可实现对该位的复位而不影响其他位的状况。当然,能够这样做的条件是 8255A 的输出有锁存能力,若定义数据口为输出而对其执行 IN 指令,则所读到的内容就是上次输出时锁存的数据,而不是读入外设送来的数据。

8.2.4　并行接口 8255A 的工作方式

8255A 各端口共有 3 种基本工作方式:① 方式 0——基本输入/输出方式;② 方式 1——选通输入/输出方式;③ 方式 2——双向传送方式。这 3 种方式可以通过对其控制寄存器的写入来进行控制。

端口 A 可处于 3 种工作方式(方式 0、方式 1 或方式 2);端口 B 只可处于两种方式(方式 0 或方式 1);端口 C 常常被分成高 4 位和低 4 位两部分,可分别用来传送数据或控制信息。

8255A 内 3 个 8 位数据端口,分别具有如下特点:

① A 口常作为数据端口,功能最强。其内具有一个 8 位数据输入锁存器和一个 8 位数据输出锁存器/缓冲器。端口 A 无论用作输入口还是输出口,其数据均能被锁存。A 口支持工作方式 0、1、2。

② B 口常作为数据端口,具有输出锁存器/缓冲器和输入缓冲器。作为输入口时,它不具备锁存能力,因此外设输入的数据必须维持到被微处理器读取为止。B 口支持工作方式 0、1。

③ C 口可作为数据、状态和控制端口;分两个 4 位,每位可独立操作;控制灵活。其内具有输出锁存器/缓冲器和输入缓冲器。C 口仅支持方式 0,用作输入和输出口。若在方式 1 及方式 2 下,其部分引脚作为 A 口及 B 口的联络信号用,即

组控制高 4 位 $PC_4 \sim PC_7$，B 组控制低 4 位 $PC_0 \sim PC_3$。

1. 工作方式 0（基本输入/输出方式）

这是 8255A 中各端口的基本输入/输出方式，无需联络就可以直接进行 I/O 操作。它只完成简单的并行输入/输出操作，CPU 可从指定端口输入信息，也可向指定端口输出信息。在这种方式下，A 口、B 口、C 口的高 4 位和低 4 位可以分别设置成输入或输出，形成 16 种组合。如果某端口采用方式 0 输入，则该端口具有缓冲功能；如果工作在方式 0 输出，则端口具有锁存功能。也就是说，方式 0 下输入端口没有锁存功能，输出端口具有锁存功能。工作方式 0 控制字的具体格式如图 8.6 所示。

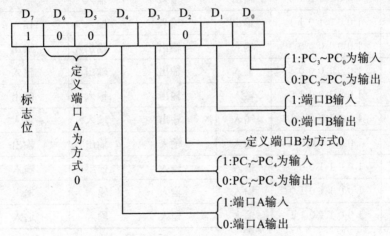

图 8.6　8255A 工作方式 0 控制字格式

从方式控制字的格式可以看出，数据输入/输出方向：0—输出，1—输入。

由控制字中 $D_4 D_3 D_1 D_0$ 等 4 位的不同取值可定义方式 0 的 16 种工作方式的组合，见表 8.2。

表 8.2　方式 0 的工作状态组合表

序号	控制字 $D_7, \cdots, D_0$	A 组		B 组	
		端口 A	端口 C 高 4 位 $(PC_7 \sim PC_4)$	端口 B	端口 C 低 4 位 $(PC_3 \sim PC_0)$
1	10000000	输出	输出	输出	输出
2	10000001	输出	输出	输出	输入

续表

序号	控制字 $D_7,\cdots,D_0$	A 组		B 组	
		端口 A	端口 C 高 4 位 $(PC_7 \sim PC_4)$	端口 B	端口 C 低 4 位 $(PC_3 \sim PC_0)$
3	1 0 0 0 0 0 1 0	输出	输出	输入	输出
4	1 0 0 0 0 0 1 1	输出	输出	输入	输入
5	1 0 0 0 1 0 0 0	输出	输入	输出	输出
6	1 0 0 0 1 0 0 1	输出	输入	输出	输入
7	1 0 0 0 1 0 1 0	输出	输入	输入	输出
8	1 0 0 0 1 0 1 1	输出	输入	输入	输入
9	1 0 0 1 0 0 0 0	输入	输出	输出	输出
10	1 0 0 1 0 0 0 1	输入	输出	输出	输入
11	1 0 0 1 0 0 1 0	输入	输出	输入	输出
12	1 0 0 1 0 0 1 1	输入	输出	输入	输入
13	1 0 0 1 1 0 0 0	输入	输入	输出	输出
14	1 0 0 1 1 0 0 1	输入	输入	输出	输入
15	1 0 0 1 1 0 1 0	输入	输入	输入	输出
16	1 0 0 1 1 0 1 1	输入	输入	输入	输入

注意　在方式 0 下,C 口的高、低 4 位可分别设定为输入或输出,但 CPU 的 IN 或 OUT 指令必须至少以一个字节为单位进行读写,为此必须采取适当的屏蔽措施,见表 8.3。

表 8.3　C 口读/写时的屏蔽措施

CPU 操作	高 4 位(A 组)	低 4 位(B 组)	数据的处理
IN	输入	输入	读入的 8 位数据均有效
IN	输出	输入	屏蔽高 4 位
IN	输入	输出	屏蔽低 4 位
OUT	输出	输出	读出的 8 位数据均有效
OUT	输出	输入	读出的数据只在高 4 位上
OUT	输入	输出	读出的数据只在低 4 位上

方式 0 适用于无条件输入或输出传送和查询方式的接口电路,如读取开关量、控制 LED 显示等。

2. 工作方式 1(选通输入/输出方式)

工作方式 1 亦称为应答方式,因此,需要置专用的联络信号线或叫应答信号线,以便对 I/O 设备和 CPU 两侧进行联络。数据输入/输出操作要在选通信号控制下完成。方式一的特点是:仅 A 口、B 口可工作在这种方式下,A 口或 B 口可以为输入,也可以为输出,但不能既输入又输出。不论输入还是输出,都要占用 C 口的某些引脚作为联络信号用,并且这种占用关系是固定的。C 口未被占用的位仍可用于输入或输出(控制字的 D_3 位决定)。方式 1 下 PA 口、PB 口的数据输入/输出均具有锁存能力。

采用工作方式 1 进行输入操作时,需要使用的控制信号如下:

① $\overline{STB}$——选通信号。由外设输入,低电平有效。该信号将端口上的数据装入端口的锁存器,并保持到微处理器用输入指令(IN)取走。$\overline{STB}$有效时,将外设输入的数据锁存到所选端口的输入锁存器中。对 A 组来说,指定端口 C 的 PC_4 用来接收向端口 A 输入的$\overline{STB}$信号;对 B 组来说,指定端口 C 的 PC_2 用来接收向端口 B 输入的$\overline{STB}$信号。

② IBF——输入缓冲存储器满信号。向外设输出,高电平有效。用于指示输入锁存器有数据,CPU 可以读取数据。IBF 有效时,表示由输入设备输入的数据已占用该端口的输入锁存器,它实际上是对$\overline{STB}$信号的回答信号,待 CPU 执行 IN指令时,$\overline{RD}$有效,将输入数据读入 CPU,其后沿将 IBF 置"0",表示输入缓冲存储器已空,外部设备可继续输入后续数据。对 A 组来说,指定端口 C 的 PC_5 作为从端口 A 输出的 IBF 信号;对 B 组来说,指定端口的 PC_1 作为从端口 B 输出的 IBF信号。

③ INTR——中断请求信号,高电平有效。INTR 在$\overline{STB}$、IBF 均为高时被置为高电平,也就是说,当选通信号结束、已将一个数据送进输入缓冲存储器中,并且输入缓冲区满信号已为高电平时,8255A 向 CPU 发出中断请求信号,即 INTR 引脚变为逻辑"1",当数据被 CPU 取走后变为逻辑"0"。

④ INTE——中断允许信号,既不是输入也不是输出信号,它是一个控制中断允许或中断屏蔽的信号。它通过对 C 口的位编程进行设定的一个内部控制位。即对 PC_4 置 1,则使端口 A 处于中断允许状态;对 PC_4 清 0,则使端口 A 处于中断屏蔽状态。与此类似,对 PC_2 置 1,则使端口 B 处于中断允许状态;对 PC_2 清 0,则使端口 B 处于中断屏蔽状态。若要使用中断功能,应该用软件使相应的端口处于中断允许状态。

　　显然,8255A 中的端口 A 和端口 B 均可工作于方式 1 输入模式,图 8.7 是 A 口、B 口工作在方式 1 选通输入时的结构以及相应的工作方式字。

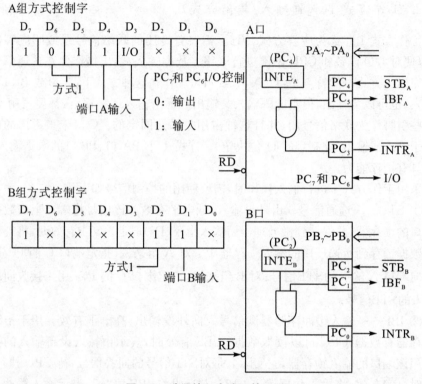

图 8.7　选通输入方式下的 8255A

　　分析图 8.7 可知,当端口 A 和端口 B 同时被定义为工作方式 1 完成输入操作时,端口 C 的 $PC_5 \sim PC_0$ 被用作控制信号,只有 PC_7 和 PC_6 位可完成数据输入或输出操作,因此可构成两种组合状态:①端口 A、B 输入,PC_7、PC_6 同时输入;②端口 A、B 输入,PC_7、PC_6 同时输出。

　　采用工作方式 1 完成输出操作,输出缓冲器满($\overline{OBF}$)信号即变为逻辑“0”以指示有数据在端口输出锁存器,外部的 I/O 设备可以通过给出应答($\overline{ACK}$)信号来取走输出锁存器中的数据。$\overline{ACK}$ 信号使 $\overline{OBF}$ 信号恢复到逻辑“1”表示缓冲器是非满的。

　　采用工作方式 1 时,需要使用的控制信号如下:

　　① $\overline{OBF}$——输出缓冲存储器满信号。向外设输出,低电平有效。当数据被输出到 A 口或 B 口锁存器时变为低电平。当有来自外设的 $\overline{ACK}$ 脉冲时,变为逻辑“1”,即 $\overline{OBF}$ 有效时,表示 CPU 已将数据写入该端口正等待输出。当 CPU 执行 OUT 指令,$\overline{WR}$ 有效时,表示将数据锁存到数据输出缓冲器,由 $\overline{WR}$ 的上升沿将

$\overline{OBF}$ 置为有效。对于 A 组,规定 PC_7 用作从端口 A 输出的 $\overline{OBF}$ 信号;对于 B 组,规定 PC_1 用作从端口 B 输出的 $\overline{OBF}$ 信号。

② $\overline{ACK}$——外设应答信号。由外设输入,低电平有效。表示外设已接收了 8255 端口的数据,同时是 OBF 引脚电平变为逻辑"1",即 $\overline{ACK}$ 有效,表示外部设备已收到由 8255A 输出的 8 位数据。它实际上是对 $\overline{OBF}$ 信号的回答信号。对于 A 组,指定 PC_6 用来接收向端口 A 输入的 $\overline{ACK}$ 信号;对于 B 组,指定 PC_2 用来接收向端口 B 输入的 $\overline{ACK}$ 信号。

③ INTR——中断请求信号。高电平有效。当外部设备通过 $\overline{ACK}$ 信号接收了端口的输出数据时用来向 CPU 提出中断,即当输出设备从 8255A 端口中提取数据,从而发出 $\overline{ACK}$ 信号后,8255A 便向 CPU 发出新的中断请求信号,以便 CPU 再次输出数据。因此 $\overline{ACK}$ 变为高电平且 $\overline{OBF}$ 也为高电平时,INTR 被置为高电平,而当写信号 $\overline{WR}$ 的下降沿来到时,INTR 变为低电平。

④ INTE——中断允许信号。它既不是输入也不是输出,是一个内部的可编程的位,用来开放或关闭 INTR 引脚。A 口的控制位 INTEA 与 PC_6 相对应,B 口的控制位 INTEB 与 PC_2 相对应。与端口 A、端口 B 工作在方式 1 输入情况时 INTE 的含义一样,INTE 为 1 时,使端口处于中断允许状态,INTE 为 0 时,则使端口处于中断屏蔽状态。INTE 的状态可通过软件来设置,具体来说,PC_6 置 1,则使端口 A 的 INTE 为 1,PC_6 置为 0,则使端口 A 的 INTE 为 0。与此类似,PC_2 置 1,则使端口 B 的 INTE 为 1,PC_2 置为 0,则使端口 B 的 INTE 为 0。

如果将 8255A 中的端口 A 和端口 B 均定义为工作方式 1 输出模式,则选通输出时的内部结构图和相应的工作方式字如图 8.8 所示。选通输出操作与方式 0 时的输出操作类似,但选通输出时增加了用于握手的控制信号。

分析图 8.8 可知,当端口 A 和端口 B 同时被定义为工作方式 1 完成输出操作时,端口 C 的 PC_6 和 PC_7 和 $PC_3 \sim PC_0$ 被用作控制信号,只有 PC_4 和 PC_5 两位可完成数据输入或输出操作。因此可构成两种组合状态:① 端口 A、B 输出,PC_4、PC_5 同时输入;② 端口 A、B 输出,PC_4、PC_5 同时输出。

采用工作方式 1 时,还可以将端口 A 定义为方式 1 输入端口,而将端口 B 定义为方式 1 输出端口等等。

方式 1 提供了联络信号,可用于查询或中断方式输入或输出的场合。

3. 工作方式 2(双向传送方式)

双向输入/输出方式,即同一端口的 I/O 线既可以输入也可以输出。只有 A 口可工作于方式 2。可用来连接双向 I/O 设备或用于在两台处理机之间实现双向并行通信等。此时 C 口有 5 条 I/O 线被规定为 A 口和外设之间的双向传送联络

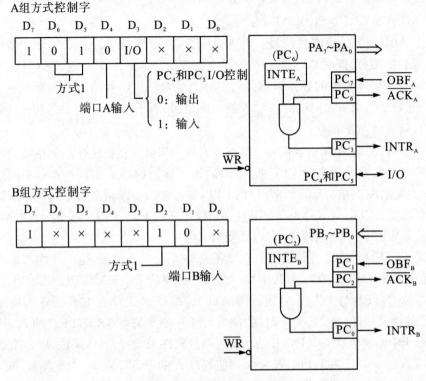

图 8.8　选通输出方式下的 8255

线。C 口剩下的 3 条线可以作为 B 口方式 1 的联络线,也可以和 B 口一起成为方式 0 的 I/O 线。

当端口 A 工作于方式 2 时,允许端口 B 工作于方式 0 或方式 1,其方式控制字格式如图 8.9 所示。

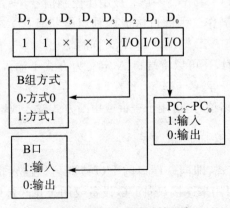

图 8.9　端口 A 方式 2 控制字

端口 A 工作于方式 2 的端口状态如图 8.10 所示。分析图 8.10 可知,端口 A 工作于方式 2 所需要的 5 个控制信号分别由端口 C 的 $PC_7 \sim PC_3$ 来提供。如果端口 B 工作于方式 0,那么 $PC_2 \sim PC_0$ 可用作数据输入/输出;如果端口 B 工作于方式 1,那么 $PC_2 \sim PC_0$ 用来作端口 B 的控制信号。

端口 A 工作于方式 2 所需控制信号如下:

① OBF_A——输出缓冲器满信号,是表示输出缓冲器内有数据的一个输出信号。向外设输出,低电平有效。CPU 用 OUT 指令输出数据时,由 $\overline{WR}$ 信号后沿将 OBF_A 置成有效。规定 PC_7 用作端口 A 输出的 OBF_A 信号。

② ACK_A——应答输入信号,是来自外设的对 8255 内部三态缓冲器的一个使能信号。当其为逻辑"1"时,A 口的输出缓冲器处于高阻态。ACK_A 有效,表示外设已收到端口 A 输出的数据,由 ACK_A

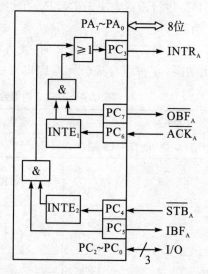

图 8.10　端口 A 工作在方式 2 的端口状态

后沿将 $\overline{OBF}$ 置成无效(高电平),表示端口 A 输出缓冲器已空,CPU 可继续向端口 A 输出后续数据。它实际上是 OBF_A 的回答信号。规定 PC_6 用来接收输入的 ACK_A 信号。

③ STB_A——数据选通信号。将外部数据装入端口 A 的输入锁存器,规定 PC_4 用来接收输入的 STB_A 信号。

④ IBF_A——输入缓冲器满信号。指示输入缓冲器中有来自外部双向总线上的数据。即 IBF_A 有效时,表示外设已将数据输入到端口 A 的数据输入锁存器中,等待向 CPU 输入,它实际上是对 STB_A 的回答信号。规定 PC_5 用作输出的 IBF_A 信号。

⑤ $INTR_A$——用来向 CPU 提出中断请求的输出信号。无论是输入还是输出,都可以用它向 CPU 发出中断请求信号。

⑥ $INTE_1$——中断允许位,既不是输入也不是输出,是内部的控制位,它们用来对 INTR 实施控制。它与 C 口的 PC_6 相对应。$INTE_1$ 为 1 时,端口 A 的输出处于中断允许状态;$INTE_1$ 为 0 时,则屏蔽了输出的中断请求。CPU 可通过程序对 PC_6 进行设置来决定 $INTE_1$ 的状态,PC_6 为 1,则 $INTE_1$ 为 1,PC_6 为 0,则 $INTE_1$

为 0。

⑦ INTE$_2$——中断允许位,既不是输入也不是输出,是内部的控制位,它们用来对 INTR 实施控制。它与 C 口的 PC$_4$ 相对应。INTE$_2$ 为 1 时,端口 A 的输入处于中断允许状态;INTE$_2$ 为 0 时,端口 A 的输入处于中断屏蔽状态。CPU 可通过软件对 PC$_4$ 进行设置来决定 INTE$_2$ 的状态,PC$_4$ 为 1,则 INTE$_2$ 为 1,PC$_4$ 为 0,则 INTE$_2$ 为 0。

8255A 中端口 A 工作方式 2 时,允许端口 B 工作于方式 0 或方式 1,完成输入/输出功能。4 种组合状态及其工作方式控制字格式见表 8.4。

表 8.4 方式 2 的组合状态与控制字格式

控制字								A 组					B 组				
D$_7$	D$_6$	D$_5$	D$_4$	D$_3$	D$_2$	D$_1$	D$_0$	端口 A	PC$_7$	PC$_6$	PC$_5$	PC$_4$	端口 B	PC$_3$	PC$_2$	PC$_1$	PC$_0$
1	1	—	—	—	0	1	×	方式 2 双向	$\overline{OBF_A}$	$\overline{ACK_A}$	IBF$_A$	$\overline{STB_A}$	方式 0 输入	INTR$_A$	I/O	I/O	I/O
1	1	—	—	—	0	0	×	方式 2 双向	$\overline{OBF_A}$	$\overline{ACK_A}$	IBF$_A$	$\overline{STB_A}$	方式 0 输出	INTR$_A$	I/O	I/O	I/O
1	1	—	—	—	1	1	—	方式 2 双向	$\overline{OBF_A}$	$\overline{ACK_A}$	IBF$_A$	$\overline{STB_A}$	方式 1 输入	INTR$_A$	$\overline{STB_B}$	IBF$_B$	INTR$_B$
1	1	—	—	—	1	0	—	方式 2 双向	$\overline{OBF_A}$	$\overline{ACK_A}$	IBF$_A$	$\overline{STB_A}$	方式 1 输出	INTR$_A$	$\overline{OBF}$	$\overline{ACK}$	INTR$_B$

方式 2 适用于查询和中断方式的接口电路以及与双向传送数据的外设。方式 2 是一种双向工作方式,如果一个外设既是输入设备,又是输出设备,并且输入和输出是分时进行的,那么将此设备与 8255A 的 A 口相连,并使 A 口工作在方式 2 就非常方便,如磁盘就是一种这样的双向设备。微处理器既能对磁盘读,又能对磁盘写,并且读和写在时间上是不重合的。

例 8.3 编程通过端口 A 双向发送 AH 寄存器中的内容。参考程序段如下:

```
BTT    EQU    80H        ;设置端口
PortC  EQU    62H
PortA  EQU    60H
Transferproc              ;传输子程序
   IN AL, PortC           ;获取 OBF
   TEST AL, BTT           ;测试 OBF
   JZ fh                  ;若 OBF=1
   MOV AL, AH             ;取得数据
```

```
    OUT PortA，AL              ;发送数据
fh：  RET
Transfer ENDP
```

8.3 并行接口 8255A 应用实例

8255A 工作时首先要初始化,即要写入控制字来指定其工作方式,如采用控制 I/O 地址:A1A0=11。如果需要中断,还要用 C 口按位置位/复位控制字将中断标志 INTE 置 1 或置 0。初始化完成后,可对 3 个数据端口进行读/写,数据读写利用端口 A、B 和 C 的 I/O 地址,A1A0 依次为 00、01、10。IBM PC/XT 机上,端口 A、B、C 和控制端口的 I/O 地址为 60H、61H、62H 和 63H。

8255A 作为通用的并行接口电路芯片,具有广泛的应用,常见的应用如:IBM PC/XT 微机、打印机接口电路、简易键盘连接、LED 数码管驱动等方面。

例 8.4 8255A 用方式 0 与打印机接口连接。

打印机内有一个以 8 位专用微处理器为核心的打印机控制器,负责打印功能的处理,以及打印机本身的管理,并通过机内一个并行接口(Centronics)与主机进行通信,接收主机送来的打印数据和控制命令,该接口位于打印机内,采用多芯电缆与主机内的打印机接口电路(打印机适配器)相连。多芯电缆上的信号有数据信号、CPU 的命令信号和打印机状态信号等,其主要信号与传送时序见图 8.11。从图中可以看出,当主机需要打印一个数据时,打印机接收主机传送数据的过程是:

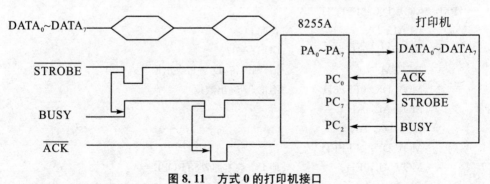

图 8.11 方式 0 的打印机接口

① 首先查询 BUSY 信号。若 BUSY=1(忙),则等待;当 BUSY=0(不忙)时,才能送出数据。

② 将数据送到数据线上,但此时数据并未自动进入打印机。

③ 再送出一个数据选通信号 STROBE 给打印机,此后数据线上的数据将进

入打印机的内部缓冲器。

④ 打印机发出"忙"信号,即置 BUSY=1,表明打印机正在处理输入的数据。等到输入的数据处理完毕(打印完 1 个字符或执行完 1 个功能操作),打印机撤销"忙"信号,即置 BUSY=0。

⑤ 打印机送出一个回答信号 ACK 给主机,表示上一个字符已经处理完毕。

以上是采用查询方式传送数据的过程。若采用中断方式传送数据,可利用 ACK 信号来产生中断请求,在中断服务程序中送出下一个打印数据。如此重复工作,就可以准确地把全部字符打印出来。

本例中,由程序对 PC_7 复位和置位来产生打印机的选通信号。CPU 与 8255A 采用查询方式输出数据。端口 A 设置为方式 0,输出打印数据,端口 C 的 PC_7 产生负脉冲选通信号,PC_2 连接打印机的 BUSY 信号查询其状态,PC_0 连接打印机的 $\overline{ACK}$ 信号。

设 8255A 的 A、B、C 口的 I/O 地址分别为 FFF8H、FFFAH 和 FFFCH,控制端口地址为 FFFEH。参考程序段如下:

```
        MOV DX, 0FFFEH
        MOV AL, 81H          ;A口方式0输出,C口上半部输出,下半部输入
        OUT DX, AL           ;输出工作方式字
        MOV AL, 0FH          ;C口的置位/复位控制字,使PC₇=1,即置STROBE=1
        OUT DX, AL           ;输出打印数据子程序,打印数据在AH中
        PUSH AX
        PUSH DX
PM:     MOV DX, 0FFFCH
        IN AL, DX            ;查询PC₂
        AND AL, 04H          ;BUSY=0?
        JNZ PM               ;忙,则等待,D₂=1,表示忙
        MOV DX, 0FFF8H       ;不忙,则输出数据
        MOV AL, AH
        OUT DX, AL
        MOV DX, 0FFFEH
        MOV AL, 0EH          ;使PC₇=0,即置STROBE=0
        OUT DX, AL
        NOP                  ;延时,产生合适宽度的低电平
        NOP
        MOV AL, 0FH          ;使PC₇=1,置STROBE=1
        OUT DX, AL
        POP DX
```

POP AX

......

例 8.5　8255 在 IBM PC/XT 中的基本应用。

虽然 PC 系列微机已用 8042 单片机替代了 8255A,但编程接口基本与 PC 机兼容。IBM PC/XT 的系统板上装有一片 8255,工作于方式 0,主要用以检测系统的配置及是否发生某些错误,还用来管理键盘工作。其地址分配及作用如下:

A 口:端口地址 60H,开机自检时输出部件检测码,以逐个检测有关部件是否正常工作。自检完成后,又改设为输入状态,输入键盘扫描码。

B 口:端口地址 61H,工作于输出状态,用于输出系统内部控制信号,完成对键盘控制及检测 RAM 和 I/O 通道,还可以控制系统板上 8253A 的计数器 CNT2 计数及扬声器发声。

C 口:端口地址 62H,工作于输入状态,用于测试状态和系统配置情况。

控制寄存器:端口地址 63H,控制字在进入系统自检时为 10001001B,自检完成后又改为 10011001B,进入正常工作,其中 A 口由输出改为输入。

8255 在系统板上的连接示于图 8.12,图中左侧是连接系统总线用的,右侧是各端口 I/O 线。B 口 I/O 线上的信号名称凡标有"＋"者表示该线为"1"时实现的功能,而标有"－"者表示该线为"0"时实现的功能。

$PB_3=1$ 时,读图 8.12 下方 DIP 开关 5～8,其状态表明系统的显示器配置及软盘驱动器的数目;$PB_3=0$ 时,读 DIP 开关 1～4,分别指示系统板上 RAM 的容量及是否插入数字协处理器 8087,还决定系统是正常工作还是循环执行上电自检程序。DIP 开关各位的定义如图 8.13 所示。

PC/XT 机初始化时执行 BIOS 中一段有关 8255A 的程序列于后面。A 口开始被设置为输出,等自检中读完 DIP 开关状态后,又重新设置为输入。

```
MOV    AL,10001001B    ;控制字,方式 0,A 口、B 口输出,C 口输入
OUT    63H,AL
MOV    AL,10100101B    ;输出 B 口,PB₃＝0 以读取 DIP 开关低 4 位
OUT    61H,AL
......
IN     AL,62H          ;读 C 口
AND    AL,0FH          ;保留低 4 位
MOV    AH,AL           ;存于 AH
MOV    AL,10101101B    ;使 PB₃＝1,其余不变
OUT    61H,AL
NOP
IN     AL,62H          ;读 C 口
MOV    CL,4            ;循环左移 4 位
```

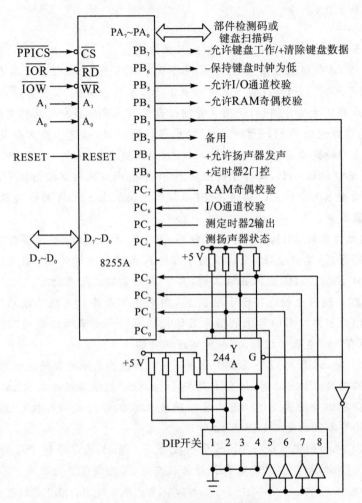

图 8.12　8255 在系统板上的连接

1	2	3	4	5	6	7	8

	系统板RAM	显示方式	软盘驱动器
1正常运行			
0自检运行	10　128 KB	10 彩色40×25	00　1个
1接入8087	01　192 KB	01 彩色80×25	10　2个
	11　256 KB	11单色	01　3个
0未接入8087			11　4个

图 8.13　DIP 开关各位的定义

第 8 章　并行通信接口　　　　　　　　　265

```
    ROL     AL, CL
    AND     AL, 0F0H        ;保留高 4 位
    OR      AL, AH          ;高低 4 位合并
    ...
    MOV     AL, 10011001B   ;重新编程 8255A
    OUT     63H, AL         ;A 口改为输入
```

例 8.6　PC 机的扬声器发声程序。

PC 机的扬声器驱动系统如图 8.14 所示。扬声器的发声控制系统由 8255A PB 口的 D_0、D_1 位与 8253 计数器的计数通道 2 共同控制。8255A 的端口地址为 60H～63H，8253 的端口地址为 40H～43H。

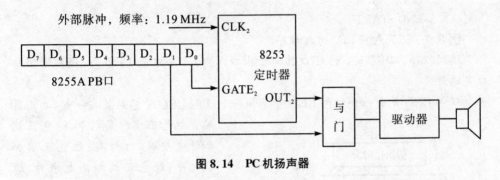

图 8.14　PC 机扬声器

扬声器发声有两种方式：

① 直接对 8255A 的 PB 口的 D_1 位交替输出 0 和 1，使扬声器交替地通与断，推动扬声器发声。这种方式发声频率不好控制，只能用于简单发声。

② 定时器控制发声：让 8255A PB 口的 D_1、D_0 位输出 1，对 8253 编程，使其在 OUT_2 上输出指定频率的方波，以驱动扬声器发声。这种方式好控制发声频率，可满足较复杂的发声要求（但 PC 机中未提供控制音量的手段）。

由于扬声器总是随时可用的，故 CPU 可用直接 I/O 方式对其操作。若采用第一种方法，PC 机的发声参考程序如下：

```
CODE SEGMENT
    ASSUME  CS: CODE
START：
    MOV DX, 1000H           ;开关次数
    IN AL, 61H              ;取端口 61H 的内容
    PUSH AX                 ;入栈保存，以便退出时恢复
    AND AL, 0FCH            ;将第 0、1 位置 0
SOUND：
    XOR AL, 2               ;D₁ 位取反
```

```
    OUT 61H, AL          ;输出到端口 61H
    MOV CX, 2000H        ;设置延时空循环的次数
DELAY:
    LOOP DELAY           ;延时
    DEC DX               ;共 1000H 次
    JNZ SOUND
    POP AX               ;从堆栈中弹出原 AX 内容
    OUT 61H, AL          ;恢复原 61H 端口内容
    MOV AX, 4C00H
    INT 21H
CODE ENDS
    END START
```

例 8.7 8255A 模拟交通灯程序。

编写程序，以 8255A 的 C 口作为输出口，控制 4 个双色 LED 灯，模拟十字路口交通灯。

双色 LED 是由一个红色 LED 管芯和一个绿色 LED 管芯封装在一起，共用负端。红色正端加高电平，绿色正端加低电平时，红灯亮；红色正端加低电平，绿色正端加高电平时，绿灯亮；两端都加高电平时，黄灯亮。使用 8255A 的端口 C 控制双色灯。

假设 8255A 的起始地址为 40H，其 A、B、C 和状态口地址分别为 40H、44H、48H 和 4CH。

设一个十字路口为东西南北走向。初始状态 0 为东西红灯，南北红灯。然后转状态 1，南北绿灯通车，东西红灯。过一段时间转状态 2，南北绿灯闪几次转亮黄灯，延时几秒，东西仍然红灯。再转状态 3，东西绿灯通车，南北红灯。过一段时间转状态 4，东西绿灯闪几次转亮黄灯，延时几秒，南北仍然红灯。最后循环至状态 1。

程序结构图如图 8.15 所示。

参考源程序：

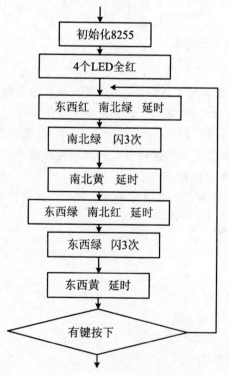

图 8.15 例 8.7 程序结构图

```
USER_BASE_ADDRESS EQU 0B400H
D1          EQU 860H
D2          EQU 8600H
DATA        SEGMENT
C8255       DW 04CH                      ;8255 控制字的地址
D8255C      DW 048H                      ;8255 的 C 口地址
PB          DB ?
MESS2       DB 'ENTER ANY KEY CAN EXIT TO DOS! ',0DH,0AH,'$'
MESS1       DB 'ENTER ANY KEY TO BEGIN! ',0DH,0AH,'$'
DATA        ENDS

STACK1      SEGMENT STACK
STA         DW 50 DUP(?)
TOP         EQU LENGTH STA
STACK1      ENDS

CODE        SEGMENT
ASSUME      CS:CODE,DS:DATA,ES:DATA,SS:STACK1
START:
            MOV   AX, DATA          ;初始化
            MOV   DS, AX
            MOV   ES, AX
            MOV   AH, 0B1H
            MOV   AL, 1H
            INT   1AH
            CMP   AH, 0
            JZ    AA1
            MOV   DX, OFFSET DIS5
            MOV   AH, 9
            INT   21H
            JMP   QUIT
AA1:        MOV   AH, 0B1H
            MOV   AL, 02H
            MOV   CX, 5406H
            MOV   DX, 10B5H
            MOV   SI, 0
            INT   1AH
            JNC   AA
```

```
              MOV   DX, OFFSET DIS6
              MOV   AH ,9
              INT   21H
              JMP   QUIT
     AA:      MOV   AH, 0B1H
              MOV   AL, 09H
              MOV   DI, PCI_CS_BASE_ADDRESS_1
              INT   1AH
              CMP   AH, 0
              JZ    BB1
              MOV   DX, OFFSET DIS1
              MOV   AH, 9
              INT   21H
              JMP   QUIT
     BB1:     MOV   AH, 0B1H
              MOV   AL, 09H
              MOV   DI, PCI_CS_BASE_ADDRESS_3
              INT   1AH
              CMP   AH, 0
              JZ    CC
              MOV   DX, OFFSET DIS1
              MOV   AH, 9
              INT   21H
              JMP   QUIT
     CC:      AND   CX, 0FFFCH
              MOV   AX, CX
              ADD   C8255, AX
              ADD   D8255C, AX
              MOV   DX, C8255         ;设置为全输出
              MOV   AL, 80H
              OUT   DX, AL
              MOV   DX, D8255C
              MOV   AL, 00
              OUT   DX, AL            ;清 LED
              MOV   AH, 09H
              LEA   DX, MESS1
              INT   21H
              MOV   AH, 08H
```

```
            INT    21H
            MOV    AH, 09H
            LEA    DX, MESS2
            INT    21H
            MOV    DX, D8255C      ;全红
            MOV    AL, 0F0H
            OUT    DX, AL
            MOV    BX, D2
            CALL   DLY
    BG：     MOV    AL, 01011010B   ;南北绿,东西红
            OUT    DX, AL
            MOV    BX, D3
            CALL   DLY
            MOV    BX, D3
            CALL   DLY
            MOV    CX, 03H
    XH1：    AND    AL, 050H        ;绿灭
            OUT    DX, AL
            MOV    BX, D1
            CALL   DLY
            OR     AL, 0AH         ;绿亮
            OUT    DX, AL
            MOV    BX, D1
            CALL   DLY
            LOOP   XH1
            OR     AL, 0A0H        ;南北黄
            OUT    DX, AL
            MOV    BX, D2
            CALL   DLY

            MOV    AL, 10100101B   ;南北红,东西绿
            OUT    DX, AL
            MOV    BX, D3
            CALL   DLY
            MOV    BX, D3
            CALL   DLY
            MOV    CX, 03
    XH2：    AND    AL, 0A0H        ;绿灭
```

```
                OUT     DX, AL
                MOV     BX, D1
                CALL    DLY
                OR      AL, 05H          ;绿亮
                OUT     DX, AL
                MOV     BX, D1
                CALL    DLY
                LOOP    XH2
                OR      AL, 50H          ;东西黄
                OUT     DX, AL

                MOV     BX, D2
                CALL    DLY
                PUSH    AX
                PUSH    DX
                MOV     AH, 06H
                MOV     DL, 0FFH
                INT     21H
                JNZ     QUIT
                POP     DX
                POP     AX
                JMP     BG
    QUIT:       MOV     AX, 4C00H        ;返回
                INT     21H
                DLY     PROC    NEAR     ;延时
                PUSH    CX
    DDD:        MOV     CX, 0FFFFH
                LOOP    $
                DEC     BX
                CMP     BX, 0
                JNE     DDD
                POP     CX
                RET
    DLY         ENDP
                CODE    ENDS
    END         START
```

例 8.8　对非编码键盘的设计。

如图 8.16 所示,使用 8255A 设计 4 行 4 列的非编码矩阵键盘控制电路。

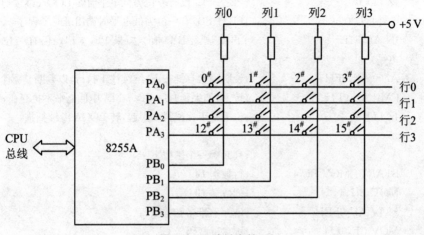

图 8.16 矩阵键盘接口

图 8.16 中 8255A 的 A 口工作于方式 0 输出,B 口工作于方式 0 输入。键盘工作过程如下:首先进行第 1 次键盘扫描(判断是否有键按下)。使 A 口 $PA_3 \sim PA_0$ 输出均为 0,然后读入 B 口的值,查看 $PB_3 \sim PB_0$ 是否有低电平,若没有低电平,则说明没有键按下,继续进行扫描。若 $PB_3 \sim PB_0$ 中有一位为低电平,使用软件延时 10~20 ms 以消除抖动,若低电平消失,则说明低电平是由干扰,或按键的抖动引起的,必须再次扫描,否则,则确认有键按下,接着进行第 2 次扫描(行扫描,判断所按键的位置)。首先通过 A 口输出使 $PA_0 = 0, PA_1 = 1, PA_2 = 1, PA_3 = 1$ 对第 0 行进行扫描,此时,读入 B 口的值,判断 PB_3 或 PB_0 中是否有某一位为低电平,若有低电平,则说明第 0 行某一列上有键按下。如果没有低电平,接着使 A 口输出 $PA_0 = 1, PA_1 = 0, PA_2 = 1, PA_3 = 1$ 对第 1 行进行扫描,按上述方法判断,直到找到被按下的键,并识别出其在矩阵中的位置,从而可根据键号去执行该键对应的处理程序。

设图中 8255A 的 A 口、B 口和控制寄存器的地址分别为 80H、81H 和 83H,其键盘扫描程序如下:

```
;判断是否有键按下
MOV AL, 82H          ;初始化8255A,A口方式0输出,B口方式0输入
OUT 83H, AL          ;将工作方式控制字送控制寄存器
MOV AL, 00H
OUT 80H, AL          ;使 PA₃=PA₂=PA₁=PA₀=0
LOOA: IN AL, 81H     ;读B口,判断PB₃~PB₀是否有一位为低电平
AND AL, 0FH
CMP AL, 0FH
```

JZ LOOA	;PB$_3$～PB$_0$ 没有一位为低电平时转 LOOA 继续扫描
CALL D20ms	;PB$_3$～PB$_0$ 有一位为低电平时调用延时子程序
IN AL,81H	;再次读入 B 口值。如果 PB$_3$～PB$_0$ 仍有一位为低
电平,	
AND AL,0FH	;说明确实有键按下,继续往下执行,以判断是哪个键
CMP AL,0FH	;按下;如果延时后 PB$_3$～PB$_0$ 中低电平不再存在,
JZ LOOA	;说明是干扰或抖动引起,转 LOOA 继续扫描。
	;判断哪一个键按下
START:MOV BL,4	;行数送 BL
MOV BH,4	;列数送 BH
MOV AL,0FEH	;D$_0$＝0,准备扫描 0 行
MOV CL,0FH	;键盘屏蔽码送 CL
MOV CH,0FFH	;CH 中存放起始键号
LOP1:OUT 80H,AL	;A 口输出,扫描一行
ROL AL,1	;修改扫描码,准备扫描下一行
MOV AH,AL	;暂时保存
IN AL,81H	;读 B 口,以便确定所按键的列值
AND AL,CL	
CMP AL,CL	
JNZ LOP2	;有列线为 0,转 LOP2,找列值
ADD CH,BH	;无键按下,修改键号,使适合下一行找键号
MOV AL,AH	;恢复扫描码
DEC BL	;行数减 1
JNZ LOP1	;行未扫描完转 LOP1
JMP START	;重新扫描
LOP2:INC CH	;键号加 1
ROR AL,1	;右移一位
JC LOP2	;无键按下,查下一列线
MOV AL,CH	;已找到,键号送 AL
CMP AL,0	
JZ KEY0	;是 0 号键按下,转 KEY0 执行
CMP AL,1	
JZ KEY1	;是 1 号键按下,转 KEY1 执行
......	
CMP AL,0EH	
JZ KEY14	;是 14 号键按下,转 KEY14 执行
JMP KEY15	;不是 0～14 号键,是 15 号键,转 KEY15 执行

习题与思考题

1. 简述 8255A 的基本组成及各部分的功能。

2. 8255A 在复位后,各端口处于什么状态? 为何这样设计?

3. 试设计用 8255A 实现用 8 个 LED 显示 8 个开关当前状态(开关闭合时 LED 亮,开关打开时 LED 灭)的接口电路,并编写程序实现该功能。

4. 设有 32 个 LED,要求其轮流不断地显示。请用 8255A 设计一接口电路,并编写控制程序。

5. 8255A 有哪几种工作方式? 说明每种工作方式的特点?

6. 8255A 中,端口 C 有哪些独特的用法? 请举例简要说明。

7. 假定 8255A 的地址为 60H～63H,A 口工作在方式 2,B 口工作在方式 1 输入,请写出其初始化程序段。

8. 利用 8255A 模拟交通灯的控制:在十字路口的纵横两个方向上均有红、黄、绿三色交通灯(用 3 种颜色的发光二极管模拟),要求两个方向上的交通灯能按正常规律亮灭,画出硬件连线图并写出相应的控制程序。假设 8255A 的端口地址为 60H～63H。

9. 请用 8255A 设计一个并行接口,实现主机与打印机的连接,并给出以中断方式实现与打印机通信的程序。假设 8255A 的端口地址为 60H～63H。

10. 如图 8.17 所示,设 8255A 端口地址为 2F80～2F83H,编写程序设置 8255A,使 A 组、B 组均工作于方式 0,A 口输出,B 口输出,C 口高 4 位输入,低 4 位输出。然后,读入开关 S 的状态,若 S 打开,则使发光二极管熄灭;若 S 闭合,则使发光二极管点亮。

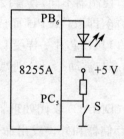

图 8.17　LED 与 8255A 的连接图示意图

第 9 章　DMA 控制器

直接存储器存取 DMA 是一种外设与存储器之间直接传送数据的方法,适用于需要大量数据高速传送的场合。在数据传送过程中,DMA 控制器可以获得总线控制权,控制高速 I/O 设备(如磁盘)和存储器之间直接进行数据传送,不需要 CPU 直接参与。本章主要讲述高性能可编程的 DMA 控制器 8237A 的结构和应用方法。

9.1　DMA 控制器简介

DMA 方式又称为直接存储器存取方式,即在外设与存储器间传送数据时不需要通过 CPU 中转,由专门的硬件装置 DMA 控制器(DMAC)即可完成。因这种传送方式是在硬件控制下完成的,故具有很高的工作效率。

DMA 控制器(DMAC)是作为两种实现存储实体之间高速数据传送而设计的专用处理器。它与其他外围接口控制器不同,具有接管和控制微机系统总线(数据总线、地址总线、控制总线)的功能,即取代 CPU 而成为系统的主控者。但在它取得总线控制权之前,又和其他 I/O 接口芯片一样受 CPU 控制。因此 DMA 控制器在系统中有两种工作状态:主动态与被动态。分别处于两种不同的地位:主控器和受控器。

在主动态时,DMA 控制器(DMAC)取代处理器 CPU 获得系统总线的控制权,成为系统总线的主控者,向存储器和外设发出命令。此时,它通过总线向存储器或外设发出地址和读/写信号,以控制在两个存储实体(存储器和外设)之间的数据传送。DMA 写操作时,它发出 $\overline{IOR}$ 和 $\overline{MEMW}$ 信号,数据由外设传到存储器;DMA 读操作时,它发出 $\overline{MEMR}$ 和 $\overline{IOW}$ 信号,数据从存储器传送到外设。

在被动态时,DMA 控制器(DMAC)接受 CPU 对它的控制和指挥。例如,在对 DMAC 进行初始化编程以及从 DMAC 读取状态时,它就如同一般 I/O 芯片一样,受 CPU 的控制,成为系统 CPU 的受控者。一般当 DMAC 上电或复位时,DMAC 自动处于被动态。也就是说进行 DMA 传送之前必须由 CPU 处理器对 DMAC 编程以确定通道的选择、DMA 操作类型及方式、内存首址、地址递增还是递减以及需要传送的字节等参数；在 DMA 传送完毕后，需读取 DMAC 的状态。这些时候 DMA 控制器(DMAC)是 CPU 的从设备。

　　为了说明 DMAC 如何获得总线控制权和进行 DMA 传送过程，先介绍 DMAC 的两类联络"握手"信号：一是它和 I/O 设备之间，由 I/O 设备发给 DMAC 的请求信号 DREQ 和 DMAC 发给 I/O 设备的应答信号 DACK。二是它和处理器之间，由 DMAC 向 CPU 发出的总线请求信号 HRQ 和 CPU 发回的总线回答信号 HLDA。

　　当 DMAC 收到一个从外设发来的 DREQ 请求信号请求 DMA 传送时，DMAC 经判优及屏蔽处理后向总线仲裁器送出总线请求 HRQ 信号要求占用总线。经总线仲裁器裁决后，CPU 在它认为可能的情况下，完成总线周期后进入总线保持状态，使 CPU 对总线的控制失效(地址、数据、读写控制线呈高阻浮空)，并且发出 HLDA 总线回答信号通知 DMAC，CPU 已交出系统总线控制权。此时 DMAC 就接管总线控制权由被动态进入主动工作态，成为系统的主控者。然后由它向 I/O 设备发 DMA 应答信号 DACK 和读/写信号；向存储器发地址信号和读/写信号，开始 DMA 传送。传送结束后，DMAC 发出过程终止信号$\overline{\text{EOP}}$。

　　DMA 传送期间 HRQ 信号一直保持有效，同时 HLDA 信号也一直保持有效，直到 DMA 传送结束，HRQ 撤销，HLDA 随之消失，这时系统总线控制权又回到处理器 CPU。

　　利用 DMA 方式传送数据时，数据的传送过程完全由硬件控制，这种硬件电路称为 DMA 控制器，它具有以下基本功能：

　　① 能向 CPU 提出 DMA 请求，请求信号加到 CPU 的 HOLD 引脚上。

　　② CPU 响应 DMA 请求后，DMA 控制器从 CPU 那儿获得对总线的控制权。在整个 DMA 操作期间，由 DMA 控制器管理系统总线，控制数据传递，CPU 则暂停工作。

　　③ 能提供读/写存储器或 I/O 设备的各种控制命令。

　　④ 确定数据传输的起始地址和数据的长度，每传送一个数据，能自动修改地址，使地址增 1 或减 1，数据长度减 1。

　　⑤ 数据传送完毕，能发出结束 DMA 传送的信号。

　　CPU 在每一个非锁定的时钟周期结束后都要检测 HOLD 线上是否有 DMA 请求信号。若有，可转入 DMA 工作周期。

　　为了实现 DMA 传送，一般除了 DMA 控制器外还需要有其他配套芯片组成一个 DMA 传输系统。在 PC 微机中，采用 Intel 8237A 为控制器，另外还配备了 DMA 页面地址寄存器及总线裁决逻辑，构成一个完整的 DMA 系统。可支持 4 个通道(单片)或 7 个通道(两片)的 DMA 传输，其系统逻辑框图如图 9.1 所示。

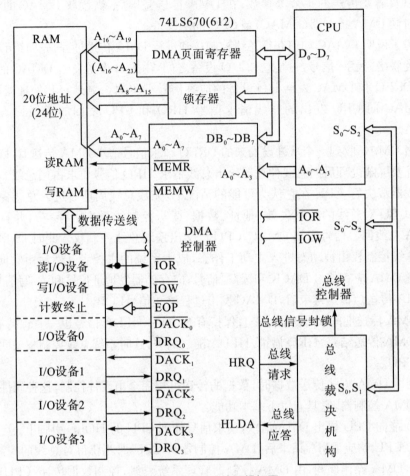

图 9.1   DMA 系统逻辑框图

9.2   可编程 DMA 控制器 8237A

DMA 控制器 8237A 是一种高性能的可编程 DMA 控制器,用来接管 CPU 对总线的控制权,在存储器与高速外设之间建立直接进行数据块传送的高速通路。

8237A 内部有 4 个独立的通道,每个通道都具有 64 K 寻址和计数能力,并具有 4 种不同的传送方式:单字节传送、数据块传送、请求传送和级联传送方式。通过级联可以扩大通道数,对每一个通道的 DMA 请求可以允许或禁止。4 个通道的 DMA 请求有不同的优先级且优先级可以是固定的也可以是循环的。任一通道完成数据传送后都会产生过程结束信号$\overline{EOP}$,同时结束 DMA 传送,还可以从外界输入 EOP 信号终止正在执行的 DMA 传送。

8237A 必须与一个 8 位锁存器(8212 或其他代用芯片)配套使用,才可形成完整的 4 通道 DMA 控制器。各通道可分别完成 3 种不同的操作:

① DMA 读操作——读存储器送外设。

② DMA 写操作——读外设写存储器。

③ DMA 校验操作——通道不进行数据传送操作,只能完成校验功能。

任一通道进入 DMA 校验方式时,不产生对存储器和 I/O 设备的读/写控制信号,但是仍保持对系统总线的控制权,并且每一个 DMA 周期都将响应外部设备的 DMA 请求,发出 DACK$_i$ 信号,外设可使用这一响应信号对所得到的数据进行某种校验操作,因此,DMA 校验操作并不是由 8237A 本身完成的。

DMA 控制器 8237A 可以处于两种不同的工作状态。在 DMA 控制器未取得总线控制权时,必须由 CPU 对 DMA 控制器进行编程以确定通道的选择、数据传送的方式和类型、内存单元起始地址、地址是递增还是递减以及传送的总字节数等,CPU 也可以读取 DMA 控制器的状态。此时 CPU 处于主控状态,而 DMA 控制器就和一般的 I/O 芯片一样是系统总线的从设备,DMA 控制器的这种工作方式称为从态方式。当 DMA 控制器取得总线控制权后,系统就完全在它的控制下,使 I/O 设备和存储器之间或者存储器与存储器之间进行直接的数据传送,DMA 控制器的这种工作方式称为主态方式。8237A 芯片的内部结构和外部连接与这两种工作状态密切相关。

9.2.1　DMA 控制器 8237A 的内部结构

8237A 可编程 DMA 控制器由时序与控制逻辑、优先级编码电路、数据与地址缓冲器、命令控制逻辑和内部寄存器 5 个部分组成,内部结构如图 9.2 所示。

1. 时序与控制逻辑

8237A 处于从态时,该部分电路接收系统送来的时钟、复位、片选和读/写控制等信号,完成相应的控制操作,主态时则向系统发出相应的控制信号。

2. 优先级编码电路

该部分电路根据 CPU 对 8237A 初始化时送来的命令,对同时提出 DMA 请求的多个通道进行排队判优,以决定哪一个通道的优先级最高。对优先级的管理方式有两种:固定优先级和循环优先级。无论采用哪种优先级管理,一旦某个优先级高的设备在服务时,其他通道的请求均被禁止,直到该通道的服务结束为止。

3. 数据和地址缓冲器

8237A 的 $A_7 \sim A_4$、$A_3 \sim A_0$ 为地址线;$DB_7 \sim DB_0$ 在从状态时传输数据信息,主态时传送地址信息。这些数据引线、地址引线都与三态缓冲器相连,因而可以接管或释放总线。

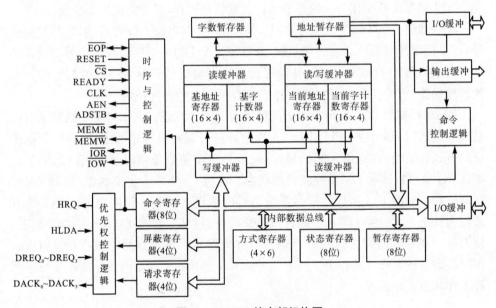

图 9.2 8237A 的内部机构图

4. 命令控制逻辑

该部分电路在从态时,接收 CPU 送来的寄存器选择信号($A_3 \sim A_0$),选择 8237A 内部相应的寄存器;主态时,对方式字的最低两位($D_1 D_0$)进行译码,以确定 DMA 的操作类型;$A_3 \sim A_0$ 与 $\overline{IOR}$、$\overline{IOW}$ 配合可组成各种操作命令。

5. 内部寄存器组

8237A 内部的其余部分主要为寄存器。每个通道都有一个 16 位的基地址寄存器、基字计数器、当前地址寄存器和当前字计数器,都有一个 6 位的工作方式寄存器。8237A 有 4 个 DMA 通道,所以上述几种寄存器在片内各有 4 个。片内还各有一个命令寄存器、屏蔽寄存器、请求寄存器、状态寄存器和暂存寄存器。这些寄存器均可是可编程寄存器,另外还有字数暂存器和地址暂存器等不可编程的寄存器。

9.2.2　DMA 控制器 8237A 的引脚

　　8237A 芯片有 40 条引脚,采用双列直插式封装,其引脚功能如图 9.3 所示,下面对各引脚功能加以说明。

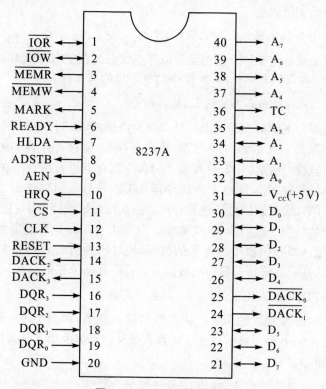

图 9.3　8237A 芯片引脚图

　　(1) CLK:时钟信号,输入端

　　它控制 8237A 的内部操作和数据传送速率。8237A 的时钟频率为 3 MHz。8237A-5 的时钟频率可达到 5 MHz。8237A-5 DMA 控制器是 8237A 的改进产品,工作速度较高,工作原理和使用方法与 8237A 完全一样。

　　(2) $\overline{CS}$:片选信号,输入端,低电频有效

　　在从状态工作方式下,$\overline{CS}$有效时选中 8237A,这时 DMA 控制器作为一个 I/O 设备可以通过数据总线与 CPU 通信。

　　(3) READY:准备就绪,输入端,高电平有效

　　当参与 DMA 传送的设备中有低速 I/O 设备或存储器时,可能要求延长读/写

操作周期,这时可将 READY 端变为低电平,使得 8237A 可在 DMA 周期中插入等待周期 T_W。当存储器或外设准备就绪时,READY 端变为高电平。

（4）$A_3 \sim A_0$：最低 4 位地址线,三态,双向

在从态时,它们是输入信号,用来寻址 DMA 控制器的内部寄存器,使 CPU 对各种不同的寄存器进行读/写操作,即对 8237A 进行编程。在主态时,输出的是要访问内存的最低 4 位地址。

（5）$A_7 \sim A_4$：4 位地址线,三态,输出,单向

这 4 位地址线始终工作于输出状态或浮空状态。在主态时输出 4 位地址信息 $A_7 \sim A_4$,作为访问存储器地址的 20 位中的低 8 位的高 4 位。

（6）$DB_7 \sim DB_0$：双向三态功能线,输入/输出

它们被连接到系统数据总线上。从态时为数据线,CPU 可以用 I/O 读命令从数据总线上读取 8237A 的地址寄存器、状态寄存器、暂存寄存器和字计数器的内容,还可以通过这些数据线用 I/O 写命令对各个寄存器进行编程。在主态时,高 8 位地址信号 $A_{15} \sim A_8$ 经 8 位的 I/O 缓冲器从 $DB_7 \sim DB_0$ 引脚输出,并由 ADSTB 信号将 $DB_7 \sim DB_0$ 输出的信号锁存到外部的高 8 位地址锁存器中,它们与 $A_7 \sim A_0$ 输出的低 8 位地址线一起构成 16 位地址。当 8237A 工作于存储器到存储器的传送方式时,先把从源存储器中读出来的数据,经过这些引线送到 8237A 的暂存寄存器中,再经这些引线将暂存器中的数据写到目的存储单元中。

（7）ADSTB：地址选通信号,输出,高电平有效

ADSTB 是 16 位地址的高 8 位锁存器的输入选通,即当 $DB_7 \sim DB_0$ 作为高 8 位地址线时,ADSTB 是将这 8 位地址锁存到地址锁存器的输入选通信号。高电平允许输入,低电平锁存。

（8）AEN：地址允许信号,输出,高电平有效

AEN 信号使地址锁存器中锁存的高 8 位地址送到地址总线上,与芯片直接输出的低 8 位地址一起构成 16 位内存偏移地址。AEN 信号也使与 CPU 相连的地址锁存器无效,这样就保证了地址总线上的信号来自 DMA 控制器而不是来自 CPU。

（9）$\overline{IOR}$：I/O 读信号,双向,三态,低电频有效

从态时,它作为输入控制信号送入 8237A,当它有效时,CPU 读取 8237A 内部寄存器的值;主态时,它作为输出控制信号与 $\overline{MEMW}$ 相配合控制数据由外设传送到存储器中。

（10）$\overline{IOW}$：I/O 写信号,双向,三态,低电频有效

在从态时,它是输入控制信号,当它有效时,CPU 向 DMA 控制器的内部寄存

器中写入信息,对 8237A 进行初始化编程;主态时,作为输出控制信号与$\overline{\text{MEMR}}$相配合把数据从存储器传送到外设。

(11) $\overline{\text{MEMR}}$:存储器读,三态,输出,低电频有效

主态时,它既可以与$\overline{\text{IOW}}$配合把数据从存储器读出送外设,也可以用于控制内存间数据传送,使数据从源地址单元读出;从态时该信号无效。

(12) $\overline{\text{MEMW}}$:存储器写,三态,输出,低电频有效

主态时,它可与$\overline{\text{IOR}}$配合把数据从外设写入存储器,也可用于内存间数据传送的场合,控制把数据写入目的单元;同样,从态时该信号无效。

(13) $\text{DREQ}_3 \sim \text{DREQ}_0$:通道 3~0 的 DMA 请求信号,输入

当外设请求 DMA 服务时,就向 8237A 的 DREQ 引脚送入一个有效的电平信号,有效的电平信号的极性由编程确定。在固定优先级情况下,DREQ_0 的优先级最高,DREQ_3 的优先级最低,但优先权也可通过编程改变。

(14) $\text{DACK}_3 \sim \text{DACK}_0$:通道 3~0 的 DMA 响应信号,输出

$\text{DACK}_3 \sim \text{DACK}_0$ 的有效电平的极性由编程确定。当 8237A 收到 CPU 的 DMA 响应信号 HLDA,开始 DMA 传送后,相应通道的 DACK 有效,将该信号输出到外部,通知外部电路现在已进入 DMA 周期。

(15) HRQ:保持请求信号,输出,高电平有效

HRQ 是由 8237A 控制器向 CPU 发出要求接管系统总线的请求线。这个信号送到 CPU 的 HOLD 端。8237A 任一个未被屏蔽的通道有 DMA 请求时,都可以使 8237A 的 HRQ 端输出有效的高电平。

(16) HLDA:保持响应信号,输入,高电平有效

HLDA 由 CPU 发送给 8237A 控制器,它有效时表示 CPU 已让出总线。当 CPU 收到 HRQ 信号后,至少经过一个时钟周期后使得 HLDA 变为高电平,表示 CPU 已把总线的控制权交给了 8237A,8237A 收到 HLDA 信号后就开始进行 DMA 传送。

(17) $\overline{\text{EOP}}$:传输过程结束信号,双向,低电频有效

在 DMA 传送时,每传送一个字节,字节计数器减 1 直至位 0 时,产生传送过程计数终止信号$\overline{\text{EOP}}$负脉冲输出,表示传送结束,通知 I/O 设备。若从外部在此端加负脉冲,则迫使 DMA 终止,强迫结束传送。不论采用内部终止或外部终止,当$\overline{\text{EOP}}$信号有效时($\overline{\text{EOP}}$=0),即终止 DMA 传送并复位内部寄存器。

9.2.3　DMA 控制器 8237A 内部寄存器格式

8237A 内部可编程寄存器主要有 10 种,见表 9.1,其内容可由 CPU 读出或按要求写入。下面就分别介绍这些寄存器的功能及它们的端口地址。

表 9.1　8237A 的内部寄存器

名　称	位　数	数　量
当前地址寄存器	16	4(每通道一个)
当前字计数寄存器	16	4(每通道一个)
基地址寄存器	16	4(每通道一个)
基字计数寄存器	16	4(每通道一个)
工作方式寄存器	6	4(每通道一个)
命令寄存器	8	1(4 个通道共用一个)
状态寄存器	8	1(4 个通道共用一个)
请求寄存器	4	1(每通道一个)
屏蔽寄存器	4	1(每通道一个)
暂存寄存器	8	1(每通道一个)

1. 工作方式寄存器

它用于设置 DMA 的操作类型、操作方式、地址改变方式、自动预置和选择通道。其格式如下:

D_7	D_6	D_5	D_4	D_3	D_2	D_1	D_0
方式选择		地址增量	自动预置	类型选择		通道选择	
00=询问方式		1=地址减 1	1=自动预置	00=校验		00=0 通道	
01=单一方式		0=地址加 1	0=非自动预置	01=DMA 写		01=1 通道	
10=块方式				10=DMA 读		10=2 通道	
11=级联方式				11=无效		11=3 通道	

(1) $D_3 D_2$ 位决定 DMA 操作类型

8237A 提供了 4 种操作类型。

① 读操作(DMA 读)。从内存读出数据写入 I/O 设备。

② 写操作(DMA 写)。从设备读入数据写入内存。

③ 校验。是一种伪传送,仅对数据块内部的每个字节进行校验,对存储器与 I/O 接口的读/写控制信号被禁止。在每一 DMA 周期后地址增 1 或减 1,字节计数器减 1 直至产生 $\overline{EOP}$,校验过程结束。

④ 存储器到存储器。为数据块传送而设置,该操作占用通道 0 和通道 1。通道 0 为源,通道 1 为目的。从以通道 0 的当前地址寄存器的内容指定的内存单元中读出数据,先存入 8237A 的暂存寄存器,然后从暂存寄存器取出数据写入到以通道 1 的当前地址寄存器的内容指定的内存单元中。每传送一个字节双方内存加 1 或减 1,通道 1 的当前字节计数器减 1,直至为 0 时,产生 $\overline{EOP}$ 信号而终止传送。此操作是采用软件请求的方法来启动 DMA 服务的,仅为数据块传送而设置。因 PC 机有很强的块传送指令,所以未使用这种操作。

(2) $D_6 D_7$ 位决定 DMA 操作方式

每种 DMA 操作类型可以有多种操作方式。DMA 控制器共有如下 4 种操作方式:

① 单一字节传送方式。在这种方式下,每进行一次 DMA 操作,只传送一个字节的数据。传送后字计数器减 1,地址计数器加 1 或减 1(由 D_5 位决定),保持请求信号 HRQ 无效,并释放系统总线。当前字节计数器内容减 1,当字节计数器内容减 1 至 0 时,送出 $\overline{EOP}$ 信号,表示传送过程结束。

② 块字节传送方式。在这种方式下,当 DREQ 有效,芯片进入 DMA 服务以后,可以连续传输数据一直到一批数据传送完毕。也就是说,只有当前字节计数器内容减 1 到 0 时,或由外部输入 $\overline{EOP}$ 信号才结束 DMA 传送过程,并释放系统总线,这也就是连续方式。在这种方式下,进行传送期间,CPU 失去总线控制权,因而别的 DMA 请求也就被禁止,所以在 PC 微型计算机中不采用。

③ 询问传送方式。这种传送方式与数据块传送方式相类似,其不同点在于每传送一个字节之后要检测 DREQ 引脚是否有效,若无效则立即"挂起",但并不释放总线;当变成有效时,则继续传送,直至当前计数器减 1 至 0,或由外部在 $\overline{EOP}$ 引脚施加负脉冲为止。

④ 级联方式。级联传送方式将多个 8237A 连在一起,以便扩充系统的 DMA 通道。第一级为主片,第二级为从片。当第一级编程为级联方式时,它的 DREQ 和 DACK 引脚分别和第二级芯片的 HRQ 和 HLDA 引脚相连。主片在相应从片的 DMA 请求时,它不输出地址和读/写控制信号,避免与从片中有效通道的输出信号相冲突。利用这种两级级联方式可扩充到 15 个 DMA 通道。

(3) D_4 位设置"自动预置"

所谓自动预置是当完成一个 DMA 操作,出现 $\overline{EOP}$ 负脉冲时,则把基址寄存器的内容装入当前寄存器中,再从头开始同一操作。

(4) D_5 位设置每传送一个字节后存储器地址是加 1 还是减 1

$D_5=0$,地址加 1;$D_5=1$,地址减 1。

2. 基地址寄存器

基地址寄存器是 16 位地址寄存器,存放 DMA 传送的内存首地址,在初始化时,由 CPU 以先低字节后高字节顺序写入,传送过程中基地址寄存器的内容不变。其作用是在自动预置时将它的内容重新装入当前地址寄存器,只能写,不能读。

3. 当前地址寄存器

当前地址寄存器为 16 位地址寄存器,存放 DMA 传送过程中的内存地址,每次传送后地址自动增 1(或减 1),它的初值与基地址寄存器的内容相同,两者由 CPU 同时写入同一端口。在自动预置时,$\overline{EOP}$ 信号使其内容重新置为基地址值,可读可写。

4. 基字节数计数器

基字节数计数器为 16 位,存放 DMA 传送的总字节数,在初始化时,由 CPU 以先低字节后高字节顺序写入。传送过程中基字节数计数器的内容不变,当自动预置时,将它的内容重新装入当前字计数寄存器。字节数计数器只能写,不能读。

5. 当前字节计数器

当前字节计数器为 16 位,存放 DMA 传送过程中没有传送完的字节数,每次传送之后字节数计数器减 1,当值为 0 时产生 $\overline{EOP}$,表示字节数传送完毕。它的初值与基字节数计数器的内容相同,由 CPU 同时写入同一端口。当自动预置时,$\overline{EOP}$ 信号使当前字计数计数器的内容重新预置为基计数值。当前字节计数器可读可写。

6. 屏蔽寄存器

屏蔽寄存器用来禁止或允许通道的 DMA 请求。当屏蔽位置位时,禁止本通道的 DREQ 进入。若通道编程为不自动预置,则当该通道遇到 $\overline{EOP}$ 信号时,它所对应的屏蔽位置位。屏蔽命令有两种格式:写单个通道屏蔽的屏蔽字和写 4 个通道屏蔽位的屏蔽字。

(1) 单个通道屏蔽寄存器

单个通道屏蔽寄存器。每次只能屏蔽一个通道,通道号由 D_1D_0 位决定。通道号选定后,若 D_2 置 1,则禁止该通道请求 DREQ;若 D_2 置 0,则开通请求 DREQ。只能写不能读。它的作用是作为开通或屏蔽各通道的 DMA 请求。要使用哪个通道,在编程时使其通道的屏蔽位为 0 即可。其格式为:

D_7	D_6	D_5	D_4	D_3	D_2	D_1	D_0
未　　　用						屏蔽位	通道选择
							00＝选通道 0
						1＝屏蔽	01＝选通道 1
						0＝开通	10＝选通道 2
							11＝选通道 3

(2) 4 个通道屏蔽寄存器

4 个通道屏蔽寄存器可同时屏蔽 4 个通道(由软件设定的 DMA 请求位除外)。若编程使寄存器的低 4 位全部置 1,则禁止所有的 DMA 请求,执行清屏蔽寄存器命令或低 4 位置 0,才允许 DMA 请求。该寄存器只能写不能读,其格式为:

D_7	D_6	D_5	D_4	D_3	D_2	D_1	D_0
未　　　用				通道 3	通道 2	通道 1	通道 0
				1＝置屏蔽;0＝清屏蔽			

7. 请求寄存器

DMA 请求可由 I/O 设备发出,也可由软件产生。请求寄存器用于由软件来启动的 DMA 请求,存储器到存储器传送是利用硬件 DREQ 来启动的。这种软件请求 DMA 传输操作必须是块字节传输方式,在传送结束后 $\overline{\text{EOP}}$ 信号会清除相应的请求位。每执行一次软件请求 DMA 传送都要对请求寄存器编程一次,如同硬件 DREQ 请求信号一样。RESET 信号清除整个请求寄存器,软件请求位不可屏蔽。该寄存器只能写不能读,其格式为:

D_7	D_6	D_5	D_4	D_3	D_2	D_1	D_0
未　　　用					屏蔽位	通道选择	
						00＝选通道 0	
					1＝有请求	01＝选通道 1	
					0＝无请求	10＝选通道 2	
						11＝选通道 3	

8. 命令寄存器

命令寄存器用来控制 8237A 的操作, 其内容由 CPU 写入, 由复位信号RESET和总清除命令清除。只能写不能读, 其格式为:

D_7	D_6	D_5	D_4	D_3	D_2	D_1	D_0
DACK 极性	DREQ 极性	写入 选择	优先级 编码	时序 选择	工作允许	通道口 寻址	存储器 间传送

各命令位的功能如表 9.2 所示。

表 9.2　各命令位的功能

$D_4 = 0$　固定优先权	$D_0 = 0$　禁止存储器到存储器传送
$D_4 = 1$　循环优先权	$D_0 = 1$　允许存储器到存储器传送
$D_5 = 0$　滞后写(写周期滞后读)	$D_1 = 0$　通道 0 地址不保持
$D_5 = 1$　扩展写(与读同时)	$D_1 = 1$　通道 0 地址保持不变
$D_6 = 0$　DREQ 高电平有效	$D_2 = 0$　允许 8237A 工作
$D_6 = 1$　DREQ 低电平有效	$D_2 = 1$　禁止 8237A 工作
$D_7 = 0$　DACK 低电平有效	$D_3 = 0$　正常(标准)时序
$D_7 = 1$　DACK 高电平有效	$D_3 = 1$　压缩时序

D_0 位控制存储器到存储器传送。$D_0 = 0$ 禁止存储器到存储器传送, $D_0 = 1$ 允许存储器到存储器传送, 此时把要传送的字节数写入通道 1 的字节计数器。首先, 由通道 0 发软件 DMA 请求, 并从 0 的当前地址寄存器的内容指定的源地址地址单元读取数据, 读取的数据字节存放在暂存寄存器中, 再把暂存寄存器的数据写到以通道 1 当前地址寄存器内容指定的目标地址存储单元, 然后两通道地址各自加 1 或减 1。通道 1 的字节计数器减 1 直至为 0, 产生 $\overline{EOP}$ 信号结束 DMA 传送。存储器到存储器的操作在 PC 微机中不使用。

D_1 位控制通道 0 地址在存储器到存储器整个传送过程中保持不变, 这样可以把同一源地址存储单元的数据写到一组目标存储单元中去。若 D_0 位为 0, 则 D_1 位无意义。

D_2 位为 DMA 控制工作允许。

D_3 位选择工作时序。

D_4 位控制通道的优先权。$D_4 = 0$ 固定优先权, 即 $DREQ_0$ 优先权最高, $DREQ_3$ 优先权最低; $D_4 = 1$ 循环优先权, 即通道的优先权随 DMA 服务的结束而发生变化,已服务过的通道优先权变为最低,下一个的优先权变为最高,如此循环下去。需要注意的是:任何一个通道开始 DMA 服务后,其他通道不能打断该服务的进行,这一点和中断嵌套处理是不相同的。

$D_5 = 0$ 滞后写(写周期滞后读),$D_5 = 1$ 扩展写(与读同时)。何谓标准时序和压缩时序、滞后写和扩展,写请参看阅 9.2.4 节 8237A 的时序。

D_6 和 D_7 位决定 DREQ 和 DACK 信号的允许电平。

例 9.1　PC 微机中的 8237A 按如下要求工作:禁止存储器到存储器传送,正常时序,滞后写入,固定优先级,允许 8237A 工作,DREQ 信号高电平有效,DACK 低电频有效,命令字为 00000000B = 00H。将命令写入命令口的程序段为

```
MOV  AL, 00H    ;命令字
OUT  08H, AL    ;写入命令寄存器
```

9. 状态寄存器

存放 8237A 的状态,提供哪些通道已收到终止计数,哪些通道有 DMA 请求等状态信息供 CPU 分析,该寄存器只能读出不能写入,其格式如下:

D_7	D_6	D_5	D_4	D_3	D_2	D_1	D_0
通道 3	通道 2	通道 1	通道 0	通道 3	通道 2	通道 1	通道 0
请求服务				过程结束			
有尚未处理的 DMA 请求,置 1 无尚未处理的 DMA 请求,置 0				已接收到终止计数信号,置 1 未接收到终止计数信号,置 0			

$D_0 \sim D_3$ 表示 4 个通道中哪些通道已收到计数终止或出现外加 $\overline{EOP}$ 信号;$D_4 \sim D_7$ 位表示 4 个通道中哪些通道有 DMA 请求还未处理。

10. 暂存寄存器

暂存寄存器用于存储器到存储器传送时暂时保存从源地址读出的数据。RESET信号和总清除命令可清除暂存寄存器的内容。

11. 软命令

8237A 有 3 条特殊的"软命令"。所谓软命令就是只要对特定的地址进行一次写操作(即$\overline{CS}$和内部寄存器地址及$\overline{IOW}$同时有效),命令就生效,而与写入的具体数据无关。它们是:

(1) 清先/后触发器命令

前面已提到向 16 位地址寄存器和字节计数器进行写操作时要分两次写入,

先/后触发器就是用来控制写入次序的。先/后触发器有两个状态：0 态时,向 16
位地址寄存器和字节计数器低 8 位进行写操;1 态时,写高 8 位。实际工作时,先/
后触发器为 0 态时,先写入低 8 位,写完后它自动置 1,再写入高 8 位,写完高位后
自动清 0。因此,在写入基地址和基字节数计数值之前一般要将先/后触发器清为
0 态,以保证先写入低 8 位。在程序中,只需向先/后触发器的端口(OCH)写入任
意数即可使先/后触发器清为 0 态。程序段为

```
MOV   AL, 0AAH      ;AL 为任意值 0AAH
OUT   0CH , AL      ;写入先/后触发器的端口使其置 0 态
```

(2) 总清除命令

它与硬件 RESET 信号作用相同,即执行此软件命令的结果会使"命令""状
态""请求""暂存"寄存器以及"先/后触发器"清除,系统进入空闲状态,而屏蔽寄存
器置位,屏蔽所有外部的 DMA 请求。程序段为

```
MOV   AL, 0BBH      ;AL 为任意值 0BBH
OUT   0DH, AL       ;写入总清端口,执行总清命令
```

(3) 清屏蔽寄存器命令

该命令使 4 个屏蔽位均清 0,这样 4 个通道均允许接受 DMA 请求。程序段为

```
MOV   AL,0CCH       ;AL 为任意值 0CCH
OUT   0EH,AL        ;执行清屏蔽寄存器命令
```

9.2.4　DMA 控制器 8273 的工作时序

DMA 控制器 8237A 的两种工作状态从时间顺序来看可看成两个操作周期,
DMA 空闲周期(被动工作方式)和 DMA 有效周期(主动工作方式)。其中还有一
个从空闲周期到有效周期的过渡阶段。8237A 的 7 种状态周期 S_I、S_0、S_1、S_2、S_3、
S_4 以及 S_W,如图 9.4 所示。每种状态包含一个完整的时钟周期,如图 9.5 所示。

1. 空闲周期 S_I

8237A 在上电后且未编程之前或已编程但还没有 DMA 请求时,进入空闲周
期 S_I,即 DMA 控制器处于被动工作方式。此时控制器一方面检测它的输入引脚
DREQ 看是否由外设请求 DMA 服务;另一方面还对 $\overline{CS}$ 端进行采样,检测是否
CPU 要对 DMA 控制器进行初始化编程或从它读取信息。当检测到 $\overline{CS}$ 为有效(低
电平)且无外设提出 DMA 请求(DREQ 为无效)时,则认为是 CPU 对 DMAC 进行
初始化编程。此时 CPU 向 8237A 的寄存器写入各种命令、参数。

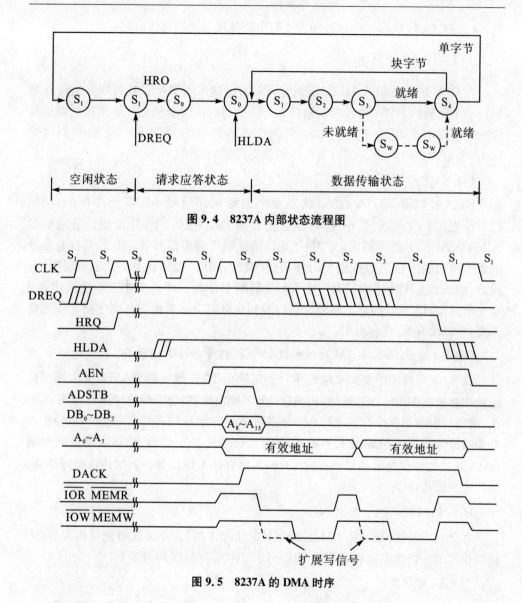

图 9.4　8237A 内部状态流程图

图 9.5　8237A 的 DMA 时序

2. 过渡状态 S₀

8237A 初始化编程完毕后,若检测到 DREQ 请求有效,则表示有外设要求
DMA 传送。此时 DMAC 即向 CPU 发出总线请求信号 HRQ。DMAC 向 CPU 发
出 HRQ 信号之后,DMAC 的时序从 S₁ 状态跳出进入 S₀ 状态,并重复执行 S₀ 状态
直到收到 CPU 的应答信号 HLDA 后才结束 S₀ 状态进入 S₁ 状态,开始 DMA 周
期。可见,S₀ 是 8237A 送出 HRQ 信号到它收到有效的 HLDA 信号间的状态周

期,这是 DMA 控制器从被动各种方式到主动各种方式的过渡阶段。

3. DMA 有效周期

在 CPU 的回答信号 HLDA 到达后,8237A 进入 DMA 有效周期开始传送数据。一个完整的 DMA 传送周期包括 S_1、S_2、S_3 和 S_4 四个状态。如果存储器或外设的速度跟不上,可以在 S_3 和 S_4 之间插入等待状态周期 S_W。下面我们讨论 DMA 有效周期内 8237A 的有关操作与状态周期的关系。

(1) S_1:更新高 8 位地址

DMA 控制器 8237A 在 S_1 状态发出地址允许信号 AEN,允许在 S_1 期间 8237A 把高 8 位地址 $A_8 \sim A_{15}$ 送到数据总线 $DB_0 \sim DB_7$ 上,并发地址选通信号 ADSTB,ADSTB 的下降沿(S_2 内)把地址信息锁存到锁存器中。S_1 是只在有地址的低 8 位向高 8 位进位或错位时才出现的状态周期,否则省去 S_1 状态周期。可见,可能在 256 次传送中只有一个 DMA 周期中有 S_1。图 9.5 中表示连续传送 2 个字节的 DMA 传送时序。从图中可以看到在第二个字节传送时由于高 8 位地址未变,所以没有 S_1 状态周期。

(2) S_2:输出 16 位 RAM 地址和发 DACK 信号寻址 I/O 设备

在 S_2 状态周期中要完成两件事。一是输出 16 位地址到 RAM。其中高 8 位地址由数据线 $DB_0 \sim DB_7$ 输出,用 ADSTB 下降沿锁存,低 8 位地址由地址线 $A_0 \sim A_7$ 输出。但由于在没有 S_1 的 DMA 周期中高 8 位地址没有发生变动,所以输出未变动的原来的高 8 位地址及修改后的低 8 位地址。二是 S_2 状态周期还向申请 DMA 传送的外设发出请求回答信号 $\overline{\text{DACK}}$ 以寻址 I/O 设备为数据传送做好准备,随后发出读写命令。

(3) S_3:读周期

在此状态发出 $\overline{\text{MEMR}}$(DMA 读)或 $\overline{\text{IOR}}$(DMA 写)命令。这时把从内存或 I/O 接口读取的 8 位数据放到数据线 $DB_0 \sim DB_7$ 上,等待写周期的到来。

(4) S_4:写周期

在此状态发出 $\overline{\text{IOW}}$(DMA 读)或 $\overline{\text{MEMW}}$(DMA 写)命令。此时,把读周期之后保持在数据线 $DB_0 \sim DB_7$ 上的数据字节写到 RAM 或 I/O 接口,至此完成了一个字节的 DMA 传送。正是由于读周期之后所得到的数据并不送入 DMA 控制器内部保存而是保持在数据线 $DB_0 \sim DB_7$ 上,所以写周期一开始即可快速地从数据线上直接写到 RAM 或 I/O 接口,这就是高速 DMA 传送提供直接通道的真正含义。

若采用提前写(扩展写),则在 S_3 中同时发出 $\overline{\text{MEMW}}$(DMA 写)或 $\overline{\text{IOW}}$(DMA

读)命令,即把写命令提前到与读命令同时从 S_3 开始(如图 9.5 虚线所示)。或者说写命令和读命令一样扩展为 2 个时钟周期。若采用压缩时序,则去掉 S_3 状态,将读命令宽度压缩到写命令的宽度,即读周期和写周期同为 S_4。因此在成组连续传送不更新高 8 位地址的情况下,一次 DMA 传送可压缩到 2 个时钟周期(S_2 和 S_4),可获得更高的数据吞吐量。

从图 9.5 可知,S_4 状态开始前,8237A 检测就绪(READY)端的输入信号,如未就绪,即 READY 信号为低电平,则在 S_3 和 S_4 之间插入等待状态周期 S_W(如图 9.5 虚线所示);如已就绪,即 READY 为高电平,则不插入 S_W,8253A 直接进入 S_4 状态周期。

9.2.5　DMA 控制器 8237A 内部寄存器的端口地址

8237A 内部有 4 个独立通道,每个通道都有各自的 4 个寄存器(基地址、当前地址、基字节计数、当前字节计数),另外还有各个通道共用的寄存器(工作方式寄存器、命令寄存器、状态寄存器、屏蔽寄存器、请求寄存器以及暂存寄存器)。通过对这些寄存器的编程,可实现 8237A 的 3 种 DMA 操作类型和 3 种操作方式、2 种工作时序、2 种优先级排队、自动预置传送地址和字节数,以及实现存储器到存储器之间的传送等一系列操作功能。在 PC 微机中 8237A 占用的 I/O 端口地址为 00H~0FH,各寄存器的端口地址分配如表 9.3 所示。

表 9.3　8237A 的内部寄存器端口地址

端口	通道	I/O 口地址(Hex)	寄存器 读($\overline{IOR}$)	写($\overline{IOW}$)
DMA+0	0	00	读通道 0 的当前地址寄存器	写通道 0 的基地址与当前地址寄存器
DMA+1	0	01	读通道 0 的当前字节计数寄存器	写通道 0 的基字节计数与当前字节计数寄存器
DMA+2	1	02	读通道 1 的当前地址寄存器	写通道 1 的基地址与当前地址寄存器
DMA+3	1	03	读通道 1 的当前字节计数寄存器	写通道 1 的基字节计数与当前字节计数寄存器
DMA+4	2	04	读通道 2 的当前地址寄存器	写通道 2 的基地址与当前地址寄存器

端口	通道	I/O口地址（Hex）	寄　存　器	
			读（$\overline{\text{IOR}}$）	写（$\overline{\text{IOW}}$）
DMA+5	2	05	读通道 2 的当前字节计数寄存器	写通道 2 的基字节计数与当前字节计数寄存器
DMA+6	3	06	读通道 3 的当前地址寄存器	写通道 3 的基地址与当前地址寄存器
DMA+7	3	07	读通道 3 的当前字节计数寄存器	写通道 3 的基字节计数与当前字节计数寄存器
DMA+8	公用	08	读状态寄存器	写命令寄存器
DMA+9		09	—	写请求寄存器
DMA+10		0A	—	写单个通道屏蔽寄存器
DMA+11		0B	—	写工作方式寄存器
DMA+12		0C	—	写清除先/后触发器命令
DMA+13		0D	读暂存寄存器	写总清命令
DMA+14		0E	—	写清 4 个通道屏蔽寄存器命令
DMA+15		0F	—	写置 4 个通道屏蔽寄存器

9.2.6　DMA 控制器 8237A 的初始化

1. 初始化编程应注意事项

CPU 对 8237A 的编程方法与一般的 I/O 接口芯片基本相同,还需要注意以下几点:

① 为确保软件编程时不受外界硬件信号的影响,在编程开始时要通过命令寄存器方式命令禁止 8237A 工作或向屏蔽寄存器发送屏蔽命令,将要编程的通道加以屏蔽。在编程完成后再允许芯片工作或取消屏蔽。

② 所有通道的方式字寄存器都要加载。当系统通电时,用硬件复位信号 RESET 或软件复位(总清)命令,使所有内部寄存器,除屏蔽寄存器各通道屏蔽位置外,其余均被清除。为使各通道在所有可能的情况下都正确操作,应保证各通道的方式字寄存器用有效值加载,即使某些目前不是用的通道也就这样做。一般对

不使用的通道可用 40H、41H、42H 和 43H 写入通道 0～3 的方式字寄存器,表示按单字节方式进行 DMA 校验操作。

③ 8237A 芯片的检测。通常在系统上电期间要对 DMA 芯片进行检测,只有在芯片检测通过后方可继续 DMA 初始化,实现 DMA 传送。检测内容是对所有通道的 16 位寄存器进行读/写测试,当写入和读出结果相等时则判断芯片正确可用。否则视为致命性错误,芯片不可用,令系统停机。

2. 初始化编程

下面的程序段就是对 PC 系列的 DMA 控制器 8237A 检测用的。程序中的变量 DMA 地址是 00H。测试程序对 4 个通道的 8 个 16 位寄存器先后写入全"1",全"0",再读出比较看是否一致,若不一致则出错,停机。

```
;检测前,禁止 DMA 控制器工作
        MOV   AL, 04          ;命令字,禁止 8237A 工作
        OUT   DMA+08, AL      ;命令字,送命令字寄存器
        OUT   DMA+0DH, AL     ;总清命令,使 8237A 进入空闲周期,包括清先/后触
                              ;发器
        ;作全"1"检测
        MOV   AL, 0FFH        ;0FFH→AL
C16:    MOV   BL, AL          ;保存 AX 到 BX,以便比较
        MOV   BH, AL
        MOV   CX, 8           ;循环测试 8 个寄存器
        MOV   DX, DMA         ;FF 写入 0～3 号通道的地址或字节数寄存器
C17:    OUT   DX, AL          ;写入低 8 位
        OUT   DX, AH          ;再写入高 8 位
        MOV   AL, 01H         ;读前,破坏原内容
        IN    AL, DX          ;读出刚才写入的低 8 位
        MOV   AH, AL          ;保存到 AH
        IN    AH, DX          ;再读出写入的高 8 位
        CMP   BX, AX          ;读出的与写入的比较
        JE    C18             ;相等,则转 C18,转入下一寄存器
        HLT                   ;不等,则出错,系统停止
C18:    INC   DX              ;寄存器口地址+1,指向下一个寄存器,进行检测
        LOOP  C17             ;未完,继续
        ;作全"0"检测
        INC   AL              ;已完,使 AL=0(全"1"+1 = 0)
        JE    C16             ;返回再作写全"0"检测
        ;全"1"和全"0"检测通过,开始设置命令字
```

```
        SUB  AL, AL          ;命令字==00H,DACK 为低电平,DREQ 为高电平
        OUT  DMA+8, AL       ;写滞后读,固定优先级,芯片工作允许,禁止 0 通道寻
                             ;址保持,禁止 M-M 传送
        ;各通道方式寄存器加载
        MOV  AL,40H          ;通道 0 方式字,单字节传送方式,DMA 校验
        OUT  DMA+0BH, AL
        MOV  AL, 41H         ;通道 1 方式
        OUT  DMA+0BH, AL
        MOV  AL, 42H         ;通道 2 方式字
        OUT  DMA+0BH, AL
        MOV  AL, 43H         ;通道 3 方式字
        OUT  DMA+0BH, AL
        ...
```

9.3　DMA 控制器 8237A 应用实例

9.3.1　8237A 的初始化编程及应用

1. 初始化编程的步骤

① 输出主清除命令。
② 写入基地址与当前地址寄存器。
③ 写入基字节与当前字节计数寄存器。
④ 写入工作方式寄存器。
⑤ 写入屏蔽寄存器。
⑥ 写入命令寄存器。
⑦ 写入请求寄存器。

若用软件方式发 DMA 请求,则应向指定通道写入命令字,即进行①～⑦的编程后,就可以开始 DMA 传送的过程。若无软件请求,则在完成①～⑥的编程后,由通道的 DREQ 启动 DMA 传送过程。

2. 编程应用

例 9.2　若选用通道 1,由外设(磁盘)输入 16 KB 的数据块,传送至 28000H 开始的区域(按增量传送)采用数据块传送方式,传送完后不自动初始化,外设的 DREQ 和 DACK 都为高电平有效。

要编程首先要确定端口地址,地址的低 4 位寻址 8237 的内部寄存器。

解　先确定各控制字

- 工作方式控制字为 10000101B＝85H。

D_1D_0 为 01,选通道 1;D_3D_2 为 01,DMA 写操作($I/O \rightarrow M$);D_4 位为 0,表示传送结束禁止自动初始化;D_5 位为 0,表示选择地址加 1;D_7D_6 为 10,选择数据块传送方式。

- 屏蔽控制字为 00000000B＝00H。

$D_7 \sim D_4$ 位无用设置为 0;$D_3 \sim D_0$ 位设置为 0,表示将 4 个通道的屏蔽位复位,即都可以产生 DMA 请求。若要屏蔽某个通道的 DREQ 请求,则相应位设置为 1。

- 操作命令控制字为 10100000B＝A0H。

D_7 设置为 1,表示 DACK1 高电平有效;D_6 设置为 0,表示 DREQ1 高电平有效;D_5 设置为 1,表示扩展写;D_4 设置为 0,表示选用固定优先权;D_2 设置为 0,表示允许 8237 操作;D_0 为 0,表示非存储器到存储器传送。

初始化程序如下所示:

```
OUT    0DH, AL          ;输出主清除命令
MOV AL, 00H
OUT    02H, AL          ;输出当前和基地址的低 8 位
MOV    AL, 80H
OUT    02H, AL          ;输出当前和基地址的高 8 位
MOV    AX, 16384
OUT 03H, AL             ;输出当前和基字节计数初值低 8 位
MOV    AL, AH
OUT    03H, AL          ;输出当前和基字节计数初值高 8 位
MOV    AL, 85H
OUT    0BH, AL          ;输出工作方式控制字
MOV    AL, 00H
OUT    0AH, AL          ;输出屏蔽字
MOV    AL, 0A0H
OUT    08H, AL          ;输出操作命令控制字
MOV    AX, DS           ;取数据段地址
MOV    CL, 4            ;移位次数送 CL
ROL    AX, CL           ;循环左移 4 次
MOV    CH, AL           ;将 DS 的高 4 位存入 CH 寄存器中
AND    AL, 0F0H         ;屏蔽 DS 的低 4 位
MOV    BX, OFFSET BUFFER ;获得缓冲区首地址偏移量
ADD    AX, BX           ;计算 16 位物理地址
```

```
        INC    CH              ;有进位 DS 高 4 位加 1
        PUSH   AX              ;保存低 16 位起始地址
```

例 9.3 利用 8237A 编写从源存储器传送 1 000 个字节数据到目标存储器的程序。把一个数据块从存储器一个区传送到另一个区是通过通道 0 和通道 1 完成的。

```
        MOV    AL, 04H         ;关闭 8237A,操作方式控制字 D₂=1
        MOV    DX, DMA+08H     ;设置命令寄存器的端口地址
        OUT    DX, AL
        MOV    DX, DMA+0DH     ;设置总清命令寄存器的地址
        OUT    DX, AL          ;总清
        MOV    DX, DMA+00H     ;设置通道 0 地址寄存器端口地址
        MOV    AX, SOURCE      ;设置源数据块首地址
        OUT    DX, AL          ;设置地址寄存器低字节
        MOV    AL, AH          ;将源数据块首地址高字节送 AL
        OUT    DX, AL          ;设置地址寄存器高字节
        MOV    DX, DMA+02H     ;设置通道 1 地址寄存器端口地址
        MOV    AX, DST         ;设置目标数据块的首地址
        OUT    DX, AL          ;目标数据块首地址送通道 1 的地址寄存器
        MOV    AL, AH
        OUT    DX, AL
        MOV    DX, DMA+03H     ;设置通道 1 字节计数器的端口地址
        MOV    AX, 1000        ;设置计数器值
        OUT    DX, AL          ;传送源数据块字节数给通道 1 的字节数计数器
        MOV    AL, AH
        OUT    DX, AL
        MOV    DX, DMA+0CH     ;设置先/后触发器端地址
        OUT    DX, AL          ;清先/后触发器
        MOV    DX, DMA+0BH     ;设置模式寄存器端口地址
        MOV    AL, 88H         ;设置 8237A 的工作方式控制字,定义通道 0 为
                               ;DMA 读传输
        OUT DX, AL
        MOV DX, DMA+0CH        ;设置清先/后触发器命令寄存器的地址
        OUT DX, AL             ;清先/后触发器
        MOV DX, DMA+0BH
        MOV AL, 85H            ;设置 8237A 的模式字,定义通道 1 为 DMA
                               ;写传输
        OUT vDX, AL
        MOV DX, DMA+0CH
```

```
        OUT DX, AL              ;清先/后触发器
        MOV DX, DMA+0FH
        MOVDX, 0CH              ;屏蔽通道 2 和通道 3
        OUTDX, AL
        MOVDX, DMA+0CH
        OUTDX, AL               ;清先/后触发器
        MOVDX, DMA+08H
        MOVAL, 01H              ;设置 8237A 的控制字,定义为存储器到存储
                                ;器传送模式
        OUTDX, AL               ;启动 8237A 工作
        MOVDX, DMA+0CH
        OUTDX, AL               ;清先/后触发器
        MOVDX, DMA+09H
        MOVAL, 04H              ;向通道 0 发出 DMA 请求
        OUTDX, AL
        MOVDX, DMA+08H
AA1：   INAL, DX                ;读 8237A 状态寄存器的内容
        JZ   AA1                ;判断计数是否结束
        MOV  DX, DMA+0CH
        OUT  DX, AL             ;清先/后触发器
        MOV  DX, DMA+09H
        MOV  AL, 00H            ;向通道 0 撤销 DMA 请求
        OUT  DX, AL
        MOV  DX, DMA+0CH
        OUT  DX, AL             ;清先/后触发器
        MOV  AL, 04H            ;关闭 8237A,操作方式控制字 $D_2=1$
        MOV  DX, DMA+08H        ;设置控制寄存器的端口地址
        OUT     DX, AL
        HLT
```

9.3.2　利用 8237 进行存储器到存储器数据传送

1. 要求

利用 8086 CPU 控制 8237A 可编程 DMA 控制器,实现存储器之间的 DMA 数据传送。

2. 电路连接与说明

（1）项目电路连接

做 MEM→MEM（存储器到存储器）数据传送时无需用户连线，系统自动做总线切换，本程序将 RAM 中的一段数据用 DMA 方式复制到另一地址。

（2）项目说明

实验过程中不用连线，程序运行状态通过查看存储器、寄存器内容来观察。要传送存储器的起始地址为 8100H：0000H，传送字节数为 2000，8237 的端口地址为 00H～0FH，8237 通道 1 的页面寄存器端口地址为 83H，则利用 8237 通道 1 进行存储器的数据传送。

对程序进行编译连接后，使光标指向最后一条 MOV 指令处，点击菜单栏"调试"下拉菜单的"执行到光标所在行"，使程序执行到此处。

查看运行后 8237 寄存器值、存储器的内容，点击菜单栏"查看"的"数据区窗口"中的"代码段数据窗口"，查看 8100：0000 到 8100：0800 中数据与 8100：0100 到 8100：0900 中数据是否一致（要注意各实验系统为用户提供的 RAM 区间）。

3. 电路原理框图

DMA 进行存储器到存储器传送数据电路框图如图 9.6 所示。电路由 8086 CPU 芯片、8237A 芯片、RAM 等组成。

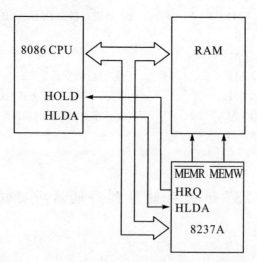

图 9.6　DMA 进行存储器到存储器传送数据电路框图

4. 程序设计

(1) 程序流程图

DMA 进行存储器到存储器传送数据程序流程图如图 9.7 所示。

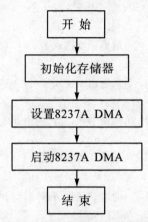

图 9.7　DMA 进行存储器到存储器传送数据程序流程图

(2) 程序清单

DMA 进行存储器到存储器传送数据程序清单如下所示：

```
DMA          EQU 00H
DATA         SEGMENT
PB           DB
DATA          ENDS
STACK        SEGMENT STACK
STA          DW 50 DUP(0)
TOP          EQU LENGTH STA
STACK        ENDS
CODE         SEGMENT
ASSUME    CS:CODE,DS:DATA,SS:STACK
START:
    MOV AL, 04H
    OUT DMA+0DH, AL     ;复位命令,使先后触发器清 0
    MOV AL, 08H
    OUT 83H, AL         ;置通道 1 页面寄存器
    MOV AL, 00H
    OUT DMA+02H, AL     ;写地址低 8 位
```

```
        MOV AL, 00H
        OUT DMA+02H, AL    ;写地址高 8 位
        MOV AX, 2000       ;置传送字节数
        OUT DMA+03H, AL    ;先写入低 8 位
        MOV AL, AH
        OUT DMA+03H, AL    ;后写入高 8 位
        MOV AL, 88H
        OUT DMA+0BH, AL    ;后通道 0 模式字
        MOV  AL, 85H
        OUT  DMA+0BH, AL   ;后通道 1 模式字
        MOV  AL, 83H
        OUT  DMA+08H, AL   ;写命令字,允许通道 0 地址保持
        MOV  AL, 0EH
        OUT  DMA+0FH, AL   ;通道 0 解除屏蔽
        MOV  AL, 04H
        OUT  DMA+09H, AL   ;通道 0 软件请求,启动 DMA 传送
        MOV  AH, 4CH       ;返回 DOS
        INT  21H
        CODE  ENDS
        END  START
```

9.3.3 DMA 进行存储器到 I/O 数据传送

1. 要求

利用 8086 CPU 控制 8237A 可编程 DMA 控制器,实现存储器到 I/O 间的
DMA 数据传送。

2. 电路连接与说明

(1) 电路连接

做 MEM→I/O 数据传送时无需用户连线,系统自动做总线切换本程序将
RAM 中的一段数据用 DMA 方式复制到 I/O 口地址。

(2) 说明

本程序将 RAM 中的一段数据用 DMA 方式连续输出到 I/O 设备。由于
DMA 传送仅适合速度要求快的设备,本例以转换速度为 1 Mbps 的 DAC 0832 做
实验,将 RAM 中保存的波形数据(正弦波、三角波),连续送到 DAC 0832,并重复

传送以输出连续的波形。实验中要求将 DMA_IO 信号（与 CS79 位于同一引线孔）与 DAC0832 的片选信号相连。实验连线将 CS79 与 CS32 相连，跳线 JP 0832 用跳线帽跳下面。对程序作如下说明：

① 禁止 8237A 工作。

② 复位 8237A。

③ 允许 DMA 通道 2。

④ 设置 DMA 通道 2 的起始地址、计数器值。

⑤ 查看运行前 8237 寄存器值、存储器的内容。

⑥ 设置 DMA 工作方式，自动重载起始地址、计数器值，允许 DMA。

⑦ 启动 DMA 传送。

⑧ 重复第 7 步。

3. 电路原理框图

DMA 进行存储器到 I/O 间传送数据电路框图如图 9.8 所示。电路由 8086CPU 芯片、8237A 芯片、RAM 和 DAC0832 芯片等组成。

4. 程序设计

（1）程序流程图

DMA 进行存储器到 I/O 间传送数据程序流程图如图 9.9 所示。

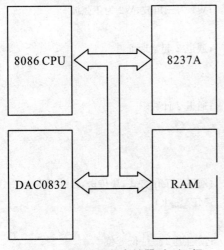

**图 9.8　DMA 进行存储器到 I/O 间
传送数据电路框图**

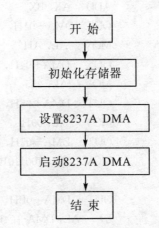

**图 9.9　DMA 进行存储器到 I/O 间
传送数据程序流程图**

(2) 程序清单

DMA 进行存储器到 I/O 间传送数据程序清单如下所示：

```
        DMA     EQU 00H
DATA            SEGMENT
DATA            ENDS
STACK           SEGMENT STACK
STA             DW 50 DUP(?)
TOP             EQU LENGTH STA
STACK           ENDS
CODE            SEGMENT
ASSUME          CS:CODE,DS:DATA,SS: STACK
START:
        MOV     AL, 04H
        OUT DMA+8, AL            ;禁止 8237A 工作
        OUT     DMA+0DH, AL      ;复位命令,使先后触发器清 0
        MOV     AL, 1011B
        OUT     DMA+0AH, AL      ;允许通道 2
        MOV     AX, CS           ;计算 DAC 表的起始地址
        AND     AX, 0FFFH
        MOV     CL, 4
        SHL     AX, CL
        LEA     BX, W2           ;W1 为三角波,W2 为正弦波
        ADD     AX, BX
        OUT     DMA+04H, AL      ;通道 2 起始地址
        MOV     AL, AH
        OUT     DMA+04H, AL
        MOV     AL, 255          ;通道 2 计数
        OUT     DMA+05H, AL
        MOV     AL, 00H
        OUT     DMA+05H, AL
        MOV     AL, 10011010B    ;通道 2 工作方式,块传送,自动预置,
                                 ;MEM→IO
        OUT     DMA+0BH, AL
        IN      AL, DMA+04H      ;读通道 2 地址低 8 位
        MOV     BL, AL
        IN      AL, DMA+04H      ;读通道 2 地址低 8 位
        MOV     BH, AL
```

```
              IN    AL, DMA+05H        ;读通道 2 计数器低 8 位
              MOV   BL, AL
              IN    AL, DMA+05H        ;读通道 2 计数器高 8 位
              MOV   BH, AL
              MOV   AL, 00000000B      ;允许 DMA 控制,不允许 mem-to-mem
              OUT   DMA+8, AL
SW2:          MOV   AL, 110B           ;通道 2 启动请求
              OUT   DMA+9, AL
              JMP SW2
              NOP
              IN    AL,DMA+04H         ;读通道 2 地址低 8 位
              MOV   BL, AL
              IN    AL, DMA+04H        ;读通道 2 地址低 8 位
              MOV   BH, AL
              IN    AL, DMA+05H        ;读通道 2 计数器低 8 位
              MOV   BL, AL
              IN    AL, DMA+05H        ;读通道 2 计数器高 8 位
              MOV   BH, AL
ERROR:        NOP
              JMP   ERROR
              ORG 100H
W1            DB 0,1,2,3,4,5,6,7,8,9,10,11,12,13,14,15
              DB 16,17,18,19,20,21,22,23,24,25,26,27,28,29,30,31
              DB 32,33,34,35,36,37,38,39,40,41,42,43,44,45,46,47
              DB 48,49,50,51,52,53,54,55,56,57,58,59,60,61,62,63
              DB 64,65,66,67,68,69,70,71,72,73,74,75,76,77,78,79
              DB 80,81,82,83,84,85,86,87,88,89,90,91,92,93,94,95
              DB 96,97,98,99,100,101,102,103,104,105,106,107,108,109,110,111
              DB 112,113,114,115,116,117,118,119,120,121,122,123,124,125,126,127
              DB 128,129,130,131,132,133,134,135,136,137,138,139,140,141,142,143
              DB 144,145,146,147,148,149,150,151,152,153,154,155,156,157,158,159
              DB 160,161,162,163,164,165,166,167,168,169,170,171,172,173,174,175
              DB 176,177,178,179,180,181,182,183,184,185,186,187,188,189,190,191
              DB 192,193,194,195,196,197,198,199,200,201,202,203,204,205,206,207
              DB 208,209,210,211,212,213,214,215,216,217,218,219,220,221,222,223
              DB 224,225,226,227,228,229,230,231,232,233,234,235,236,237,238,239
              DB 240,241,242,243,244,245,246,247,248,249,250,251,252,253,254,255
```

```
W2          DB 127,130,133,136,139,143,146,149,152,155,158,161,164,167,170,173
            DB 176,178,181,184,187,190,192,195,198,200,203,205,208,210,212,215
            DB 217,219,221,223,225,227,229,231,233,234,236,238,239,240,242,243
            DB 244,245,247,248,249,249,250,251,252,252,253,253,253,254,254,254
            DB 254,254,254,254,253,253,253,252,252,251,250,249,249,248,247,245
            DB 244,243,242,240,239,238,236,234,233,231,229,227,225,223,221,219
            DB 217,215,212,210,208,205,203,200,198,195,192,190,187,184,181,178
            DB 176,173,170,167,164,161,158,155,152,149,146,143,139,136,133,130
            DB 127,124,121,118,115,111,108,105,102,99,96,93,90,87,84,81
            DB 78,76,73,70,67,64,62,59,56,54,51,49,46,44,42,39
            DB 37,35,33,31,29,27,25,23,21,20,18,16,15,14,12,11
            DB 10,9,7,6,5,5,4,3,2,2,1,1,1,0,0,0
            DB 0,0,0,0,1,1,1,2,2,3,4,5,5,6,7,9
            DB 10,11,12,14,15,16,18,20,21,23,25,27,29,31,33,35
            DB 37,39,42,44,46,49,51,54,56,59,62,64,67,70,73,76
            DB 78,81,84,87,90,93,96,99,102,105,108,111,115,118,121,124
CODE ENDS
END START
```

习题与思考题

1. 选择题。

(1) DMA 控制器 8237A 有 4 种工作方式,其中传输率较高的一种是(　　)。

A. 单字节传送方式　　　B. 块传送方式　　　C. 请求传送方式　　　C. 级联方式

(2) 在 8237A 控制下进行"写传送"时,8237A 需先向 I/O 接口和存储器的控制信号是(　　)。

A. IOR,MEMW　　　　B. IOR,MEMR　　　C. IOW,MEMW　　　　D. IOR,IOW

(3) 实现 DMA 传送需要(　　)。

A. CPU 通过执行指令来完成　　　　　　B. CPU 利用中断方式来完成

C. CPU 利用查询方式来完成　　　　　　D. 不需要 CPU 参与即可完成

(4) 在微机系统中采用 DMA 方式传输数据时,数据传送时(　　)。

A. 由 CPU 控制完成

B. 由执行程序(软件)完成

C. 由 DMAC 发出控制信号下完成的

D. 由执行控制器发出的控制信号下完成的

(5) 在 DMA 方式下,将内存数据传送到外设的路径是(　　)。

A. CPU→DMAC→外设　　　　　　B. 内存→数据总线→外设

C. 内存→CPU→总线→外设　　　　　D. 内存→DMAC→数据总线→外设

(6) 在 DMA 方式下,CPU 与总线的关系(　　)。

A. 只能控制地址总线　　　　　　　　B. 相互成隔离状态

C. 只能控制数据线　　　　　　　　　D. 相互成短接状态

2. 什么是 DMA 传送方式? 它与中断方式有何不同? 在大批量、高速率数据传送时,DMA 传送方式为什么比中断传送方式优越?

3. 说明 DMA 控制器应具有的功能。

4. 简述 DREQ、DACK、HRQ、HLDA 几个信号之间的关系。

5. 8237A DMA 控制器有几种工作模式? 分别是什么? 有几种传送类型? 分别是什么?

6. 8237A 中有哪些寄存器? 各有什么功能? 初始化编程要对哪些寄存器进行设置?

7. DMA 控制器有哪几种工作方式? 它可以工作于哪两种状态? 何时分别进入这两种状态?

8. 假设利用 8237A 通道 1 在存储器的两个区域 BUF1 和 BUF2 间直接传送 100 个数据,采用连续传送方式,传送完毕后不自动预置,试写出初始化程序。

9. 利用 8237A 的通道 2,把外设输入的数据传送到 3000H 为首地址的内存中,假设传送 2 KB数据。采用单字节传送,DACK 低电平有效,DREQ 高电平有效,固定优先级,普通时序,地址增量,不扩展写,禁止自动初始化,请写出初始化程序。

10. 使用 DAM 通道 1 把内存 4000H 到 4FFFH 区域的 1000H 个字节的数据输出到外设,采用数据块传送模式,传送完不自动初始化,DREQ 和 DACK 都是高电平有效,不用扩展写命令信号,固定优先权,正常时序,系统中只有一片 8237A。8237A 寄存器和软件命令的 I/O 口地址可查阅表 9.3 的 DMAC。

第 10 章　定时器和计数器

在微型计算机系统中常需要用到定时功能,如在 PC 机中需要一个实时时钟按一定的时间间隔对动态 RAM 进行刷新;扬声器的发声也是由定时信号来驱动的。在计算机实时控制和处理系统中,则要按一定的采样周期对处理对象进行采样,或定时检测某些参数等,这些都需要定时信号。此外,在许多微机应用系统中,还会用到计数功能,以对外部事件进行计数。

定时功能的实现主要有 3 种方法,即软件定时、不可编程的硬件定时和可编程的硬件定时。软件定时是最简单的定时方法,它不需要硬件支持,只要让机器循环执行某一条或一系列指令,这些指令本身没有具体的执行目的,但由于执行每条指令都需要一定的时间,重复执行这些指令就会占用一段固定的时间。因此,习惯上将这种定时方法称为软件延时。不可编程器件常用 555 芯片,555 芯片加上外接电阻和电容就能构成定时电路。这种定时电路结构简单,价格便宜。通过改变电阻和电容的值可以在一定范围内改变定时时间,但这种电路在硬件已连接好的情况下定时时间和范围就不能由程序来控制和改变,而且定时精度也不高。可编程定时器/计数器电路利用硬件电路和中断方法控制定时,定时时间和范围完全由软件来确定和改变,并由微处理器的时钟信号提供时间基准,因这种时钟信号由晶体振荡器产生,故计时精确稳定。

计数器用于对外部事件计数,常用设计数字逻辑电路来实现,如使用 74LS163 电路实现计数等。

10.1　定时计数器 8253 概述

硬件定时采用可编程通用定时/计数器或单稳延时电路产生定时或延时。这种方法不占用 CPU 的时间,定时时间长,使用灵活。尤其是定时准确,定时时间不受主机频率影响,定时程序具有通用性,故得到广泛应用。

目前,通用的定时器/计数器集成芯片种类很多,如 Intel 8253/8254、Zilog 的 CTC 等。这里对 Intel 8253/8254 定时/计数器进行详细讨论。可编程定时/计数器芯片型号有几种,它们的外形引脚及功能都是兼容的,只是工作的最高频率有所差异,如 8253-5 和 8254-2,前者为 5 MHz,后者为 10 MHz。另外还有 8253(2 MHz)、8254(8 MHz)和 8254-5(5 MHz)兼容芯片。

Intel 8253 内部有 3 个独立的 16 位计数器通道,分别称作计数器 0、计数器 1 及计数器 2,通过它进行编程,每个计数器通道均可按 6 种不同的方式工作,可以按二进制或十进制格式进行计数,计数频率最高可达 2 MHz。8253 还可用作可编程方波频率产生器、分频器、程控单脉冲发生器等多种场合。

Intel 8253 基本功能如下:

① 一片上有 3 个独立的 16 位计数器通道;

② 每个计数器的计数频率范围为 0～2 MHz;

③ 每个计数器都可以按照二进制或十进制计数;

④ 每个通道有 6 种工作方式,可由程序设置或改变;

⑤ 所有输入、输出都与 TTL 兼容;

⑥ 除具有计数或定时功能外,还可用来作为可编程频率发生器、二进制分频器、数字单稳,以及复杂的电机控制器等。

10.1.1 定时计数器 8253 的内部结构

8253 芯片由数据总线缓冲存储器、读/写控制电路、控制字寄存器和 3 个计数通道 6 个模块组成,其内部结构流程图如图 10.1 所示。

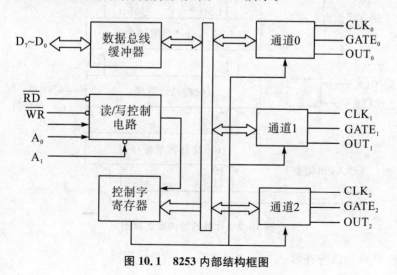

图 10.1 8253 内部结构框图

1. 数据总线缓冲器

三态、双向 8 位寄存器,用于 8253 与系统数据总线 $D_0 \sim D_7$ 的连接。其 3 个基本功能为:向 8253 写入确定其工作方式的命令;向计数寄存器装入初值;读出计数器的初值或当前值。

2. 读/写控制电路

由 CPU 发出的读写信号和地址信号来选择读出或写入的寄存器,并确定数据传送方向,即读出或写入。

3. 控制字寄存器

接收 CPU 送来的控制字,用来选择计数器及相应的工作方式。控制字寄存器只能写入不能读出。

4. 通道

8253 有 3 个独立的内部结构完全相同的计数通道(计数器)。计数通道由 16 位计数初值寄存器、减 1 计数器和当前数值锁存器组成,如图 10.2 所示。

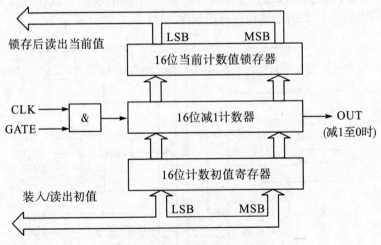

图 10.2　计数通道内部逻辑图

(1) 计数初值寄存器

存放计数初值(定时常数、分频系数),长度为 16 位,最大计数值为 65536 (64 K)。计数初值寄存器和减 1 计数器的初值在初始化时同时装入,且计数初值寄存器的计数初值在计数过程中保持不变。计数初值寄存器的作用是在自动重装操作中为减 1 计数器提供计数初值,以便重复计数。所谓自动重装是指当减 1 计数器减 1 至 0 后可以自动把计数初值寄存器的内容装入减 1 寄存器,重新开始计数。

(2) 减 1 计数器

进行减 1 计数操作,来一个脉冲就做一次减 1 运算,至将计数初值减为 0。如果要连续进行计数,则将计数初值寄存器的内容重装到减 1 计数器。

(3) 当前计数值锁存器

锁存减 1 计数器的内容供读出和查询。由于减 1 计数器的内容随输入时钟脉冲不断改变,为读取这些不断变化的当前计数值只有把它送到当前计数值锁存器加以锁存才能读出。

10.1.2　定时计数器 8253 芯片的引脚

8253 芯片有 24 条引脚,封装在双列直插式陶瓷管壳内,其引脚信号如图 10.3 所示。

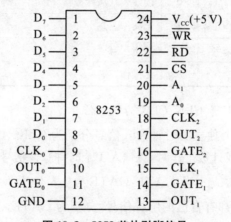

图 10.3　8253 芯片引脚信号

(1) 数据总线 $D_7 \sim D_0$:三态输入/输出线

数据总线 $D_7 \sim D_0$ 连接 8253 和系统数据总线,是 8253 和 CPU 接口数据线,供 CPU 向 8253 进行读写数据、传送命令和状态信息。

(2) 片选线 $\overline{CS}$:输入信号,低电平有效

当 $\overline{CS}$ 为低电平时,CPU 选中 8253,可以向 8253 进行读写;当 $\overline{CS}$ 为高电平时,CPU 未选中 8253。$\overline{CS}$ 由 CPU 输出的地址码经译码产生。

（3）读/写信号$\overline{RD}/\overline{WR}$：输入信号，低电频有效

它由 CPU 发出，用于对 8253 寄存器进行读/写操作。

（4）地址线 A_1A_0：与系统地址总线相连

当$\overline{CS}=0$ 时，8253 被选中，A_1A_0 用于选择 8253 内部寄存器，以便对它们进行读/写操作。具体对应关系如表 10.1 所示。

表 10.1　8253 读写操作及端口地址

$\overline{CS}$	$\overline{RD}$	$\overline{WR}$	A_1	A_0	操　　作	PC 微机
0	1	0	0	0	加载 T/C$_0$（向计数器 0 写入"初始值"）	40H
0	1	0	0	1	加载 T/C$_1$（向计数器 1 写入"初始值"）	41H
0	1	0	1	0	加载 T/C$_2$（向计数器 2 写入"初始值"）	42H
0	1	0	1	1	向控制寄存器写入"方式控制字"	43H
0	0	1	0	0	读 T/C$_0$（从计数器 0 读出"当前计数值"）	40H
0	0	1	0	1	读 T/C$_1$（从计数器 1 读出"当前计数值"）	41H
0	0	1	1	0	读 T/C$_2$（从计数器 2 读出"当前计数值"）	42H
0	0	1	1	1	无操作三态	
1	×	×	×	×	禁止三态	
0	1	1	×	×	无操作三态	

（5）计数器时钟信号 CLK：CLK 为输入信号

3 个通道各有一个独立的时钟输入信号分别为 CLK$_0$、CLK$_1$、CLK$_2$。其作用是在 8253 进行定时或计数工作时，每输入 1 个时钟脉冲信号 CLK，计数值减 1。

（6）计数器门控选通信号 GATE：GATE 为输入信号

3 个通道每一个都有自己的门控信号，分别为 GATE$_0$、GATE$_1$、GATE$_2$。其作用是用来禁止、允许或开始计数过程。对 8253 的 6 种不同工作方式，GATE 信号的控制作用不同。

（7）计数器输出信号 OUT：OUT 为输出信号

3 个通道每一个都有自己的计数器输出信号，分别为 OUT$_0$、OUT$_1$、OUT$_2$。作用为：计数器工作时，每来 1 个时钟脉冲，计数器减 1，当计数值减为 0，在输出线上输出 1 个 OUT 信号，表示定时或计数已到。此信号可作外部定时、计数控制信号引到 I/O 设备来启动某种操作（开/关或启/停）；也可作为定时、计数已到的状态信号供 CPU 检测，或作为中断请求信号使用。

10.1.3　定时计数器 8253 的控制字

1. 方式命令的功能

方式命令的功能主要是对 8253 进行初始化,同时也可对当前计数值进行锁存。

8253 初始化的工作有两点:一是向命令寄存器写入方式命令,以选择计数器(3 个计数器通道之一),确定工作方式(6 种方式之一),指定计数器计数初值的长度和装入顺序以及计数值的码制(BCD 码或二进制码);二是向已选定的计数器按方式命令的要求写入计数初值。

2. 方式命令的格式

方式命令的格式如下所示:

D_7	D_6	D_5	D_4	D_3	D_2	D_1	D_0
SC_1	SC_0	RL_1	RL_0	M_2	M_1	M_0	BCD
计数器选择		读写字节数		工作方式			码制

① $D_7 D_6$($SC_1\ SC_0$):用于选择计数器。

$SC_1 SC_0=00$　　　选择计数器通道 0

$SC_1 SC_0=01$　　　选择计数器通道 1

$SC_1 SC_0=10$　　　选择计数器通道 2

$SC_1 SC_0=11$　　　不用

② $D_5 D_4$($RL_1\ RL_0$):用来控制计数器读/写的字节数(1 或 2 个字节)及读/写高低字节的顺序。

$RL_1 RL_0=00$　　　为锁存命令,把由 $SC_1 SC_0$ 指定的计数器的当前值锁存在锁存寄存器中,以便去读取。

$RL_1 RL_0=01$　　　仅读/写一个低字节

$RL_1 RL_0=10$　　　仅读/写一个高字节

$RL_1 RL_0=11$　　　读/写 2 个字节,先是低字节,后是高字节

③ $D_3 \sim D_1$($M_2 \sim M_0$):用来选择计数器的工作方式。

$M_2 M_1 M_0=000$　　　方式 0

$M_2 M_1 M_0=001$　　　方式 1

$M_2 M_1 M_0=010$　　　方式 2

$M_2 M_1 M_0=011$　　　方式 3

$M_2M_1M_0 = 100$　　　方式 4

$M_2M_1M_0 = 101$　　　方式 5(110 和 111 不用)

④ D_0(BCD):用来指定计数器的码制,是按二进制数字还是按二至十进制数计数。

BCD=0　　　二进制

BCD=1　　　二~十进制

例 10.1　选择 2 号计数器通道,工作在工作方式 3,计数初值为 533H(2 个字节),采用二进制计数。

其初始化程序段为

```
MOV   DX, 307H              ;命令口
MOV   AL, 10110110B         ;2 号计数器的初始化命令字
OUT   DX, AL                ;写入命令寄存器
MOV   DX, 306H              ;2 号计数器数据口
MOV   AX, 533H              ;计数初值
OUT   DX, AL                ;先送低字节到 2 号计数器
MOV   AL, AH                ;取高字节送 AL
OUT   DX, AL                ;后送高字节到 2 号计数器
```

在事件计数器的应用中,需要读出计数过程中的当前计数值,以便根据这个值作计数判断。为此,8253 内部逻辑提供了将减 1 计数器的内容锁存后读操作功能。具体做法:先发一条锁存命令(即方式命令中的 $RL_1RL_0 = 00$),将减 1 计数器的计数值锁存到输出锁存器;然后执行读操作,便可得到锁存器的内容,即当前计数值。

例 10.2　要求读出并检查 1 号计数器通道的当前计数器值是否全为"1"(假定计数值只有低 8 位),其程序段为

```
    MOV   DX, 307H          ;命令口
L:  MOV   AL, 01000000B     ;1 号计数器的锁存命令
    OUT   DX, AL            ;写入命令寄存器
    MOV   DX, 305H          ;1 号计数器数据口
    IN    AL, DX            ;读 1 号计数器的当前计数值
    CMP   AL, 0FFH          ;比较
    JNE   L                 ;非全"1",再读
    HLT                     ;是全"1",暂停
```

10.1.4　定时计数器 8253 的工作方式

8253 芯片的每个计数器通道都有 6 种工作方式可供选择。区分这 6 种工作方式的主要标准有以下 3 点:

① 输出波形不同。

② 启动计数器的触发方式不同。

③ 计数过程中门控信号 GATE 对计数操作的控制不同。

下面我们通过各种操作实例来分别讨论不同工作方式的特点及编程方法。假设 8253 的 3 个计数器通道及控制器端口地址分别为 304H、305H、306H 和 307H。

1. 工作方式 0：低电平输出（GATE 信号上升沿继续计数）

方式 0 的特点如下：

① 当向计数器写完计数值后开始计数，计数一旦开始，输出端 OUT 变成低电平，在计数过程中将一直保持低电平，当计数器减到零时，OUT 立即变为高电平。

② 门控信号 GATE 为高电平时，计数器工作；门控信号 GATE 为低电平时，计数器停止工作且计数值保持不变；当门控信号再次变为高电平时，计数器从终止处继续计数。

③ 在计数器工作周期间如果重新写入新的计数值，计数器将按新写入的计数初值重新工作。

方式 0 的工作特点可用图 10.4 的时序来表示。

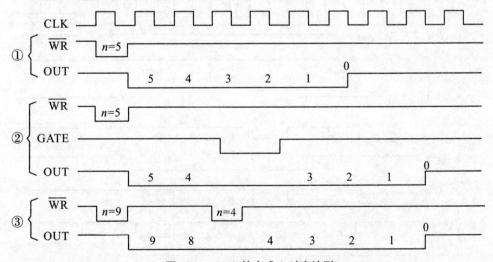

图 10.4　8253 的方式 0 时序波形

注意　8253 写计数值是由 CPU 的 $\overline{\text{WR}}$ 信号控制的，在 $\overline{\text{WR}}$ 信号的上升沿，计数值被送入对应计数器的计数值寄存器，在 $\overline{\text{WR}}$ 信号上升沿之后的下一个 CLK 脉冲才开始计数。如果设置计数初值 N，输出 OUT 是在写入命令执行后，第 N+1 个 CLK 脉冲之后，才变为高电平的。后面的方式 1、2、4、5 也有同样的特点。

例 10.3　使计数器 T_1 工作在方式 0，进行 16 位二进制计数，计数初值的高低

字节分别为 BYTEH 和 BYTEL。其初始化程序段为

```
MOV   DX, 307H          ;命令口
MOV   AL, 01110000B     ;方式字
OUT   DX, AL
MOV   DX, 305H          ;T₁ 数据口
MOV   AL, BYTEL         ;计数值低字节
OUT   DX, AL
MOV   AL, BYTEH         ;计数值高字节
OUT   DX, AL
```

2. 工作方式 1：低电平输出（GATE 信号上升沿重新计数）

方式 1 为可编程的单稳态工作方式。当此方式设定后，输出端 OUT 就变为高电平。写入计数初值后，计数器并不立即开始工作，直到门控信号 GATE 有效（即变为高电平）之后的一个时钟周期的下降沿，才开始工作，使输出 OUT 变为低电平，并在计数过程中一直保持低电平，直到计数值减到 0 后，输出才变高电平，如图 10.5 中①所示。

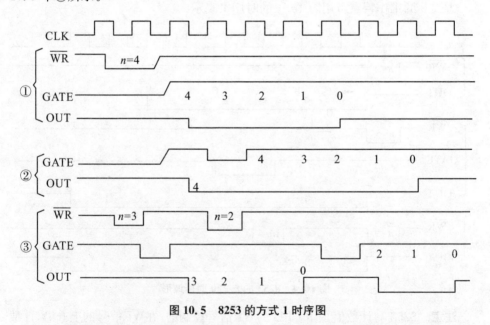

图 10.5　8253 的方式 1 时序图

在计数器工作期间，当 GATE 再出现一个上升沿时，计数器重新装入原计数初值并重新开始计数，如图 10.5 中②所示。如果工作期间对计数器写入新的计数初值，则要等到当前的计数值计满回零且门控信号再次出现上升沿后，才按新写入的计数初值开始工作，如图 10.5 中③所示。

例 10.4　使计数器 T_2 工作在方式 1,进行 8 位二进制计数,设计数初值的低 8 位为 BYTEL。初始化程序段为

```
MOV   DX, 307H        ;命令口
MOV   AL, 10010010    ;方式字
OUT   DX, AL
MOV   DX, 306H        ;T₂ 数据口
MOV   AL, BYTEL       ;低 8 位计数值
OUT   DX, AL
```

程序中把 T_2 设定成仅读/写低 8 位计数初值,高 8 位自动补 0。

3. 工作方式 2:周期性负脉冲输出

方式 2 是一种具有自动装入时间常数(计数初值)的 N 分频器,其工作特点为:

① 计数器计数期间,输出 OUT 为高电平,计数器回零时,输出一个宽度等于时钟脉冲周期的负脉冲,并自动重新装入原计数初值,一个负脉冲过去后,输出又恢复高电平并重新作减法计数。

② 在计数器计数期间,如果向此计数器写入新的计数初值,则计数器仍按原计数值计数,直到计数器回零并在输出一个时钟周期的负脉冲之后,才按新写入的计数值计数。

③ 门控信号 GATE 为高电平时允许计数。如在计数期间,门控信号变为低电平,则计数器停止计数,待 GATE 恢复高电平后,计数器将按原装入的计数值重新开始计数,工作时序如图 10.6 所示。

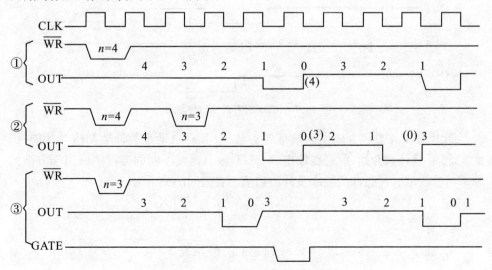

图 10.6　8253 的方式 2 时序图波形

例 10.5　使计数器 T_0 工作在方式 2,进行 16 位二进制数,其初始化程序段为

```
MOV   DX, 307H              ;命令口
MOV   AL, 00110100B         ;方式字
OUT   DX, AL
MOV   DX, 304H              ;T₀ 数据口
MOV   AL, BYTEH             ;高 8 位计数值
OUT   DX, AL
```

4. 工作方式 3:周期性方波输出

工作方式 3 与工作方式 2 基本相同,也具有自动装入时间常数(计数初值)的功能,不同之处在于:

① 工作在方式 3 时,引脚 OUT 输出的不是一个时钟周期的负脉冲,而是占空比为 1∶1 或近似 1∶1 的方波;当计数初值为偶数时,输出在前一半的计数过程中为高电平,在后一半的计数过程中为低电平。

② 当计数初值为奇数时,在前一半加 1 的计数过程中,输出为高电平;后一半减 1 的计数过程中为低电平。例如,计数初值设为 5,则在前 3 个时钟周期中,引脚 OUT 输出高电平,而在后 2 个时钟周期中则输出低电平。8253 的方式 2 和方式 3 都是常用的工作方式,工作时序如图 10.7 所示。

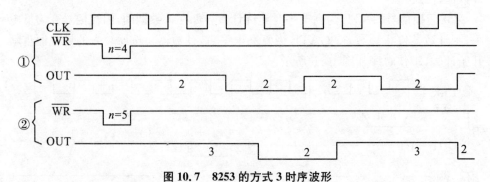

图 10.7　8253 的方式 3 时序波形

③ 由于工作方式 3 输出的波形是方波,且具有自动重装计数初值的功能,因此 8253 一旦计数开始,就会在输出端 OUT 输出连续不断的方波。输出端方波的频率与输入端时钟脉冲的频率及计数初值三者之间的关系为

$$C_i = \frac{CLK}{OUT} \quad 或 \quad T_C = \frac{CLK}{OUT} \tag{10.1}$$

5. 工作方式 4:单次负脉冲输出(软件触发)

工作方式 4 是一种由软件启动的闸门式计数方式,即由写入计数初值来触发

计数器工作方式。其特点为：

① 此方式设定后,输出 OUT 就开始变成高电平;当写完计数初值后,计数器开始计数,计数完毕,计数回零结束,输出一个宽度为一个时钟脉冲的负脉冲,然后输出又恢复高电平,并一直保持高电平不变。

② 门控信号 GATE 为高电平时,允许计数器工作;门控信号 GATE 为低电平时,计数器停止工作。当 GATE 恢复高电平后,计数器又从原装入的计数初值开始作减 1 计数,工作时序如图 10.8 所示。

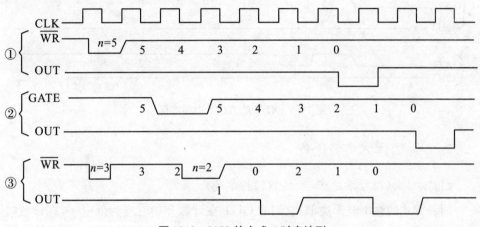

图 10.8　8253 的方式 4 时序波形

③ 在计数器工作期间,如向计数器写入新的计数初值,则不影响当前的计数状态,仅当前计数值计完回零后,计数器才按新写入的计数初值开始计数,一旦计数完毕,计数器将停止工作。

例 10.6　使计数器 T_1 工作在方式 4,进行 8 位二进制计数,并且只装入高 8 位计数值。其初始化程序段为

```
MOV   DX, 307H          ;命令口
MOV   AL, 01101000B     ;方式字
OUT   DX, AL
MOV   DX, 305H          ;T₁ 数据口
MOV   AL, BYTEH         ;高 8 位计数值
OUT   DX, AL
```

6. 工作方式 5：单次负脉冲输出（硬件触发）

工作方式 5 的特点是由 GATE 上升沿触发计数器开始工作。

① 在工作方式 5 工作方式下,当写入计数初值后,计数器并不立即开始计数,而要由门控信号的上升沿启动计数。计数器计数回零后,将在输出一个时钟周期

的负脉冲后恢复高电平。

② 在计数过程中(或者计数结束后),如果门控再次出现上升沿,计数器将从原装入的计数初值重新计数。其他的特点基本与方式 4 相同,工作时序如图 10.9 所示。

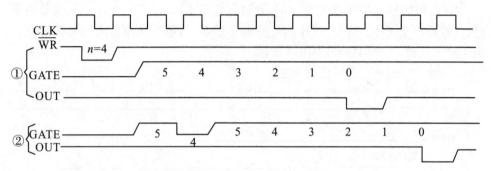

图 10.9　8253 的方式 5 时序波形

7. 6 种工作方式的比较

(1) 方式 0(门控单稳)和方式 1(门控单稳)

两种方式的输出波形类似,它们的 OUT 在计数开始时变为低电平,在计数过程中保持低电平,计数结束后立即变为高电平,此输出作为计数结束的中断请求信号,或作为单稳态延时,两者均无中断重装能力。它们的不同点在于门控信号 GATE 上升沿对计数的影响及启动计数器时的触发信号不同。

(2) 方式 2(分频器)和方式 3(方波发生器)

这两种方式共同的特点是具有中断再加载(重装)能力。即减 1 至 0 时,初值寄存器的内容又被自动装入减 1 计数器继续计数,所以 OUT 可输出连续的波形。输出信号的频率都是 $\frac{f_{CLK}}{初值}$。二者的区别是:方式 2 在计数过程中输出高电平,而每当减 1 至 0 时输出宽度为 1 个 T_{CLK} 的负脉冲。方式 3 在计数过程中输出 1/2 初值$\times T_{CLK}$[若初值为奇数,则为 1/2(初值+1)$\times T_{CLK}$]的高电平,然后输出 1/2 初值$\times T_{CLK}$[若初值为奇数,则为 1/2(初值-1)$\times T_{CLK}$]的低电平,于是 OUT 的信号是占空比为 1∶1 的方波或近似方波。

(3) 方式 4(软件触发单脉冲)和方式 5(硬件触发单脉冲)

这两种方式的 OUT 输出波形相同,在计数过程中 OUT 为高电平,在计数结束后 OUT 输出一个宽度为 1 个 T_{CLK} 的负脉冲,这个脉冲可作为在延时(初值$\times T_{CLK}$)后的选通脉冲。它们无自动重新装入能力。两者的区别是计数启动的触发信号不同,前者由写信号$\overline{\text{WR}}$启动计数,后者从 GATE 的上升沿开始计数。

从以上对比分析可知。一般方式 0,方式 1 和方式 4,方式 5 选作计数器用(输出一个电平或一个脉冲),方式 2、方式 3 选作定时器用(输出周期脉冲或周期方波)。

10.1.5　定时计数器 8253 的初始化

1. 8253 初始化的要求

① 对于每个计数器,控制字必须写在计数值之前。这是因为计数器的读/写格式由它的控制字决定。

② 计数值必须按控制字所规定的格式写入。若控制字规定只写 8 位,只需写入一次(8 位)计数值即可(规定写低 8 位则高 8 位自动置 0,规定写高 8 位则低 8 位自动置 0);规定写 16 位时必须写两次,先写低 8 位,后写高 8 位。当 初值为 0 时,也要分两次写入,因在二进制计数时,"0"表示 65336,在 BCD 码计数时"0"表示 10000＝10^4。

③ 对所有方式计数器都可以在计数过程中或计数结束后改变计数值,重写计数值也必须遵守控制字所规定的格式,并且不会改变当前计数器的工作方式。

④ 计数值不能直接写到减 1 计数器中,而只能写入计数值寄存器中,并由写操作$\overline{\text{WR}}$之后的下一个 CLK 脉冲将计数值寄存器的内容装入减 1 计数器开始计数。

⑤ 初始化编程必须明确各个计数器的控制字和计数值不是写到同一个地址单元。各个计数器的控制字各自独立确定,但它们都写入同一个端口地址(控制字寄存器)中,各个计数器的计数值则根据需要独立确定并写入各自计数器的相应寄存器中。

2. 8253 的初始化编程步骤

刚上电时,8253 芯片通常处于未定义状态,使用之前必须用程序把它初始化为所需要的特定模式,这个过程称为初始化编程。对 8253 芯片进行初始化编程的步骤为:

① 写入控制字。用输出指令向控制字寄存器写入一个控制字,以选定计数器通道,规定该计数器的工作方式和计数格式。写入控制字还起复位作用,使输出端 OUT 变为规定的初始状态,并使计数器清 0。

② 写入计数初值。用输出指令向选中的计数器端口地址中写入一个计数初

值,初值设置要符合控制字中有关格式的规定。初值可以是 8 位数据,也可以是 16 位数据。若为 8 位,只要用一条输出指令就可以完成初值设置;若为 16 位,必须用两条输出指令来完成,且规定先送低 8 位数据,后送高 8 位数据。计数初值为 0 时,要分两次写入,因为在二进制计数时它表示 65536,BCD 计数时它表示 10000＝104。

3 个计数器通道分别具有独立的编程地址,控制字寄存器本身的内容确定了所控制的寄存器的序号。因此对 3 个计数器通道的编程没有先后顺序的规定,可任意选择某一个计数器通道进行初始化编程,只要符合先写入控制字后写入计数初值的规定即可。

例 10.7 将 8253 的计数器 1 作为 5 ms 定时器,设输入时钟频率为 200 kHz,试编写 8253 的初始化程序。

(1) 计数初值 N 计算

已知输入时钟 CLK 频率为 200 kHz,则时钟周期 $T=1/f=1/200$ kHz$=5$ μs,于是计数初值:$N=5$ ms$/T=5$ ms$/5$ μs$=1000$。

(2) 确定控制字

按题意选计数器 1,按 BCD 码计数,工作于方式 0,由于计数初值 $N=1000$,控制字 $D_5 D_4$ 应为 11,于是 8253 的控制字为:01110001B$=$71H。

(3) 选择 8253 各端口地址

设计数器 1 的端口地址为 3F82H,控制口地址为 3F86H。

(4) 初始化程序如下:

```
MOV   AL, 71H          ;控制字
MOV   DX, 3F68H        ;控制口地址
OUT DX, AL             ;控制字送 8253 控制寄存器
MOV   DX, 3F82H        ;计数器 1 端口地址
MOV   AL, 00           ;将计数初值 N＝1000 的低 8 位写入计数器 1
OUT   DX, AL
MOV   AL, 10           ;将 N 的高 8 位写入计数器 1
OUT   DX, AL
```

例 10.8 设 8086 系统中 8253 的 3 个计数器的端口地址为 060H、062H 和 064H,控制口地址为 066H,要求计数器 0 为方式 1,按 BCD 计数;计数初值为 1800D,计数器 1 为方式 0,按二进制计数;计数初值为 1234H,计数器 2 为方式 3,按二进制计数;当计数初值为 065H 时,试分别写出计数器 0、1、2 的初始化程序。

计数器 0 的初始化:

计数 0 的控制字:00100011B$=$23H

```
MOV   AL, 23H          ;计数器 0 的控制字
```

```
    OUT   066H，AL        ;控制字写入 8253 的控制器
    MOV   AL，18H          ;取计数初值的高 8 位,低 8 位 00 可不送
    OUT   060H，AL        ;计数初值送计数器 0 端口
```

计数器 1 和初始化：

计数器 1 的控制字：01110000B＝70H

```
    MOV   AL，70H          ;计数器的控制字:方式 0,送高 8 位和低 8 位,二进制计数
    OUT   066H，AL        ;控制字写入 8253 的控制器
    MOV   AL，034H        ;取计数初值的低 8 位
    OUT   062H，AL        ;计数初值的低 8 位,写入计数器 1 端口
    MOV   AL，12H          ;取计数初值的高 8 位
    OUT   062H，AL        ;计数初值的高 8 位写入计数器 1 端口
```

计数器 2 的初始化：

计数器 2 的控制字：10010110B＝96H

```
    MOV AL，96H            ;计数器 2 的控制字 96H:方式 3,只送低 8 位,二进制计数
    OUT   066H，AL        ;控制字写入 8253 的控制口
    MOV   AL，056H        ;计数初值的低 8 位
    OUT 064H，AL          ;计数初值的低 8 位写入计数器 2 的端口
```

例 10.9　在某微机系统中 8253 的 3 个计数器的端口地址分别为 3F0H、3F2H 和 3F4H,控制字寄存器的端口地址为 3F6H,要求 8253 的通道 0 工作于方式 3。已知对 8253 写入的计数初值 $n＝1234H$,则初始化程序为

```
    MOV   AL，00110111B   ;控制字:选择通道 0,先读/写低字节,后高字节,方式
                          ;3,BCD 计数
    MOV   DX，3F6H        ;指向控制口
    OUT   DX，AL          ;送控制字
    MOV   AL，34H          ;计数值低字节
    MOV   DX，3F0H        ;指向计数器 0 端口
    OUT   DX，AL          ;先写入低字节
    MOV   AL，12H          ;计数值高字节
    OUT   DX，AL          ;后写入高字节
```

在计数初值写入 8253 后,还要经过一个时钟脉冲的上升沿和下降沿,才能将计数初值装入实际的计数器,然后在门控信号 GATE 的控制下,对从 CLK 引脚输入的脉冲进行递减计数。

3. 门控信号控制功能

门控信号 GATE 在各种工作方式中的控制功能如表 10.2 所示,其中符号"—"表示无影响。

表 10.2　门控信号 GATE 的控制功能

工作方式	GATE 引脚输入状态所起的作用				OUT 引脚输出状态
	低电平	下降沿	上升沿	高电平	
0	禁止计数	暂停计数	置入初值后由 WR 上升沿开始计数,由 GATE 的上升沿继续计数	允许计数	计数过程中输出低电平,计数至 0 输出高电平(单次)
1	—	—	置入初值后,由 GATE 的上升沿触发开始计数或重新开始计数	—	输出宽度为 n 个 CLK 的低电平(单次)
2	禁止计数	停止计数	置入初值后由写信号 WR 的上升沿开始计数,由 GATE 的上升沿重新开始计数	允许计数	输出周期为 n 个 CLK、宽度为 1 个 CLK 的负脉冲(重复波形)
3	禁止计数	停止计数	置入初值后由写信号 WR 的上升沿开始计数,由 GATE 的上升沿重新开始计数	允许计数	输出周期为 n 个 CLK 的方波(重复波形)
4	禁止计数	停止计数	置入初值后由写信号 WR 的上升沿开始计数,由 GATE 的上升沿重新开始计数	允许计数	计数至 0,输出宽度为 1 个 CLK 的负脉冲(单次)
5	—	—	置入初值后由 GATE 的上升沿触发开始计数或重新开始计数	—	计数至 0,输出宽度为 1 个 CLK 的负脉冲(单次)

　　从表 10.2 可以看出,可以用门控信号的上升沿、低电平或下降沿来控制 8253 进行计数。对于方式 0 和方式 4,当 GATE 为高电平时,允许计数;GATE 为低电平或下降沿时,禁止计数。对于方式 1 和方式 5,只有当门控信号产生从低电平到高电平的正跳变时,才允许 8253 从初始值开始计数。但两者对输出电平的影响是有区别的。对于方式 1,GATE 信号触发 8253 开始计数后就使输出端 OUT 变为低电平;对于方式 5,GATE 触发信号不影响 OUT 端的电平。对于方式 2 和方式 3,GATE 为高电平时允许计数,低电平或下降沿时禁止计数;若 GATE 变低后又产生从低到高的正跳变,将会再次触发 8253 从初值开始计数。

10.2　定时计数器 8253 应用实例

　　8253 可以用在微型机系统中,构成各种计数器、定时器电路或脉冲发生器等。使用 8253 时,先要根据实际需要设计硬件电路,然后用输出指令向有关通道写入相应的控制字和计数初值,对 8253 进行初始化编程,这样 8253 就可以工作了。由于 8253 的 3 个计数通道是完全独立的,因此可以分别对它们进行硬件设计和软件编程,使 3 个通道工作于相同或不同的工作方式。为了清楚起见,下面分成定时功能和计数功能两个方面来介绍 8253 的应用,然后给出 8253 在 PC/XT 机中的应用实例。

10.2.1 8253 定时功能的应用举例

1. 用 8253 的初始化

例 10.10 某 8086 系统中有一片 8253 芯片,利用其通道 1 完成对外部事件计数,计满 250 次向 CPU 发出中断申请;利用 2 通道输出频率为 1 kHz 的方波。试编写 8253 的初始化程序,硬件电路如图 10.10 所示。

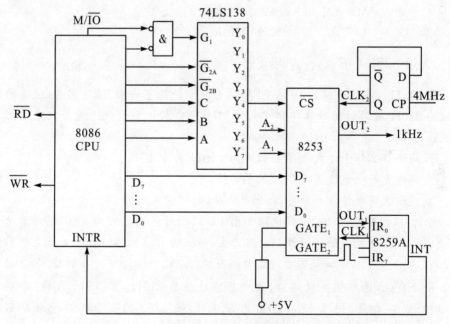

图 10.10 8253 应用实例

由图 10.10 可知,8253 端口地址为偶地址,18H～1EH,所以 8253 的数据线 $D_7 \sim D_0$ 应接 CPU 的低 8 位数据线 $D_7 \sim D_0$。外部事件由 8253 通道 1 的 CLK_1 端输入,通道 1 工作在方式 0,当计数次数到,从 OUT_1 输出的正跃变信号作为向 CPU 的中断申请,由 8259A 中断控制芯片管理其中断。通道 2 的 CLK_2 输入时钟是由 D 触发器分频 4 MHz 的信号,故 CLK_2 输入时钟频率为 2 MHz,而通道 2 应工作在方式 3 产生 1 kHz 频率的方波,方波周期为 1 ms。因此,通道 2 的计数值应为：$1\ \mathrm{ms} \div 0.5\ \mu\mathrm{s} = 2\ 000$。两个通道均用 BCD 计数制。

通道 1 控制字为：01110001B

通道 1 计数值为：250

通道 2 控制字为：10100111B

通道 2 计数值为：2 000

```
MOV   AL, 71H      ;通道1控制字
OUT₁  EH, AL
MOV   AL, 0A7H     ;通道2控制字
OUT₁  EH, AL
MOV   AL, 50H      ;通道1计数值低8位
OUT₁  AH, AL
MOV   AL, 02H      ;通道1计数值高8位
OUT₁  AH, AL
MOV   AL, 20H      ;通道2计数值高8位
OUT₁  CH, AL       ;8259A初始化
```

2. 用 8253 产生各种定时波形

例 10.11　在某个以 8086 为 CPU 的系统中使用了一块 8253 芯片，通道的基地址为 310H 所用的时钟脉冲频率为 1 MHz。要求 3 个计数通道分别完成以下功能：

① 通道 0 工作于方式 3，输出频率为 2 kHz 的方波；

② 通道 1 产生宽度为 480 $\mu\mathrm{s}$ 的单脉冲；

③ 通道 2 用硬件方式触发，输出单脉冲，时间常数为 26。

分析：根据题意设计的硬件电路如图 10.11 所示。由图可知 8253 芯片片选信号 $\overline{\mathrm{CS}}$ 由 74LS138 构成的地址译码电路产生，当执行 I/O 操作（M/$\overline{\mathrm{IO}}$ 为低电平）时，$A_9A_8A_7A_6A_5 = 11000$ 译码器才能工作。当 $A_4A_3A_0 = 100$、$\overline{Y_4} = 0$ 时使 8253 的片选信号 $\overline{\mathrm{CS}}$ 有效，选中偶地址端口，端口基地址值为 310H。CPU 的 A_2A_1 分别与 8253 的 A_1A_0 相连，用于 8253 芯片内部寻址，使 8253 的 4 个端口地址分别为 310H、312H、314H 和 316H。8253 的 8 根数据线 $D_7 \sim D_0$ 相连。另外，8253 的 $\overline{\mathrm{RD}}$、$\overline{\mathrm{WR}}$ 引脚分别与 CPU 的相应引脚相连。3 个通道的 CLK 引脚连在一起由频率为 1 MHz 的时钟脉冲驱动。

通道 0 工作于方式 3，即构成一个方波发生器，它的控制端 GATE₀ 须接 +5 V，为了输出 2 kHz 的连续方波，应使时间常数 $N_0 = 1\ \mathrm{MHz}/2\ \mathrm{kHz} = 500$。通道 1 工作于方式 1，即构成一个单稳态电路，由 GATE₁ 的正跳变触发，输出一个宽度由时间常数决定的负脉冲。此功能一次有效，若需要再形成一个脉冲，不但

GATE$_1$ 引脚要有触发,通道也需要重新初始化。需要输出宽度为 480 μs 的单脉冲时,应取时间常数 N_1=480 μs/1 μs=480。通道 2 工作于方式 5,即由 GATE$_2$ 的正跳变触发减 1 计数,在计到 0 时形成一个宽度与时钟周期相同的负脉冲。此后若 GATE$_2$ 引脚再次出现正跳变,又能产生一个负脉冲。此处假设预置的时间常数为 26。

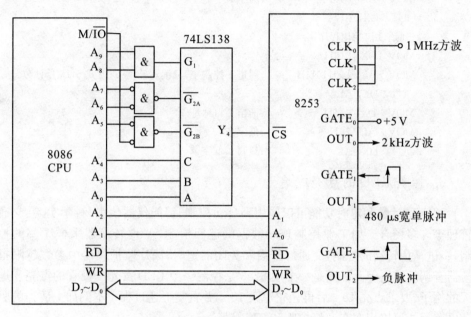

图 10.11　8253 定时波形产生电路

对 3 个通道的初始化程序如下:

```
;通道 0 初始化程序
MOV   DX, 316H          ;控制口地址
MOV   AL, 00110111B     ;通道 0 控制字,先读写低字节后高字节,方式 3,BCD
                        ;计数
OUT   DX, AL            ;写入方式字
MOV   DX, 310H          ;通道 0 口地址
MOV   AL, 00H           ;低字节
OUT   DX, AL            ;先写入低字节
MOV   AL, 05H           ;高字节
OUT   DX, AL            ;后写入高字节
;通道 1 初始化程序
MOV   DX, 316H
MOV   AL, 0111011B      ;通道 1 方式字,先读写低字节后高字节,方式 1,BCD
```

```
                              ;计数
       OUT   DX，AL
       MOV   DX，312H          ;通道1口地址
       MOV   AL，80H           ;低字节
       OUT   DX，AL
       MOV   AL，04H           ;高字节
       OUT   DX，AL
;通道2初始化程序
       MOV   DX，316H
       MOV   AL，10011011B     ;通道2控制字,只读写低字节,方式5,BCD计数
       OUT   DX，AL
       MOV   DX，314H          ;通道2口地址
       MOV   AL，26H           ;低字节
       OUT   DX，AL           ;只写入低字节
```

3. 控制 LED 的点亮或熄灭

8253 的计数和定时功能可以应用到自动控制、智能仪器仪表、科学实验、交通管理等许多场合。如工业控制现场数据的巡回检测，A/D 转换器采样频率的控制，步进马达转动的控制，交通灯开启和关闭的定时，医疗监护仪器中参数越限报警器音调的控制等。下面是一个用 8253 来控制一个 LED 发光二极管的点亮和熄灭的例子，要求点亮 10 s 后再让它熄灭 10 s，并重复上述过程。本例加上适当的驱动电路后便可以用在交通灯控制和灯塔等场合。

假设系统为 8086 系统，8253 的各端口地址为 81H、83H、85H 和 87H。其硬件电路如图 10.12 所示。

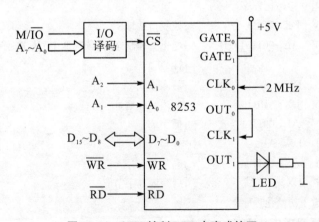

图 10.12　8253 控制 LED 点亮或熄灭

8253 的 8 根数据线 $D_7 \sim D_0$ 与 CPU 的高 8 位数据线 $D_{15} \sim D_8$ 相连,这样才可以选中奇地址端口。通道 1 的 OUT_1 与 LED 相连,当它为高电平时,LED 点亮,低电平时,LED 熄灭。只要对 8253 编程使 OUT_1 输出周期为 20 s 占空比为 1∶1 的方波,就能使 LED 交替地点亮和熄灭 10 s。若将频率为 2MHz(周期为 0.5 μs) 的时钟直接加到 CLK_1 端,则 OUT_1 输出的脉冲周期最大只有 0.5 $\mu s \times 65536 =$ 32768 μs=32.768 ms,达不到 20 s 的要求,为此需要几个通道级联的方案来解决这个问题。

如图 10.12 所示,将频率为 2 MHz 的时钟脉冲信号加在 CLK_0 输入端,并让通道 0 工作于方式 2。若选择计数器初值 N_0=5000,则从 OUT_0 端可得到序列负脉冲,其频率为 2 MHz/5000=400 MHz,周期为 2.5ms。再把该信号连到 CLK_1 输入端,并使通道 1 工作于方式 3。为了使 OUT_1 输出周期为 20 s(频率为 1/20= 0.05 Hz)的方波,应取时间常数 N_1=400 Hz/0.05 Hz=8000。

初始化程序为

```
MOV   AL, 00110101B    ;通道 0 控制字,先读写低字节后高字节,方式 2,BCD
计数
OUT   87H, AL
MOV   AL, 00H          ;计数初值低字节
OUT   81H, AL
MOV   AL, 50H          ;计数初值高字节
OUT   81H, AL
MOV   AL, 01110111B    ;通道 1 控制字,先读写低字节后高字节,方式 3,BCD
                       ;计数
OUT   87H, AL
MOV   AL, 00H          ;计数初值低字节
OUT   83H, AL
MOV   AL, 80H          ;计数初值高字节
OUT   83H, AL
```

例 10.12　8253 通道 2 接有一发光二极管,要使发光二极管以点亮 2 s,熄灭 2 s 的间隔工作,8253 各通道端口地址分别为 FFE9H~FFEFH。8253 级联定时应用如图 10.13 所示,试编程完成以上工作。

根据要求,8253 通道 2 应输出一个占空比为 1∶1,周期为 4 s 的方波。从图 10.13 可知,通道 1 的 CLK_1 输入时钟周期为 1 μs,若通道 1 工作为定时,其输出最大定时时间为 1 $\mu s \times 65536$,仅为 65.5 ms,所以仅使用一个通道达不到定时时间 4 s 的要求。此时,采用通道级联的办法,将通道 1 的输出 OUT_1 作为通道 2 的输入脉冲。

若让 8253 的通道 1 工作于速率发生器方式,其输出端 OUT_1 的输出脉冲是相

对于 1 MHz 频率的分频脉冲,若选定 OUT_1 输出脉冲周期为 4 ms,则通道 1 的计数值为 4000。周期为 4 ms 的脉冲作为通道 2 的输入,要求输出端 OUT_2 的波形为方波且周期为 4 s,故通道 2 的计数值选用 1000。

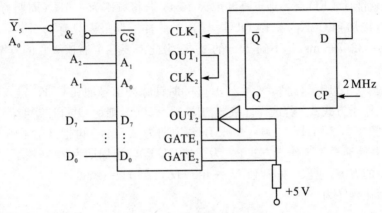

图 10. 13   8253 级连定时应用

通道 1 的控制字为:0110×101B;

通道 2 的控制字为:1010×111B。

```
MOV   DX, 0FFEFH          ;控制字端口地址
MOV   AL, 65H             ;通道 1 控制字
OUT   DX, AL
MOV   AL, 0A7H            ;通道 2 控制字
OUT   DX, AL
MOV   DX, 0FFEBH          ;通道 1 端口地址
MOV   AL, 40H             ;通道 1 计数值高 8 位
OUT   DX, AL
MOV   DX, 0FFEDH          ;通道 2 端口地址
MOV   AL, 10H             ;通道 2 计数值高 8 位
OUT   DX, AL
```

10. 2. 2   8253 计数功能的应用举例

8253 可以用于各种需要进行计数的场合。下面我们用一个具体的例子来说明它在这方面的应用。假设一个自动化工厂需要统计在流水线上所生产的某种产品的数量,可采用 8086 微处理器和 8253 等芯片来设计实现这种自动计数的系统。下面介绍这种自动计数系统的电路和控制软件的设计方法。

1. 硬件电路设计

这个自动计数系统由 8086 CPU 控制，用 8253 作计数器。此外，还要用到一片 8259A 中断控制器芯片和若干其他电路。图 10.14 仅给出了计数器部分的电路图，8086 和 8259A 未画在图上。

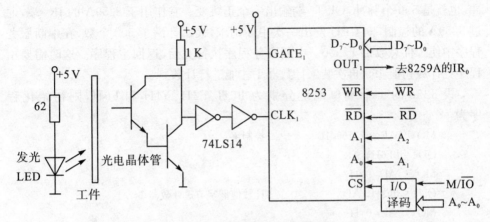

图 10.14　对工件进行计数的电路

电路由一个红外 LED 发光管、一个复合型光电晶体管、两个施密特触发器 74LS14 及一片 8253 芯片等构成。用 8253 的通道 1 来进行计数，工作过程如下：

当 LED 发光管与光电管之间无工件通过时，LED 发出的光能照到光电管上，使光电晶体管导通集电极变为低电平。此信号经施密特触发器驱动整形后，送到 8253 的 CLK_1，使 8253 的 CLK_1 输入端也变为低电平。当 LED 与光电管之间有工件通过时，LED 发出的光被它挡住，照不到光电管上，使光电管截止，其集电极输出高电平，从而使 CLK_1 端也变成高电平。待工件通过后，CLK_1 端又回到高电平。这样每通过一个工件，就从 CLK_1 端输入一个正脉冲，利用 8253 的计数功能对此脉冲计数，就可以统计出工件的个数。两个施密特触发反相器 74LS14 的作用，是将光电晶体管集电极上的缓慢上升信号变换成满足计数电路要求的 TTL 电平信号。

8253 的片选输入 $\overline{CS}$ 端接到 I/O 端口地址译码器的一个输出端，$\overline{RD}$ 和 $\overline{WR}$ 端分别与 CPU 的 $\overline{RD}$ 和 $\overline{WR}$ 信号相连。8253 的数据线 $D_7 \sim D_0$ 与 CPU 的低 8 位地址线相连，如前所述，这时 I/O 端口地址必须是偶地址，所以把 A_1 和 A_0 分别与 CPU 地址总线的 A_2 和 A_1 相连。8253 通道 1 的门控输入端 $GATE_1$ 接 +5 V 高电平，即始终允许计数器工作。通道 1 的输出端 OUT_1 接到 8259A 的一个中断请求输入端 IR_0。

2. 初始化编程

硬件电路设计好后,还必须对 8253 进行初始化编程,计数电路才能工作。编程时可选择计数器 1 工作方式 0,按 BCD 码计数,先读写低字节后高字节,根据图 10.14 可得到控制字为 01110001B。如选择计数初值 $n = 499$,则经过 $n + 1$ 个脉冲,也就是 500 个脉冲,OUT_1 端输出一个正跳变。它作用于 8259A 的 IR_0 端,通过 8259A 的控制,向 CPU 发出一次中断请求,表示计满了 500 个数,在中断服务程序中使工件总数加上 500。中断服务程序执行完后,返回主程序。这时需要由程序把计数初值 499 再次装入计数器 1 才能进行计数。

设 8253 的 4 个端口地址分别为 F0H、F2H、F4H 和 F6H,则初始化程序为

```
MOV   AL, 01110001B        ;控制字
OUT   0F6H, AL
MOV   AL, 99H
OUT   0F2H, AL             ;计数值低字节送计数器 1
MOV   AL, 04H
OUT   0F2H, AL             ;计数值高字节送计数器 1
```

这种计数方案也可用于其他需要计数的地方,如统计在高速公路上行驶的车辆数、统计进入工厂的人数等场合。

3. 计数值的读取

在许多用到 8253 计数功能的场合,常常需要读取计数器的当前计数值。如上面提到的自动化工厂里的生产流水线,要对生产的工件进行自动装箱。若每个包装箱可装 1000 个工件,装满之后就移走箱子,并通知控制系统开始对下一个箱子进行装箱。这时可以 8253 计数器对装入包装箱的工件进行计数。计数器从初值 $n = 999$ 开始计数,每通过一个工件计数器就减 1,当计数器减为 0 时向 CPU 发出中断请求,通知控制系统自动移走箱子。

上述系统只有在计数器计满 1000 后才会转到中断服务程序中去累计工件数,如果在箱子未装满时想了解箱子中已装了多少个工件,可通过读取计数器的当前值来实现。这时可先从计数器中读取当前的计数值,再用 1000 减去当前值就可求得当前装入箱子的工件数。

在读计数器当前值时,计数过程仍在进行,且不受 CPU 的控制。因此在 CPU 读取计数器的输出值时,可能计数器的输出正在发生改变,即数值不稳定,可能导致错误的读数。为了防止这种情况的发生,必须在读数前设法终止计数或将计数器输出端的当前值锁存。因此可以采用下面两种方法。

方法一：在读数前用外部硬件切断计数脉冲信号，或使门控信号变为低电平，使得 8253 停止计数。这种方法的缺点是需要硬件电路配合。此外，由于外部事件源被切断或正常的计数过程被禁止，干扰了实际的计数过程。因此这不是一种好的方法，在这个例子里就不易采用这种读数方法。方法二：先用计数器锁存命令锁存当前计数值，然后将它读出。如前所述，在每个计数通道中都有一个 16 位的输出锁存器，可以在任何时刻将计数器的当前值锁存。当需要读取计数器的当前值时，先向 8253 送一个控制字并使控制字中的 $RL_1RL_0 = 00$，这表示向 8253 发了一个锁存命令，当前计数值立即被锁存起来。接下来就可从相应的计数器通道中读取计数值。该控制字中的 SC_1SC_0 用来确定要锁存的是 3 个计数器中的某一个。控制字的低 4 位对锁存命令无影响，可以将它们置为 0。读取计数值的方法由对8253 进行初始化编程时所写入的控制字中的 RL_1RL_0 位来确定，当 $RL_1RL_0 = 01$时，只读取计数器的低字节，$RL_1RL_0 = 10$ 时，只读取计数器的高字节，$RL_1RL_0 = 11$ 时，先读写计数器低字节后读写高字节。

经过比较，第二种方法完全由软件实现，并可随时读取计数值，而且不会干扰正常的计数过程和引起错误，是常用的方法。上例中，在要读取的箱子中的当前工件数时，可执行下面的程序段：

```
MOV  AL, 01000000B      ;锁存计数器 1 命令
MOV  DX, 0F6H           ;控制口
OUT  DX, AL             ;发锁存命令
MOV  DX, 0F2H           ;计数器 1
IN   AL, DX             ;读取计数器 1 的低 8 位数
MOV  AH, AL             ;保存低 8 位数
IN   AL, DX             ;读取计数器 1 的高 8 位数
XCHG AH, AL             ;将计数值置于 AX 中
```

由于在上述程序执行前对 8253 进行初始化编程时，已将计数器 1 置为先读/写低 8 位数后读/写高 8 位数，所以程序可以根据这样的次序连续读取 2 个字节的数据。如对计数器初始化为只读/写低 8 位或高 8 位数，则只允许读取一个字节。

在计数器的锁存命令发出后，锁存的计数值将保持不变，直至被读出为止。计数值从锁存器读出后，数值锁存状态即被自动解除，输出锁存器的值又将随计数器的值而变化。

利用这种方法读取 8253 的计数器的值时，每执行一次锁存命令，只能锁存一个通道的计数值。如果想读取 8253 的 3 个计数器的值，就要向 8253 送 3 个锁存命令字。

例 10.13　以 8086 为 CPU 的某微机系统中使用了一块 8253 芯片，其通道端

口地址为 308H、30AH、30CH,控制口地址为 30EH,3 个通道使用同一输入时钟,频率为 2 MHz。要求完成如下功能:

① 利用计数器 0 采用硬件触发,输出宽度等于时钟周期的单脉冲,定时常数为 36H;

② 用计数器 1 输出频率为 2 kHz 的对称方波;

③ 利用计数器 2 产生宽度为 0.6 ms 的单脉冲;

④ 试设计该定时系统硬件电路和初始化程序。

分析:

(1) 硬件电路设计

硬件电路设计主要是地址译码电路设计及时 8253 与 CPU 间的连接。根据给定的端口地址可知,地址总线低位部分的 $A_9 \sim A_0$ 分别为:$A_9 A_8 = 11$,$A_7 \sim A_4 = 0000$,$A_3 A_2 A_1 = 100 \sim 111$,$A_0 = 0$,由它们经译码器译码产生 8253 的片选信号 $\overline{CS}$,8253 的数据线 $D_7 \sim D_0$ 必须与系统数据总线的低 8 位相连,8253 的端口的选择信号 $A_1 A_0$ 应连系统地址的 $A_2 A_1$。根据上述要求,译码器应选 3-8 译码器 74LS138。该译码器有 3 个代码输入端 (C, B, A),输入 3 位代码决定译码信号从 $Y_0 \sim Y_7$ 中哪一个输出,本例中显然应以 Y_2 输出。

(2) 初始化编程

根据题意要求,对 3 个通道的工作方式,计数初值确定如下:

由 $CLK_0 \sim CLK_2 = 2 MHz$ 可得,时钟周期 $T = 1/f = 1/2 MHz = 0.5 \mu s$。

选计数器 0:选择方式 5,门控信号 GATE 应接一正跳变信号,OUT 端当计数为 0 时产生一个宽度等于时钟周期的单脉冲。计数系数为 36,用 BCD 计数。所以,计数器 0 的控制字应为 00011011B = 1BH。

选计数器 1:选择方式 3,GATE 按 +5V,$CLK_1 = 2 MHz$ 输出方波频率为 2 kHz,所以,计数常数 $N_1 = 2 MHz/2 kHz = 1000$,采用 BCD 计数,于是计数器 1 的控制字为:01110111B = 77H。

选计数器 2:选择方式 1,以构成一个单稳态电路,输出脉冲宽度由计数常数 N_2 决定,计数常数 $N_2 = 600 \mu s/0.5 \mu s = 1200$,采用 BCD 计数,于是计数器 2 的控制字为:10110011B = B3H。

根据以上分析可得 3 个计数通道的初始化程序如下。

计数通道 0 的初始化程序:

```
MOV   DX, 30EH        ;8253 的控制口地址
MOV   AL, 1BH         ;计数通道 0 的控制字,低 8 位,方式 5,BCD 计数
OUT   DX, AL          ;控制字写入控制口
MOV   DX, 308H        ;计数器 0 的端口地址
MOV   AL, 036H        ;计数初值的低 8 位
```

```
    OUT   DX, AL              ;低字节写入计数器 0 端口
计数通道 1 的初始化程序：
    MOV   DX, 30EH            ;8253 的控制口地址
    MOV   AL, 77H             ;计数通道 1 的控制字,先写低字节,后写高字节,方式 3,
                             ;BCD 计数
    OUT   DX, AL              ;控制字写入控制口
    MOV   DX, 30AH            ;计数通道 1 的端口地址
    MOV   AL, 00H             ;计数初值的低字节
    OUT   DX, AL              ;低字节写入计数通道 1
    MOV   AL, 10D             ;计数初值的高字节
    OUT   DX, AL              ;高字节写入计数通道 1
计数通道 2 的初始化程序：
    MOV DX, 30EH              ;8253 的控制口地址
    MOV   AL, B3H             ;计数通道 2 的控制字,先写低字节,后写高字节,方式 1,
                             ;BCD 计数
    OUT   DX, AL              ;控制字写入控制口
    MOV   DX, 30CH            ;计数通道的端口地址
    MOV   AL, 00H             ;计数初值的低字节
    OUT   DX, AL              ;低字节写入计数通道
    MOV   AL, 12D             ;计数初值的高字节
    OUT   DX, AL              ;高字节写入计数通道 2
计数通道 2 初始化程序：
    MOV AL, B0H               ;计数通道 2 的控制字
    OUT 05FH, AL             ;控制字写入控制器
    MOV AL, 068H             ;计数初值的低 8 位
    OUT 05DH, AL             ;计数初值的低 8 位写入计数通道 2
```

10.2.3　8253 芯片在 PC 机中的应用

在 PC/XT PC 机中用了一片 8253-5,3 个计数器的使用情况如下：

计数器 0(CNT_0)作软时钟的时间基准。程序设置 CNT_0 为方式 3,输出方波的周期约为 55 ms(54.925 493 ms),该信号送到中断控制器 8259A 的 IR_0 端。因此,每隔 55 ms 产生一次中断请求。在中断服务程序中对时间基准信号进行计数,修改用来表示时间的相应内存单元(计满 1 秒,秒加 1;计满 60 s,分加 1,秒清 0。如此类推)。

计数器 1(CNT_1)作动态 RAM 的刷新定时。程序设置 CNT_1 为方式 2,每隔 15.084 μs 产生一个窄脉冲输出信号,请求执行动态 RAM 的刷新操作(刷新一

行),这样可保证在 2 ms 内将全部单元刷新一遍。CNT_1 的输出信号送往 DMA 控制器 8237A 通道 0 的 DMA 请求输入端。当通道 0 执行 DMA 操作时,对动态 RAM 进行刷新。

　　计数器 2(CNT_2)也设置成方式 3,输出的方波送到扬声器。用程序设定 CNT_2 输出波形的频率和延续时间就能控制扬声器的音调和发音长短。

　　在 PC/XT 机中 CNT_0、CNT_1、CNT_2 和控制字口的地址分别是 40H、41H、42H 和 43H。

　　在 PC/AT 机中用了一片 8254-2。3 个计数器的应用以及口地址安排和 PC/XT 机中一样。

习题与思考题

　　1. 微机系统中的外部定时有哪两种方法? 其特点如何?

　　2. 8253 芯片有哪几个计数通道? 每个计数通道可工作于哪几种工作方式? 这些操作方式的主要特点是什么?

　　3. 8253 的最高工作频率是多少? 8254 与 8253 的主要区别是什么?

　　4. 对 8253 进行初始化编程分哪几步进行?

　　5. 设 8253 的通道 0~2 和控制端口的地址分别为 300H、302H、304H 和 306H,定义通道 0 工作在方式 3,CLK_0 = 2 MHz。试编写初始化程序,并画出硬件连线图。要求通道 0 输出 1.5 kHz 的方波,通道 1 用通道 0 的输出作计数脉冲,输出频率为 300 Hz 的序列负脉冲,通道 2 每秒向 CPU 发 50 次中断请求。

　　6. 某微机控制系统采用 8253 产生基准定时中断信号,用于定时采集数据和控制。设 8253 的 0 通道输入时钟频率为 2 MHz。

　　① 0 通道定时时间的最大时间常数值是多少?

　　② 如果允许利用 1 和 2 通道硬件级联,计算最大的定时时间,画出相应的连线示意图。

　　③ 如果只允许使用 0 通道,现要求分别周期性定时 1 s 和 20 s,说明如何利用中断及软件实现定时功能,写出中断程序中相关片段。

　　7. 8253 可编程定时器/计数器可编程为 BCD 码减法计数器,其计数器最大时应置时间常数(计数初值)为(　　)。

　　A. FFFFH　　　　B. 9999H　　　　C. 7FFFH　　　　D. 9999　　　　E. 0000

　　8. 用 8253 设计定时程序,设输入频率为 2 MHz,要求产生 3 分、6 分和 12 分的定时,定时到产生中断,8253 的连接示意图如图 10.15 所示,试编写相应的程序段。

　　9. 利用 8253 的计数器 0 周期性地每隔 20 ms 产生一次中断信号,计数时钟 CLK_0 为 2 MHz,编写实现上述功能的初始化程序。8253 的口地址为 300H~303H。

　　10. 设外部有一脉冲信号源 PLUS,要求用 8253-5 的计数器 0 对该信号源连续计数,当计数器计为 0 时向 CPU 发出中断请求。

　　① 画出 8253-5 的 CLK_0、$GATE_0$ 和 OUT_0 的信号连线图。

② 若该芯片的端口地址为 40H~43H,计数初值为 1234H,写出该计数器工作在方式 2 按二进制计数的初始化程序。

③ 若计数初值为 12345H,在上述基础上增加计数器 1,应如何连接以实现计数?

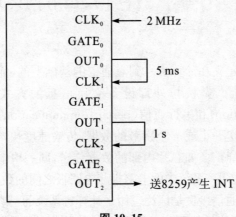

图 10.15

第 11 章　串行通信接口

计算机通信都是建立在计算机点到点通信的基础上的,而点到点通信又建立在通信接口的基础上。微机与外部设备交换信息的方式有两种:并行通信(Parallel Communication)和串行通信(Serial Communication)。并行通信一次可以通过多条传输线传送一个或 n 个字节的数据,传输速度快,但成本高,因此这种通信方式适合近距离通信。如芯片内部的数据传送,同一块电路板上芯片与芯片之间的数据传送,以及同一系统中的电路板与电路板之间的数据传送,多数是采用并行通信方式。串行通信接口是广泛应用于计算机系统的一类 I/O 接口。串行通信是在一条传输线上,从低位到高位一位一位地依次传送数据,比并行通信成本低,但速度慢,适合远距离通信。

本章重点介绍串行通信的基本概念、串行通信接口的原理,典型的可编程通信接口芯片 8251A 的特性及其应用。

11.1　串行通信概述

串行通信是指一个数据是逐位顺序传送的通信方式。随着计算机技术的广泛应用,远程通信大多数采用串行通信方式。大部分微机均有相应的串行通信接口,这些接口是由相应的电子元器件和线路实现的。

11.1.1　串行通信的基本方式

串行通信时,数据是在两个站点 A 与 B 之间传送,该过程按站点间通信的方向和时间关系,分为单工(Simplex)、半双工(Half-Duplex)和全双工(Full-Duplex)3 种连接方式,如图 11.1 所示。

1. 单工方式(Simplex)

单工方式仅允许数据按照一个固定不变的方向传输,如图 11.1(a)所示,A 站只能发送,B 站只能接收,即数据传输只能从 A 站到 B 站。

2. 半双工方式(Half-Duplex)

半双工方式中,数据可以在两个方向上传送,但通信双方不能同时收发数据,如图 11.1(b)所示,A、B 两个站点均具有接收或发送数据的器件,但两站点之间只有一条通信线路,故 A 站和 B 站仅能分时执行发送数据和接收数据,双方可以通过切换开关来改变传送方向。工程中当双方在不通信的情况下,应使它们均工作为接收状态,以便随时接收到对方输出的数据。

3. 全双工方式(Full-Duplex)

全双工方式中,通信双方之间有两根数据传输线,故可以在同一时刻发送和接收数据。如图 11.1(c)所示,A、B 两站点分别具备有一套完全独立的接收器和发送器,且两站点之间有两条信道,可以实现全双工传输。

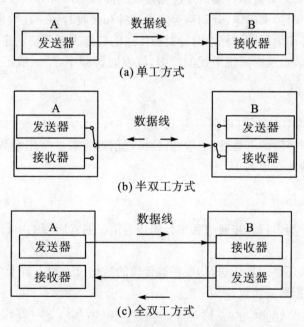

图 11.1　串行通信的 3 种连接方式

11.1.2　数据传输协议

数据传输协议是指为了保证数据通信的顺利进行,规范通信双方在进行数据交换时的预约规则。它主要包括数据传输时的信号电平、通信速率、数据通信的格式、双方相互间的握手应答协议等。

1. 波特率与收/发时钟

(1) 波特率

计算机串行通信中常用波特率(Baud Rate)来表示数据传输率,指单位时间内传输二进制数据的位数,其单位是 bit/s,即波特。常用的国际上规定的标准值有300、600、2400、4800、9600、19200 波特等。也可用位时间(T_d)来表示传输率,它是波特率的倒数,表示每传送一位二进制位所需要的时间。例如某异步通信中每秒传送 480 个字符,而每个字符由 10 位(1 个起始位、7 个数据位、1 个奇校验位、1 个停止位)组成,则传送的波特率 $f_d=10×480\ bit/s=4800\ bit/s$ 传送一位的时间 T_d $=1/4800=0.208\ ms$。

(2) 接收/发送时钟

异步通信中,大多数串行端口发送和接收的波特率均可分别设置,由发送器和接收器各用一个时钟来确定,分别称为发送时钟和接收时钟。在数据传输过程中,要求收发双方必须用同频的标准时钟对被传送的数据进行严格的定位。为了有利于收发双方同步,以及提高抗干扰的能力,收发时钟频率 f_c 一般不等于收发波特率 f_d,两者之间的关系为

$$f_c = k × f_d$$

其中,k 称为波特率系数,其取值可为 16、32 或 64。

为提高数据传输的可靠性,一般地,异步通信通常取波特率系数 k 为 16,同步通信波特率系数 k 必须为 1。

2. 异步通信方式

串行通信分为串行异步通信和串行同步通信。通常所说的串行通信指的是串行异步通信。

无论是异步还是同步传送,均要在被传输的数据位上加上若干个标志位,作为收、发双方的数据通信协议。

异步通信(Asynchronous Data Communication,ASYNC)方式中规定的字符格式如图 11.2 所示。

异步通信方式的特点是,通信时以收发一个字符为独立的通信单位,两个传送的相邻字符之间的时间间隔可以是任意的,但通信空闲时,必须用"1"来填充(即不停地传输逻辑 1)。每个字符由 4 个部分组成:

① 起始位:一位,逻辑 0,表示传输字符的开始;

② 数据位:可以是 5~8 位逻辑 0/逻辑 1,与双方约定的编码形式有关,如:ASCII 码(7 位),扩展的 BCD 码(8 位)等,起始位之后紧跟着的是数据的最低

位 D_0。

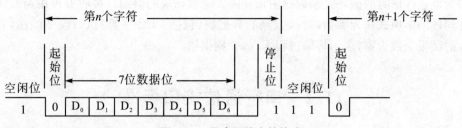

图 11.2　异步通信字符格式

③ 奇/偶校验位:一位逻辑 0/逻辑 1,双方可以约定采用奇校验、偶校验或无校验位,作为检错用。

④ 停止位:1 位或 1.5 位或 2 位逻辑 1,表示字符的结束,停止位的宽度,也是由双方预先约定的。

3. 同步通信方式

在异步通信中,每个字符都要用起始位和停止位来使通信双方同步,这些附加的额外信息,使得异步通信的传输效率不高。在需要传输大量数据的场合,为提高传输效率和速度,常去掉这些附加位,即采用同步通信(Synchronous Data Communication,SYNC),如图 11.3 所示。

(a) 单同步格式

(b) 双同步格式

图 11.3　同步通信格式

同步通信的特点是,收、发双方以一个或两个预先约定的同步字符作为数据块传送的开始,数据块由几十到几千,甚至更多字节组成。对每个字符的检错一般可用奇校验,数据块的末尾用 CRC(循环冗余码)校验整个数据块传输过程是否出错。为了防止因收、发双方的时钟频率的偏差的积累效应而产生错位,从而导致通信出错,同步通信要求接收和发送的时钟完全同步,不能有误差。实际应用中,同步传送常在收、发双方间使用同一时钟,故硬件电路比较复杂。

循环冗余校验码是将所传送的数据块,看作是一组连续的二进制数并将其作为被除数,用一个约定的二进制多项式作为除数,按照模 2 除法运算,所得的余数作为发送数据时的循环冗余数据附加在需发送数据块的后面。接收方再用与发送方同样的多项式作为除数,对接收到的数据块(包括 CRC 字符)执行模 2 除法,若除的结果余数为零,表示传输过程无误,否则出错。

11.2 串行通信接口标准

串行通信均采用美国电子工业协会(EIA)制定的串行标准接口。串行接口标准是指计算机或终端(数据终端设备 DTE)的串行接口电路与调制解调器 MODEM 等(数据通信设备 DCE)之间的连接标准。标准化的通用总线结构能使系统结构化、模块化,大大简化系统软、硬件设计的工作,故被普遍采用。目前常用的有代表性的串行接口标准有 RS-232C、RS-422A、RS485 和 USB 等。

11.2.1 RS-232C 接口标准

RS-232C 是串行异步通信中普遍采用的串行总线标准,其中 RS 是 Recommended Standard 的缩写,232 是标准的标志号。

RS-232C 是美国电子工业协会(Electronics Industring Association, EIA)制定的一种国际通用的串行接口标准。它最初是为远程通信连接数据终端设备(Data Terminal Equipment, DTE)和数据通信设备(Data Communication Equipment, DCE)制定的标准,目前已广泛用作计算机与终端或外部设备的串行通信接口标准。该标准规定了通信设备之间信号传送的机械特性、信号功能、电气特性及连接方式等,RS-232C 的常见应用如图 11.4 所示。

图 11.4 RS-232C 的应用

1. 机械特性

RS-232C 采用 25 脚 D 型连接器(含插头/插座)作为 DTE 与 DCE 之间通信电缆的连接口。但在实际进行异步通信时,只需 9 个信号脚即可,因此也可以采用 9

脚 D 型连接器。

2. 电气特性

RS-232C 采用负逻辑工作(EIA 电平),即逻辑"1"用负电平表示,有效电平范围是−15～−3 V;逻辑"0"用正电平表示,有效电平范围是+3～+15 V;−3～+3 V为过渡区,逻辑状态不定,为无效电平。由此规定可知,RS-232C 是用正负电平来表示逻辑状态的,这与 TTL 以高低电平表示逻辑状态的规定不同。为了能够同计算机串行接口使用的 TTL 芯片连接,必须在 RS-232C 与 TTL 电路之间进行电平转换。常用的电平转换芯片有:MC1488、SN75150(实现 TTL→RS-232C 转换);MC1489、SN75154(实现 RS-232C→TLL 转换);MAX232(实现 TTL 与 RS-232C之间的双向电平转换)等。

3. 引脚信号定义

DB-25 接插件(计算机)引脚信号分配如图 11.5 所示。

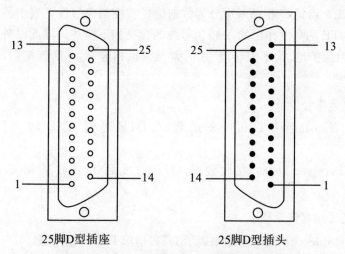

25脚D型插座　　　　　　　　25脚D型插头

图 11.5　DB-25 接插件引脚信号分配示意图

RS-232C 对 25 脚 D 型连接器的各个引脚号、名称及功能均作了明确的规定,将其中的 21 个引脚分为两个通信通道,即主信道和辅助信道,另外 4 个引脚未定义。辅助信道的传输速度比较慢,几乎没有使用,而主信通中有 9 根信号线是远距离串行通信接口标准中的基本信号线,我们只需掌握好这 9 根信号线的功能和连接方法基本就可以了。这 9 个信号的引脚号、名称及功能如表 11.1 所示。

表 11.1　RS-232C 主信道引脚信号

引脚号		信号名称	缩写	传送方向及功能说明	
25 脚	9 脚				
2	3	发送数据	TXD	DTE→DCE	输出数据到 Modem
3	2	接收数据	RXD	DTE←DCE	由 Modem 输入数据
4	7	请求发送	RTS	DTE→DCE	DTE 请求发送数据
5	8	清除发送	CTS	DTE←DCE	Modem 表明同意发送
6	6	数据传输就绪	DSR	DTE←DCE	表明 Modem 已准备就绪
7	5	信号地	GND	无方向	所有信号的公共地线
8	1	载波检测	DCD	DTE←DCE	Modem 正在接收载波信号
20	4	数据终端就绪	DTR	DTE→DCE	通知 Modem　DTE 已准备好
22	9	振铃指示	RI	DTE←DCE	表明 Modem 已收到拨号呼叫

由表 11.1 可见,9 根信号可分为数据信号和控制信号线。表中各信号线的定义是站在 DTE 的角度作出的,9 根信号线的含义如下所述。除此以外,对 25 脚连接器,1 脚为保护地,为了安全,使用时常与大地相连(对 9 脚连接器,没有安排此信号)。

(1) 数据线

TXD(Transmitted Data):发送数据,DTE 通过 TXD 将串行数据发送到Modem。

RXD(Received Data):接收数据,DTE 通过 RXD 接收从 Modem 来的串行数据。

(2) 发送控制信号线

RTS(Request to Send):用来表示 DTE 请求 DCE 发送数据。

CTS(Clear to Send):用来表示 DCE 已准备好,可以为 DTE 发送数据,此信号是对 RTS 的响应信号。

RTS/CTS 是一对握手联络信号,用于采用 Modem 的半双工系统中作发送/接收方式之间的切换。

(3) 接收控制信号线

DSR(Data Communication Equipment Set Ready):表示 Modem 已准备就绪。

DTR(Data Terminal Ready):DTE 用来通知 Modem,已准备就绪,可以接收数据。

DSR/DTR 也是一对握手联络信号,这两个信号有效时,通知对方,设备本身可用。

DCD(Data Carrier Detection):用来表示 Modem 正在接收来自对方 Modem 的载波信号,通知 DTE 准备接收数据。

RI(Ringing Indicator):通知 DTE、Modem 已收到电话交换机送来的振铃呼叫信号,使用公用电话线时要用此信号。

4. 信号线的连接

RS-232C 接口的信号线连接与通信的距离有关,一般从远、近两方面考虑。

(1) 远距离时的连接

当通信距离较远时,两个设备通信需要借助于 DCE(Modem 或其他远传设备)和电话线,RS-232C 的接口方式如图 11.6 所示。

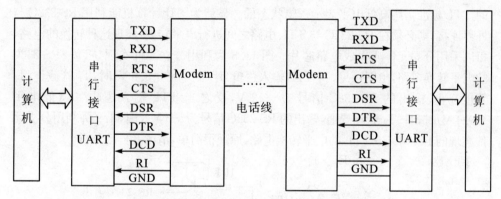

图 11.6　采用 Modem 时 RS-232C 信号线的使用

(2) 近距离时的连接

近距离(少于 15 m)通信时,可不采用调制解调器 Modem(亦称为零 Modem 方式),通信双方可以直接连接。利用 RS-232C 接口,最简单的情况下,只要用到了 3 根线即可实现双向异步通信,如图 11.7(a)所示。若为了适应那些需要检测"CTS"(清除发送)、"DCD"(载波检测)、"DSR"(数传机准备好)等信号的通信程序,则可采用图 11.7(b)所示方式,除连接 3 根最基本的信号线外,再在连接器的相应引脚上自行短接形成几根自反馈控制线。

在图 11.7 的零 Modem 方式下,请注意通信双方的 RS-232C 接口的 2、3 脚是相互交叉连接的,而在图 12.6 所示的连接方式中,串行接口与 Modem 之间的 RS-232C 引脚是相同引脚号——对应直接连接的。

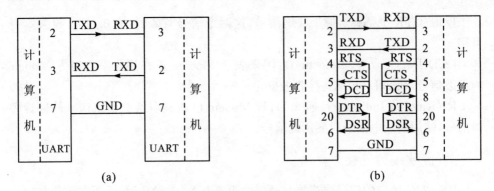

图 11.7 零 Modem 方式的最简单连接

5. EIA-RS-232C 与 TTL 相互转换

如上所述,RS-232C 是用正负电平来表示逻辑状态的,而计算机内部电路所采用的 TTL 标准是用高低电平表示逻辑状态的。显然为了让计算机能利用 RS-232C 与外界连接,则必须在 RS-232C 与 TTL 电路之间进行电平转换,实现这种转换的电路,可以采用分立元件或集成电路芯片。图 11.8 为利用分立元件实现 TTL→RS-232C 的电平转换电路,由图可见,当 TTL 输入逻辑"1"(高电平＋3.6 V)时,T_1 管截止,T_2 管也截止,输出的 RS-232C 信号为－12 V,反之当 TTL 输入逻辑"0"(低电平＋0.4 V)时,T_1、T_2 管均导通,输出的 RS-232C 信号为＋5 V。图 11.9 为利用分立元件实现的 RS-232C→TTL 的电平转换电路,原理很简单,请读者自己分析。

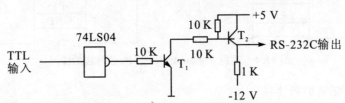

图 11.8 TTL→RS-232C 的电平转换

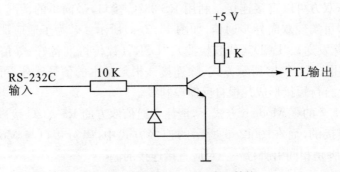

图 11.9 RS-232C→TTL 电平转换

目前广泛采用的是集成电路转换器件,MC1488 和 SN75150 芯片的功能是将 TTL 电平转换为 EIA 电平,MC1489 和 SN75154 芯片的功能是将 EIA 电平转换为 TTL 电平。图 11.10 为利用 MC1488、MC1489 实现 TTL 与 RS-232C 间电平转换的连接电路图。

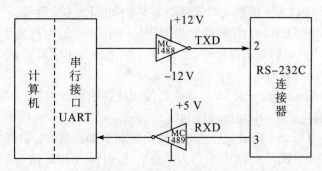

图 11.10　利用 MC1488、MC1489 的 TTL→RS-232C 电平转换

MC1488、MC1489 是早期的 IC 产品,它需要 ±12 V 和 +5 V 多个电源供电,且工作不够稳定,随着大规模数字集成电路的发展,目前有许多厂家已经将 MC1488 和 MC1489 集成到一块芯片上,如美国美信(MAXIM)公司的产品 MAX220、MAX232、MAX232A 和 FC232 等。FC232 是一种带有光电隔离电路的新型 RS-232C 串行通信转发器,且可以实现 4 线双向全双工通信。

11.2.2　RS-485 接口标准

RS-232C 串行接口为计算机与设备之间,以及计算机与计算机之间的串行通信提供了方便。但也存在一些缺点,最主要的是:RS-232C 只能一对一地通信,不借助于 Modem 时,数据传输距离仅 15 m。究其原因,是因为 RS-232C 采用的接口电路是单端驱动,单端接收。当距离增大时,两端的信号地将存在电位差,从而引起共模干扰。而单端输入的接收电路没有任何抗共模干扰的能力,所以只有通过抬高信号电平幅度来保证传输的可靠性。

为了克服 RS-232C 的缺点,提出了 RS-422 接口标准,后来又出现了 RS-485 接口标准。这两种总线一般用于工业测控系统中。

RS-485 适用于收发双方共用一对线进行通信,能实现多点对多点的半双工通信,在同一网络中的平衡电缆线上,最多可连接 32 个发送器/接收器对。再加上抗干扰能力、最大传输距离和最大传输速率方面均大大地优于 RS-232C,因而在许多场合,特别是实时控制、微机测控网络等领域得到了广泛的应用。

RS-485 可以采用半双工和全双工通信方式,半双工通信的芯片有 SN75176、

SN75276、MAX485 等，全双工通信的芯片有 SN75179、SN75180、MAX488 等，它们均只需单一+5 V 电源供电即可工作。

MAX485 是 8 引脚双列直插式芯片，单一+5 V 供电，支持半双工通信方式，接收和发送的速率为 2.5 bit/s，最多可连接的标准节点数为 32 个。所谓节点数，即每个 RS 485 接口芯片的驱动器能驱动多少个标准 RS-485 负载。

RO(Receiver Output)：接收器输出引脚。当引脚 A 的电压高于引脚 B 的电压 200 mV 时，RO 引脚输出高电平；当引脚 A 的电压低于引脚 B 的电压 200 mV 时，RO 引脚输出低电平。

$\overline{\text{RE}}$(Receiver Output Enable)：接收器输出使能引脚。当$\overline{\text{RE}}$为低电平时，RO 输出；当$\overline{\text{RE}}$为高电平时，RO 处于高阻状态。

DE(Driver Output Enable)：发送器输出使能引脚。当 DE 引脚为高电平时，发送器引脚 A 和 B 输出；当 DE 引脚为低电平时，引脚 A 和 B 处于高阻状态。

DI(Driver Input)：发送器输入引脚。当 DI 为低电平时，引脚 A 为低电平，引脚 B 为高电平；当 DI 为高电平时，引脚 A 为高电平，引脚 B 为低电平。

A(Noninverting Receiver Input and Noninverting Drive Output)：接收器输入/发送器输出"+"引脚。

B(Inverting Receiver Input and Inverting Drive Output)：接收器输入/发送器输出"−"引脚。

V_{CC}：芯片供电电源。

GND：芯片供电电源地。

MAX485 芯片采用半双工方式进行多个 RS-485 接口通信时，电路连接简单，只需要将各个接口的"+"端与"+"端相连、"−"端与"−"端相连，电路如图 11.11 所示。连接的两条线就是 RS-485 的"物理总线"。这些相互连接的 RS-485 接口物理地位完全平等，在逻辑上取一个为主机，其他的为从机。在通信时，同样采用主机呼叫，从机应答的方式。

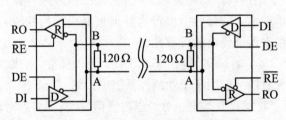

图 11.11　MAX485 芯片的接口电路图

11.2.3　USB 接口标准

USB(Universal Serial Bus,通用串行总线)是一种新型的串行接口标准。1994 年,由 Intel 等七家著名的计算机和通信公司共同开发。USB 的产生主要是为了适应随着多媒体技术的广泛应用,计算机需连接的外设越来越多,希望为这些不同的设备,提供一个通用的标准串行接口的需要。

1. USB 的特点

USB 技术的出现是计算机外设总线的重大变革,它被推出以来,受到了普遍欢迎,已迅速普及成为流行的外设接口,这主要是因为它具有许多优点。

① 为所有的带有 USB 接口的外设提供了连接到计算机的单一的、易于操作的标准连接方式。用户在连接时,不必再像传统的接口方式那样一一判断哪个插头对应哪个插座。

② 支持“即插即用”,即当插入 USB 设备时,计算机系统能自动识别该设备,并能加载相应的设备驱动程序,用户可以立即使用该设备。

③ 支持热插拔,即设备接入或拔出时,不必打开机箱,也不必切断主机电源。

④ 提供多种速率以适应不同类型的设备。USB 1.0 版的数据传输率分为 1.5 bit 低速传输和 12 bit 全速传输两种,USB 2.0 版的速率则可高达 480 bit。

⑤ 占用主机资源少却支持多设备的连接。USB 采用星形层次结构和 Hub 技术,理论上允许最多支持 127 台物理外设的连接,而总共只占用相当于一台传统设备所需的资源(如 I/O 端口地址、中断口等)。

⑥ 可为低功耗外设提供电源。可提供＋5 V 电压,500 mA 电流的电源,如键盘、鼠标和 Modem 等设备使用时,可免除自带电源的麻烦。

2. USB 系统的硬件结构

USB 硬件系统的组成如图 11.12 所示,包括 USB 主机、USB 设备。其中 USB 设备又分为功能设备(如显示器、打印机等)和集线器(Hub)。Hub 是 USB 设备与主机间的电气接口,用来提供附加连接点,Hub 可以是一台独立的集线器设备,也可以内置于某个功能设备(如显示器、键盘)中。

由图 11.12 可见,USB 系统中,只有一台带有 USB 主控制器的主机。和主控制器相连的 Hub 称为根 Hub(Root Hub),一个 USB 系统中也只能有一个根 Hub,一般位于主机机箱的正面或后面。USB 系统采用四芯电缆,分别定义为:D＋、D—用于传输数字信号,V_{BUS} 和 GND 用于主机向外设提供电源,V_{BUS} 一般为+5 V。

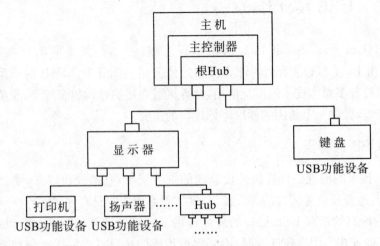

图 11.12　USB 系统的硬件结构

3. USB 系统的软件结构

USB 软件包含有 USB 设备驱动程序、USB 驱动程序和主控制器驱动程序,采

图 11.13　USB 软件结构

用模块化分层结构,位于最底层的是主控制器驱动程序,如图 11.13 所示。

(1) USB 设备驱动程序

位于 USB 系统软件的最上层,是 USB 系统软件与 USB 应用程序的接口,用来实现对特定的 USB 设备(如显示器等)的管理和驱动。

(2) USB 驱动程序

用来实现 USB 总线的驱动、带宽的分配、管道的建立和控制管道的管理等功能,通常操作系统(如 Windows 98)可提供 USB 驱动程序。

(3) 主控制器驱动程序

用来管理和控制 USB 主控制器硬件,一般 USB 主控制器是一个可编程的硬件接口,其驱动程序则用来实现与主控制器通信以及对其控制等功能。

4. USB 的传输方式

USB 是一种协议总线,即外部设备与主机之间通过 USB 接口进行通信时需要遵循的规范和约定。协议内容除了硬件接口方面的约定外,更重要的是软件方面的内容。这里介绍其中的传输方式,详细的内容,可查阅 USB 规范方面的资料。

USB 标准规定了 4 种传输方式,即控制传输、等时(Isoch-ronus)传输、中断传输和数据块(Bulk)传输,主要是为了满足不同类型的需要。

(1) 数据块传输方式

用于传输大批数据,这种数据的实时性要求不是太高,但要确保数据的正确性,典型的应用是支持像打印机、数码相机等设备的数据输入/输出。

(2) 中断传输方式

用于数据传输量小,但具有突发性特点的一类设备。典型的应用是鼠标、键盘、游戏棒等手动输入设备,这类设备不会因要传输大量的数据而占用 USB 总线较长的时间,但对响应时间敏感,即实时性能要好。

(3) 等时传输方式

用于周期性和传输速率不变的数据传输设备。典型的如视频设备、数字声音设备、数码相机等。这类传输要求传输速率恒定,时间性强,可以忽略传送错误(没有安排差错校验)。

(4) 控制传输方式

用于主机与外设之间的控制、状态、配置等信息的传输。因此,它传输的是控制信息流,而不是数据流。这种方式为主机与外设之间提供了一个控制通道,例如,USB 设备接入时,主机将通过控制传输对此设备进行配置。

5. USB 设备开发简介

为一个特定的设备配置一个 USB 接口,以便使其能够通过 USB 接口与主机相连接,即所谓 USB 设备的开发。一般包括 3 个方面的工作:设备端硬件接口设计、设备内部对 USB 接口的驱动程序和主机端设备驱动程序的开发。其中后两项工作,即双方的 USB 驱动程序的开发,需在深入理解 USB 通信协议的基础上,针对 USB 设备工作机制以及 USB 设备驱动开发模型进行软件设计与开发。这里仅对设备端的硬件接口设计作简单介绍。

目前,对 USB 设备接口设计有两种可选的方案。

(1) 普通单片机加专用 USB 接口芯片

常见 USB 接口芯片有,Philips 公司的 PDIUSBD12 芯片,National Semiconductor 公司的 USBN9602 芯片,以及 Lucent 公司的 USB 820/825 等。采用这种方式开发 USB 设备的优点是可以基于用户自己熟悉的单片机,利用现有的单片机开发系统进行开发。缺点是:硬件设计较复杂,调试麻烦。

（2）专用 USB 控制器芯片，即带有 USB 接口的单片机

如与 Intel 8051 单片机兼容的 EZ-USB(Cypress 公司)，它在 8051 单片机上所集成的智能 USB 引擎可以完成 USB 协议所规定的大部分的通信工作，从而减轻了 USB 设备开发人员的开发工作量。缺点是：需要购买新的开发系统，成本较高。

11.3　可编程的串行通信接口 8251A

在计算机通信系统中，串行接口将 CPU 输出的并行数据转换为标准的串行数据，在发送时钟的控制下逐位发送；而串行接口将接收到的串行数据在接收时钟的控制下通过移位寄存器，将输入的串行数据转换为并行数据提供给 CPU。

常见的通用可编程串行通信接口控制器有 8251A、INS8250 以及 NS16X50。其中 8251A 是 Intel 公司生产的一个通用串行输入/输出接口。它能将并行输入的 8 位数据转换成逐位输出的串行信号，也能将串行输入数据转换成并行数据，一次传输给处理机。其广泛应用于远距离通信系统及计算机网络中。

8251A 的基本性能主要有：

① 可以通过编程设定为同步通信方式或异步通信方式。

② 异步通信方式下，每个字符可为 5～8 位，可加 1 位奇偶校验位，根据编程可产生 1 位、1.5 位或 2 位停止位。波特率因子可选用 1、16 或 64；波特率为 0～19.2 kBd。

③ 同步通信方式下，每个字符可以为 5、6、7 或 8 位，可以采用奇偶校验及 CRC 校验；波特率为 0～64 kBd。

④ 8251A 是全双工双缓冲器的发送/接收器。

⑤ 具有差错检测功能，可以对奇偶错误、覆盖错误和帧格式错误进行检测。

11.3.1　8251A 的引脚功能

8251A 是一个采用 NMOS 工艺制造的 28 条引脚双列直插式芯片，其外部引脚分布见图 11.14 所示。

1. 8251A 和 CPU 之间的连接信号

8251A 和 CPU 之间的连接信号可以分为以下 4 类：

（1）片选信号

$\overline{CS}$：片选信号。

（2）数据信号

$D_0 \sim D_7$：8 位，三态，双向数据线，与系统的数据总线相连。传输 CPU 对 8251A 的编程命令字和 8251A 送往 CPU 的状态信息及数据。

（3）读/写控制信号

$\overline{RD}$：读信号；$\overline{WR}$：写信号；$C/\overline{D}$：控制/数据信号，输入。

（4）收发联络信号

TxRDY：发送器准备好信号；TxE：发送器空信号；RxRDY：接收器准备好信号；SYNDET：同步检测信号，只用于同步方式。

2. 8251A 与外部设备之间的连接信号

8251A 与外部设备之间的连接信号分为以下两类：

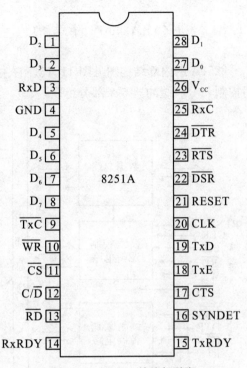

图 11.14　8251A 的外部引脚

（1）收发联络信号

$\overline{DTR}$：数据终端准备好信号；$\overline{DSR}$：数据设备准备好信号，表示当前外设已经准备好；$\overline{RTS}$：请求发送信号，表示 CPU 已经准备好发送；$\overline{CTS}$：允许发送信号，是对 $\overline{RTS}$ 的响应，由外设送往 8251A。实际使用时，这 4 个信号中通常只有 $\overline{CTS}$ 必须为低电平，其他 3 个信号可以悬空。

（2）数据信号

TxD：发送器数据输出信号；RxD：接收器数据输入信号。

3．时钟、电源和地

8251A 除了与 CPU 及外设的连接信号外，还有电源端、地端和 3 个时钟端。CLK：时钟输入，用来产生 8251A 器件的内部时序。TXD：发送器时钟输入，用来控制发送字符的速度；RxD：接收器时钟输入，用来控制接收字符的速度，和 TxC 一样。在实际使用时，RxC 和 TxC 往往连在一起，由同一个外部时钟来提供，CLK 则由另一个频率较高的外部时钟来提供。V_{CC}：电源输入；GND：地。

11.3.2　8251A 的内部结构

8251A 的内部结构图见图 11.15。它主要由接收器、发送器、调制解调器、读写控制和 I/O 缓冲器 5 个部分组成。

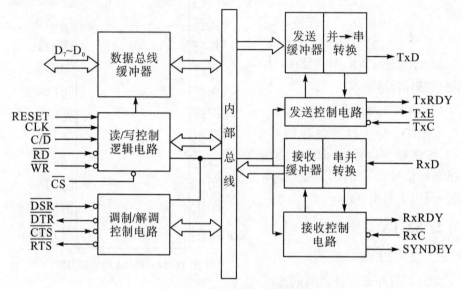

图 11.15　8251A 的内部结构

1. 数据总线缓冲器

它是双向、三态、8 位缓冲器,与 CPU 的数据总线相连,用来与 CPU 传输数据信息、命令信息、状态信息。其内部设有 3 个缓冲器:

① 状态字缓冲器:用来存放 8251A 内部的工作状态。它是只读的,CPU 可以通过对它查询知道 8251A 接口的状态。

② 接收数据缓冲器:用来存放接收器接收到,并已转换成并行的数据,供 CPU 读取。

对于状态字缓冲器、接收数据缓冲器,CPU 可以用 IN 指令从这两个缓冲器内分别读取状态信息和数据。

③ 发送数据/命令缓冲器:用来寄存 CPU 用 OUT 指令向 8251A 写入的数据或控制字、模式字、同步字符。这个缓冲器是发送数据和命令共用的寄存器,故必须分时使用,否则将引起操作错误。

为保证正常通信,CPU 在向 8251A 发送数据时,要先测试 TxRDY 信号。只有 TxRDY 为 1 时,才允许 CPU 向 8251A 发送数据或命令字。

2. 读/写控制逻辑电路

读/写控制逻辑电路是配合数据总线缓冲器工作,用来接收 CPU 的控制信号和控制命令字,并对 8251A 内部寄存器寻址,以控制数据的传送方向。其控制信号主要有:

$\overline{CS}$:片选信号,低电平有效。接收 CPU 送来的地址译码信号作为片选信号。当 $\overline{CS}$ 为 0 时,8251A 被 CPU 选中,允许 CPU 对 8251A 进行读/写操作。当 $\overline{CS}$ 为 1 时,8251A 未被 CPU 选中,禁止 CPU 对 8251A 进行操作。它由 CPU 的地址信号通过译码后得到。

$C/\overline{D}$:控制/数据端(输入),用来区分 CPU 访问的是控制寄存器,还是数据寄存器。其通常接地址总线的 A_0。此信号与读/写信号合起来通知 8251A,当前读/写的是数据还是控制字、状态字。$C/\overline{D}=1$ 时,表示当前数据总线传输的是控制信息或状态信息;$C/\overline{D}=0$ 时,表示数据总线传输的是数据信息。

$\overline{RD}$:读信号(输入,低电平有效)。当 $\overline{RD}$ 为 0 时,CPU 对 8251A 执行读操作。

$\overline{WR}$:写信号(输入,低电平有效)。当 $\overline{WR}$ 为 0 时,CPU 对 8251A 执行写操作。

由上述 4 个信号,可以对 8251A 进行的读写操作,见表 11.2。

表 11.2　8251A 的读/写操作信号

$\overline{CS}$	$C/\overline{D}$	$\overline{RD}$	$\overline{WR}$	操作方式
0	0	0	1	CPU 从 8251A 输入数据
0	0	1	0	CPU 往 8251A 输出数据
0	1	0	1	CPU 读取 8251A 的状态
0	1	1	0	CPU 往 8251A 写控制命令
1	×	×	×	8251A 未被 CPU 选中

注意　数据输入端口和数据输出端口合用同一个偶地址,而状态端口和控制端口合用同一个奇地址。

CLK:时钟信号(输入),用于 8251A 内部定时。对于同步方式,CLK 的频率必须大于 $\overline{TxC}$ 和 $\overline{RxC}$ 的 30 倍;对于异步方式,CLK 的频率必须大于 $\overline{TxC}$ 和 $\overline{RxC}$ 的 4.5倍。

RESET:复位信号(输入),使 8251A 处于空闲状态。当该信号有效时,8251A 进入空闲状态,等待 CPU 对芯片初始化编程。

3. 接收缓冲器和接收控制电路

接收缓冲器接收从 RxD 引脚送入的串行数据,并按照规定的格式把串行数据转换成并行数据后,存入该缓冲器中,以供 CPU 读取。

接收控制电路是配合接收缓冲器工作,从 CPU 接收并行数据,自动地加上适当的成帧信号后转变成串行数据从 TxD 引脚发送出去。

(1) 异步方式

当 8251A 工作在异步方式下,且允许接收和准备好接收数据时,接收控制电路监视数据接收线 RxD。当无字符传送时,RxD 线处于空闲状态,为高电平。当发现 RxD 线上出现低电平时,即认为它可能是起始位,于是启动内部计数器,对接收时钟进行计数。当计数器计数到一个数据位宽度的一半(若波特率因子为 16,则计数器计数到第 8 个脉冲)时,接收控制电路又对 RxD 线进行测试。若它处于高电平,则确认刚才出现的低电平不是起始位,而是干扰;若它仍处于低电平,则确认该低电平即为起始位,而不是噪声信号。此后,每隔 16 个脉冲,接收控制电路采样一次 RxD 线,作为输入数据移入移位寄存器,经奇偶校验和去掉停止位,得到转换后的并行数据。此数据经 8251A 内部数据总线并行地传送给接收数据缓冲器。接收控制电路立即发出 RxRDY 信号,告知 CPU 字符可用,等待 CPU 读取。

(2) 同步方式

同步方式又分为内同步方式与外同步方式。

在内同步方式下,接收控制电路首先会搜索同步字符。接收控制电路监测 RxD 线,每当 RxD 线上出现一位数据位时,就把它接收下来,并送入移位寄存器移位,然后把移位寄存器中的内容与同步字符寄存器的内容进行比较。如果结果不等,则再接收下一位数据,并重复上述比较过程,直到使接收器的内容与同步字符寄存器的内容相等为止。这 SYNDET 引脚变成高电平,表示已找到同步字符,达到了同步。

若程序规定 8215A 工作在双同步方式下,就要求在测出输入移位寄存器的内容与第一个同步字符相等后,再继续检测此后的输入移位寄存器的内容是否与第二个同步字符寄存器的内容相同。如果不同,则重新比较输入移位寄存器的内容与第一个同步字符寄存器的内容;如果相同,则 SYNDET 变成高电平,表示 8251A 已经达到同步。

在外同步方式下,从 SYNDET 输入引脚输入一个高电平信号,接收控制电路会立即脱离对同步字符的搜索过程。只要 SYNDET 信号能保持一个接收时钟周期的高电平,接收控制电路便认为已经完成了同步。

无论是内同步,还是外同步方式,只要实现了同步,接着就接收数据,并将接收的数据送入接收数据缓冲器。同时,RxRDY 引脚变成高电平,表示收到了一个字符。CPU 执行一次对该数据缓冲器的读操作,RxRDY 及 SYNPDET 均复位。

与接收器有关的控制信号有以下 4 个:

① RxD:接收器数据信号端(输入),用来接收外部设备送来的串行数据,并在数据进入接收器以后将其转换成并行数据,然后送入数据接收缓冲器,等待传送到CPU 内。

② $\overline{RxC}$:接收时钟信号(输入),用来控制 8251A 接收字符的速率。在同步方式时,RxC等于波特率。在异步方式时,RxC 是波特率的 1 倍、16 倍或 64 倍,由传输方式字来确定。接收时钟通常与对方的发送时钟一致。

③ SYNDET:同步检测信号,它仅用于同步方式。SYNDET 引脚既可作为输入,也可作为输出。这决定于 8251A 是工作在外同步方式,还是工作在内同步方式。而这两种情况又取决于对 8251A 的初始化编程。当 8251A 被设定为内同步时,SYNDET 作为输出。如果 8251A 检测到所要求的同步字符,则 SYNDET 为高电平,表示 8251A 已经达到同步。若程序设定 8251A 为双同步,则该信号在第二个同步字符的最后一位的中间变为高电平。CPU 执行一次读操作时或 8251A被复位时,SYNDET 变为低电平。当 8251A 被设定为外同步时,SYNDET 作为输入,从该引脚输入一个正跳变,会使 8251A 在接收时钟 RxC 的一个下降沿时开始装配字符。在外同步时,SYNDET 的电平状态取决于外部信号。

④ RxRDY:接收器准备好信号(输出),它用来表示当前 8251A 已经从 RxD引脚接收了一个字符,正等待 CPU 取走。因此,在查询方式时,该信号可作为一个联络信号;在中断方式时,可作为中断请求信号。当 CPU 从 8251A 的接收数据缓冲器读取一个字符后,RxRDY 就复位变成低电平。

4. 发送器和发送控制电路

发送/命令缓冲器是一个分时使用的双功能缓冲器。一方面,CPU 把发送的并行数据存放该缓冲区中,准备由串行接口向外设发送。另一方面,命令字也存放在这里,以指挥串行口工作。如果程序设置了 8251A 的控制寄存器中的 TxE(允许发送)位置 1 及 $\overline{CTS}$(清发送:从外设发来的对 CPU 请求发送信号的响应信号)为有效,则开始发送过程。命令一旦输入,立即执行,故无需长期存放。

发送器接收接收 CPU 送来的并行数据,自动加上由控制字规定的帧信号,再将其转换成串行数据从 TxD 引线发送出来。在异步通信方式下发送时,发送器为每个字符加上一个起始位,并根据控制字规定加上奇偶校验位及 1 位、1.5 位或者2 位停止位,并在发送时钟 TxC 下降沿的作用下从 8251A 的 TxD 引脚发出。数据传输的波特率根据程序的设定,为发送时钟频率的 1、1/16 或者 1/64。

在同步通信方式中,发送器在发送数据前,依据程序的设定,在被发送的数据块前加上同步字符,然后发送数据块。在发送数据块时,发送器将根据初始化程序设定的要求对数据块中的每个数据加或不加奇偶校验位。在同步发送过程中,不允许数据之间存在间隙。如果 8251A 正在发送数据,而 CPU 却未能为 8251A 提供新数据,数据间就会出现间隙。此时 8251A 的发送器会自动插入同步字符来填充间隙。

此外,8251A 的控制寄存器的第 3 位(SBRK)为 1 时,发送器不断发送中止字符,中止字符由通信线上连续的空白字符(低电平)组成。

发送器发送字符的速率由 TxC(发送时钟)控制。

与发送过程有关的引脚信号有 4 个:

① TxD:发送器数据信号(输出)。CPU 送往 8251A 的并行数据被转换成串行数据后,逐位从该引脚送往外设。

② TxC:发送时钟信号(输入)。该位控制发送速率。在异步方式下,TxC 的频率依据程序设定,可为字符传输波特率的 1 倍、16 倍或者 64 倍。在同步方式下,TxC 的频率等于传输字符的波特率。

③ TxRDY:发送器准备好信号(输出)。当允许 8251A 发送数据,且数据总线缓冲器中的发送数据/命令缓冲器为空时,该信号有效表示发送缓冲器已准备好从 CPU 接收数据。当 CPU 与 8251A 之间用程序查询方式传输数据时,该信号可以当做联络信号,CPU 可以通过读 8251A 的状态寄存器中的状态字来测试 TxRDY 的状态;当用中断方式传输数据时,该信号可作为 8251A 的中断请求信号。当 8251A 从 CPU 接收一个字符后,TxRDY 转为低电平,表示发送缓冲器已经被填满,禁止送下一个字符。

④ TxE:信号表示发送器空(输出)。当该信号有效时,表示此时 8251A 的发送器中并行到串行转换器空。此即指示了一个发送动作的完成。此时,当 8251A 工作于异步方式,由 TxD 向外输出空闲位;在同步方式时,若 CPU 来不及输出新字符,则 TxE 变成高电平,同时发送器在输出线上插入同步字符,以填充传送间隔。

5. 调制解调器控制电路

调制解调器控制电路用来简化 8251A 和调制解调器的连接,提供与调制解调器的联络信号。在向远距离传送数据时,为了保证数据正确传送,要在信道上设置调制解调器。8251A 中的调制解调控制电路提供了 4 个通用控制信号,使 8251A 可直接与调制解调器连接。8251A 中与调制解调器之间的 4 个信号如下:

① DTR:发送器准备好信号,是从 8251A 送往外设的信号。由 8251A 控制寄存器写入 $D_1 = 1$,使 DTR 变成低电平,从而通知外设,CPU 已准备好。

② DSR:数据设备准备好信号,是外设送往 8251A 的信号。当 DSR 为低电平时,表示当前外设已准备好,并且会使状态寄存器的 $D_7 = 1$,故 CPU 通过对状态寄

存器的读取操作便可实现对 DSR 信号的检测。

③ RTS:请求传送信号。CPU 可通过向 8251A 控制寄存器写入 $D_5 = 1$ 的控制字来使 RTS 变成低电平,以表示 CPU 已准备好发送数据。

④ CTS:清除发送信号,由外设送往 8251A。实际上,CTS 信号是 RTS 的响应信号。当 CTS 为低电平时,8251A 才能执行发送操作。

因此,8251A 向外设发送一个数据必须满足以下 3 个条件:

① CTS 为低电平;

② 控制寄存器中的第 0 位为 1;

③ 发送缓冲器为空。

以上 4 个信号在形式上是 8251A 与外设之间的连接信号,但实质上是 CPU 与外设之间的联络信号。CPU 对外设的控制信号和外设给 CPU 的状态信号都不能在 CPU 和外设之间直接传送,而必须通过接口来传递。8251A 送往外设的 DTR 和 RTS 信号实质上是 CPU 通过 8251A 送给外设的。使用时,DTR、DSR 和 RTS 三个信号引脚可以悬空不用,通常只有 CTS 引脚必须为低电平。这是 8251A 发送数据的必要条件。如果 8251A 仅仅工作在接收状态,而不要求发送数据,那么,CTS 也可以悬空。

实际使用中,这 4 个信号可根据具体外设的物理动作被赋予不同的物理意义。

还有一点要指出的是,当外设与 CPU 之间不需要联络信号时,这些信号可以悬空不用,但要求 8251A 具有发送功能时,CTS 引脚必须接地。当外设只要求一对联络信号时,则可选其中任一组,但要求 8251A 有发送功能时,仍要使 CTS 在相应时间为低电平。当某个外部设备要求较多的联络信号时,才将两组信号全用上。当然,实际使用时,根据需要也可以用其中 1 个信号或 3 个信号。

11.3.3 8251A 的初始化编程

1. 8251A 的初始化流程

当使用 8251A 时,必须首先对其初始化编程,确定其工作方式。编程的主要任务是方式字和控制字,取出其状态字。例如,规定传送方式及传输的波特率、字符格式等。方式字是规定 8251A 的特性,它必须紧接在复位后由 CPU 写入。控制字设定芯片的实际操作,在写入方式命令后,才由 CPU 写入同步字符及控制指令。在对 8251A 进行初始化时,必须遵守以下的 3 个规定:

① 芯片复位后,第一次给奇地址端口写入的是模式字。

② 如规定为同步模式,则接下来往奇地址端口写入的是同步字符。如果是双

同步,则先后两次写入同步字符。

③ 接下来,只要不是复位命令,CPU 给奇地址写入的是控制字,给偶地址端口写入的是要发送的数据。

8251A 初始化过程如图 11.16 所示。对 8251A 初始化编程,必须在系统复位之后,使芯片收发引脚处于空闲、各寄存器处于复位状态下才进行编程。

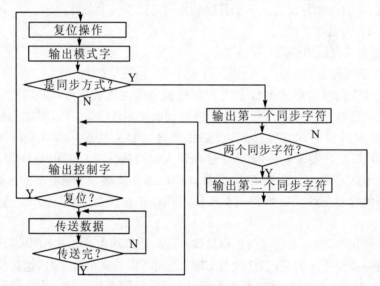

图 11.16　8251A 的初始化流程图

由初始化流程可知,当 CPU 往 8251A 发控制字之后,8251A 就首先判断控制字中是否给出了复位命令(控制字的 D_6 位)。如果控制字 D_6 位为 1,则又返回去重新开始接收模式字;如果控制字中未给出复位命令,则 8251A 便可以开始执行数据传输。

2. 模式字的格式

8251A 的模式字(方式选择控制字)的格式如图 11.17 所示。

在模式字中,模式选择最低两位 $D_1D_0 = 00$ 时,8251A 工作在同步模式;如果最低两位不为 00,则 8251A 进入异步模式并用最低两位的其他 3 种组合来确定波特率因子。TxC 和 RxC 的频率、波特率因子和波特率之间的关系为

$$时钟频率 = 波特率因子 \times 波特率$$

在同步模式下,接收和发送波特率分别和接收时钟 RxC 和发送时钟 TxC 频率相等。不论是异步模式还是同步模式,模式选择的 D_3 和 D_2 用来指明每个字符的长度。D_4 用来指明是否设奇偶校验位,D_5 用来指明是奇校验还是偶校验。

在异步模式中,用 D_6 和 D_7 指明停止位的数目。在同步模式中,用 D_6 指明引

脚 SYNDET 是作为输入引脚还是输出引脚。D_7 用来指明同步字符的个数。

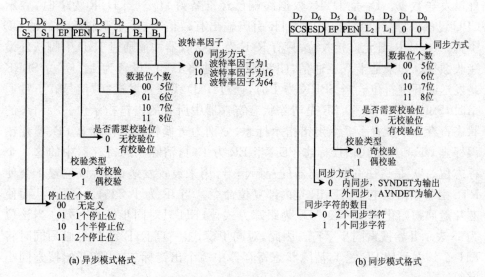

(a) 异步模式格式　　　　　　　　　　(b) 同步模式格式

图 11.17　8251A 的模式字格式

3. 控制字的格式

控制字是在模式字之后写入的,用来控制 8251A 的工作,使其处于规定的状态以及准备发送或接收数据,可进行多次写入操作。控制字和模式字共用一个奇地址端口,且又无特征标志,8251A 是根据写入的先后顺序来加以区分的,即先写入的是模式字,后写入的是控制字。在芯片复位之前,所写入的数据均为控制字。

8251A 的控制字的格式如图 11.18 所示。

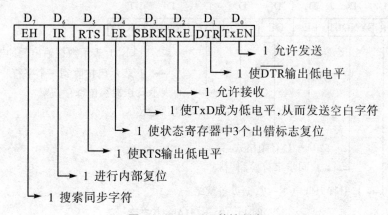

图 11.18　8251A 的控制字

控制字的 D_0 是发送允许位。只有当该位为 1 时,发送器才能通过 TxD 端向外设发送数据。D_1 是 DTR(数据终端已经准备好)位。当 DTR 为 1 时,表示 CPU 已准备好接收数据,此时 DTR 引脚输出有效信号,送至调制解调器的 CD 引脚。D_2 是 RxE 允许接收位,只有 RxE 为 1,接收器才能通过 RxD 引脚从外设接收数据。如果是半双工通信,CPU 应轮流地将 D_0、D_2 设置为 1。D_3 位 SBRK 是发送断开字符位。当 SBRK 为 1 时,通过 TxD 线一直发送"0"信号。正常通信时,SBRK 应为 0。D_4 ER 是清除状态寄存器中所有的出错指示位。8251A 的状态寄存器中设置了 3 个出错指示标志,分别为奇偶校验错误标志 PE、覆盖错误标志 OE 和帧格式错误标志 FE。当 ER 为 1 时,清除状态寄存器中的这 3 个标志位。D_5 是送往调制解调器的控制信号,用来设置发送请求,该位置 1 会使 RTS 引脚输出低电平。D_6 IR 是内部复位命令。当 IR 为 1,8251A 复位,从而使芯片返回初始化编程阶段。D_7 为跟踪方式位,EH 只对同步模式有效。当该位为 1,表示开始搜索同步字符。因此,对同步模式,一旦 RxE 置 1,也必须同时将 EH 置 1,并且使 ER 置 1,清除状态寄存器中 3 个出错标志,才能开始搜索同步字符。

4. 状态字的格式

状态寄存器用来存放 8251A 的状态字,反映 8251A 的状态信息。CPU 随时可用 IN 指令读取当前 8251A 的状态控制字,对状态字进行测试。这时 C/D 引脚应为 1,以保证从 8251A 的奇地址端口读取状态字。在 CPU 读取状态字期间,8251A 能自动禁止状态字的改变。

8251A 的状态字格式如图 11.19 所示。

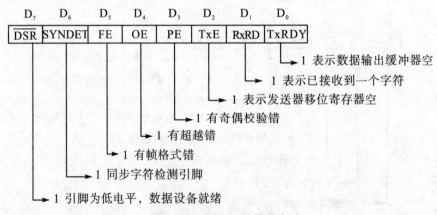

图 11.19 8251A 的状态字

状态字的 D_0 TxRDY 为 1,表示当前数据输出寄存器为空。状态位 TxRDY 和引脚 TxRDY 上的信号不同。TxRDY 位为 1 的条件是 8251A 内部数据输出寄存器内容为空或即将发送完毕;而 TxRDY 引脚变为高电平的条件除 TxRDY 位为 1 的条件外,还必须有 CTS 引脚输入为低电平,且控制字中 TxEN 位为 1(即必须满足条件:数据输出寄存器空 $\wedge$ CTS $\wedge$ TxEN = 1)。

状态字的 D_1 RxRDY 为 1,表示接口中数据输入寄存器已经接收了一个字符,可以被 CPU 取走。

CPU 可以通过执行输入指令从 8251A 奇地址端口读取状态字来测试 TxRDY 位和 RxRDY 位的状态,从而知道数据输出寄存器和数据输入寄存器的状态。

引脚 TxRDY 和 RxRDY 上的信号,在实际使用中常常作为外设对 CPU 的中断请求信号。当 CPU 往 8251A 的数据输出缓冲器输出一个字符以后,状态位 TxRDY 和引脚 TxRDY 上的信号均会自动变成"0"。类似地,当 CPU 从 8251A 的数据输入寄存器输入一个字符以后,状态位 RxRDY 和引脚 RxRDY 上的信号均会自动变成"0"。

D_2 TxE 为 1 时,表明当前输出移位寄存器正在等待输出缓冲寄存器发送一个字符。在同步传输时,当 TxE 状态位为 1 时,发送移位寄存器会先从同步字符寄存器取得同步符,并对它进行移位,然后再对数据进行移位。

D_3 PE 是奇偶错标志位。PE 位为 1,表明当前产生了奇偶错,但此时不中止 8251A 的工作。

D_4 OE 是覆盖错标志位。OE 为 1,表示当前产生了覆盖错。出现这种错误时,也不中止 8251A 的工作,8251A 继续接收下一个字符。

D_5 FF 是帧格式校验错。FE 为 1,表明停止位为 0,不中止 8251A 的工作。这一位只对异步模式有效。

以上 3 个标志可以用控制字的 ER 置 1 来使它们复位。

D_6 SYNDET 是同步字符检测位。其含义与引脚 SYNDET 的含义一样。

D_7 DSR 是数据终端准备好位。DSR 为 1,表明外设或调制解调器已准备好发送数据,此时引脚 DSR 为低电平。

11.4　串行接口 8251A 应用实例

由 CPU 与外部设备之间数据传递的控制方式可知,8251A 与 CPU 之间通常采用查询或中断方式传输数据。若采用中断方式,两个状态信号 TxRDY 和

RxRDY 通过一个或非门接到 CPU 的外中断输入。其余的$\overline{RD}$、$\overline{WR}$、RESET 都是同名端相连。

在编程时,先对 8251A 初始化,输入命令字后就可以进行数据传送。在得到中断申请后,通过调用状态字来检测是接收申请(RxRDY＝1)还是发送申请(TxRDY＝1),然后转至相应的中断服务程序进行处理即可。在接收处理时,若要判定传输是否出错,也只需读取状态字,检测错误标志位 PE 等。这样,可以很方便地实现双工通信。

例 11.1　异步模式下的初始化程序举例。

设 8251A 工作在异步模式,波特率系数(因子)为 16,7 个数据位/字符,偶校验,2 个停止位,发送、接收允许,设端口地址为 00E2H 和 00E4H。完成初始化程序。

分析题意,可以确定模式字为:11111010B,即 FAH;控制字为:00110111B 即 37H。

参考初始化程序段如下:

```
MOV   AL, 0FAH        ;送模式字
MOV   DX, 00E2H
OUT   DX, AL          ;异步方式,7 位/字符,偶校验,2 个停止位
MOV   AL, 37H         ;设置控制字,使发送、接收允许,清出错标志,使RTS、DTR
                      ;有效
OUT   DX, AL
```

例 11.2　同步模式下初始化程序举例。

本例介绍 8251A 在串行同步方式下的通信原理及应用。在开始发送或接收之前,8251A 必须设置一组由 CPU 产生的控制字。这些控制信号定义了 8251A 的功能用途(须紧跟在一个内部的或外部复位操作之后)。如前所述控制字包括两种:方式字和命令字。图 11.20 是 8251A 方式字和命令字设定的初始化与发送或接收数据流程图。

分析可知,方式字设置为止 3CH(内同步方式,双同步字符,8 位数据,奇校验方式)。命令字设置为 B7H(进入同步字符搜索方式,请求发送,接收就绪,数据端就绪,发送允许)。参考初始化程序段如下:

```
MOV DX, 发送口/接收口地址
MOV AL, 40H          ;复位
MOV AL, 3CH          ;设置方式字操作
OUT DX, AL
MOV AL, 55H          ;设置同步字符操作
OUT DX, AL           ;同步字符 1 为 55h
OUT DX, AL           ;同步字符 2 为 55h
OUT DX, 0B7H         ;置命令字操作
```

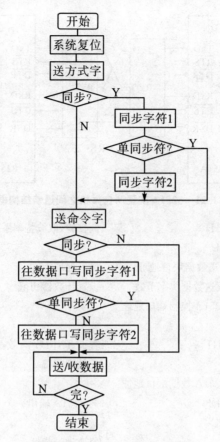

图 11.20 8251A 初始化流程图

例 11.3 8251A 综合应用举例。

本例使用两片 8251A 实现两台微机之间通信。8251A 通过标准串行接口 RS-232C实现两台 8086 微机之间的串行通信,采用异步工作方式。结构框图如图 11.21 所示。

分析:设系统采用查询方式控制传输过程。初始化程序由两部分组成:一方为发送器,发送端 CPU 每查询到 TXRDY 有效,则向 8251A 并行输出一个字节数据;另一方为接收器,接收端 CPU 每查询到 RXRDY 有效,则从 8251A 输入一个字节数据。

发送端初始化程序与发送控制参考程序:

```
MOV   DX, 8251A控制端口地址
MOV   AL, 7FH
OUT   DX, AL                    ;将8251A定义为异步方式,8位数据,1位停
                                ;止位
```

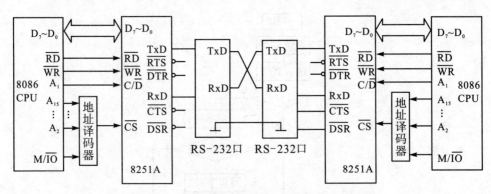

图 11.21 8251A 实现两台微机之间通信结构框图

```
        MOV   AL, 11H              ;偶校验,取波特率系数为 64,允许发送
        OUT   DX, AL
        MOV   DI, 发送数据块首地址    ;设置地址指针
        MOV   CX, 发送数据块字节数    ;设置计数器初值
L2:     MOV   DX, 8251A 控制端口地址
        IN  AL, DX
        AND   AL, 01H              ;查询 TXRDY 有效否
        JZ  L2                     ;无效则等待
        MOV   DX, 8251A 数据端口地址
        MOV   AL, [DI]             ;向 8251A 输出一个字节数据
        OUT   DX, AL
        INC   DI                   ;修改地址指针
        LOOP  L2                   ;未传输完,则继续下一个
        HLT                        ;停机
```

接收端初始化程序和接收控制参考程序：

```
        MOV   DX, 8251A 控制端口地址
        MOV   AL, 7FH
        OUT   DX, AL               ;初始化 8251A,异步方式,8 位数据
        MOV   AL, 14H              ;1 位停止位,偶校验,波特率系数 64,允许接收
        OUT   DX, AL
        MOV   DI, 接收数据块首地址    ;设置地址指针
        MOV   CX, 接收数据块字节数    ;设置计数器初值
L1:     MOV   DX, 8251A 控制端口地址
        IN  AL, DX
        ROR   AL, 1                ;查询 RXRDY 是否有效
        ROR   AL, 1
```

```
        JNC  L1                     ;无效则等待
        ROR  AL,1
        ROR  AL,1                   ;有效时,进一步查询是否有奇偶校验错
        JC  ERR                     ;有错时,转出错处理
        MOV  DX,8251A 数据端口地址
        IN  AL,DX                   ;无错时,输入一个字节到接收数据块
        MOV  [DI],AL
        INC  DI                     ;修改地址指针
        LOOP  L1                    ;未传输完,则继续下一个
        HLT                         ;停机
        ERR:…                       ;出错处理
```

习题与思考题

1. 什么是串行通信和串行接口?

2. 串行通信和并行通信有什么异同? 它们各自的优、缺点是什么?

3. 试用 8251A 为 8086 CPU 与 CRT 终端设计一串行通信接口。

4. 假设 8251A 的端口地址为:40H、41H,按以下要求对 8251A 进行初始化。

(1) 异步工作方式,1 个停止位,采用偶校验,7 个数据位,波特率因子为 16。

(2) 允许接收和发送数据,使错误位全部复位。

(3) 查询 8251A 的状态字,当接收准备就绪时则从 8251A 输入数据,否则等待。

5. 对 8251A 进行初始化。设 8251A 工作于内同步方式,7 个数据位,采用偶校验,两个同步字符(均为 24H);同时要求 8251A 进行同步字符搜索,允许接收和发送数据,使错误位全部复位。假设 8251A 的端口地址为:40H、41H。

6. 用两片 8251A 接口芯片实现两个 8086 CPU 之间的串行通信。假设 1#8251A 地址为 04A0H、04A2H;2#8251A 地址为 04A4H、04A6H。1#CPU 发送 256 个数据给 2#CPU,通信协议采用异步传送方式,8 位数据无校验,2 位停止位,波特率为 64。

7. 设 8251A 端口地址为 52H,采用内同步方式,2 个同步字符(设同步字符为 16H),偶校验,7 位数据位/字符。请写出初始化程序段。

第 12 章　微机控制系统应用

计算机控制系统包括硬件组成和软件组成。在计算机控制系统中,需有专门的数字/模拟转换设备和模拟/数字转换设备。由于过程控制一般都是实时控制,有时对计算机速度的要求不高,但要求可靠性高、响应及时。计算机控制系统的工作原理可归纳为以下 3 个过程:

① 实时数据采集。对被控量的瞬时值进行检测,并输入给计算机。

② 实时决策。对采集到的表征被控参数的状态量进行分析,并按已定的控制规律,决定下一步的控制过程。

③ 实时控制。根据决策,适时地对执行机构发出控制信号,完成控制任务。

12.1　键盘电路的设计

键盘是计算机系统不可缺少的输入设备,人们通过键盘上的按键直接向计算机输入各种数据和指令,从而使计算机完成不同的任务。键盘可分为编码键盘和非编码键盘两种类型。前者能自动识别按下的键并能将该键对应的代码送给CPU,使用方便但硬件成本高。后者则通过软件来确定按键,速度慢但硬件成本低。本节主要讨论非编码键盘的原理及实现方法

12.1.1　键盘的基本原理结构

非编码键盘是用较为简单的硬件和专门的键盘扫描程序来识别按键的位置的,即当按下某键以后,并不给出相应的 ASCII 码,而提供与按键对应的中间代码,然后再把中间代码转换成对应的 ASCII 码。非编码键盘的响应速度不如编码键盘快,但它通过软件编程可为键盘中某些键的重新定义提供更大的灵活性,因此得到广泛应用。

最简单的键盘如图 12.1(a)所示,其中每个键对应 I/O 端口的一位。没有键闭合时,各位均处于高电平;当有一个键按下时,就使 I/O 端口的相应位接地而成为低电平。这样,CPU 只要检测到某一位为 0,便可判别出对应键已按下。在一些

按键不多的应用中,可以采用这种方法。当键盘上的键较多时,按键的引脚会占用太多的 I/O 端口。为了解决这个问题,通常采用矩阵结构的键盘。

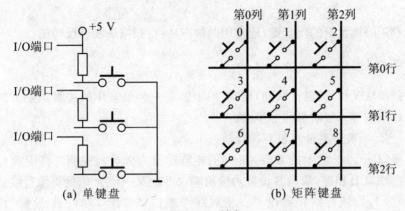

(a) 单键盘　　　　　　(b) 矩阵键盘

图 12.1　键盘

　　在矩阵结构的键盘里,键开关被排列成 M 行×N 列的矩阵结构,每个键开关位于行和列的交叉处。在计算机运行过程中,必须用软件程序不断地监视键盘,识别被按下的键,产生相应的键值,消除键抖动等,这个过程称为键盘扫描。

　　按键以矩阵形式连接,如图 12.1(b)所示。对于 64 键的键盘,采用 8×8 矩阵方式,只要 2 个 8 位的 I/O 端口便可完成实现,如图 12.2 所示。

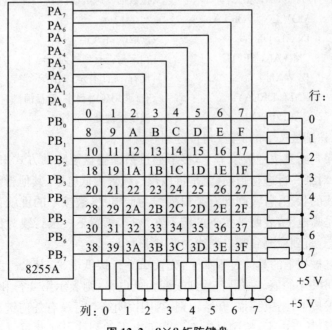

图 12.2　8×8 矩阵键盘

12.1.2 矩阵键盘的按键识别

识别矩阵键盘上的闭合键,通常用两种方法:行扫描法和行反转法。

1. 行扫描法

行扫描法又称为逐行(或列)扫描查询法,是一种最常用的按键识别方法。行扫描法识别按键一般需要两个步骤。

第一步,首先要判断有没有按键被按下。

这里以图 12.2 所示的 8 行×8 列的矩阵键盘为例进行说明。将键盘行线与 8255A 的端口 B 相连,端口 B 设置为输出端口 B 的某一位为 0,便将该行线接低电平;某位为 1,则该行线接高电平。将列线与端口 A 相连,端口 A 设置为输入。CPU 通过读取端口 A 的数据,来判别是否有键被按下。首先让端口 B 输出 0,如果此时端口 A 读到的值是 0FFH,表明当前没有按键被按下,否则,就是有按键被按下,接下来对该键进行识别。

判断有没有按键被按下的程序段如下:

```
WAIT1: MOV AL, 0H
        MOV DX, PORTB
        OUT DX, AL              ;把数据 0 送给端口 B
        MOV DX, PORTA
        IN AL, DX               ;读取端口 A 值
        CMP AL, 0FFH            ;判定是否有列线为低电平
        JZ WAIT1               ;没有,无闭合键,则循环等待
        CALL DELAY            ;有,调用延时程序,键盘消抖
        CALL PROC              ;调用按键处理程序
```

第二步,识别被按下的键,获得按键编号。

如果程序判断有按键被按下了,接下通过扫描键盘矩阵的方式来获得按键编号,即键值。对某一行进行扫描,就是将该行行线置为低电平,其他行线为高电平。此时检测列线的状态,若检测到有某根列线为低电平,被按下的键就在该行该列;如果列线全是高电平,表明被按下的键不在该行,则置下一根行线为低电平,继续检测列线状态,直到检测到某根列线为低电平为止。

判断按键被按下的具体过程如下:先使第 0 行接低电平,其余行为高电平,读取列端口 PORTA 的值。如果有某列线变为低电平,则表示第 0 行和此列线相交位置上的键被按下,结束扫描,开始识别;否则说明第 0 行没有任何键被按下,接着扫描,将第 1 行接低电平,检测是否有变为低电平的列线。如此重复地扫描,直到

找到闭合键所在的列为止。

扫描程序如下(其中 BL 中存放键号值,初始值为 0;CL 中放行扫描值;初始值为 0FEH;DL 中放扫描的最大次数,初始值为 8):

```
PROC：      MOV BL, 0              ;BL 中存放键号值,初始值为 0
           MOV CL, 11111110B      ;CL 中放行扫描初值
           MOV DL, 8              ;DL 中放扫描的最大次数,初始值为 8
FROW：      MOV AL, CL             ;扫描程序开始
           OUT PORTB, AL          ;行端口 B 输出扫描值
           ROL AL, 1
           MOV CL, AL             ;设置下一个扫描值
           IN AL, PORTA           ;读列端口 A 的值
           CMP PORTA, 0FFH        ;测试列端口值是否为 0FFH
           JNZ  FCOL              ;如果是,表明被按下的键就在此列,停止扫描
           ADD BL, 8             ;进入下一行扫描,键号值加 8
           DEC DL                ;完成一次扫描,扫描次数减 1
           JNZ FROW              ;重新下一行扫描
           JMP DONE
FCOL：      RCR AL, 1             ;
           JNC PROCE             ;完成键号值识别
           INC BL                ;键号值加 1
           JMP FCOL
PROCE：…
DONE
```

2. 行反转法

行反转法识别闭合键时,要将行线接一个并行口,使其工作在输出方式下;将列线也接一个并行口,使其工作在输入方式下。程序使 CPU 通过输出端口,向各行线上全部送低电平 0,然后读入列线的值(列值),如果此时有某一键按下,则必定会使某一列线为 0,输入的列值其中某一位为 0。然后,程序再对两个并行端口进行方式设置,使行线工作在输入方式,列线工作在输出方式。利用输出指令,使列线全部输出为 0 值,再从行线输入行线值(行值)。行值中闭合键所对应的位必然为低电平 0。利用这种反转法,可得到一对行值和列值,每一个按键唯一对应一组行值和列值,行值和列值组合起来可形成一个按键的识别码。

以图 12.2 所示的矩阵键盘为例来说明其工作原理。首先,让端口 A 输出 0;此时读取端口 B 的值,如果端口 B 的值为 0FF,则没有键被按下,否则就是有键被按下,接下来进行按键识别。

当判断有按键被按下时,记下此时端口 B 所读的值,比方说,如果键"1DH"被按下,则此时端口 B 读到的值就是 11110111B。接下来让端口 B 输出该值,此时读取端口 A 的值,应该是 11101111B。这两个值合在一起构成的代码,即对应着键盘唯一的一个键。

在程序里,还可以列一个表,里面存放每一个键的代码。程序可以通过查表的方法来确定被按下的键。如果遇到多个键同时闭合的情况,则输入的行值或者列值中一定有一个以上的 0,而由程序预选建立的键值表中不会有此值,因而可以判为重键而重新查找。

行反转法识别闭键的程序如下:

```
    START: MOV  AL, 82H          ;设置 8255 端口 A 为输出,端口 B 为输入
           MOV  DX, PORTCR        ;PORTCR 为 8255A 的控制寄存器端口
           OUT  DX, AL
    WAIT1: MOV  AL, 00H
           MOV  DX, PORTA
           OUT  DX, AL            ;行线全 0
           MOV  DX, PORTB
           IN   AL, DX            ;读取列值
           CMP  AL, 0FFH
           JZ   WAIT1             ;无闭合键,循环等待
           PUSH AX                ;有闭合键,保存列值到堆栈
           PUSH AX
           MOV AL, 90H            ;设置 8255 端口 B 为输出,端口 A 为输入
           MOV  DX, PORTCR
           OUT  PORTCR, AL
           MOV  DX, PORTB         ;端口 B 准备输出其所接收到的列值
           POP  AX                ;从堆栈中取列值
           OUT  DX, AL            ;端口 B 输出列值
           MOV  DX, PORTA         ;准备读端口 A 收到的行值
           IN   AL, DX            ;读取行值至 AL 寄存器
           POP  BX                ;结合行列值,此时
           AH, BL                ;AL=行值,AH=列值
```

获得按键代码后,就可以通过查表获得实际按键值。程序如下:

```
           MOV  SI, OFFSET TABLE  ;TABLE 为键值表
           MOV  DI, OFFSET CHAR   ;CHAR 为键对应的代码
           MOV  CX, 64            ;键的个数
    LOOKUP: CMP AX, [SI]          ;与键值比较
           JZ   KEYPRO            ;相同,说明查到。转相应处理程序
```

```
        ADD   SI, 2              ;不相同,继续比较,SI指向下一个双字节键码
        INC   DI
        LOOP  LOOKUP
        JMP   START              ;全部比较完,如果找不到,则重新开始找
KEYPRO:
        …                        ;后续处理
TABLE DW 0FEFEH                  ;键0的行列值(键值)
      DW 0FDFEH                  ;键1的行列值
      DW 0BFFEH                  ;键2的行列值
      …                          ;全部键的行列值
CHAR  DB …                       ;键0的代码
      DB …                       ;键1的代码
      …                          ;全部键的代码
```

12.1.3　键盘的消抖

当按下一个键时,有时会出现按键在闭合和断开位置之间跳几下才稳定到闭合状态的情况;在释放一个键时,也会出现类似的情况,这就是抖动。抖动持续时间随操作员而异,一般不大于 10 ms。当发生抖动时,系统就可能误以为按键被按下了多次,导致不正确的结果。

可以利用硬件消除抖动,如图 12.3 所示就是硬件消抖电路的一种。利用触发器的原理,使电路有一个稳定的输出。不过,在键数很多的情况下,用硬件的方法来消抖成本比较高。为了降低成本,常用软件方法,即通过延时来等待抖动消失,然后再读入键值。在前面键盘扫描程序中就是用到了这种方法。

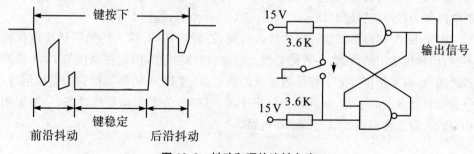

图 12.3　抖动和硬件消抖电路

所谓重键就是指两个或多个键同时闭合。对重键问题的处理,一是无效处理,可以不予识别,即认为重键是一个错误的按键。通常情况,则是只承认先识别出来的键,对此时同时按下的其他键均不作识别,直到所有键都释放以后,才读入下一

个键,称为连锁法。二是等待释放,它的基本思想是:等被识别的键释放以后,就可以对其他闭合键作识别,而不必等待全部键释放。三是硬件封锁,当发现有一按键按下时,硬件电路即刻封锁其他按键的输入,直到该键处理完毕。

还应防止按一次键而产生多次处理的情况。当键扫描速度和键处理速度较快时,一个按下的按键还未来得及释放,键扫描程序和键处理程序就已执行了多遍。这样,由于程序执行和按键动作不同步,就会造成按一次键有多个键值输入的错误状态。为了避免发生这种情况,必须保证按一次键,CPU只对该键处理一次。为此,在键扫描程序中不仅要检测是否有键按下,还应检测按下的键是否释放,只有当按下的键释放以后,程序才能继续往下执行。这样,每按一次键,只进行一次处理,使两者达到同步。

12.2　DAC 电路的设计

在测控系统中,一方面,为了利用微机实现对工业生产过程的监测、自动调节及控制,必须将连续变化的模拟量转换成微机所能接收的数字信号,即经过 A/D 转换器转换成相应的数字量,送入微机进行数据处理;另一方面,为了实现对生产过程的控制,有时需要输出模拟信号,即经过 D/A 转换,将数字量变成相应的模拟量,再经功率放大,去驱动模拟调节执行机构,这就需要通过模拟量输出接口完成此任务。

计算机只能输出数字信号,而有的执行元件要求提供模拟的电流或电压信号,故必须采用模拟量输出通道来实现。它的作用是把微机输出的数字量转换成模拟量,这个过程称为数/模转换(Digital to Analog),或 D/A 转换,能够完成这种转换的电路称为数/模转换器(Digital Analog Converter),简称 DAC。

由于 D/A 转换器需要一定的转换时间,在转换期间,输入的数字量应该保持不变,而微机输出的数据,在数据总线上稳定的时间很短,因此在微机与 D/A 转换器之间,必须采用锁存器来保持数字量的稳定,经过 D/A 转换器得到的模拟信号,一般要经过低通滤波器,使其输出波形平滑。同时,为了驱动受控设备,一般采用功率放大器作为模拟量输出的驱动电路。

12.2.1　D/A 转换器工作原理

目前,数/模转换器常采用二进制权电阻网络、T 型电阻网络以及权电流 3 种类型的电路。

1. 二进制权电组 DAC 的工作原理

二进制权电阻 DAC 电路实质上就是一个求和运算放大器。每位数字量通过一个电阻并联到运放输入端。各位数字量所连电阻与该位数字量的权值成反比，送到运放的电流与输入的数字量成正比，经运放的反馈电阻转换成与数字量成正比的模拟电压输出，完成了 D/A 转换的工作。例如：

输入数字量：$D_{n-1} D_{n-2} \cdots D_1 D_0$

输出模拟量：V_o

$$V_o = D \cdot V_{ref} \quad (V_{ref} 为参考电压)$$

$$D = D_{n-1} \cdot 2^{n-1} + D_{n-2} + 2^{n-1} + \cdots + D_1 \cdot 2 + D_0$$

权电阻 D/A 原理图如下：

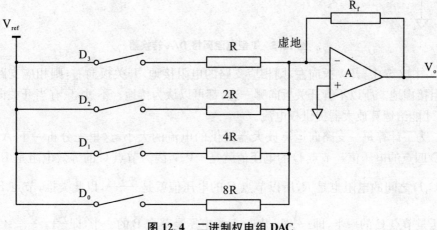

图 12.4　二进制权电组 DAC

模拟电子开关 $D_i = 1$ 时接通，$D_i = 0$ 断开，运算放大器反向放大求和，输出电压：

$$V_o = \left(\frac{D_0}{8R} + \frac{D_1}{4R} + \frac{D_2}{2R} + \frac{D_3}{R} \right) \cdot R_f \cdot V_{ref}$$

权电阻 DAC 结构简单，所用电阻元件较少，但电阻值相差很大，位数较多时很难保证精度。比如，一个 8 位的 D/A 转换器，需要 $R, 2R, 4R, \cdots, 128R$ 共 8 个阻值互不相同的电阻，而这些电阻的误差要求比较高，工艺上实现比较困难。因此，现实中常用 T 型电阻网络来实现 D/A 转换。

2. T 型电阻网络 D/A 转换器

T 型电阻网络 D/A 转换器由 R-2R 电阻网络、模拟开关、运算放大器构成。一个四位的转换器电路原理图如图 12.5 所示,其中 A、B、C、D 四个节点等效电阻为 R。

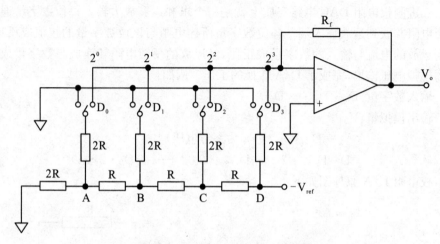

图 12.5　T 型电阻网络 D/A 转换器

图 12.5 中,开关扳向左,则相应支路的电阻接地,开关扳向右,则相应支路的电阻接虚地。所以不管开关扳向哪一边,都可以认为接地。不过,只有当开关向右时,才能给运算放大器提供权电流。

为了计算每一支路向运算放大器提供的电流的大小,这里先分析一下 A、B、C、D 四点的电压值。节点 D 的电压值就是 $-V_{ref}$,因为节点 C 的等效电阻是 R,节点 C、D 之间的电阻也是 R,所以节点 C 的电压值就是 $\dfrac{-V_{ref}}{2}$,以此类推,节点 B 的电压是节点 C 的一半,即 $\dfrac{-V_{ref}}{4}$,节点 A 的电压是节点 B 的一半,即 $\dfrac{V_A}{2R}=\dfrac{V_{ref}}{16R}$。

当开关置于有效位时,各开关($D_0 \sim D_4$)给运算放大器提供的电流大小为

$$D_0 : \frac{V_A}{2R} = \frac{V_{ref}}{16R}, \quad D_1 : \frac{V_B}{2R} = \frac{V_{ref}}{8R}$$

$$D_2 : \frac{V_D}{2R} = \frac{V_{ref}}{2R}, \quad D_3 : \frac{V_D}{2R} = \frac{V_{ref}}{2R}$$

V_A 指节点 A 的电压值。所以,输出电压:

$$V_o = R_f \left(D_3 \cdot \frac{V_{ref}}{2R} + D_2 \cdot \frac{V_{ref}}{4R} + D_1 \cdot \frac{V_{ref}}{8R} + D_0 \cdot \frac{V_{ref}}{16R} \right)$$

$$= \frac{R_f \cdot V_{ref}}{16R} (D_3 \cdot 2^3 + D_2 \cdot 2^2 + D_1 \cdot 2^1 + D_0 \cdot 2^0)$$

上式中,D_0、D_1、D_2、D_3 四个开关对应的位权分别是 2^3、2^2、2^1、2^0。输出电压大小和输入的二进制数相关,可以将数字量转换成模拟量。

12.2.2 D/A 转换器性能指标

1. 分辨率

分辨率表明 DAC 对模拟量的分辨能力,它是最低有效位(LSB)所对应的模拟量,它确定了能由 D/A 产生的最小模拟量的变化。通常用二进制数的位数表示 DAC 的分辨率,一个 n 位的 DAC 所能分辨的最小电压增量定义为满量程值的 2^{-n} 倍。

2. 转换精度

转换精度和分辨率是两个不同的概念。转换精度是指满量程时 DAC 的实际模拟输出值和理论值的接近程度。通常 DAC 的转换精度为分辨率之半,即为 LSB/2。

3. 线性误差

D/A 的实际转换值与理想转换值之间的最大偏差与满量程的百分比称为线性误差。

4. 线性度

线性度是指 DAC 的实际转换特性曲线和理想直线之间的最大偏差。通常,线性度不应超过 $\pm 1/2$LSB。

5. 建立时间

建立时间是指输入的数字信号转换为输出的模拟信号所需要的时间。一般为几十纳秒至几毫秒。

6. 输出电平

不同型号的 D/A 转换器的输出电平相差较大,一般为 $5\sim 10$ V,有的高压输出型的输出电平高达 $24\sim 30$ V。

12.2.3 DAC 0832 数/模转换器的功能结构

DAC 0832 数/模转换器是一款 8 位的低成本的集成芯片。它内部有一个 T

型电阻网络,用实现来进行数模转换。0832 数/模转换器由 8 位输入锁存器、8 位 DAC 寄存器、8 位 D/A 转换电路及转换控制电路构成。

DAC 0832 内部的 T 型电阻网络需要外接运算放大器才能得到模拟电压输出。在 DAC 0832 芯片的内部,有两级锁存器,第一级叫做输入寄存器,第二级与 D/A 转换器直接连接,叫做 DAC 锁存器。DAC 0832 的内部结构及引脚如图 12.6 所示。

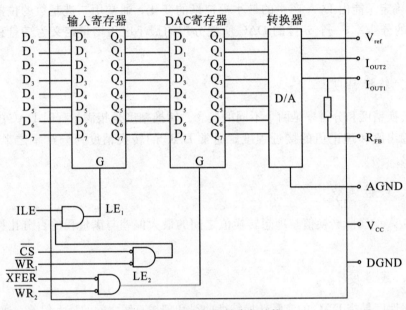

图 12.6 DAC0832 的内部结构

1. DAC 0832 的引脚功能

$D_0 \sim D_7$:8 位数据输入线。

ILE:数据锁存允许,高电平有效。

CS:片选信号(选通数据锁存器),低电平有效。

WR_1:数据锁存器写选通输入线。

由 ILE、CS、WR_1 的逻辑组合产生 LE_1,当 LE_1 为高电平时,数据锁存器状态随输入数据线变换;LE_1 的负跳变时将输入数据锁存。

XFER:数据传输控制信号输入线。

WR_2:DAC 寄存器选通输入线。

由 WR_2、XFER 的逻辑组合产生 LE_2,当 LE_2 为高电平时,DAC 寄存器的输出随寄存器的输入而变化;LE_2 的负跳变时将数据锁存器的内容打入 DAC 寄存器并开始 D/A 转换。

I_{OUT1}:电流输出端 1,其值随 DAC 寄存器的内容线性变化。

I_{OUT2}:电流输出端 2,其值与 I_{OUT1} 值之和为一常数。

R_{FB}:反馈信号输入线。改变 RFB 端外接电阻值可调整转换满量程精度。

V_{ref}:基准电压输入线,V_{ref} 的范围为 $-10\sim+10$ V。

Vcc:电源输入端,Vcc 的范围为 $+5\sim+15$ V。

AGND:模拟信号地。

DGND:数字信号地。在 D/A 实际连接中,要注意区分"模拟地"和"数字地"的连接,为了避免信号串扰,数字量部分只能连接到数字地,而模拟量部分只能连接到模拟地。

2. DAC 0832 的工作方式

由于有两级锁存,DAC 0832 有 3 种与之相关的工作方式,即二级锁存方式、一级锁存方式和无锁存方式。

(1) 二级锁存方式

使用二级锁存方式时,两个锁存器都起作用。ILE 引脚接高电平(5 V),$\overline{WR_1}$、$\overline{WR_2}$ 一起接 CPU 的 WR 信号端。$\overline{CS}$ 作一级缓存的片选,$\overline{XFER}$ 作二级缓存的片选。此时,CPU 需要执行两次写操作才能把数据送至 D/A 转换器。首先,CPU 对一级缓存即输入寄存器端口进行写操作,此时,$\overline{WR_1}$、$\overline{CS}$ 信号有效,数据进入一级缓存。接着,CPU 再对二级缓存端口做一个写操作,此时,$\overline{WR_2}$、$\overline{XFER}$ 信号有效,使数据从一级缓存进入二级缓存,从而进行 D/A 转换。

(2) 一级锁存方式

在一级锁存的方式下,只有一个锁存器起作用。另一个锁存器处于直通状态,数据可以直接通过。ILE 引脚接高电平(5 V),可以通过 $\overline{CS}$、$\overline{WR_1}$、$\overline{WR_2}$ 和 $\overline{XFER}$ 的设置,使某一个锁存器处于直通状态,使用另一个锁存器。

(3) 无锁存方式

在无锁存方式下,ILE 引脚接高电平(5 V),$\overline{CS}$、$\overline{WR_1}$、$\overline{WR_2}$ 和 $\overline{XFER}$ 接低电平。两个锁存器都处于直通状态,输入数据一出现在到达 D/A 转换器。这种方式主要用来连续输入,产生重复变化的波形,如锯齿波、三角波等。

3. DAC 0832 的使用

下面用 DAC 0832 输出一个锯齿波的例子,来说明 DAC 0832 的应用方法。这里使用一级缓存。一级缓存的端口号是 400H。DAC 0832 与 CPU 的连接如图

12.7所示。

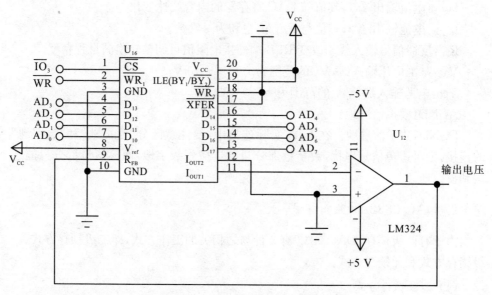

图 12.7　DAC0832 与 CPU 的连接

相应的程序如下：

```
CODE SEGMENT
        START：
        MOV  AL，0FFH   ；AL 寄存器中放输出初始值，最高电压
        WAVEBEGIN：
        MOV  DX，400H
        OUT  DX，AL      ；将数据送至数据寄存器
        DEC  AL          ；AL 寄存器中的值递减，当其为 0 后，会自动变成 0FFH
        JMP  WAVEBEGIN
    ENDS
    END START
```

本例中 DAC 0832 输出的锯齿波如图 12.8 所示。

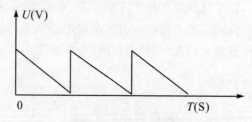

图 12.8　锯齿波波形图

12.3 ADC 电路的设计

模拟量转换成数字量的过程被称为模数转换,简称 A/D(Analog to Digital)转换;完成模数转换的电路被称为 A/D 转换器,简称 ADC(Analog to Digital Converter)。

12.3.1 A/D 转换器的工作原理

通常 A/D 转换须经过采样、保持和量化、编码这些步骤才能完成。A/D 转换的方法比较多,常见的有计数法、逐次逼近法和双积分法。

1. 计数式 A/D 转换

计数式 A/D 转换的原理比较简单,由 D/A 转换器和计数器配合着实现模数转换。其工作原理如图 12.9 所示,V_i 是待转换的输入电压,开始转换时,计数器由 0 开始计数,并输出计数值,输出的计数值送至 D/A 转换器,D/A 转换器将该值转换成一个输出电压 V_o,比较器会比较 V_i 和 V_o 的大小,如果 V_i 大于 V_o,则计数器继续计数,当 D/A 转换器输出 V_o 等于 V_i 时,计算器停止计数,转换结束,此时计数器的输出值,就是电压 V_i 所对应的数字量。

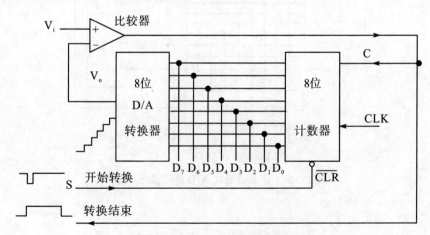

图 12.9 计数式 A/D 转换器原理图

计数式 A/D 转换的缺点是速度慢,尤其是 V_i 接近满量程时。为了能提高计数速度,人们常用逐次逼近的方式来加快转换速度。

2. 逐次逼近式 A/D 转换

逐次逼近式 A/D 转换是应用得最广泛的一种 A/D 转换方式。其工作原理类似于计数式 A/D 转换,不同的是,计数值不是由计数器给出的,而且由逐次逼近寄存器提供,如图 12.10 所示。V_i 是待转换的模拟量输入值,V_o 是 D/A 转换器输出值。下面以八位的逐次逼近式 A/D 转换器为例,来说明其工作原理。开始进行转换,当第 1 个脉冲送至逐次逼近寄存器,寄存器输出值 10000000B,即使 D_7 位为 1,此时,比较器比较 V_i 与 V_o 的大小,如果 $V_i > V_o$,则转换结果中,D_7 位为 1;当第二个脉冲到来时,寄存器输出值 11000000B,即使 D_6 位为 1,比较 V_i 与 V_o 的大小,如果 $V_i < V_o$,说明这个值超过了 V_i 对应的数字量了,D_6 的值变为 0;当第三个脉冲到来时,寄存器输出值 10100000B,即使 D_5 位为 1,比较 V_i 与 V_o 的大小,如果 $V_i > V_o$,则转换结果中,D_5 位为 1;接着尝试,直到 $V_i = V_o$ 时,结束转换,此时,逐次逼近寄存器输出的值即是 V_i 所对应的数字量。在这个转换尝试过程中,最多只需要试探 8 次,就可以确定数字量的值。

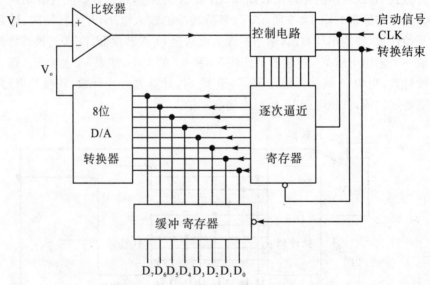

图 12.10 逐次逼近式 A/D 转换器原理图

3. 积分型 A/D 转换

积分型 A/D 转换器的工作原理见图 12.11。

模拟输入的电压和标准电压极性相反,当开始进行转换时,开关连接模拟电压输入,积分电容进行固定时间的充电,即正向积分,充电完成后,开关打向标准电

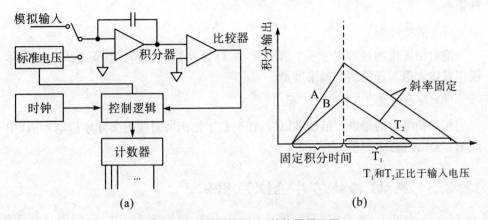

固定积分时间 T_1

T_1 和 T_2 正比于输入电压

(a) (b)

图 12.11 积分型 A/D 转换器原理图

压,积分电容开始放电,即反向积分。由于对标准电压进行反向积分所需的时间正比于正向积分时的电压,因此,只需要用时间脉冲(计数器)测出反向积分所需的时间,便可得到输入模拟电压所对应的数字量,即实现 A/D 转换。

12.3.2 A/D 转换器的主要性能指标

(1) 分辨率

分辨率又称精度,是指数字量变化一个最小量时模拟信号的变化量,定义为满刻度与 2^n 的比值。

(2) 转换速率

转换速率是指完成一次 A/D 转换所需的时间的倒数。

(3) 量化误差

量化误差指在 A/D 转换中由于整量化产生的固有误差。量化误差在 $\pm 1/2 \mathrm{LSB}$(最低有效位)之间。

(4) 偏移误差

偏移误差指的是输入信号为零时输出信号不为零的值,可外接电位器调至最小。

(5) 满刻度误差

满刻度误差是指满度输出时对应的输入信号与理想输入信号值之差。

(6) 线性度

线性度指的是实际转换器的转移函数与理想直线的最大偏移,不包括以上 3

种误差。

（7）绝对精度

绝对精度指的是对应于一个给定量，A/D 转换器的误差。其误差大小由实际模拟量输入值与理论值之差来度量。

（8）相对精度

相对精度指的是满度值校准以后，任一数字输出所对应的实际模拟输入值（中间值）与理论值（中间值）之差。

12.3.3　A/D 转换芯片 ADC 0809

1. ADC 0809 的功能结构

ADC 0809 是一款典型的 8 位 A/D 转换器，采用逐次逼近式实现 A/D 转换。它具有 8 个模拟量输入通道，可在程序控制下对任意通道进行 A/D 转换，得到 8 位二进制数字量。其内部结构如图 12.12 所示。

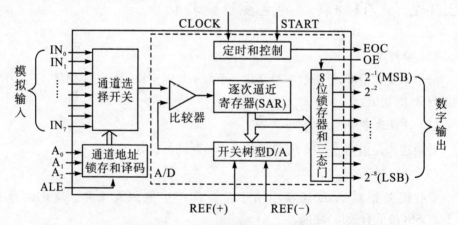

图 12.12　ADC 0809 的功能结构及引脚

2. ADC 0809 的引脚

$IN_0 \sim IN_7$：8 路模拟输入通道。

$D_0 \sim D_7$：8 位数字量输出端。

$A_0 \sim A_2$：地址输入线，用于选通 8 路模拟输入中的一路进入 A/D 转换。例如，当 $A_2 A_1 A_0$ 为 011B 时，选中 IN_3 通道。实际芯片上标示 ADDA、ADDB、ADDC。

ALE:地址锁存允许信号。用于将 $A_0 \sim A_2$ 上的地址送入地址锁存器中。

START:启动转换命令输入端,由 1→0 时启动 A/D 转换。常将其与 ALE 相连,从而在选定某一路模拟信号输入时同时启动 A/D 转换。

EOC:转换结束信号输出。转换完成时,EOC 的正跳变可用于向 CPU 申请中断,其高电平也可供 CPU 查询。

OE:输出使能端,高电平有效。

CLK:时钟信号,要求时钟频率不高于 640 kHz。

REF(+)、REF(−):基准电压,通常将 REF(−)接 0 V 或−5 V,REF(+)接 +5 V 或 0 V。

12.3.4　ADC 0809 与 CPU 的连接及其应用

ADC 0809 与 8086 CPU 的连接有多种方式,这里以中断方式为例来说明其应用方法。数据输出端 $OUT_0 \sim OUT_7$ 与数据总线相连,端口选择信号 ADD A、ADD B、ADD 与地址线 $A_1 A_2 A_3$ 相连。START 和 ALE 相连,这样执行写操作确定模拟输入端时,同时开始转换。$\overline{CS}$作为片选信号,与读写信号配合。完成转换后,可由 EOC 引脚向 CPU 发起中断请求。ADC 0809 与 8086 CPU 的连接如图 12.13 所示。

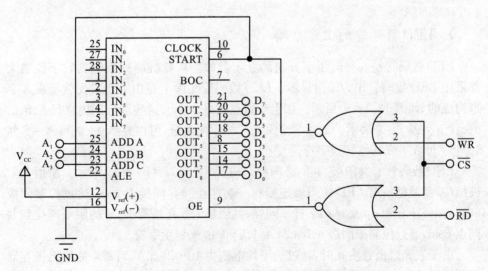

图 12.13　ADC 0809 与 8086 CPU 的连接示意图

假设 ADC 8253 的端口号为 800H～80DH,需要对模拟信号输入引脚 IN_6 进行转换,则程序如下:

```
MOV  DX，80CH
OUT  DX，AL          ;选中 IN₆ 端口并开始转换
IN   AL，DX          ;读取转换结果
```

12.4　显示电路的设计

在专用的微机控制系统、测量系统及智能化仪器仪表中，为了缩小体积和降低成本，往往采用简易的字母数字显示器来指示系统的状态和报告运行的结果。

常见的字母数字显示器主要有两种：发光二极管显示器（LED）和液晶显示器（LCD）。

本节主要介绍发光二极管字母数字显示器（LED）及其接口。

测控系统中经常要显示多位数字。这时，如果每一个数码管占用一个独立的输出端口，那么将占用太多的通道，而且，驱动电路的数目也很多。这不仅增大了显示器的体积也增加了成本，同时还会大大增加系统的功耗。为此，要从硬件和软件两方面想办法节省硬件电路。

12.4.1　7 段 LED 数码显示器

1. LED 数码管的工作原理

LED 数码管是一种应用很普遍的显示器件。从微机测控系统到数字仪器大都采用 LED 数码管作为输出显示。LED 数码管实际上是由 7 个发光管组成 8 字形构成的，如图 12.14(a)所示。加上小数点就是 8 个。这些段分别由字母 a、b、c、d、e、f、g、d 及 dp 来表示。通过 7 个发光段的不同组合，可以显示 0～9 和 A～F 共 16 个字母数字或其他异形字符。

LED 数码管有共阳极、共阴极两种结构，如图 12.14(b)和(c)所示。所谓共阳极结构，就是把所有 LED 的阳极连接在一起连接到共同接点 com，通过控制阴极 a、b、c、d、e、f、g 和 dp 来显示字符。同样，共阴极就是把所有 LED 的阴极连接到共同点 com，通过控制阳阴极 a、b、c、d、e、f、g 和 dp 来显示字符。

由于发光二极管发光时，通过的平均电流为 10～20 mA，而通常的输出锁存器不能提供这么大的电流，所以 LED 各段必须接驱动电路，以 8255A 端号 A 为例，驱动电路的结如图 12.15 所示。

要显示数字时，需要给 LED 送一个值。以共阴极为例，要显示数字 5，就需要点亮 a、f、g、c、d 这 5 段，端口需要输出 01101101B，转换成十六进制，为 6DH。为

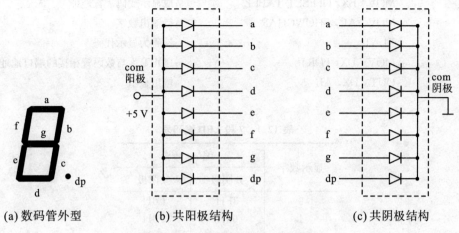

(a) 数码管外型　　　　　　(b) 共阳极结构　　　　　　(c) 共阴极结构

图 12.14　LED 数码管的工作原理

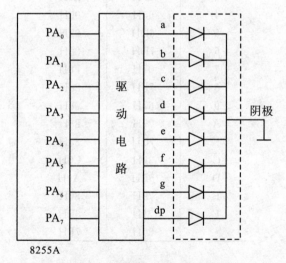

8255A

图 12.15　数码管与 8255A 连接图

了方便程序设计,通常把的数字的显示代码放在一张表中,需要时直接调出使用,如表 12.1 所示。要显示的数字可以很方便地通过 8086 的换码指令译码为该数字对应的显示代码。1 位数字的 LED 显示程序如下:

数据段:

```
DATA SEGMENT
TABLE    DB 3FH,06H,5BH,…        ;显示代码表
SHOWNUM DB ?                      ;待输出字符
ENDS
```

显示字符的代码:

```
MOV   BX, OFFSET TABLE          ;取显示代码表首地址
MOV   AL, SHOWCHAR              ;待输出数字
XLAT                            ;换码为显示代码
MOV   DX, PORT                  ;PORT 为与数码管相接的端口地址
OUT   DX, AL                    ;输出显示
...
```

表 12.1 7 段 LED 编码表

显示数字	编 码	
	共阴极	共阳极
0	3FH	C0H
1	06H	F9H
2	5BH	A4H
3	4FH	B0H
4	66H	99H
5	6DH	92H
6	7DH	82H
7	07H	F8H
8	7FH	80H
9	67H	98H
A	77H	88H
B	7CH	83H
C	39H	C6H
D	5EH	A1H
E	79H	86H
F	71H	8EH
·	80H	7FH

2. 多位显示

实际使用时,往往要用几个数码管实现多位显示。为了节省 I/O 端口,一般采用数码管动态显示的方法。

图 12.16 是多位显示的接口电路示意图,用 2 个 8 位输出端口就可以实现 8 个数码管的显示控制。数码管的公共极 com 作为位选通信号。当 CPU 输出数字时,每个数码管都会收到,但是,到底由哪一个数码管显示,则由位选通信号决定。对于图 12.16 的共阳极数码管,某一时刻,只有位控制码中为高的位所对应的数码管才显示数字,其他管子并不发光。顺序地输出段码和位码,依次让每个数码管显示数字,并不断地重复,当重复频率达到一定程度,利用人眼的视觉暂留特性,从数

码管上便可见到稳定的数字显示。这就是显示器动态扫描法控制显示。所谓动态扫描,就是逐个接通 8 位 LED,把端口 A 送出的代码送到相应的位上去显示。

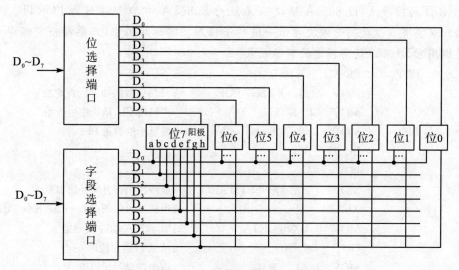

图 12.16 多位数码管显示接口示意图

例 12.1 利用 8255A 实现 LED 显示"0-7"。

LED 数码显示器为共阴极接法。CPU 通过 8255A 控制显示器。将 8255A 端口 A 的 $PA_7 \sim PA_0$ 引脚通过 74LS07 同相驱动器与数码显示器相连,用来输出显示字符的 7 段 LED 代码,通常在系统中把显示字符的 LED 代码组成一个 7 段代码表,存放在存储器中。若存储变量 TABLE 为 LED 显示代码表的首地址,十六进制数的 7 段代码依次存放在变量 TABLE 开始的单元中,则要显示数字的 7 段代码在内存中的地址就是起始地址与数字值之和。例如,要显示"A",则"A"所对应的显示代码就在起始地址加 0AH 为地址的单元中。利用换码指令 XLAT,可方便地实现数字到显示 7 段代码的转换。

用 8255A 端口 B 的 $PB_7 \sim PB_0$,通过反相驱动器 74LS06 与 LED 位驱动线相连,控制 LED 的显示位,8255A 的端口 B 为 LED 数码显示器的位控制端口。当 B 口中一位输出为"1"时,经反相驱动,便在相应数码管的阴极加上了低电平,这个数码管就可以显示数据。但具体显示什么数码,则由另一个端口,即控制端口决定。控制端口由 8 个数码管共用,因此当 CPU 送出一个显示代码时,各数码管的阳极都收到了此代码。但是,只有位控制码中高位对应的数码管才得到导通而显示数字,其他管子并不发光。

编写程序时,在内存中开辟一个缓冲区,缓冲区首地址为 BUF,用来存放将要在 8 个 LED 数码管上显示的字符数据。假定要显示数字"0-7",则必须事先把待显示的数据存放在显示缓冲区内,第一个数据送 DG_7,下一个数据送 DG_6,以此类推,直到最后一个数据送 DG_0。本例 LED 字符显示代码表存放于首地址为 TABLE的内存区,设 8255A 端口 A 地址为 PORTA,端口 B 地址为 PORTB。下面就是实现 8 位数码管依次显示一遍的子程序。实际应用中,只要按一定频率重复调用它,就可以获得稳定的显示效果。

```
DISP    PROC
        MOV    SI, OFFSET BUF          ;SI 指向数码缓冲区首地址
        MOV    CL, 80H                 ;位码送 CL,从最左边开始
DISI：   MOV    BL, [SI+0]              ;要显示的数送 BL
        PUSH   BX
        POP    AX
        MOV    BX, OFFSET TABLE        ;显示代码表首地址送 BX
        XLAT                           ;得到显示代码:AL←CS:[BX+AL]
        MOV    DX, PORTA               ;取 8255A 端口 A 地址
        OUT    DX, AL                  ;从 A 口送出段码
        MOV    AL, CL                  ;取出位显示代码送 AL
        MOV    DX, PORTB               ;取 8255A 端口 A 地址
        OUT    DX, AL                  ;从 B 口送出位码
        CALL   DELAY                   ;实现数码管延时显示
        CMP    CL, 01H                 ;是否指向最后一个数码管
        JZ     QUIT                    ;是的,8 个 LED 已显示一遍,退出
        INC    SI
        SHR    CL, 1                   ;位码右移一位,指向下一个数码管
        JMP    DISI
QUIT：   RET
        DISP   ENDP


DATA    SEGMENT
TABE    DB  3FH, 06H, 5BH, 4FH, 66H, 6DH, 7DH, 07H
        DB  7FH, 6FH, 77H, 7CH, 39H, 5EH, 79H, 71H    ;0～F 七段码表
BUF     DB  8 DUP（?）                  ;留 8 个字节缓冲区
        TIMER= 10                      ;延时常量(可根据实际情况确定具体
                                       ;数值)
DATA    ENDS

        DELAY  PROC                    ;软件延时子程序
        PUSH   BX
```

```
          PUSH   CX
          MOV    BX, TIMER              ;外循环,TIMER 确定的次数
DELAY1:   XOR    CX, CX
DELAY2:   LOOP   DELAY2                 ;内循环,216 次循环
          DEC    BX
          JNZ    DELAY1
          DELAY  ENDP
```

12.4.2　LED 点阵显示器的工作原理

7 段 LED 数码管只能显示一些固定的简单字符。为了显示复杂的字符,把发光二极管以点阵的形式排列起来,一个二极管就相当于显示器上一个发光的像素点,这就构成了 LED 点阵显示器。

LED 阵列也分共阴型和共阳型。每行 LED 的阳极连接在一起,构成行引脚,每列 LED 的阴极连接在一起,构成列引脚,如图 12.17 所示。如果用行引脚选中某一行,用列引脚来确定该行的每一个灯的状态,则称为共阳型;同样,如果用列引脚来选中某一列,用行引脚来确定该列每一个灯的状态,则称为"共阴型"。要点亮某一个 LED,则需要该点 LED 行的信号和列的信号同时有效。

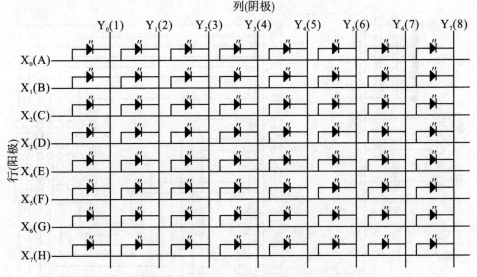

图 12.17　多位 LED 数码管显示接口电路图

控制某一行或某一列显示的信号称之为扫描信号,用来控制一行或一列 LED 的显示。任何时间里只有一行或一列 LED 被选中点亮,但扫描信号切换很快,由

于视觉暂留的作用,眼睛会觉得整个 LED 阵列是亮的,而不是只亮一行。

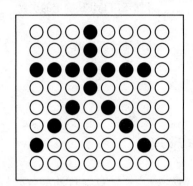

图 12.18　显示"大"字的 LED 点阵阵列

以在一个 8×8 的以共阴极 LED 点阵阵列上显示一个"大"字为例(图 12.18)。要点亮第一行,先给第一行送一个低电平,其他行为高电平,表示选中第一行。然后在列线上送出该行所需要的数据。这里只要点亮第 4 个灯,所以在行线上给出的数据是 01111111B,在列线上给出的数据就是 00010000B,用 16 进制表示就是 10H。要点亮第三行,在行线上的数据就是 11011111B,列线上给出的数据是 11111110B,用 16 进制表示就是 0FEH,以此类推。

12.4.3　LED 的驱动接口

图 12.19 给出的是用 8255A 控制一个 8×8 共阴型 LED 点阵阵列电路图。其中 LED 阵列的上面是行线,由左向右依次对应的是第 1 行到第 8 行。下面对应的是列线,用来点亮当前行中 LED 的对应位。

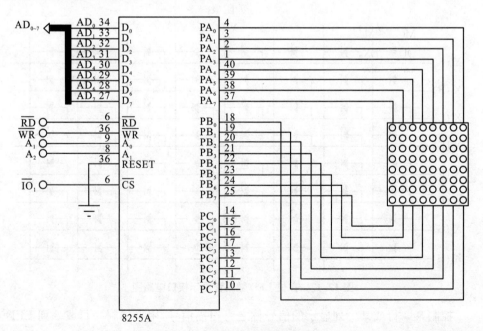

图 12.19　LED 点阵驱动接口

电路驱动程序如下：

```
    DATA  SEGMENT
        MYDATA DB 10H,10H,0FEH,10H,28H,44H,82H,00H
    ENDS
        ASSUME DS:DATA
    CODE SEGMENT
        START:
        ;设置控制寄存器
        MOV  AX, DATA
        MOV  DS, AX
        MOV  AL, 080H
        MOV  DX, 206H                ;控制寄存器端口
        OUT  DX, AL
        ;置端口扫描初值
        AGAIN:
        MOV  AH, 01111111B
        MOV  CX, 8                   ;设定串操作次数
        LEA  SI, MYDATA
        CLD
        SCANNING:
        MOV  DX, 200H
        MOV  AL, AH
        OUT  DX, AL
        MOV  DX, 202H
        LODSB
        OUT  DX, AL
        ROR  AH, 1
        LOOP  SCANNING
        JMP  AGAIN
    CODE  ENDS
    END  START
```

程序说明：在数据段中定义"大"字的点阵数据，在代码段中，由端口 A(端口号为 200H)给扫描信息，依次扫描各位，端口 B 给出对应行的显示数据信息，以循环的方式，不停地点亮各行 LED，从而得到稳定显示的图像。

习题与思考题

1. 用 8255A 的端口 A 构成如图 12.1(a)所示的小键盘,试写相应的按键识别程序。

2. 试写出用 8086 控制 DAC 0832 产生三角波的汇编程序。

3. 试写出如图 12.17 所示的多位 LED 数码管驱动程序。

4. 在使用 8 位总线时,用带两级数据缓冲器的 DAC 时,为什么有时要用 3 条输出指令才完成 16 位或 12 位的数据转换?

5. 设计一个电路和相应程序完成一个锯齿波发生器的功能,使锯齿波量负向增长,并且锯齿波周期可调。

6. 什么是模/数转换精度? 什么叫转换速率? 什么叫分辨率?

7. 双积分式 ADC 的原理是什么? 这种形式的 ADC 具有什么特点? 适合什么场合使用?

8. 试比较逐次逼近式、双积分式、并行比较式 ADC 的优缺点。

附录 A DOS 系统功能调 INT 21H

附表 1

AH	功能	调用参数	返回参数
00	程序终止(同 INT 20H)	CS＝程序段前缀	
01	键盘输入并回显		AL＝输入字符
02	显示输出	DL＝输出字符	
03	异步通信输入		AL＝输入数据
04	异步通信输出	DL＝输出数据	
05	打印机输出	DL＝输出字符	
06	直接控制台 I/O	DL＝FF(输入) DL＝字符(输出)	AL＝输入字符
07	键盘输入(无回显)		AL＝输入字符
08	键盘输入(无回显) 检测 Ctrl－Break		AL＝输入字符
09	显示字符串	DS:DX＝串地址 "＄"结束字符串	
0A	键盘输入到缓冲区	DS:DX＝缓冲区首地址 (DS:DX)＝缓冲区最大字符数	(DS:DX+1)＝实际输入的字符数
0B	检验键盘状态		AL＝00 有输入 AL＝FF 无输入
0C	清除输入缓冲区并请求指定的输入功能	AL＝输入功能号 (1,6,7,8,A)	
0D	磁盘复位		清除文件缓冲区

续表

AH	功能	调用参数	返回参数
0E	指定当前缺省的磁盘驱动器	DL=驱动器号 0=A,1=B,…	AL=驱动器数
0F	打开文件	DS:DX=FCB 首地址	AL=00 文件找到 AL=FF 文件未找到
10	关闭文件	DS:DX=FCB 首地址	AL=00 目录修改成功 AL=FF 目录中未找到文件
11	查找第一个目录项	DS:DX=FCB 首地址	AL=00 找到 AL=FF 未找到
12	查找下一个目录项	DS:DX=FCB 首地址 (文件中带有"＊"或"?")	AL=00 找到 AL=FF 未找到
13	删除文件	DS:DX=FCB 首地址	AL=00 删除成功 AL=FF 未找到
14	顺序读	DS:DX=FCB 首地址	AL=00 读成功 =01 文件结束,记录中无数据 =02DTA 空间不够 =03 文件结束,记录不完整
15	顺序写	DS:DX=FCB 首地址	AL=00 写成功 =01 盘满 =02DTA 空间不够
16	建文件	DS:DX=FCB 首地址	AL=00 建立成功 =FF 无磁盘空间
17	文件改名	DS:DX=FCB 首地址 (DS:DX+1)=旧文件名 (DS:DX+17)=新文件名	AL=00 成功 AL=FF 未成功
19	取当前缺省磁盘驱动器		AL=缺省的驱动器号 0=A,1=B,2=C,…

AH	功能	调用参数	返回参数
1A	置 DTA 地址	DS:DX=DTA 地址	
1B	取缺省驱动器 FAT 信息		AL=每簇的扇区数 DS:BX=FAT 标识字节 CX=物理扇区大小 DX=缺省驱动器的簇数
1C	取任一驱动器 FAT 信息	DL=驱动器号	同上
21	随机读	DS:DX=FCB 首地址	AL=00 读成功 　=01 文件结束 　=02 缓冲区溢出 　=03 缓冲区不满
22	随机写	DS:DX=FCB 首地址	AL=00 写成功 　=01 盘满 　=02 缓冲区溢出
23	测定文件大小	DS:DX=FCB 首地址	AL=00 成功（文件长度填 　入 FCB） AL=FF 未找到
24	设置随机记录号	DS:DX=FCB 首地址	
25	设置中断向量	DS:DX=中断向量 AL=中断类型号	
26	建立程序段前缀	DX=新的程序段前缀	
27	随机分块读	DS:DX=FCB 首地址 CX=记录数	AL=00 读成功 　=01 文件结束 　=02 缓冲区太小,传输 　　结束 　=03 缓冲区不满
28	随机分块写	DS:DX=FCB 首地址 CX=记录数	AL=00 写成功 　=01 盘满 　=02 缓冲区溢出
29	分析文件名	ES:DI=FCB 首地址 DS:SI=ASCIIZ 串 AL=控制分析标志	AL=00 标准文件 　=01 多义文件 　=02 非法盘符
2A	取日期		CX=年 DH:DL=月:日(二进制)

AH	功能	调用参数	返回参数
2B	设置日期	CX:DH:DL=年:月:日	AL=00 成功 　=FF 无效
2C	取时间		CH:CL=时:分 DH:DL=秒:1/100 秒
2D	设置时间	CH:CL=时:分 DH:DL=秒:1/100 秒	AL=00 成功 　=FF 无效
2E	置磁盘自动读写标志	AL=00 关闭标志 AL=01 打开标志	
2F	取磁盘缓冲区的首址		ES:BX=
30	取 DOS 版本号		AH=发行号,AL=版本
31	结束并驻留	AL=返回码 DX=驻留区大小	
33	Ctrl-Break 检测	AL=00 取状态 　=01 置状态(DL) DL=00 关闭检测 　=01 打开检测	DL=00 关闭 Ctrl-Break 　　检测 　=01 打开 Ctrl-Break 　　检测
35	取中断向量	AL=中断类型	ES:BX=中断向量
36	取空闲磁盘空间	DL=驱动器号 0=缺省,1=A,2=B	成功:AX=每簇扇区数 BX=有效簇数 CX=每扇区字节数 DX=总簇数 失败:AX=FFFF
38	置/取国家信息	DS:DX=信息区首地址	BX=国家码(国际电话前 　　缀码) AX=错误码
39	建立子目录(MKDIR)	DS:DX=ASCIIZ 串地址	AX=错误码
3A	删除子目录(RMDIR)	DS:DX=ASCIIZ 串地址	AX=错误码
3B	改变当前目录(CHDIR)	DS:DX=ASCIIZ 串地址	AX=错误码
3C	建立文件	DS:DX=ASCIIZ 串地址 CX=文件属性	成功:AX=文件代号 错误:AX=错误码

续表

AH	功能	调用参数	返回参数
3D	打开文件	DS:DX=ASCIIZ 串地址 AL=0 读 　　=1 写 　　=3 读/写	成功:AX=文件代号 错误:AX=错误码
3E	关闭文件	BX=文件代号	失败:AX=错误码
3F	读文件或设备	DS:DX=数据缓冲区地址 BX=文件代号 CX=读取的字节数	读成功: AX=实际读入的字节数 AX=0 已到文件尾 读出错:AX=错误码
40	写文件或设备	DS:DX=数据缓冲区地址 BX=文件代号 CX=写入的字节数	写成功: AX=实际写入的字节数 写出错:AX=错误码
41	删除文件	DS:DX=ASCIIZ 串地址	成功:AX=00 出错:AX=错误码(2,5)
42	移动文件指针	BX=文件代号 CX:DX=位移量 AL=移动方式(0:从文件头绝对位移,1:从当前位置相对移动,2:从文件尾绝对位移)	成功:DX:AX=新文件指针位置 出错:AX=错误码
43	置/取文件属性	DS:DX=ASCIIZ 串地址 AL=0 取文件属性 AL=1 置文件属性 CX=文件属性	成功:CX=文件属性 失败:CX=错误码
44	设备文件 I/O 控制	BX=文件代号 AL =0 取状态 　　=1 置状态 DX 　　=2 读数据 　　=3 写数据 　　=6 取输入状态 　　=7 取输出状态	DX=设备信息
45	复制文件代号	BX=文件代号 1	成功:AX=文件代号 2 失败:AX=错误码
46	人工复制文件代号	BX=文件代号 1 CX=文件代号 2	失败:AX=错误码

AH	功能	调用参数	返回参数
47	取当前目录路径名	DL=驱动器号 DS:SI=ASCIIZ 串地址	(DS:SI)=ASCIIZ 串 失败:AX=出错码
48	分配内存空间	BX=申请内存容量	成功:AX=分配内存首地 失败:BX=最大可用内存
49	释放内容空间	ES=内存起始段地址	失败:AX=错误码
4A	调整已分配的存储块	ES=原内存起始地址 BX=再申请的容量	失败:BX=最大可用空间 AX=错误码
4B	装配/执行程序	DS:DX=ASCIIZ 串地址 ES:BX=参数区首地址 AL=0 装入执行 AL=3 装入不执行	失败:AX=错误码
4C	带返回码结束	AL=返回码	
4D	取返回代码		AX=返回代码
4E	查找第一个匹配文件	DS:DX=ASCIIZ 串地址 CX=属性	AX=出错代码(02,18)
4F	查找下一个匹配文件	DS:DX=ASCIIZ 串地址 (文件名中带有？或＊)	AX=出错代码(18)
54	取盘自动读写标志		AL=当前标志值
56	文件改名	DS:DX=ASCIIZ 串(旧) ES:DI=ASCIIZ 串(新)	AX=出错码(03,05,17)
57	置/取文件日期和时间	BX=文件代号 AL=0 读取 AL=1 设置(DX:CX)	DX:CX=日期和时间 失败:AX=错误码
58	取/置分配策略码	AL=0 取码 AL=1 置码(BX)	成功:AX=策略码 失败:AX=错误码
59	取扩充错误码		AX=扩充错误码 BH=错误类型 BL=建议的操作 CH=错误场所

续表

AH	功能	调用参数	返回参数
5A	建立临时文件	CX＝文件属性 DS:DX＝ASCIIZ 串地址	成功:AX＝文件代号 失败:AX＝错误码
5B	建立新文件	CX＝文件属性 DS:DX＝ASCIIZ 串地址	成功:AX＝文件代号 失败:AX＝错误码
5C	控制文件存取	AL＝00 封锁 ＝01 开启 BX＝文件代号 CX:DX＝文件位移 SI:DI＝文件长度	失败:AX＝错误码
62	取程序段前缀		BX＝PSP 地址

附录 B 实验指导

第 1 章 汇编语言程序上机实验

1.1 汇编语言程序上机工具软件

汇编语言程序上机操作,必须经过文件的"建立—汇编—连接—执行"4 个阶段。因此系统应具备下列工具软件:

① 全屏幕编辑程序。用以将程序键入内容,经编辑后生成源文件(. ASM)存盘。常用的编辑程序有 EDIT. EXE。

② 宏汇编程序。如 MS 的 MASM. EXE,用以将源文件(. ASM)汇编生成二进制代码的目标文件(. OBJ)、列表文件(. LST)及符号交叉引用表文件(. CRF)。

③ 连接程序 LINK. EXE。用以将目标文件(. OBJ)与欲使用的库文件(. LIB)及其他目标模块,连接装配生成一个可执行文件(. EXE)及各段空间分配的列表文件(. MAP)。

④ 调试程序 DEBUG. COM。用以对. EXE 或. COM 文件进行调试、排错。

值得一提的是,人工输入的现成程序或自编程序,难免出现键入错误、疏漏错误、语法错误及逻辑错误。虽然在静态自查及汇编阶段均可被查出,但程序内在的逻辑功能性错误,还必须借助调试工具,在监测环境下动态运行程序时才能表露出来。因此程序调试这一环节必不可少。

1.2 调试程序(DEBUG)功能简介

汇编语言的调试工具 DEBUG 不容易使用,观察结果不直观且容易出现误读误判。但是,学会使用 DEBUG 是我们学会汇编语言的关键一步,如果利用好这个工具,我们就能比较容易地进入汇编语言程序设计的大门。

DEBUG 是 DOS 中的一个外部命令,此命令的功能非常强大,可以解决许多问题。虽然 DEBUG 用起来不方便,但是它是学好汇编语言的利器。

DEBUG 不仅是我们调试汇编语言程序的一个有力工具,也是我们学好汇编语言的一个有力工具,使我们在学习过程中的一些抽象内容变得听得懂、看得见,提高了汇编语言的可操作性。有了它,我们学习汇编语言就事半功倍了。除了用于调试程序外,灵活运用 DEBUG 还能直观地看到寄存器、内存和堆栈存储单元工作过程,帮助练习和记忆一些常用的指令用法。在教学过程中,尽量把 DEBUG 这个优秀的工具利用起来,才能为学好汇编语言打下良好的基础。

(1) A——行汇编

命令格式:A[起始地址]

(起始地址缺省时:前面未用过汇编命令,则从 CS:100 单元开始;前面已用过汇编命令,则仅紧接上述汇编的最后一个单元开始。)

退出 A 命令:〈Ctrl〉+〈C〉

如:—A 0100 ✓

则可从 CS:0100 单元开始输入指令。

(2) U——反汇编

命令格式:U[地址范围]

(如仅指定起始地址,则从指定的地址开始,反汇编 32 个字节;如未指定地址范围,则将上一个 U 命令的最后一个单元地址加 1 作为起始地址。)

如:—U 0030 ✓

则反汇编 CS:0030 单元开始的指令。

(3) D——显示内存单元内容

(内容可为十六进制数或相应的 ASCII 码字符。)

命令格式:D[地址范围]

(显示指定内存单元中的十六进制数或相应的 ASCII 码字符。)

如:—D 0010 ✓

则显示 DS:0010 单元的内容。

(4) E——修改内存单元内容

命令格式:E 始地址[字符串]

如:—E DS:100 AA BB ✓

则将 AA、BB 存入 DS:0100~DS:0101 单元。

(5) R——检查修改寄存器内容

命令格式:R[寄存器名]

如:—R ✓

则显示所有寄存器内容、标志位状态及下一条指令。

如:—R AX ✓

则显示 AX 寄存器内容。如需修改,则输入 1~4 个十六进制数,再按回车。如不需修改,直接按回车。

如:—R F ✓

则显示 8 个标志位状态,如需修改,则输入此标志位的相应值,再按回车。如不需修改,直接按回车。

(6) G——运行(连续运行或设断点运行)

命令格式：G［＝起始地址］［断点地址］（断点地址必须是有效指令的第一个字节）

若缺省"＝起始地址"，则以 CS：IP（现行地址）为起始地址，程序执行到断点处，显示断点处所有寄存器内容和 8 个标志位状态，以及下一条指令。

如：－G 9 ↙

（断点地址为 0009）若缺省"断定地址"，程序顺序执行完毕，显示：Program terminated normally（程序执行完毕）。

如：－G ↙

若前面已设过断点，然后程序再顺序执行完毕。

(7) T——跟踪——单步运行

命令格式：T［＝起始地址］［N］（指令条数）

若缺省"＝起始地址"，则以 CS：IP（现行地址）为起始地址，程序执行 N 条指令后，显示断点处所有寄存器内容和 8 个标志位状态，及下一条指令。

如：－T 5 ↙

则执行 5 条指令。

如：－T↙

则只执行一条指令。

注意：若调试程序中有过程调用（包括软中断调用 INT N 指令），则需使用 P 命令。如用 T 命令，程序进入调用子程序内。

如：－P ↙

则执行一条指令或一个子程序。

(8) Q——退出

如：－Q↙

退出 DEBUG 返回 DOS 状态。

1.3　实验报告格式

- 实验目的与要求
- 实验内容
- 实验仪器
- 实验原理（软件实验画流程图，硬件实验画电路图）
- 实验步骤
- 实验源程序
- 实验总结（实验现象或实验结果；实验过程遇到的问题如何解决？实验体会等）

第 2 章 软 件 实 验

实验 1　DEBUG 程序的使用

【实验目的】

1. 学习使用 DEBUG 调试命令；

2. 学习用 DEBUG 调试简单程序；

3. 通过程序验证码制及其对标志位的影响；

4. 通过调试熟悉和掌握寄存器的作用与特点。

【实验内容】

用 DEBUG 调试简单程序。

【实验仪器】

微机一台。

【实验步骤】

1. 由开始→运行→输入 CMD 进入 DOS,再由 DOS 进入 DEBUG 调试环境。

(1) C:＞DEBUG 将调试程序装入内存。

注意:当机器控制权由 DOS 成功地转移给调试程序后,将显示"－"号,它是 DEBUG 的状态提示符,表示可以接受调试子命令了。

(2) －R 显示 CPU 中各寄存器当前初始内容,请记录下列各项:

AX=	BX=	CX=	DX=	BP=	SI=	DI=
DS=	ES=	SS=	SP=	CS=	IP=	

FLAG 寄存器中的 8 个标志位状态值是:

OF	DF	IF	SF	ZF	AF	PF	CF

说明:

① 此时,调试工作区的 4 个段值相同,指向同一起点,表明共用一个 64 KB 空间;

② SS:SP 指向堆栈顶单元,SP 为 FFFE 或 FFEE,正好是本段的最高可用地址,表明堆栈自动使用最高地址,栈区由底向上生长;

③ CS:IP 为约定的调试工作区地点(IP＝0100),可由此装入待调试程序代码,或汇编键入的程序小段,工作区由低址往下使用;

④ DEBUG 用符号给出标志寄存器中 8 个标志位的当前状态,其含义如附表 2 所示。

附表 2

标志位含义	"1"的对应符号	"0"的对应符号
OF 溢出	OV 有	NV 无
DF 方向	DN 递减	UP 递增
IF 中断	EI 允许	DI 禁止
SF 符号	NG 负	PL 正
ZF 全零	ZR 零	NZ 非零
AF 辅助进位	AC 有	NA 无
PF 奇偶性	PE 偶	PO 奇
CF 进位	CY 有	NC 无

（3）结束程序，返回 DOS。

—Q

2. 用 DEBUG 调试简单程序。

例 1　—A　CS：0106

　　　MOV AX，1234

　　　MOV BX，2345

　　　MOV CX，0

　　　ADD AX，BX

　　　MOV CX，AX

　　　INT 20

运行程序

（注：执行程序时 IP 应指向要执行的指令，需要修改时：—R IP，输入需要值，该处为 0106。当然也可以在 T 或 G 命令中指出程序起始地址。）

　　—R　显示各寄存器当前内容及首条指令

　　—T 3　跟踪执行 3 条赋值传送指令，记录寄存器及标志位变化

　　—T 2　跟踪执行相加及送和数指令，记录寄存器及标志位变化

　　—G　执行软件中断指令 INT 20，机器将显示"程序正常终止"的信息，并显示"—"，表明仍处在 DEBUG 的调试控制状态下，注意未用 T 命令，因为我们不想进入到 20H 中断处理程序中去，P 命令也可实现相同操作

　　实验现象记录：记录每条指令执行后各相关寄存器值及标志位状态。

例 2　—A　CS：116

　　　MOV AX，[0124]

　　　MOV BX ，[0126]

　　　ADD AX，BX

　　　MOV [0128]，AX

```
        INT 20
        DW 2222
        DW 8888
        DW 0
```

设置断点分段运行程序：

—G=CS:116 11D 从指定入口运行程序,至断点 11D 停,可见两个数已取至 AX,BX,但
                还没有求和

—G122   从上一断点运行至新断点停,已完成求和并存入指定结果单元

—G   完成程序

观看内存内容：

—DCS:116 12A 显示本程序小段目标代码和数据单元内容

—UCS:116 12A 反汇编指定范围的内存内容

实验现象记录：通过反汇编,记录程序执行前指定范围的内存内容,并记录每条指令执行后各相关寄存器值及指定范围的内存内容。

例3 —A CS:0192

```
        MOV DX,19B
        MOV AH,9
        INT 21
        INT 20
        DB 'HELLO,WORLD! $'
        —P 命令单步执行
```

实验现象记录：观察每条指令执行后各寄存器的变化,记录 DX,AX 的变化。

思考：根据程序输入情况,考虑"HELLO,WORLD! $"在内存中的 ASCII 码和地址范围

—D_____ _____

ASCII 码为：_____。

例4 自己设计一段小程序验证补码的加法、进位、溢出的概念。

参考程序(可对数据进行修改)：

```
        —A  CS:0100
        MOV AL,74
        ADD AL,70
        MOV AL,7A
        ADD AL,94
        MOV AL,43
        ADC AL,65
        INT 20
        —P 命令单步执行
```

实验现象记录：记录每条指令执行后 AX 及标志位变化。

例 5

(1) 使用 R 命令，实现 AX＝0108，BX＝F1AA。

－R＿＿＿＿＿＿＿　　　　　　　　－R＿＿＿＿＿＿＿

　　＿＿＿＿＿＿＿　　　　　　　　　　＿＿＿＿＿＿＿

　　＿＿＿＿＿＿＿　　　　　　　　　　＿＿＿＿＿＿＿

(2) 编辑下列程序

　　　　－A　CS：0100

　　　　XCHG AL，BH

　　　　SUB　AX，BX

　　　　AAS

　　　　INT　20

　　　　－P 命令执行单步执行

实验现象记录：记录每条指令执行后，AX、BX 以及标志位的变化。

例 6　执行下列程序，用 P 命令或 T 命令跟踪。

－A　CS：0100

MOV　AX，0200

MOV　DX，1E4F

CALL　AX

MOV　DX，167C

ADD　DH，DL

MOV　［0300］，DX

INT　20

－ACS：0200

PUSH　AX

MOV AX，010B

POP　AX

RET

实验现象记录：

① 跟踪执行程序，观察在子程序调用过程中

IP＿＿＿＿＿＿　　　　SP＿＿＿＿＿＿　　　　堆栈区域内容＿＿＿＿＿＿

　　＿＿＿＿＿＿　　　　　　＿＿＿＿＿＿　　　　　　　　＿＿＿＿＿＿

　　＿＿＿＿＿＿　　　　　　＿＿＿＿＿＿　　　　　　　　＿＿＿＿＿＿

② 程序运行完毕后 DS：［0300］中的内容为＿＿＿＿＿＿。

③ 如果去掉 POP　AX，程序执行后 DS：［0300］中内容为＿＿＿＿＿＿。

实验 2　汇编语言上机环境及基本步骤

【实验目的】

1. 掌握编写汇编源程序的基本格式；

2. 熟悉汇编语言上机环境；

3. 掌握汇编源程序的编辑和修改，熟悉 EDIT 或记事本的使用方法；

4. 掌握汇编源程序编译、连接成可执行文件的过程，熟悉 MASM、LINK 的使用方法。

【实验内容】

在屏幕上显示并打印字符串"This is a sample program."

【实验仪器】

微机一台。

【实验步骤】

1. 在 E 盘以自己的名字的汉语拼音建立一个工作目录(文件夹，名称不要太长，不超过 8 个字符比如 zhangsan)，将文件 MASM.EXE，LINK.EXE 复制到该目录下，编辑的源文件也保存到该目录下。

从 Windows 进入 DOS 环境：C:\>

2. 用 EDIT 编辑 SW1.ASM 源文件。

(1) 从当前目录进入自己的目录下：

C:\>E:　回车

E:\> CD zhangsan　✓回车

键入 EDIT 并回车：

E:\ zhangsan>EDIT

根据菜单提示进行各种操作。

(2) 进入 EDIT 编辑(EDIT 是一种全屏幕编辑软件，可输入、编辑、修改、保存、另存源程序，非常方便)。

说明：也可在 Windows 环境下用记事本编辑源文件，在保存时，保存类型应选择所有文件，不能选择文本文件(* .txt)，否则在编译时会找不到源文件。

(3) 编辑新文件：

① 在 EDIT 编辑器中输入汇编源程序。

② 检查输入有无错误。

③ 打开文件菜单 FILE→选择另存为 SAVE AS…→输入文件名为：SW1.ASM→保存。

注意：保存到你自己的文件夹中。

④ 若需要修改此文件，用 FILE 菜单→选择打开 OPEN→输入文件名 SW1.ASM，即可修改。修改后注意重新再存盘。

(4) 编辑汇编源程序：

① 在 EDIT(或记事本)中输入源程序。

② 检查。

③ 存盘。可保存为 SW1. ASM。

3. 用汇编程序 MASM 将 SW1. ASM 文件汇编,生成 SW1. OBJ 目标文件。

(1) 一般简单程序只需生成. OBJ 文件,可键入简化命令:

E:\zhangsan>MASM SW1;✓

若有错误,则显示错误行号及错误性质,如:

SW1. ASM(5):error A2006:undefined symbor:xxxx

(2) 若有错重新进入 EDIT 进行修改。修改后并再存盘,退出编辑,回到 DOS,再汇编。

E:\ zhangsan >MASM SW1;✓

(3) 没有任何错误时,显示:

Assembling:SW1. asm

表示汇编成功,生成 SW1. OBJ 文件。

(4) 用 DIR 命令查看应有 SW1. OBJ:

E:\ zhangsan >DIR SW1. *

4. 用连接程序 LINK 将 SW1. OBJ 文件连接,生成 SW1. EXE 可执行文件。

(1) 一般仅生成 SW1. EXE 文件,可键入简化命令:

E:\ zhangsan >LINK SW1;✓

若有错误,则显示错误信息,则应返回编辑、修改、存盘,再汇编、连接直到连接成功,生成 SW1. EXE 可执行文件。

(2) 用 DIR 命令查看应有 SW1. EXE:

E:\ zhangsan >DIR SW1. *✓

5. 运行 SW1. EXE 文件

E:\ zhangsan> SW1 ✓

执行 SW1. EXE 文件,屏幕应显示:"This is a sample program."由连接程序生成的. EXE,在 DOS 下,直接键入文件名(不要扩展名. EXE)就可以把文件装入内存,并立即执行。但有的程序没有直接显示结果;对于较复杂程序难免会出现错误,直接观察很难找到错误所在,这样就要借用调试程序进行调试。

实验现象记录:记录调试过程中出现的问题及修改措施,并记录程序执行结果。

【实验源程序】

```
;* * * * * * * *定义数据段* * * * * * * *
DATA    SEGMENT
DA1     DB 'This is a sample program. '
        DB 0DH,0AH,'$'
DATA    ENDS
;* * * * * * * *定义堆栈段* * * * * * * * *
STACK  SEGMENT
    ST1 DB 100 DUP(?)
STACK   ENDS
;* * * * * * * *定义代码段* * * * * * * * *
```

```
CODE    SEGMENT
        MAINPROCFAR
        ASSUME CS:CODE,DS:DATA,SS:STACK

START:MOV   AX, STACK   ;送堆栈段地址
        MOV   SS, AX
        PUSHDS      ;返回 DOS 作准备
        MOVAX,0
        PUSHAX
        MOV   AX, DATA    ;送数据段段地址
        MOV   DS, AX
        MOV   AH, 9      ;DOS 9 号功能调用,显示字符串
        MOV   DX, OFFSET DA1
        INT   21H
        RET
    MAIN ENDP
    CODE ENDS
        END START
```

【思考题】

1. 试用另外一种方式返回 DOS 操作系统。

2. 在屏幕上显示并打印字符串"My name is XXX!"XXX 为自己姓名汉语拼音。

实验 3   两个多位十进制数相加的实验

【实验目的】

1. 学习数据传送和算术运算指令的用法;

2. 熟悉在 PC 机上建立、汇编、链接、调试和运行 8086 汇编语言程序的过程。

【实验内容】

将两个多位十进制数相加,要求被加数均以 ASCII 码形式各自顺序存放在以 DATA1 和 DATA2 为首的 5 个内存单元中(低位在前),结果送回 DATA1 处。

【实验仪器】

微机一台。

【实验原理】

程序流程见附图 1。

【实验步骤】

1. 编辑、汇编、连接生成可执行文件 LW. EXE;

2. 在 DOS 状态下启动该程序;

3. 在 DEBUG 状态下调试研究程序工作过程。

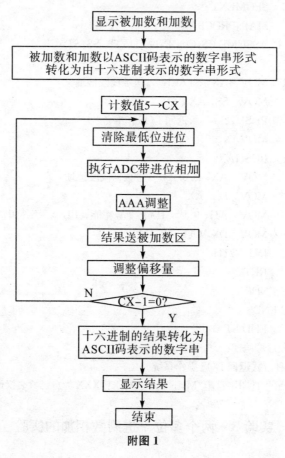

附图 1

【实验源程序】(LW. ASM)

```
CRLF    MACRO
        MOV DL，0DH
        MOV AH，02H
        INT 21H
        MOV DL，0AH
        MOV AH，02H
        INT 21H
        ENDM


DATA    SEGMENT
DATA1   DB   33H,39H,31H,37H,34H
DATA2   DB   36H,35H,30H,38H,32H
DATA    ENDS
```

```
STACK    SEGMENT
STA      DB  20  DUP(?)
TOP      EQU  LENGTH STA
STACK    ENDS

CODE     SEGMENT
ASSUME CS:CODE, DS:DATA, SS:STACK, ES:DATA
START:MOV AX, DATA
        MOV DS, AX
        MOV AX,STACK
        MOV SS,AX
        MOV AX,TOP
        MOV SP,AX
        MOV SI,OFFSET DATA2
        MOV BX,05
        CALL DISPL
        CRLF
        MOV SI,OFFSET DATA1
        MOV BX,05
        CALL DISPL
        CRLF
        MOV DI,OFFSET DATA2
        CALL ADDA
        MOV SI,OFFSET DATA1
        MOV BX,05
        CALL DISPL
        CRLF
        MOV AX,4C00H
        INT 21H
DISPL  PROC NEAR
DS1:    MOV AH,02
        MOV DL, [SI+BX-1]
        INT 21H
        DEC BX
        JNZ DS1
        RET
DISPL ENDP
ADDA   PROC NEAR
```

```
            MOV DX,SI
            MOV BP,DI
            MOV BX,05
    AD1：  SUB BYTE PTR[SI+BX-1],30H
            SUB BYTE PTR[DI+BX-1],30H
            DEC BX
            JNZ AD1
            MOV SI,DX
            MOV DI,BP
            MOV CX,05
            CLC
    AD2：  MOV AL,[SI]
            MOV BL,[DI]
            ADC AL,BL
            AAA
            MOV [SI],AL
            INC SI
            INC DI
            LOOP AD2
            MOV SI,DX
            MOV DI,BP
            MOV BX,05
    AD3：  ADD BYTE PTR[SI+BX-1],30H
            ADD BYTE PTR[DI+BX-1],30H
            DEC BX
            JNZ AD3
            RET
 ADDA   ENDP
 CODE   ENDS
 END   START
```

实验 4　循环结构程序设计

【实验目的】

1. 掌握循环程序的结构及执行过程；
2. 掌握循环控制指令的功能；
3. 掌握循环程序设计方法与调试方法。

【实验内容】

1. 单重循环程序设计。

已知当前数据段中 DATA1 和 DATA2 开始分别存放若干字节数据,数据个数相同,编制程序检查数据块中的数据是否相同,若相同,则在屏幕上显示 1;否则显示 0。

【实验仪器】

微机一台。

【实验步骤】

1. 编辑、汇编、连接生成可执行文件;

2. 在 DOS 状态下启动该程序;

3. 在 DEBUG 状态下调试研究程序工作过程。

【实验源程序】

参考程序

```
;* * * * * * * * * * * *EXAM. ASM* * * * * * * * * * * * * * * *
        DSEG    SEGMENT
        DATA1   DB   'ABCDEFG3'
        DATA2   DB   'ABCDEF4G'
        CNT     DW   8
        DSEG    ENDS
        CSEG    SEGMENT
                ASSUME  CS:CSEG , DS:DSEG
START:  MOV   AX, DSEG
        MOV   DS, AX
        MOV   DL,  31H   ;1 的 ASCII 码送 DL
        LEA   SI, DATA1
        LEA   DI, DATA2
        MOV   CX, CNT
        DEC   SI
        DEC   DI
AGAIN:  INC    SI
        INC    DI
        MOV   AL, [SI]
        CMP   AL, [DI]
        LOOPZ   AGAIN
        JZ    DISP
        DEC   DL
DISP:   MOV   AH,  2
        INT   21H
        MOV   AH, 4CH   ;返回 DOS
```

```
                INT  21H
        CSEG    ENDS
        END  START
```

实验 5　数组排序实验

【实验目的】

1. 进一步掌握循环程序的结构和设计方法；
2. 掌握多重循环程序的初始控制条件及程序的实现情况；
3. 掌握现场的保护与恢复方法。

【实验内容】

已知当前数据段中 BUF 开始分别存放若干二进制字节数据，编制程序将这些数据按从小到大顺序排列。

【实验仪器】

微机一台。

【实验步骤】

1. 编辑、汇编、连接生成可执行文件；
2. 在 DOS 状态下启动该程序；
3. 在 DEBUG 状态下调试研究程序工作过程。

【实验源程序】

```
        DATA  SEGMENT
          BUF  DW N,15,37,86,00,A7,68,34,12,56,76H
        DATA  ENDS
        STACK  SEGMENT STACK  'STACK'
          SA    DB  100  DUP(?)
          TOP   LABEL  WORD
        STACK  ENDS
        CODE    SEGMENG
          ASSUME  CS:CODE,  DS:DATA, SS:STACK
        MAIN  PROC  FAR
        START:MOV  AX, STACK
              MOV  SS,AX
              MOV  SP,OFFSET TOP
              PUSH  DS
              SUB AX,AX
              PUSH  AX
              MOV  AX,DATA
              MOV DS,AX
```

```
            MOV BX. 0
            MOV CX,BUF[BX]        ;设计数器 CX,内循环次数
            DEC   CX
L1:         MOV DX,CX             ;计数器 DX,外循环次数
L2:         ADD   BX,2
            MOV AX,BUF[BX]        ;取 BUF[I]与 BUF[I+2]
            CMP AX,BUF[BX+2]      ;BUF[I]≤≤BUF[BX+2]转
            JBE   CONT1
            XCHG   AX,BUF[BX+2]   ;否则两数交换
            MOV BUF[BX],AX
CONT1:LOOP L2                     ;内循环
            MOV CX,DX             ;外循环次数→CX
            MOV   BX,0            ;地址返回第一个数据
            LOOP     L1           ;外循环
            RET
MAIN   ENDP
CODE   ENDS
END     SYART
```

实验 6   子程序设计

【实验目的】

1. 掌握子程序的结构和设计方法；

2. 掌握子程序的调用和返回指令的用法及执行情况；

3. 掌握在子程序调用时堆栈的变化情况；

4. 掌握主程序与子程序间参数传递的方法；

5. 掌握现场的保护与恢复方法。

【实验内容】

已知当前数据段中 BUF 开始分别存放若干二进制字节数据,编制程序将这些数据分别转换为十六进制数据在屏幕上显示出来,要求十六进制转换 ASCII 码用子程序实现。

【实验仪器】

微机一台。

【实验步骤】

1. 编辑、汇编、连接生成可执行文件；

2. 在 DOS 状态下启动该程序；

3. 在 DEBUG 状态下调试研究程序工作过程。

【实验源程序】

```
    ;CONV. ASM
```

```
DATA SEGMENT
BUF   DB 0ABH,0CDH,0DEH,01H,02H,03H
      DB 3AH,4BH,5CH,6FH
DATA ENDS
;*************************
CODE SEGMENT
      ASSUME CS:CODE,  DS:DATA
START: MOV AX, DATA
       MOV DS, AX
       MOV CX, 10
       LEA BX, BUF
AGAIN:  MOV AL, [BX]
       CALL   HEX2ASC ;调用十六进制转换 ASCII 码子程序
;******显示 ASCII 码********
       PUSH CX
       MOV CX, DX
       MOV   DL, CH ;显示高位
       MOV   AH, 2
       INT 21H
       MOV   DL,CL ;显示低位
       MOV AH, 2
       INT 21H
       MOV   DL,' ';显示空格
       MOV AH,2
       INT 21H
       POP CX
       INC BX
       LOOP AGAIN
;****************************
       MOV   AH, 4CH   ;返回 dos
       INT 21H
;*******十六进制转换 ASCII 码子程序********
HEX2ASC PROC NEAR
       MOV DH,AL
       PUSH CX
       MOV CL,4
       SHR DH,CL
       CMP DH,9
```

```
            JBE NEXT1
            ADD DH,7
    NEXT1：ADD DH,30H
            MOV DL,AL
            AND DL,0FH
            CMP DL,9
            JBE NEXT2
            ADD DL,7
    NEXT2：  ADD DL,30H
            POP CX
            RET
    HEX2ASC ENDP
    ;* * * * * * * * * * * * * * * * * * * * * * * * * * * * *
    CODE     ENDS
             END START
```

第 3 章 8086 硬件实验

3.1 8086 实验系统使用说明

1. 系统主要特点

（1）采用 8086 CPU 为主 CPU，并以最小工作方式构成系统。

（2）配有二片 61C256 静态 RAM 构成系统的 64 KB 基本内存，地址范围为 00000H～0FFFFH，其中 00000H～0FFFFH 监控占用。另配一片 W27C512（64 KB）EP1 存放监控程序，地址范围 F0000H～FFFFF。

还配有一片 W27C512 EP2 存放实验程序。

2. 系统资源分配

8086 有 1 MB 存储空间，系统提供用户使用空间为 00000H～0FFFFH，用于存放、调试实验程序。具体分配如下：

（1）存储器地址分配

附表 3

系统监控程序区	F0000H～FFFFFH
监控/用户中断矢量	00000H～0000FH
用户中断矢量	00010H～000FFH

续表

监控数据区	00100H～00FFFH
默认用户栈	00683H
用户数据/程序区	01000H～0FFFFH

(2) I/O 地址分配

附表 4

地址	扩展名称	用途
8000H～8FFFH	自定义	实验用口地址
9000H～9FFFH	自定义	实验用口地址
0FF20H	8255PA 口	字位口
0FF21H	8255PB 口	字形口
0FF22H	8255PC 口	键入口
0FF23H	8255 控制口	写方式字
0FF28H	8255PA 口	扩展用
0FF29H	8255PB 口	扩展用
0FF2AH	8255PC 口	扩展用
0FF2BH	8255 控制口	写方式字
60H	EX1	实验用口地址
70H	EX4	实验用口地址
80H	EX6	实验用口地址

　　监控占用 00004H～0000FH 作为单步(T)、断点(INT3)、无条件暂停(NM1)中断矢量区,用户也可以更改这些矢量,指向用户的处理,但失去了相应的单步、断点、暂停等监控功能。

　　F0000H～FFFFFH 监控程序区系统占用。

3.2　系统安装与使用

　　1. 把系统开关设置为出厂模式。

　　(1) SW_3、SW_4、SW_5:为键盘/显示选择开关,开关置 ON(出厂模式),键盘/显示控制选择系统配置的 8255 接口芯片,反之由用户选择自定义的 I/O 接口芯片控制,在本机实验中,除 8279 实验外,键盘/显示为出厂模式。

　　(2) KB_6:通信选择开关,KB6→SYC-C 为系统通信(出厂模式),KB_6→EXT-C 为扩展通信。

　　2. 将随机本着的串行通信线,一端与实验仪的 RS232D 型控插座 CZ_1 相连,另一端与 PC 机 COM_1 或 COM_2 串行口相连。

3. 接通实验系统电源的,+5 V LED 指示灯应正常发光,实验仪数码应显示闪动 P,说明实验仪初始化成功,处于待命状态。(否则应及时关闭电源,维修正常后使用。)

4. 打开 PC 机电源,执行 8086K 的集成调试软件。

实验 1 存储器读写实验

【实验目的】

1. 熟悉静态 RAM 的使用方法,掌握 8086 微机系统扩展 RAM 的方法;

2. 掌握静态 RAM 读写数据编程方法。

【实验内容】

对指定地址区间的 RAM(4000H~43FFH)先进行写数据 55AAH,然后将其内容读出再写到 5000H~53FFH 中。

【实验接线图】

系统中已连接好。

【实验步骤】

1. 在 PC 机和实验系统联机状态下,编辑源程序;

2. 对源程序进行编译和调试;

3. 装载并运行实验程序;

4. 从存储器窗口检查 4000H~43FFH 中的内容和 5000~53FFH 中的内容是否为 55AA。

【实验程序清单】

```
            CODE SEGMENT                ;RAM. ASM
            ASSUME CS:CODE
            PA      EQU 0FF20H ;字位口
            PB      EQU 0FF21H ;字形口
            PC      EQU 0FF22H ;键入口
            ORG 1850h
            START: JMP START0
            BUF     DB ?,?,?,?,?,?
            DATA1: DB 0C0H,0F9H,0A4H,0B0H,99H,92H,82H,0F8H,80H,90H,88H,
                   83H,0C6H,0A1H
                   DB 86H,8EH,0FFH,0CH,89H,0DEH,0C7H,8CH,0F3H,0BFH,8FH
                   ;共阳极段码
            START0:MOV AX,0H
                   MOV DS,AX
                   MOV BX,4000H
                   MOV AX,55AAH
                   MOV CX,0200H
            RAMW1:
```

```
            MOV DS:[BX],AX
            ADD BX,0002H
            LOOP RAMW1
            MOV AX,4000H
            MOV SI,AX
            MOV AX,5000H
            MOV DI,AX
            MOV CX,0400H
            CLD
            REP MOVS
            CALL BUF1
            MOV CX,0FFH
CON1:       PUSH CX
            CALL DISP
            POP CX
            LOOP CON1
            CALL BUF2
CON2:       CALL DISP
            JMP CON2
DISP:       MOV AL,0FFH          ;00H
            MOV DX,PA
            OUT DX,AL
            MOV CL,0DFH       ;20H
            MOV BX,OFFSET BUF
DIS1:       MOV AL,[BX]
            MOV AH,00H
            PUSH BX
            MOV BX,OFFSET DATA1
            ADD BX,AX
            MOV AL,[BX]
            POP BX
            MOV DX,PB
            OUT DX,AL
            MOV AL,CL
            MOV DX,PA
            OUT DX,AL
            PUSH CX
DIS2:       MOV CX,00A0H
```

```
                LOOP $
                POP CX
                CMP CL,0FEH   ;01H
                JZ LX1
                INC BX
                ROR CL,1      ;SHR CL,1
                JMP DIS1
LX1:            MOV AL,0FFH
                MOV DX,PB
                OUT DX,AL
RET
BUF1:           MOV BUF,06H       ;显示"6"
                MOV BUF+1,02H     ;显示"2"
                MOV BUF+2,02H     ;显示"2"
                MOV BUF+3,05H     ;显示"5"
                MOV BUF+4,06H     ;显示"6"
                MOV BUF+5,17H     ;显示"一"
                RET
BUF2:           MOV BUF,17H       ;显示"一"
                MOV BUF+1,17H     ;显示"一"
                MOV BUF+2,09H     ;显示"g"
                MOV BUF+3,00H     ;显示"o"
                MOV BUF+4,00H     ;显示"o"
                MOV BUF+5,0dH     ;显示"d"
                RET
CODE ENDS
END  START
```

实验 2　8259 单级中断控制器实验

【实验目的】

1. 掌握 8259 中断控制器的接口方法；

2. 掌握 8259 中断控制器的应用编程。

【实验内容】

利用 8259 实现对外部中断的响应和处理,要求程序对每次中断进行计数,并将计数结果送数码显示。

【实验接线图】

见附图 2。

【编程指南】

1. 8259 芯片介绍

中断控制器 8259A 是专为控制优先级中断而设计的芯片。它将中断源优先级排队、辨别中断源以及提供中断矢量的电路集于一片中。因此无需附加任何电路,只需对 8259A 进行编程,就可以管理 8 级中断,并选择优先模式和中断请求方式,即中断结构可以由用户编程来设定。同时,在不需要增加其他电路的情况下,通过多片 8259A 的级联,能构成多达 64 级的矢量中断系统。

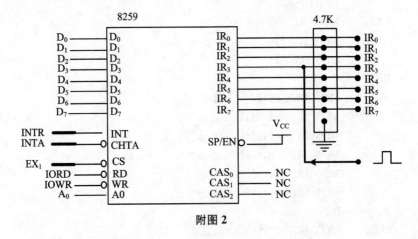

附图 2

附表 5

中断序号	0	1	2	3	4	5	6	7
变量地址	20H 23H	24H 27H	28H 2BH	2CH 2FH	30H 33H	34H 37H	38H 3BH	3CH 3FH

2. 本实验中使用 3 号中断源 IR_3,插孔和 IR_3 相连,中断方式为边沿触发方式,每拨二次 AN 开关产生一次中断,满 5 次中断,显示"8259——good"。如果中断源电平信号不符合规定要求,则自动转到 7 号中断,显示"Err"。

【实验程序框图】

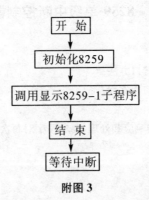

附图 3

IR₃ 中断服务程序：

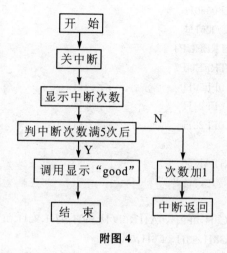

附图 4

IR₇ 中断服务程序：

附图 5

【实验步骤】

1. 按图连好实验线路图。

(1) 8259 的 INT 连 8086 的 INTR(Xl5)；

(2) 8259 的 INTA 连 8088 的 INTA(Xl2)；

(3) E 插孔和 8259 的 3 号中断 IR₃ 插孔相连，E 端初始为低电平；

(4) 8259 的 CS 端接 EX₁；

(5) 连 JX₄→JX₁₇。

2. 运行实验程序，在系统处于命令提示符"P."状态下，按 SCAL 键，输入 12D0，按 EXECT 键，系统显示 8259-1。

3. 拨动 AN 开关按钮，按满 10 次显示 good。

【实验程序清单】

CODE SEGMENT　　　　　　;H8259. ASM

```
        ASSUME CS:CODE
        INTPORT1 EQU 0060H
        INTPORT2 EQU 0061H
        INTQ3 EQU INTREEUP3
        INTQ7 EQU INTREEUP7
        PA        EQU 0FF20H          ;字位口
        PB        EQU 0FF21H          ;字形口
        PC        EQU 0FF22H          ;键入口
        ORG 12D0H
        START: JMP START0
        BUF       DB ?,?,?,?,?,?,?
        INTCNT  DB ?
        DATA1: DB 0C0H,0F9H,0A4H,0B0H,99H,92H,82H,0F8H,80H,
               90H,88H,83H,0C6H,0A1H
               DB 86H,8EH,0FFH,0CH,89H,0DEH,0C7H,8CH,0F3H,
               0BFH,8FH                ;共阳极段码
        START0:CLD
            CALL BUF1                  ;
            CALL WRINTVER              ;WRITE INTRRUPT
            MOV AL,13H
            MOV DX,INTPORT1
            OUT DX,AL
            MOV AL,08H
            MOV DX,INTPORT2
            OUT DX,AL
            MOV AL,09H
            OUT DX,AL
            MOV AL,0F7H
            OUT DX,AL
            MOV intcnt,01H;TIME=1
            STI
        WATING: CALL DISP              ;DISP 8259-1
            JMP WATING
            WRINTVER:MOV AX,0H
            MOV ES,AX
            MOV DI,002CH
            LEA AX,INTQ3
            STOSW
```

```
        MOV AX,0000h
        STOSW
        MOV DI,003CH
        LEA AX,INTQ7
        STOSW
        MOV AX,0000h
        STOSW
        RET
INTREEUP3:CLI
        PUSH AX
        PUSH BX
        PUSH CX
        PUSH DX
        MOV AL,INTCNT
        CALL CONVERS
        MOV BX,OFFSET BUF        ;077BH
        MOV AL,10H
        MOV CX,05H
INTRE0:  MOV [BX],AL
        INC BX
        LOOP INTRE0
        MOV AL,20H
        MOV DX,INTPORT1
        OUT DX,AL
        ADD INTCNT,01H
        CMP INTCNT,06H
        JNA INTRE2
        CALL BUF2               ;DISP:good
INTRE1:  CALL DISP
        JMP INTRE1
CONVERS:  AND AL,0FH
        MOV BX,offset buf       ;077AH
        MOV [BX+5],AL
        RET
INTRE2:  MOV AL,20H
        MOV DX,INTPORT1
        OUT DX,AL
        POP DX
```

```
              POP CX
              POP BX
              POP AX
              STI
              IRET
INTREEUP7: CLI
              MOV AL,20H
              MOV DX,INTPORT1
              OUT DX,AL
              CALL BUF3                    ;disp:err
INTRE3:       CALL DISP
              JMP INTRE3
DISP:    MOV AL,0FFH                       ;00H
              MOV DX,PA
              OUT DX,AL
              MOV CL,0DFH                   ;20H
              MOV BX,OFFSET BUF
DIS1:    MOV AL,[BX]
              MOV AH,00H
              PUSH BX
              MOV BX,OFFSET DATA1
              ADD BX,AX
              MOV AL,[BX]
              POP BX
              MOV DX,PB
              OUT DX,AL
              MOV AL,CL
              MOV DX,PA
              OUT DX,AL
              PUSH CX
DIS2:    MOV CX,00A0H
              LOOP $
              POP CX
              CMP CL,0FEH   ;01H
              JZ LX1
              INC BX
              ROR CL,1        ;SHR CL,1
              JMP DIS1
```

```
LX1:    MOV AL,0FFH
        MOV DX,PB
        OUT DX,AL
        RET
BUF1:   MOV BUF,08H
        MOV BUF+1,02H
        MOV BUF+2,05H
        MOV BUF+3,09H
        MOV BUF+4,17H
        MOV BUF+5,01H
        RET
BUF2:   MOV BUF,09H
        MOV BUF+1,00H
        MOV BUF+2,00H
        MOV BUF+3,0dH
        MOV BUF+4,10H
        MOV BUF+5,10H
        RET
BUF3:   MOV BUF,0eH
        MOV BUF+1,18H
        MOV BUF+2,18H
        MOV BUF+3,10H
        MOV BUF+4,10H
        MOV BUF+5,10H
        RET
CODE ENDS
END   START
```

实验 3 8255A 并行口实验

【实验目的】

1. 掌握实验箱和集成开发环境的使用方法；

2. 掌握 8255A 和微机接口方法；

3. 掌握 8255A 的工作方式和编程原理。

【实验内容】

用 8255PA 口控制 PB 口。

【实验接线图】

见附图 6。

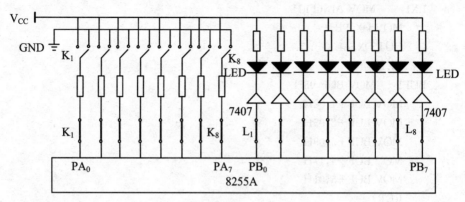

附图6

【编程指南】

1. 8255A 芯片简介:8255A 可编程外围接口芯片是 Intel 公司生产的通用并行接口芯片,它具有 A、B、C 三个并行接口,用+5V 单电源供电,能在以下 3 种方式下工作:

方式 0:基本输入/ 输出方式;

方式 1:选通输入/ 输出方式;

方式 2:双向选通工作方式。

2. 使 8255A 端口 A 工作在方式 0 并作为输入口,读取 $K_1 \sim K_8$ 个开关量,PB 口工作在方式 0 作为输出口。

【实验程序框图】

如附图 7 所示。

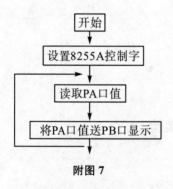

附图7

【实验步骤】

1. 在集成开发环境编辑源程序。

2. 8255A 芯片 A 口的 $PA_0 \sim PA_7$ 依次和开关量输入 $K_1 \sim K_8$ 相连,开关 K_i 拨到下面接低电平,拨到上面接高电平。

3. 8255A 芯片 B 口的 $PB_0 \sim PB_7$ 依次接 $L_1 \sim L_8$。

4. 编译,调试,运行实验程序。

5. 拨动 $K_1 \sim K_8$,$L_1 \sim L_8$ 会跟着亮灭。

说明:接线图中,细实线在实验箱内部已经连接好,粗实线才是需要连的线。

8255A 的控制口地址为:0FF2BH;

PA 口地址为:0FF28H;

PB 口地址为:0FF29H;

PC 口地址为:0FF2AH。

【实验程序清单】

　　　　CODE SEGMENT　　　　　;H8255-1. ASM

```
        ASSUME CS:CODE
        IOCONPT EQU 0FF2BH
        IOBPT   EQU 0FF29H
        IOAPT   EQU 0FF28H
           ORG 11B0H
        START: MOV AL,90H
              MOV DX,IOCONPT
              OUT DX,AL
              NOP
              NOP
              NOP
        IOLED1:MOV DX,IOAPT
              IN AL,DX
              MOV DX,IOBPT
              OUT DX,AL
              MOV CX,0FFFFH
        DELAY:LOOP DELAY
              JMP IOLED1
        CODE ENDS
        END  START
```

实验 4 定时器/计数器

【实验目的】

1. 学会 8253 芯片和微机接口的原理和方法；

2. 掌握 8253 定时器/计数器的工作方式和编程原理。

【实验内容】

用 8253 的 0 通道工作在方式 3,产生方波。

【实验接线图】

见附图 8。

【编程指南】

1. 8253 芯片介绍

8253 是一种可编程定时/计数器,有 3 个十六位计数器,其计数频率范围为 0~2 MHz,用 +5 V 单电源供电。

8253 的功能用途:

(1) 延时中断;

(2) 可编程频率发生器;

(3) 事件计数器;

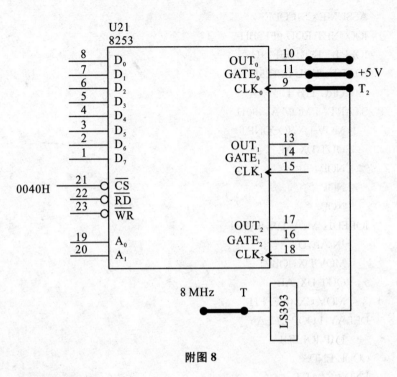

附图 8

(4) 二进制倍频器；

(5) 实时时钟；

(6) 数字单稳；

(7) 复杂的电机控制器。

8253 的 6 种工作方式：

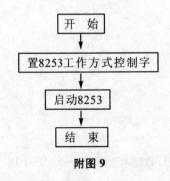

附图 9

(1) 方式 0：计数结束中断；

(2) 方式 1：可编程频率发生器；

(3) 方式 2：频率发生器；

(4) 方式 3：方波频率发生器；

(5) 方式 4：软件触发的选通信；

(6) 方式 5：硬件触发的选通信号。

【实验程序框图】

如附图 9 所示。

【实验步骤】

1. 按图接线图连好实验线路。

(1) 8253 的 GATE$_0$ 接 +5 V。

(2) 8253 的 CLK$_0$ 插孔接分频器 74LS393（左下方）的 T$_2$ 插孔，分频器的频率源为 8.0 MHz。

(3) T→8.0 MHz。

2. 在集成开发环境编辑源程序,编译并运行实验程序。

3. 用示波器测量 8253 的 OUT₀ 输出插孔有方波产生。

4. 保持输入到 CLK₀ 引脚的脉冲频率不变,分别改变计数器的初值为:0002H、0004H、0008H,测量 OUT₀ 输出引脚的波形;保持计数器的初值不变,改变输入到 CLK₀ 引脚的脉冲频率,测量 OUT₀ 输出引脚的波形,根据测量结果,分析方波频率同哪些因素有关。

说明:8253 的控制口地址为:0043H;通道 0 地址为:0040H;通道 1 地址为:0041H;通道 2 地址为:0042H。

【实验程序清单】

```
    CODE SEGMENT          ;H8253. ASM
    ASSUME CS:CODE
        ORG 1290H
START:JMP TCONT
TCONTRO EQU 0043H
TCON0EQU 0040H
TCONT:MOV DX,TCONTRO
    MOV AL,36H
    OUT DX,AL
    MOV DX,TCON0
    MOV AL,00H
    OUT DX,AL
    MOV AL,04H
    OUT DX,AL
    MOV DX,TCONTRO
    MOV AL,36H
    OUT DX,AL
    MOV DX,TCON0
    MOV AL,00H
    OUT DX,AL
    MOV AL,02H
    OUT DX,AL

    JMP $
    CODE ENDS
    END  START
```

实验 5   数码管显示实验

【实验目的】

1. 掌握 LED 数码管动态显示的工作原理;

2. 掌握 LED 数码管的接口方法;

3. 掌握 LED 数码管动态显示的编程方法。

【实验内容】

编制程序,使数码管显示"DICE88"字样。

【实验接线图】

如附图 10 所示。

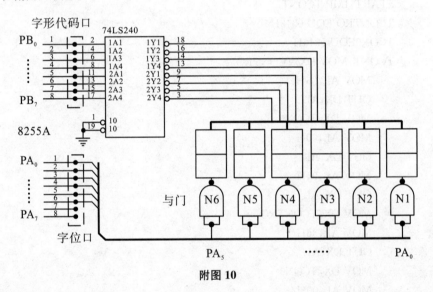

附图 10

1. 8255 口地址为:A 口,字位口,地址为 0FF20H;B 口,字形码(段码)口,地址为 0FF21H;控制口,地址为 0FF23H。

2. LED 显示接口采用动态显示方式。段码采用 74LS240 反向驱动,数码管为共阴极结构,故应向 PB 口送共阳极段码;字位口采用与门 75451 驱动,故字位码送 PA 口(0 电平选通)。

3. 共阳极段码如附表 6 所示。

附表 6

字形	0	1	2	3	4	5	6	7	8	9	A	B	C	D	E	F	灭	P.	H.	.	—
段码	C0	F9	A4	B0	99	92	82	F8	80	90	88	83	C6	A1	86	8E	FF	0C	89	7F	BF

【实验程序框图】

如附图 11 所示。

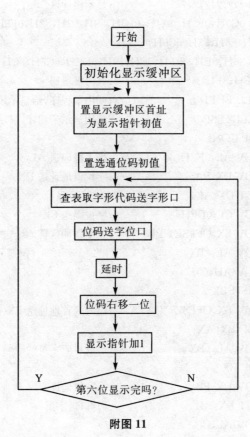

开始

初始化显示缓冲区

置显示缓冲区首址
为显示指针初值

置选通位码初值

查表取字形代码送字形口

位码送字位口

延时

位码右移一位

显示指针加1

第六位显示完吗？　Y　N

附图 11

【实验步骤】

1. 在 PC 机和实验系统联机状态下,编辑源程序;

2. 对源程序进行编译和调试;

3. 装载并运行实验程序;

4. 观察和记录实验现象;

5. 对显示延时时间常数进行修改,将"MOV CX,00A0H"改为"MOV CX,0FFFFH",并对源程序重新编译和运行,观察和记录实验现象;

6. 对两次实验现象进行比较和分析,解释出现不同现象的原因。

【实验程序清单】

```
    CODE    SEGMENT
            ASSUME CS:CODE
            ORG 2DF0H
    START: JMP START0
    PA      EQU 0FF20H              ;字位口
```

```
    PB       EQU 0FF21H              ;字形口
    BUF      DB ?,?,?,?,?,?          ;显示缓冲区
    DATA1： DB 0C0H,0F9H,0A4H,0B0H,99H,92H,82H,0F8H,80H,
             90H,88H,83H,0C6H,0A1H
             DB 86H,8EH,0FFH,0CH,89H,0DEH,0C7H,8CH,0F3H,
             0BFH,8FH                ;共阳极段码
    START0：CALL BUF1                ;调用子程序,给显示缓冲区送"DICE88"字符
    CON1：   CALL DISP               ;调用显示子程序,显示"DICE88"
             JMP CON1
    DISP：   MOV AL,0FFH             ;熄灭段码送 AL
             MOV DX,PA              ;字位口地址送 DX
             OUT DX,AL              ;关 LED 显示
             MOV CL,0DFH            ;字位码送 CL
             MOV BX,OFFSET BUF      ;显示缓冲区首地址送 BX
    DIS1：   MOV AL,[BX]
             MOV AH,00H
             PUSH BX
             MOV BX,OFFSET DATA1    ;段码区首地址送 BX
             ADD BX,AX
             MOV AL,[BX]            ;形成对应字符的段码
             POP BX
             MOV DX,PB              ;字形口地址
             OUT DX,AL             ;PB 口送字形
             MOV AL,CL
             MOV DX,PA
             OUT DX,AL             ;向字位口送字位码
             PUSH CX
    DIS2：   MOV CX,00A0H           ;显示时间常数送 CX
             LOOP $                ;显示延时
             POP CX
             CMP CL,0FEH ;01H       ;六位是否显示完
             JZ LX1
             MOV AL, 0FFH           ;关显示
             MOV DX, PA
             OUT DX, AL
             INC BX
             ROR CL,1              ;字位码循环移位
             JMP DIS1
```

```
LX1: MOV AL,0FFH                    ;关显示
     MOV DX,PB
     OUT DX,AL
     RET
BUF1:  MOV BUF,0DH                  ;子程序,给显示缓冲区送"DICE88"字符
       MOV BUF+1,01H
       MOV BUF+2,0CH
       MOV BUF+3,0EH
       MOV BUF+4,08H
       MOV BUF+5,08H
       RET
       CODE ENDS
       END START
```

第 4 章　基于 8086 Proteus 仿真实验

利用计算机仿真技术,在计算机平台上学习电路分析、模拟电路、数字电路、嵌入式系统(单片机应用系统、ARM 应用系统)、微机原理与接口技术等课程,并进行电路设计、仿真、调试等通常在相应实验室完成的实验。一台计算机、一套电子仿真软件,就可相当于一个设备先进的实验室。以虚代实、以软代硬,即为虚拟实验室的本质。

Proteus 是一种功能强大的电子设计自动化软件,提供智能原理图设计系统、Spice 模拟电路、数字电路及 MCU 器件混合仿真系统和 PCB 设计系统功能。其不仅可以仿真传统的电路分析实验、模拟电子线路实验、数字电路实验等,而且可以仿真嵌入式系统的实验,其最大的特色在于可以提供嵌入式系统(单片机应用系统、ARM 应用系统)的仿真实验,这也是其他任何仿真软件无力所及的。例如,其支持单片机和周边设备,可以仿真 51 系列、8086、AVR、PIC、Motorola 的 68 系列等常用的 MCU,并提供周边设备的仿真,例如 373、LED、示波器等。Proteus 提供了大量的元件库,有 RAM、ROM、键盘、马达、LED、LCD、AD/DA、部分 SPI 器件、部分 IIC 器件等。

需注意的是,Proteus 做 8086 仿真需要做一些设置才能仿真,这和单片机仿真不同。做 51 单片机用的是 keil 生成的 HEX 文件,8086 一般做汇编用的是汇编软件生成的文件. EXE 和. bin 或. com 的文件。8086 没有内存储器,仿真需要设置内存起始地址,内存的大小和外部程序加载到内存的地址段。仿真一定要设置内存,时钟默认是 1 MHz,设置好后添加用 EMU 8086 或 MASM 32 或其他软件生成的扩展名为 com、bin、exe 的文件。利用 Protues 软件中的载入程序功能,载入编译后的 COM 程序到 8086。调试运行即可。

以下各实例,皆是基于附图 12 所示的系统。其中,74154 作为 I/O 设备的地址译码器,产生片选信号选择具体的 I/O 芯片。各芯片与该系统的连接图请见下文具体实例。

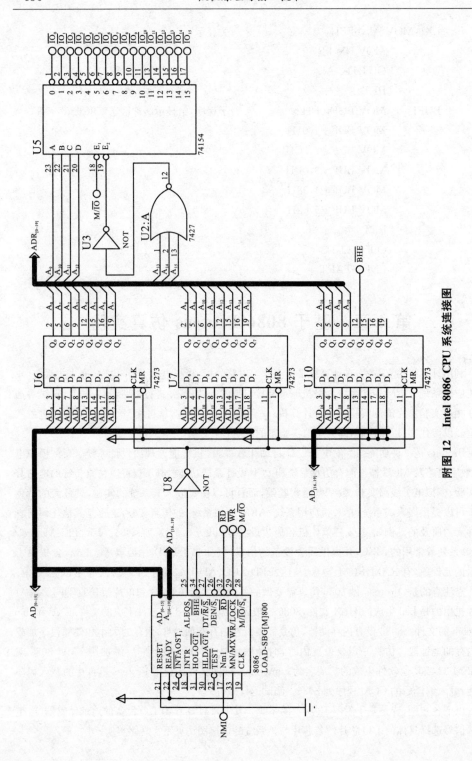

附图 12 Intel 8086 CPU 系统连接图

实验 1 可编程定时器/计数器(8253)

【实验内容】

要求计数器 2 工作于模式 1(暂稳态触发器),计数初值为 1250;计数器 0 工作于方式 3(方波模式),输出一个 1 kHz 的方波,8253 的输入时钟为 1 MHz,计数初始值格式为 BCD。8253 与系统的连接如附图 13 所示。

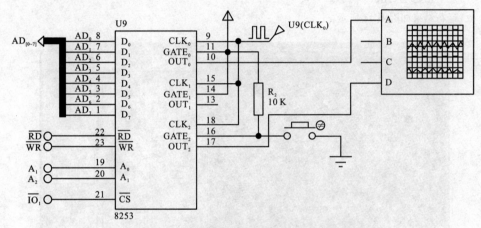

附图 13 计数器 8253 与 8086 连接原理图

说明:为了能看到正常的实验效果,实际时钟可调为 100K 或更小。

8253 控制寄存器端口号为 206H。

详细程序如下:

```
CODE SEGMENT
START:
        ;计数器 0 初始化,方波方式
        MOV DX,206H ;方波发生 1KHz,时钟 1MHz
        MOV AL,00110111B ;计数器 0,方式 3,计数初值 BCD 格式OUT DX,AL
        MOV DX,200H
        MOV AL,24H ;送计数初值低 8 位(计数初值为 1024)
        OUT DX,AL
        MOV AL,10H ;送计数初值高 8 位(计数初值为 1024)
        OUT DX,AL

        ;计数器 2 初始化,可编程单稳态输出方式
        MOV DX,206H
        MOV AL,10110011B ;计数器 2,方式 1,计数初值 BCD 格式
```

```
        OUT DX,AL
        MOV DX,204H
        MOV AL,00H;送计数初值低 8 位(计数初值为 1250)
        OUT DX,AL
        MOV AL,8H;送计数初值高 8 位(计数初值为 1250)
        OUT DX,AL
    CODE ENDS
    END START
```

运行结果如附图 14 所示。

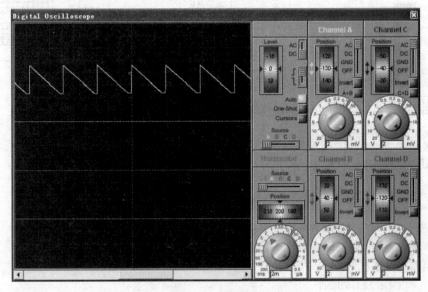

附图 14　输出方波

实验 2　用 8255 实现的最简单的键盘(8255 方式 0)

【实验内容】

用 8255A 实现一个最简单的键盘,当一个按键被按下时,数码管显示该键的编号。其中,8255A 的端口 A 接 8 个小键盘,端口 C 连接 BCD 数码管。系统连接如附图 15 所示。

说明:8255 控制寄存器端口号为 406H。

程序如下:

```
    code segment
    start:
        MOV AL,90H
        MOV DX,406H ;控制寄存器端口
```

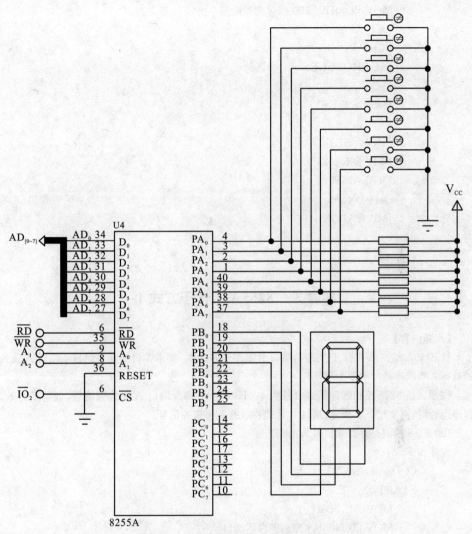

附图 15 并行通信接口 8255 实现小键盘

OUT DX, AL

WAITING:

MOV DX, 400H

IN AL, DX ;读端口 A

CMP AL, 0FFH;判断有没有按键被按下

JZ WAITING

;识别按键

```
        MOV BL,0;BL 中放按键初始值
        GET_KEY：
        RCR AL,1
        JNC SHOW_KEY
        INC BL
        JMP GET_KEY

        SHOW_KEY：
        MOV DX,402H
        MOV AL,BL
        OUT DX,AL
        JMP WAITING
    ends
    end start
```

实验 3   8255A 工作于方式 1

【实验内容】

让 8255A 端口 A 工作于方式 1,端口 B 工作于方式 0。要求端口 B 能实时显示端口 A 输入的数据。系统连接如附图 16 所示。

说明:(1) 8255 控制寄存器端口号为 406H,PC4 引脚为端口 A 的选通信号,低电平有效。程序运行时,需要按下小按键,端口 A 才能接收开关传来的信号。

(2) 8255 控制寄存器端口号为 406H。

程序如下:

```
        CODE SEGMENT
        START：
            MOV AL,0B8H
            MOV DX,406H ;控制寄存器端口
            OUT DX,AL
        WAIT_FOR_DATA：
            MOV DX,404H
            IN AL,DX ;读端口 C
            TEST AL,00100000B;测试 PC4,看选观信号是否有效
            JZ WAIT_FOR_DATA
            MOV DX,400H
            IN AL,DX        ;读端口 A 的数据
            MOV DX,402H
            OUT DX,AL        ;送端口 B 显示
```

JMP WAIT_FOR_DATA

ENDS

END START

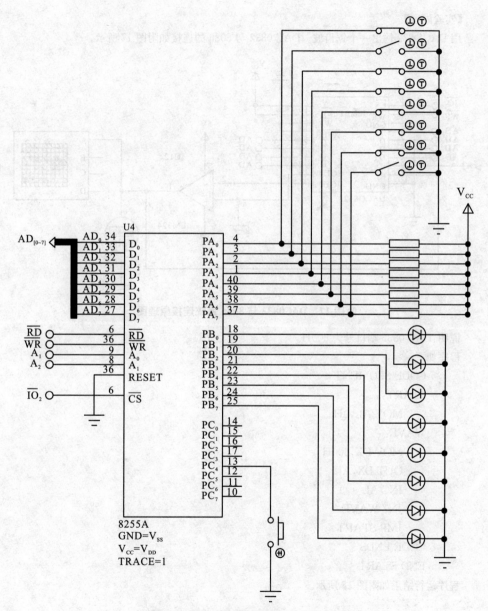

附图 16   并行通信接口 8255 工作于方式 1

实例 4　DAC0832 输出锯齿波

【实验内容】

用 DAC 0832 输出一个锯齿波。DAC 0832 与 8086 的连接如附图 17 所示。

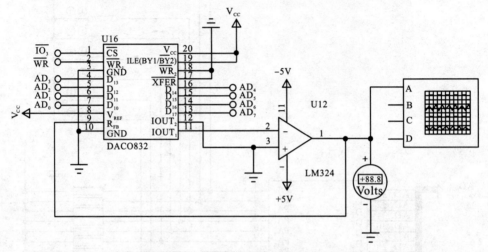

附图 17　DAC0832 与 8086 系统连接原理图

说明:DAC 0832 端口号为 600H。

程序如下:

```
CODE SEGMENT
START:
    MOV AL,0H
WAVE:
    MOV DX,600H
    OUT DX,AL
    INC AL
    JNZ WAVE
    JMP START
CODE ENDS
END START
```

程序运行结果如附图 18 所示。

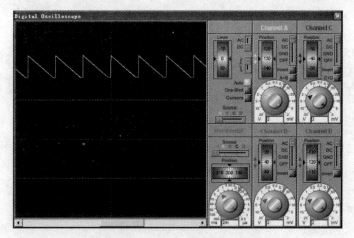

附图 18　DAC 0832 输出的锯齿波

实验 5　用 8251 实现串行通信

【实验内容】

用 8251 实现串行通信，向终端设备输出 26 个英文字母。8251 与 8086 的连接如附图 18 所示。

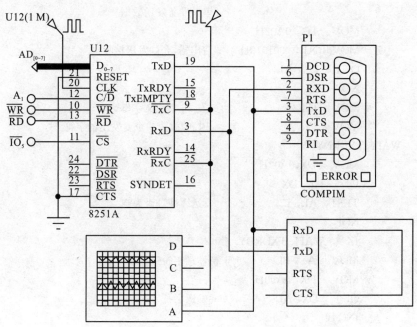

附图 19　串行通信芯片 8251 与 8086 的接口原理图

说明：8251 的数据端口为 0A00H,控制端口为 0A02H。

程序如下：

```
    CODE        SEGMENT ；
START：
INIT： XOR     AL,AL          ;AL 清零,8251 初始化
       MOV     CX,03
       MOV     DX,0A02H
OUTPUT0：
       OUT     DX,AL          ;往 8251A 的控制端口送 3 个 0
       LOOP    OUTPUT0
       MOV     DX,0A02H
       MOV     AL,40H         ;芯片内部复位
       OUT     DX,AL
       NOP
       MOV     DX, 0A02H
       MOV     AL, 01001101b  ;写模式字   1 停止位,无校验,8 数据位,波特率
因子 1
       OUT     DX, AL
       MOV     AL, 00010101b  ;控制字 清出错标志,允许发送接收
       OUT     DX, AL
                              ;串口准备发送数据
       MOV     DX, 0A02H
       MOV     AL, 00010101b  ;清出错,允许发送接收
       OUT     DX, AL
       NOP
       MOV     CX,26           ;发 26 个英文字母
       MOV     BL,'A'          ;BL 中放第一个要发出的字符
WAIT_TXDRDY：
       MOV     DX,0A02H
       IN      AL, DX
       TEST    AL, 1          ;发送缓冲是否为空
       NOP
       JZ      WAIT_TXDRDY
       MOV     AL, BL         ;待发送字符进 AL
       MOV     DX, 0A00H
       OUT     DX, AL          ;发送字符
       INC BL
       LOOP WAIT_TXDRDY
```

CODE　ENDS

END START

程序运行结果如附图 20、附图 21 所示。

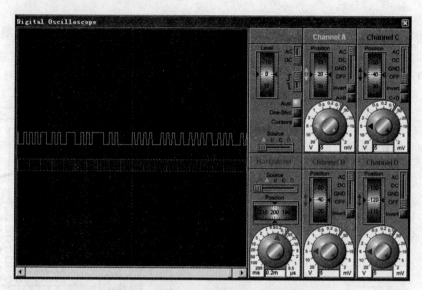

附图 20　芯片 8251 串行输出引脚输出波形

附图 21　终端上接收到的 26 个英文字母

实验 6　LED 点阵的使用方法

【实验内容】

用 8255A 控制一个 8×8 共阴型 LED 点阵显示器,令其显示一个"大"字。其中 LED 阵列的上面是行线,由左向右依次对应的是第 1 行到第 8 行。下面对应的是列线,用来点亮当前行中 LED 的对应位。实验原理见附图 22。

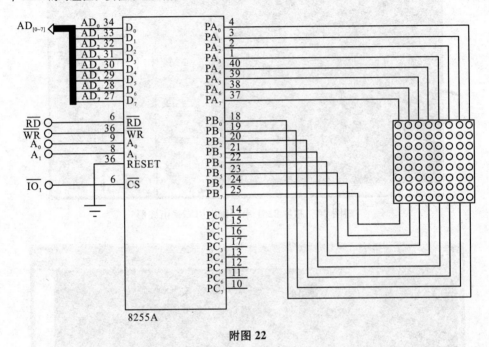

附图 22

说明:8255 的控制端口为 206H。

程序如下:

```
DATA SEGMENT
MYDATA DB 10H,10H,0FEH,10H,28H,44H,82H,00H
ENDS
ASSUME DS:DATA
CODE SEGMENT
START:
;设置控制寄存器
MOV AX,DATA
MOV DS,AX
    MOV AL,080H
```

```
        MOV DX,206H ;控制寄存器端口
        OUT DX,AL
          ;置端口扫描初值
AGAIN：
        MOV AH,01111111B
        MOV CX,8;设定串操作次数
        LEA SI,MYDATA
        CLD
SCANNING：
        MOV DX,200H
        MOV AL,AH
        OUT DX,AL
        MOV DX,202H
        LODSB
        OUT DX,AL
        ROR AH,1
        LOOP SCANNING
        JMP AGAIN
CODE ENDS
END START
```

参 考 文 献

[1] 周国祥. 微机原理与接口技术[M]. 合肥:中国科学技术大学出版社,2010.

[2] 彭楚武,张志文. 微机原理与接口技术[M]. 长沙:湖南大学出版社,2011.

[3] 王建宇,等. 微型计算机原理及应用[M]. 北京:化学工业出版社,2001.

[4] 史新福,等. 32 位微型计算机原理接口技术及其应用[M]. 西安:西北工业大学出版社,2000.

[5] 杨晓东,等. 微型计算机原理与接口技术[M]. 北京:机械工业出版社,2007.

[6] 戴梅萼,等. 微型计算机技术及应用[M]. 北京:清华大学出版社,2006.

[7] 姚燕南,等. 微型计算机原理[M]. 西安:西安电子科技大学出版社,2000.

[8] 陈建铎,等. 微机原理与接口技术[M]. 北京:高等教育出版社,2008.

[9] 周佩玲,等. 微机原理与接口技术[M]. 北京:电子工业出版社,2006.

[10] 龚尚福,等. 微机原理与接口技术[M]. 西安:西安电子科技大学出版社,2006.

[11] 朱定华,等. 微机原理、汇编与接口技术[M]. 北京:清华大学出版社,2005.

[12] 艾德才,等. 微机原理与接口技术[M]. 北京:清华大学出版社,2005.

[13] 郑维民,等. 计算机体系结构[M]. 北京:清华大学出版社,2005.